U0303528

中国人民大学清史研究所
中国灾害防御协会灾害史专业委员会主办

# 灾害与历史

## 第 一 辑

夏明方 郝平 主编

创于1897　商務印書館
The Commercial Press

2018年·北京

图书在版编目（CIP）数据

灾害与历史. 第 1 辑 / 夏明方，郝平主编. —北京：
商务印书馆，2018
ISBN 978-7-100-16094-0

Ⅰ. ①灾… Ⅱ. ①夏…②郝… Ⅲ. ①灾害－历史－
研究－世界 Ⅳ. ① X4

中国版本图书馆 CIP 数据核字（2018）第 082911 号

权利保留，侵权必究。

本成果受到中国人民大学 2017 年度"中央高校建设世界一流大学
（学科）和特色发展引导专项资金"支持

灾害与历史

第一辑

夏明方　郝平　主编

商 务 印 书 馆 出 版
（北京王府井大街 36 号　邮政编码 100710）
商 务 印 书 馆 发 行
北京市艺辉印刷有限公司印刷
ISBN 978-7-100-16094-0

2018 年 7 月第 1 版　　开本 787 × 1092 1/16
2018 年 7 月北京第 1 次印刷　印张 21
定价：78.00 元

# 《灾害与历史》编辑委员会

学术顾问：高建国

主　　任：夏明方　朱　浒

编　　委：Andrea Yanku（英国伦敦大学亚非学院）

　　　　　艾志端（美国圣地亚哥州立大学）

　　　　　邓海伦（澳大利亚悉尼大学）

　　　　　方修琦（北京师范大学）

　　　　　郝　平（山西大学）

　　　　　吕　娟（中国水利水电科学研究院）

　　　　　夏明方（中国人民大学）

　　　　　余新忠（南开大学）

　　　　　赵晓华（中国政法大学）

　　　　　朱　浒（中国人民大学）


本卷主编：夏明方　郝　平

主办单位：中国灾害防御协会灾害史专业委员会

　　　　　中国人民大学清史研究所

投稿信箱：xiamf@ruc.edu.cn

# 目　录

**灾害记忆**

**研究动态**

# 编 者 弁 言

　　《灾害与历史》是由中国灾害防御协会灾害史专业委员与中国人民大学清史研究所暨生态史研究中心共同创办的学术辑刊，每年一辑，由商务印书馆出版。

　　灾害，不管是导源于自然变异的自然灾害，还是比较纯粹的人为灾害，抑或人为引发的自然变异所导致的环境灾害，从最终的意义上来说，都脱离不了人与自然的交互作用，进而对人类社会和自然环境产生重大影响。因此，在人类的知识谱系之中，还没有哪一门学科，能够像新兴的灾害学那样，可以从人文、自然两大学科领域吸引那么多的专家、学者对其展开广泛深入的跨学科探讨，并在这样一种共同探讨和相互切磋之中推进各自学科的发展，进而涌现新的知识类型。

　　本刊以"灾害与历史"为名，即是基于在长期研究实践中形成的"灾害与历史双向互动、缺一不可"的认识。它主张以历史的视野考察灾害，同时，也从灾害的角度探索历史；灾害不再是孤立、封闭的单一事件，不再是常态之外的非常态，而是深嵌于历史之中的开放型动力系统，是历史演化过程的一部分，而历史也以灾害为表征呈现其本质上的复杂性、多样性和不确定性。它也不再仅仅是对所谓过去的灾害历史的讨论，而是从动态的过程的角度，亦即历史的角度，对现在乃至未来灾害情势的观察与预判。

　　要继续推进灾害史研究，就必须思考和解释如下问题，即到底是简单地将灾害视为历史之中某一静态的孤立的事件，或者说历史长河中一朵稍纵即逝的浪花，还是将其看作历史演化过程或历史大潮之不可分割的一部分，是将其看作常态社会之外的所谓的"异常"，还是社会常态本身？归根结底，灾害是在历史之外，还是历史之中？是把灾害作为研究的对象，用历史的眼光透视灾害，还是把灾害当作一种视角，通过灾害来重审历史？对于这样一种灾害与历史，我们的思考是，既要把它们各自都作为研究对象，同时也要作为研究视野去考察对方，最终形成对象和视野之间复杂的互动和关联。

　　在这样的宗旨之下，《灾害与历史》所关注的主题和涵盖的内容将不限于单一的灾害事件或者灾害历史，不限于过去或现在，不限于人或自然，其所涉及的学科，也不限于自然科学、社会科学或人文学科，而是一切从历史的角度对灾害进行观察与研究的相关成果，涉及灾害状况、灾害规律、灾害成因、灾害应对、灾害影响，以及灾害记忆、灾害文化、灾害哲学、灾害信仰等一系列新旧问题和领域；它除了继续关注传统的自然灾害，还可以探讨包括战争、事故在内的所谓"人祸"，以期使灾害史研究和人类社会历史更广泛、更深入地结合在一起。它在关注灾害历史的同时，亦关注灾害研究自身的历史，着重灾害史研究理论与方法的提炼总结，加强史料（特别是地方史料、稀见史料、国外史料和口述史料）的积累和共享。此外，通过登载索引、综述、书讯、书评、访谈、回忆录等内容，及时传递国内外相关研究动态，总结研究进展，评介重要研究成果和学者，梳理灾害史学科的发展脉络，使其成为灾害史研究的"信息高地"。

过去几十年间，灾害史研究取得了丰硕的成果，但不同学科之间、中外学者之间的合作与沟通仍然存在很多问题。其中之一是从自然科学或人文学科分别开展的灾害史研究还存在很大的差异，前者更关注灾害本身的规律、成因和趋势，后者更倾向于灾害情境下国家、社会，主要是人和人群的故事、生命的故事，各个不同的研究旨趣、研究方法，原本无可厚非，却也给彼此的对话造成了困难。同样，在人文社会科学内部，也需要继续加强历史学、社会学、经济学、人类学、管理学等学科之间的交流与合作。当前，环境史或生态史研究已经成为国际历史学科发展的重要方向之一，灾害史研究在其中应该扮演更加重要的角色。我国有关灾害的历史文献记载数量庞大、内容丰富，中国学者理应在世界灾害史研究中发出更多的声音，但由于中西方的学术传统、学术文化存在很大差异，目前来看还不尽如人意。

但是，灾害史终究是一个跨学科的研究领域，也是一项跨越国境的全人类事业，人文社会科学和自然科学之间，国际与国内的学者之间，只有充分展开对话，才能进一步深化对这一具体而宏大之历史进程的认知。《灾害与历史》愿意提供这样的学术园地或学术平台，让具有不同学科背景、不同国籍的学者在此充分对话，各自贡献自己的智慧，共同增进彼此的了解，在差异之中形成共识，在共识之后孕育分异，从而推动灾害史研究继续前行。

《灾害与历史》主要由以下栏目组成：

**理论探讨和专题研究**：此类栏目为辑刊的核心，将根据学科发展动态，每辑设计一个主题，通过投稿、征稿、约稿等形式，筛选一批兼具学术性与创新性的高水平论文，力求从不同侧面切入，从整体上把握和呈现该方向的学术进展，引领灾害史研究的拓展与深入。对论文字数暂不设限，但要求作者在保证学术水平的基础上，能够兼顾作品的可读性与普及性，使刊物能够吸引到更为广大的读者群，最大限度地扩展其影响力。

**圆桌论坛（学术笔谈）**：围绕灾害史研究某一重要问题（如灾害史研究理论体系

构建、跨学科方法集成、中外灾害比较研究或灾害本身的实证研究等），邀请不同身份（如自然与人文学科背景、中国与外国）的一组专家，以笔谈形式展开对话，篇幅不必长，但需要观点鲜明，甚至形成碰撞与交锋，惟其如此，才能真正形成畅所欲言、求同存异的氛围，发挥辑刊作为交流平台的作用。

**观察与思考**：灾害史研究是一门现实服务功能性很强的学科，当前社会面对的一系列重大灾害问题（如汶川地震）、环境问题（如气候变化）或其他突发性事件，在一个特定的时间内往往成为专家学者与社会各界持续关注的热点。围绕这些热点问题可以定期开设专栏，向自然、人文等不同学科领域的相关专家约稿，或进行座谈，同样可以从不同方向切入，并形成对话或争鸣，使读者能够将当前的热点问题放到一个更为宏大的历史背景中去理解，达到古为今用、以史为鉴的目的。

**灾害记忆**：这一栏目包括几方面的内容：一是珍档撷英，即发掘稀见历史文献，并对其中保存的灾害史料信息进行提取与解读；二是学术访谈，即对灾害史领域的前辈专家进行访谈，介绍其走上灾害研究之学术道路的因缘际会、学术成就及研究心得；三是灾害现场，通过寻访近代、当代重大灾害的幸存者，开展深度口述史研究，探讨灾害对社会文化和人类心理的持久影响。

**研究动态**：主要介绍每期辑刊出版之前一段时间内与灾害史研究相关的国内外重要学术会议和学术活动，刊载代表性研究论著索引和综述文章，介绍新近出版的各类作品，品评灾害史研究的代表性著作。

本刊将由中国灾害防御协会灾害史专业委员会和海外中国灾害史研究杰出学者组建编委会，采取轮流主编制。每辑编纂，均邀请编委会成员或编委会之外的其他专家学者担任主编。其所负之责，在于构思该辑各栏目的主要话题，先行征稿，并根据需要，邀约海内外相关专家撰写稿件，或参与圆桌论坛；其他编委亦依此主题，在征稿、约稿或撰稿方面予以协助。所用均须通过编委会或相关专家匿名评议；一应费用，均由中国人民大学清史研究所暨生态史研究中心承担。为推动灾害史研究的可持续发展，本刊将择优发表青年学者（包括在校硕士生、博士生）的学术成果。

灾害问题，是全人类共同面临的问题，也只有依靠全人类共同的努力才有可能寻找最为合适的因应之道，所谓众擎而易举也。《灾害与历史》将以此作为办刊理念，希望通过学界同仁的"众筹"、"共建"，群策群力，最终搭起一个为海内外共享的灾害史研究学术平台。

《灾害与历史》编委会

2016 年 1 月 17 日

# 理论探讨

# 饥饿符号学：从新文化史看灾害史研究

［美］艾志端　著

（加州圣地亚哥州立大学）

张　霞　译

（山西大学历史文化学院）

**【摘要】**中国灾害史研究虽已成绩斐然，但目前仍亟需从其他新路径、新方法中寻找突破。欧美学者在探讨欧洲和美国历史时期重大灾害时采取的新文化史路径，颇有可资借鉴之处。本文首先对此做概要评述，重点介绍此一方法是如何成功运用于爱尔兰大饥荒研究，同时就本人受其启发而对 1876—1879 年华北大饥荒开展实证研究，作进一步的总结和反思，以期促进中国灾害研究同行的讨论。

**【关键词】**新文化史；中国灾害史；爱尔兰大饥荒；华北大饥荒

本文探讨如何运用新文化史方法来加强中国灾害史领域的研究。在介绍该方法的主要内容之后，文章将对欧美学者如何使用该方法作出评价。他们感兴趣的是欧洲或美国的重大历史灾害。笔者利用新文化史方法讨论了一场众所周知的中国灾害，即 1876—1879 年华北大饥荒，本文结尾部分将对此进行总结。

## 一、何为新文化史？

作为对社会经济史支配地位的一种反动，新文化史肇兴于 20 世纪 70 年代。自 1989 年美国历史学家达恩顿编著出版《新文化史》一书后，它在欧美史学界的影响越来越大。近些年，该方法已获得一些中国学者的好评，但尚未得到中国灾害研究者的广泛应用。

新文化史专注于"如何呈现"、"意义的解释"以及塑造人们经历的文化背景。① 它探讨语言、符号、仪式、典礼、性别规范、表现、集体记忆、文本、言语交流等文化现象。文化史学者通常将文化定义为"社会演绎而来的解释机制与价值体系"。② 他们拒绝唯物主义史观,认为"经济关系和社会关系并不优于或决定文化关系;它们本身就是文化实践和文化生产领域。"③ 换言之,集体共享的社会精神结构不能被简化为物质要素,而且,当民众的信仰、仪式活动与其所处社会经济形势相互作用时,它们就不只是社会经济等级的反映。

文化史学者强调,人类理性在特定的文化背景中发挥作用,人们通常在一定的精神世界内思考。该精神世界由其文化临时界定而来。因此,人类行为取决于文化或精神形态。人们利用这些形态来理解自我世界。文化史学者认为所有意义都取决于文化背景,他们的目标是了解特定时期、特定文化中人们归咎于自身经历的内涵。文化史学者在文本中寻找人们用来交流其价值观和世界观的"代码、线索、暗示、符号、姿态、工艺"。④

虽然文化史并不局限于"底层历史",但许多文化史学者仍致力于找回遗失的声音,或找到研究普通人群历史观、意愿、阅历的方法。政治精英或经济精英的著作通常忽略了这些内容。他们创造性地扩展了资料范围,并以此找回上述声音。例如,部分文化史学者着重于考察人体本身的变化,另一些则将历史展品、验尸报告、手稿或绘画作为解读文本。一些文化史著作还将民族主义或女性美学思想视为文本。⑤

虽然文化史的兴起对经济史和社会史的优势地位形成了挑战,但文化史方法也可以用来研究其他史学家讨论的众多话题。确定一部著作是否为文化史并非重点,相反,重要的是如何落实文化史的研究方法。例如,当人口史学者专注于特定时空内的平均结婚年龄或家庭规模时,文化史学者则更倾向于探讨在那个时代和那种文化中婚姻对普通人有何意义,或在当时的文化环境中人们认为抚养几个孩子是合适的。⑥ 同样,政治史学者可能研究某一帝国政府的内部运作,而文化史学者则可能专注于当时绘画所展现的宫廷女性日常的生活经历。

文化史鼓励跨学科研究。它在某些重要方面受到人类学、文学、语言学、性

---

① Miri Rubin, Cultural History I: What's in a Name?, *Making History: The Changing Face of the Profession in Britain*; Lynn Hunt, ed., *The New Cultural History*, University of California Press, 1989, p.12.

② Joyce Appleby, Lynn Hunt and Margaret Jacob, *Telling the Truth About History*, New York, 1994, p.218.

③ Lynn Hunt, ed., *The New Cultural History*, University of California Press, 1989, p.7.

④ Joyce Appleby, Lynn Hunt and Margaret Jacob, *Telling the Truth About History*, pp.218—220.

⑤ Hunt, *The New Cultural History*, 16—17, 22; Rubin, Cultural History I, p.1.

⑥ Hunt, *The New Cultural History*, 9; Rubin, Cultural History I, p.1.

别研究、文化研究的影响。例如，许多文化史学者追随人类学家克利福德·格尔茨（Clifford Geertz），关注非精英群体所共有的公共信仰、节日、表演等现象。他们效仿琼·斯科特（Joan Scott）等性别史学者，也探索不同时空范围内妇女生活中的臆想和期盼。文化史学者还受到法国后现代文化批评家米歇尔·福柯（Michel Foucault）的影响。他们追随福柯反思史学的路径，反对元叙事和历史唯物主义观。和福柯一样，他们认为历史变迁不是进步的或理性的，强调历史的矛盾、碎片、非持续性以及集体记忆。与宏观史学相比，他们通常对微观历史更感兴趣。①

新文化史善于利用后现代主义的一些概念和方法论工具。其中一个非常重要的方法论工具便是解构主义，这是法国哲学家雅克·德里达（Jacques Derrida）于1960年代晚期提倡的一种阅读方法。德里达认为，文本可以通过多种方式得到解读，而如何被阅读或被记住会随时间而发生改变，所以在文本的表层下常常掩盖了更深层的含义。为了找到许多不同的历史和声音，德里达鼓励学者阅读文本而不是注重结论。②文化史学者的实践已证明，解构文本作为一种有效的阅读工具，有助于获得受压制的、非精英的底层声音及视角。例如，印度殖民史学者已经能"解构"英国政府关于印度起义的报告，从而获得未曾接受教育的印度农民的声音，而这些农民不可能记录自己反抗的动机。同样，性别史学家通过"背道而驰"的方式阅读了男性描述女性的文本，从而更加全面地理解妇女们的经历。③

新文化史也运用符号学方法解释特定的符号与图像，这些内容会随着时间的变化而产生多重意义。符号学注重研究符号、标志在语言与社会中的属性及其相互关系，

---

① Anna Green and Kathleen Troup, editors, *The Houses of History: A Critical Reader in Twentieth-Century History and Theory*, New York University Press, 1999, pp.301—305; Christopher E. Forth, Cultural History and New Cultural History, *Encyclopedia of European Social History*; Hunt, *The New Cultural History*, pp.7—9, 12, 18; Rubin, Cultural History I,p.2. 有关新文化史的经典著作，可参考：Caroline Walker Bynum, *Fragmentation and Redemption: Essays on Gender and the Human Body in Medieval Religion*, Zone Books, 1991; Roger Chartier, *The Cultural Origins of the French Revolution,* trans. Lydia Cochrane, Duke University Press, 1991;Robert Darnton, *The Great Cat Massacre and Other Episodes in French Cultural History*, Basic Books, 1984; Carlo Ginzburg, *The Cheese and the Worms: The Cosmos of a Sixteenth-Century Miller*, trans. John and Anne Tedeschi, Johns Hopkins University Press, 1992;Mona Ozouf, *Festivals and the French Revolution*, trans. Alan Sheridan, Harvard University Press, 1988.

② Green and Troup, *The Houses of History*, pp.297—301;Appleby, Hunt, and Jacob, *Telling the Truth About History*, pp.207—208.

③ Shahid Amin, Gandhi as Mahatma: Gorakhpur District, Eastern UP, 1921-22, in *Selected Subaltern Studies*, pp. 288—342; Green and Troup, *The Houses of History*, pp.303—304.

涉及如何赋予意义、如何呈现现实等内容。[①] 作为符号学分析的创始人之一，语言学家费尔迪南·德·索绪尔（Ferdinand De Saussure）强调象征意义与象征实体、词语或图像与其所指概念之间联系的任意性。哲学家安伯托·艾柯（Umberto Eco）、人类学家克利福德·格尔茨（Clifford Geertz）、维克多·特纳（Victor Turner）已证明，符号和关键词是"文化单元"。这些文化单元能够在其存活的社会或文化体制中呈现出多重意义。格尔茨将符号与象征定义为"意义的媒介"，而这些媒介在给予其生命的特定社会中扮演着与众不同的角色。他写道，个人和团体建构并解构了符号系统，正如他们努力使"发生在自己身上的各类事件"富有意义。特纳也倡导研究者去探寻符号的意义如何在其文化背景中发生改变。[②]

文化史学者利用符号学方法来考察个人和团体如何建构、解构从而使其日常事务都富有意义的符号系统。他们进而追踪特定符号的意义如何使其文化环境发生改变。例如，欧洲巫术史学者探讨巫婆的视觉形象以及相关的事实报告和小说故事，以此来分析术语"巫婆"的多重意义，并说明"巫婆"如何表现出对性别的恐惧和欲望。[③] 同样，灾害史学者密切关注不同文化、不同时代的灾难与其受害者以什么样的方式被描述和呈现。

## 二、西方灾害史研究中如何应用新文化史？

### 从文化史看爱尔兰大饥荒（1845—1849）

自 1990 年代起，欧美史学家开始利用新文化史方法研究饥荒、洪水等重大灾难。西方近代最著名的饥荒是 1845—1849 年间的爱尔兰大饥荒。在此期间，据《1800 年合并法案》，爱尔兰仍正式隶属于强大、富裕的联合王国。[④] 然而，一场前所未有的枯萎病五年内先后四次（1845、1846、1848、1849）毁灭了爱尔兰的土豆收成，并造成当地以土豆为生的民众遭遇灾难性的食物短缺。当时，英国辉格党政府坚持认

---

① 参考 Daniel Chandler, *Semiotics: The Basics*, Routledge, 2002; John Lechte, *Fifty Key Contemporary Thinkers: From Structuralism to Postmodernity*, Routledge, 1994, pp.127—130, 145—151.

② Lechte, *Fifty Key Contemporary Thinkers*, pp.127—130, 145—151; Clifford Geertz, *Local Knowledge*, Basic Books, 1983, pp.11—12, 118—120; Victor Turner, *The Forest of Symbols: Aspects of Ndembu Ritual*, Cornell University Press, 1967, pp.43—46.

③ Green and Troup, *The Houses of History*, p.304; Diane Purkiss, *The Witch in History: Early Modern and Twentieth-Century Representations*, Routledge, 1996; Lyndal Roper, *The Witch in the Western Imagination*, University of Virginia Press, 2012.

④ Noel Kissane, *The Irish Famine: A Documentary History*, National Library of Ireland, 1995, p.1. 根据《1801 年合并法案》，爱尔兰不再拥有自己的议会，而是隶属于大不列颠及北爱尔兰联合王国议会。

为，政府在饥荒期间应充当极为简单的角色。该政党执政于 1846 年 6 月至 1852 年 9 月。[①] 自 1846 年夏季上任后，首相约翰·罗素勋爵（Lord John Russell）与其行政机构停止向爱尔兰西部郡县以外的所有地区进口食物，因为那里的饥荒最严重。他们通过了新的立法，强迫爱尔兰土地拥有者通过市政工程来负担赈灾的主要经费，而非英国政府。1846 年秋天，爱尔兰土豆产量再次遭遇更为严重的下降。即便如此，英国政府仍坚持明显的不干预态度，从而导致了以工代赈需求的剧增，以及价格迅猛上涨、大量民众挨饿等严重现象。[②] 正如财政部助理秘书查尔斯·特里维廉（Charles Trevelyan）在 1846 年 10 月坦率地写道，"这种态度使政府在提供食物或增加土地生产方面没有发挥任何作用"。[③] 饥荒结束时，约 100 万人死于与之相关的疾病、饥饿，这几乎是爱尔兰灾前全部人口的八分之一。此外，近 150 万人在大饥荒期间移居国外。[④] 饥荒对爱尔兰产生了巨大、持久的人口影响和经济影响，时至今日，爱尔兰的人口仍只是 19 世纪 40 年代早期的四分之三。这场大饥荒在 1840 年代被媒体密集报道，形成了为数众多的档案资料。而且，饥荒期间及之后移居美国、英国、澳大利亚的许多爱尔兰人都可以讲出生动形象的灾难故事。所有这些方面在塑造本次饥荒成为"最负盛名的历史灾害"中发挥了作用。[⑤]

**对饥荒的文化反应：**过去几十年间，爱尔兰学者俨然成为利用新文化史来分析爱尔兰大饥荒的先行者。首先，通过考察 1840 年代英国的文化背景和意识形态背景，彼得·格瑞（Peter Gray）、帕特里克·奥沙利文（Patrick O'Sullivan）、查理德·克里斯汀（Richard Lucking）等学者提出，英国无法利用自身重要的金融、组织资源有效缓解爱尔兰的饥荒问题。他们解释道，颇具影响力的古典经济学家如亚当·斯密（Adam Smith）、杰里米·边沁（Jeremy Bentham）、托马斯·马尔萨斯（Thomas

---

① Kissane, p.45. 1845 年，枯萎病来袭时，罗伯特·皮尔勋爵领导的保守党政府掌权。该政府从美国秘密进口了价值 10 万英镑的玉米，以弥补土豆供应不足。然而，根据特里维廉 1848 年出版的危机文献，"麻烦被这笔秘密交易消除了"，这样就避免了"困扰"，"而如果政府在新一级贸易中公开扮演买方，那困扰会必然出现。"（Charles Trevelyan, *The Irish Crisis*, Longman, Brown, Green & Longmans, 1848, pp.44—46.）

② Edward G. Lengel, *The Irish Through British Eyes: Perceptions of Ireland in the Famine Era*, Connecticut: Praeger, 2002, pp.70—73.

③ Kissane, p.51.

④ Cormac Ó Gráda, *Black'47 and Beyond: The Great Irish Famine in History, Economy, and Memory*, Princeton University Press, 2000, pp.4, 38—43, 105.

⑤ Stewart Fotheringham, Mary Kelly, and Martin Charlton, The Demographic Impacts of the Irish Famine: Towards a Greater Geographical Understanding, *Transactions of the Institute of British Geographers* 38.2 (April 2012), p.221; Ó Gráda, *Black'47 and Beyond,* 3, 195, chapter 7.

Malthus）、约翰·斯图尔特·密尔（John Stuart Mill）等人的著作，主张自由放任的经济学，支持自由贸易的经济政策，批评政府的干预行为。① 在爱尔兰大饥荒期间，古典政治经济学的支配地位促使许多英国评论员认为经济增长是处理危机的最佳办法，而不是政府的援助或基督教的博爱。格瑞称，这在英国产生了一种公众舆论，认为"即便是发生严重灾害的条件下，经济发展同样优先于灾害救济"。利用这种氛围，英国政府要员争论道，即使不干预主义政策在短期内的确会导致更大范围的饥荒，但从长远来看，严格遵守自由贸易政策才会让爱尔兰摆脱灾荒和经济衰退。②

英国不干预主义者也赞同马尔萨斯理论，认为饥荒是上帝或自然解决过剩人口的途径。他们问道：如果现在免受饥饿之苦的灾民往后还会遭受更多痛苦，如果过剩人口的增长不能得到制止，那么，为何还要损害英国经济来挽救灾民呢？③ 宗教信条教导我们，为了使人性向善，人类事务由一种神灵掌管。除了天意，它还支持这样一条广为流传的信仰，即上帝出于自我目的给人间送来马铃薯病疫。④ 不仅英国的政策制定者指望马尔萨斯主义和天意观念能使人们理解大规模饥荒的意义，就连许多英国神职人员也这么认为。克里斯汀写道，将爱尔兰饥荒解释为"上帝的判决"，这是所有教派神职人员和政界要员普遍接受的。只有苦难和赎罪才能从上帝那里带来拯救。这就意味着，即使一场灾难制造了悲惨的大饥荒，那么它也可以"从正面被看作神灵鼓励改革和趁早救赎的标志"。⑤

文化史学者也探讨了饥荒期间爱尔兰人对英国的认同感是如何影响英国政策制定的。爱德华·伦格尔（Edward Lengel）认为，1846 年以后，"英国民众对爱尔兰的情绪日益敌对化"，从而强化了英国反对政府大规模救援爱尔兰的观念。这种广泛的敌对情绪主要来自英国民众对天主教的反感，而天主教却是爱尔兰居于支配地位的基督教派，这使英国人对爱尔兰抱有道德过失的成见，并以此来责备爱尔兰人所遭受的饥荒。1846 年年底，大饥荒进一步恶化，而此时的英国报纸如《泰晤士报》（Times）、《笨拙》杂志（Punch）却愈发谴责爱尔兰人的贫困，指责他们"斤斤计较、

---

① Peter Gray, Ideology and the Famine, in Cathal Poirteir, ed. *The Great Irish Famine*, Mercier Press, 1995, pp.89—90; Patrick O'Sullivan and Lucking, The Famine World Wide: the Irish Famine and the Development of Famine Policy and Famine Theory, in Patrick O'Sullivan, ed.*The Meaning of the Famine*, Leicester University Press, 1997;Christine Kinealy, *The Great Irish Famine: Impact, Ideology, and Rebellion*, Palgrave, 2002.

② Peter Gray, Ideology and the Famine, pp.88—91.

③ O'Sullivan and Lucking, pp.206—208.

④ Gray, Ideology and the Famine, p.91.

⑤ Kinealy, Potatoes, Providence, p.142.

忘恩负义"。至 1847 年夏，伦格尔总结道，"部长们似乎确信，公众反爱尔兰的情绪早已刻骨铭心，甚至妨碍到开展进一步的实质性救援。"① 总而言之，爱尔兰大饥荒期间，英国政府并没有向爱尔兰提供有效的援助，即使它有办法这样做。在该案例中，仔细考察文化背景和意识形态背景可以帮助历史学家更全面地理解这一问题。

**饥饿符号学**：爱尔兰饥荒的研究者还利用解构、符号分析等文化史方法，解读了从那场大饥荒中得到的重要口述与图像资料。例如，爱尔兰文学教授克里斯·茅斯（Chris Morash）研究饥荒文献并非主要为了论述饥荒的真实过程，相反，他是为了寻找反复出现在英国饥荒中的叙述模式和关键词，并通过探究这种模式告诉我们，当时的评论员是如何解释饥荒的。在研读有关爱尔兰饥荒的文学、历史、宗教、经济学著作中，茅斯注意到英国人不断指责爱尔兰当地缺乏铁路的这一事实。其实，引发爱尔兰饥荒的主要因素并非交通匮乏问题，因为爱尔兰国土面积小且灾区多为水运便捷之地。因此，茅斯进一步探究为何饥荒文本如此频繁地将话题转向铁路。他确信，对于当时的英国评论员们来说，饥荒造成的死亡和疾病是对进步理念的一种攻击，这种理念通常以绵延不绝、闪闪发光的铁轨为象征。茅斯认为，进步理念对 19 世纪中叶的许多西方人而言是神圣的。当英国民众看到爱尔兰灾区成片的集体墓地与贫瘠土地时，他们根深蒂固的进步理念受到了冲击，因为他们原本以为进步是无处不在的。茅斯写道，"随着铁路、环境卫生这些可见的物质进步以及公民社会中宗教仪式的消失，进步理念本身也开始得到广泛传播。"对于当时的英国评论员们来说，饥荒中的爱尔兰是"进步的敌人"，令人恐惧、迷惑。② 可见，通过批评爱尔兰缺乏铁路并（错误地）坚持铁路能够缓和饥荒形势，当时的英国评论员们既捍卫了进步理念，又回避了对解救爱尔兰深重苦难的责备。

茅斯和另一位爱尔兰饥荒研究者玛格丽特·凯莱赫（Margaret Kelleher），也利用新文化史方法分析了特殊的图像资料，这些图像显示了大饥荒的悲惨画面。在讨论爱尔兰饥荒的文学表现时，茅斯假设"作为文本事件的饥荒"由图像组成。"作为游离、孤立的苦难象征"，这些图像的意义主要源于"它们自身的奇异与悲惨"。茅斯指出，一场大饥荒通常会扰乱人们对因果关系的认知，从而妨碍其形成具有连续性的叙事能力。由于饥荒的残暴性难以用语言进行充分描述，进而造成文学传统的中断，所以饥荒文献常常被建构成"拥有独立符号的档案，能融入许多持续性的符号体系中"。爱尔兰案例中，关键的图像包括母亲没有能力为饥饿的孩子提供食物，"皑皑白骨"，

---

① Lengel, pp.69, 75, 110—111. 也可参考 Gray, pp.91—93.

② Chris Morash, *Writing the Irish Famine*, Clarendon Press, 1995, pp.13—16.

以及死尸发绿的嘴巴证明了他们为求生存而吃草这种徒劳的挣扎。[1]

玛格丽特·凯莱赫的灾荒史著作表现出对性别和形象的浓厚兴趣。她分析了在爱尔兰饥荒和20世纪孟加拉饥荒（1943）中苦难深重的妇女形象。她认为，饥荒叙事呈现了一个非常古老的传统案例，即由于妇女拥有更显著的力量来感动读者或观察者，因此她们的形象通常被用作"意义的载体"。她写道，"妇女的形象被反复用来塑造崩溃或危机的时刻——在社会团体、政治权威的话语或叙事本身之中"。凯莱赫断定，女性的挨饿形象预示着"保护主要对象"和生计的失败，从而表达出人们对饥荒最深层次的恐惧。关于爱尔兰饥荒的描述屡次使用了这些形象，如一位饥肠辘辘的母亲让她奄奄一息的婴儿吮吸自己干瘪的乳房，或饥饿的孩子还在吃着已过世母亲的奶水。[2]凯莱赫追随朱丽娅·克里斯特瓦（Julia Kristeva）和沃纳（Marina Warner），将母乳视为"生命源泉的主要象征"，所以，母亲干瘪的乳房是"饥荒中最为可怕的现象之一，表达了一种原始的恐惧。在这种恐惧中，'生命的源泉'如今已死。"[3]其他史学家中，欧葛拉达（Cormac O Grada）和大卫·菲茨帕特里克（David Fitzpatrick）试着考察那些家庭成员——男性或女性、年轻或年老——最可能或最不可能在饥荒中活下来，但关于年龄和性别的特定文化信仰无疑会影响此问题的答案。[4]

**复原遗失的声音**：过去几十年间，文化史学者已利用种种非传统资源，去充分了解遭受饥荒或洪灾的贫困乡村的悲惨景象，但这些灾区却很少能留下关于灾情的文字记录。例如，另一位爱尔兰大饥荒的研究者卡瑟·鲍尔替尔（Cathal Poirteir）利用民间记忆来探讨爱尔兰农民如何解释、经历、记住这场饥荒。他认为，尽管在爱尔兰大饥荒结束一个世纪后，饥荒幸存者的后辈儿孙向19世纪40年代爱尔兰民间调查委员会所作的口述访谈，存在着一些事实误差与年代错误，但是，关于饥荒的

---

[1] Chris Morash, Literature, Memory, Atrocity, in *Fearful Realities: New Perspectives on the Famine*, ed. Chris Morash and Richard Hayes, Irish Academic Press, 1996, pp.112—114, 117; Margaret Kelleher, *The Feminization of Famine: Expressions of the Inexpressible?* Cork University Press, 1997,pp.22—23. "饥饿符号学"一词借鉴自茅斯。

[2] Margaret Kelleher, *The Feminization of Famine: Expressions of the Inexpressible?* Cork University Press, 1997, pp.6—8, 23—24, 29, 60 n. 44—45.

[3] 参考 Julia Kristeva, Stabat Mater 在 Toril Moi, ed., *The Julia Kristeva Reader*,Basil Blackwell, 1986, pp.174—182 和 Marina Warner, *Alone of All Her Sex: The Myth and Cult of the Virgin Mary*, Vintage Books, 1983 中再版、翻译。

[4] Ó Gráda, *Black'47 and Beyond*, pp.101—104; David Fitzpatrick, Women and the Great Famine, *Gender Perspectives in Nineteenth-Century Ireland: Public and Private Spheres*, ed. Margaret Kelleher and James H. Murphy, Irish Academic Press, 1997.

民间访谈，仍提醒我们应留意政府报告与其他精英资料中常常忽视的声音和议题。卡瑟发现，受灾最重的民众常常将引发饥荒的马铃薯枯萎病解释为上帝对灾前人们浪费行为的惩罚。他们对饥荒的记忆集中于文字材料中极少讨论的议题，如人们吃替代性食物求生，偷窃和暴力行为的增加，新教团体试图以食物诱惑爱尔兰天主教徒皈依新教，将移民海外作为关键求生途径的人数大幅增加，灾赈官员所建救济院之恐怖形象，无法为众多饥荒遇难者提供最起码的葬礼，以及善有善报的离奇故事。[①]

## 从文化史看非洲和美国的灾害

当爱尔兰大饥荒的研究者率先运用新文化史方法研究灾害史时，世界其他地区的灾害史学者也发现了文化史研究路径的优势所在。例如，历史学者梅根·沃恩（Megan Vaughan）利用非传统资料研究了20世纪非洲饥荒中的性别遭遇。当搜集完有关时为殖民地的马拉维1949年大饥荒的有限文字史料后，沃恩利用对年长的饥荒幸存者的访谈，创造性地发现并利用了当地非洲妇女捣玉米时所唱的"击打歌曲"。她发现，那些歌曲给出了关于饥荒的性别描述，这是文字资料中所没有记载的。妇女们的饥荒记忆显示，饥荒期间，许多丈夫抛弃妻子，独自逃荒至其他地区求生，却没有寄给灾区家中任何食物，并在逃荒地与其他女子结婚，最终也没有返回老家。这些歌曲同样表明，稀缺的食物资源在家庭内部没有得到平均分配。因为自身行动受限，携带小孩的妇女比她们的丈夫更容易挨饿。[②]

另一个运用文化史方法分析灾害的案例，则是美国历史学者理查德·米泽勒（Richard Mizelle）利用非裔美国人的布鲁斯音乐来勾勒黑人灾民的饥荒经历，这种音乐创作于1927年密西西比河大洪水之后。作为美国历史上最大的灾害之一，1927年大洪水是由于强降雨冲毁大量用于控制河流的水坝和防洪堤所引起的。由于20世纪20年代美国的种族主义环境，洪水对贫穷的非裔美国社区产生了毁灭性影响。这些社区通常位于低洼或被忽视的地区，无法得到防洪堤的保护。然而，仅含极少黑人一手文献的1927年洪水档案资料，将灾害原因部分归结于20世纪20年代非裔美国社区的高文盲率，从而忽视了寻找更为重要的非裔美国人的声音，即便有也是由白人官员与历史学者编写书面材料来呈现。因此，米泽勒转向了黑人布鲁斯音乐家所记录的歌曲，以弥补"那些颠沛流离、被边缘化的人们"的经历。他发现，在洪

---

① Cathal Poirteir, *Famine Echoes*, Gill and Macmillan, 1995.

② Megan Vaughan, *The Story of an African Famine: Gender and Famine in Twentieth-Century Malawi*, Cambridge University Press, 1987, pp.30—37; Megan Vaughan, Famine Analysis and Family Relations: 1949 in Nyasaland, *Past & Present* 108 (August 1985): pp.177—205.

水过后的几年间，名声大振的布鲁斯歌曲记录了黑人在枪口下被迫修建堤坝的遭遇，而这些堤坝却通过将洪水排入贫困的黑人社区，来达到保护富裕白人社区的目的。其他布鲁斯歌曲显示，黑人遇难者因不被重视，甚至未被统计在官方的洪水死亡人数之中，同时，还明显暴露出当时的赈灾过程存在针对白人和黑人难民的严格种族隔离现象。①

总而言之，自 1990 年代以来，通过复原那些因阶层、种族或性别而最易遭受饥荒或洪水损害的群体的经历，文化史学者已经在灾害史研究领域做出了重要贡献，至少能够列入文化精英所记录的灾难叙事之中。他们运用符号学、解构方法等文化史工具，更深层次地考察精英和平民如何解释、描述并寻找饥荒、洪水等灾害出现的原因与意义。

## 三、从新文化史方法看中国灾害研究

提及运用新文化史方法研究中国灾害史的案例，早期有彭慕兰（Ken Pomeranz）关于中国近代史上邯郸雨神的文章（1991），伊懋可（Mark Elvin）关于晚期中华帝国"天谴论"的文章（1998）。② 两位学者"逐字逐句地阅读了当事人的相关史料，以发现时人自身的解释模式"，③ 并理解中国人对灾荒缘由及应对方法所做出的基本文化预设。2008 年，我的著作《铁泪图：19 世纪中国对于饥馑的文化反应》完成，这似乎是第一部明确利用新文化史方法论来研究中国灾害的论著。④ 运用不同的理论方法研究灾害史，让我能够探讨 1876 至 1879 年间华北饥荒的新内涵。这是中国历史上最为严重的旱灾。这场被称作"丁戊奇荒"的灾难席卷了山西、河南、山东、直隶和陕西五个华北省份。1876 年，一场严重的干旱在黄河流域开始出现。1877 年几乎滴雨未降，使形势骤然恶化。1878 年末，降雨到来时，灾区的 1.08 亿人口中估计有

---

① Richard Mizelle Jr., *Backwater Blues: The Mississippi Flood of 1927 in the African American Imagination*, University of Minnesota Press, 2014, p.11, Introduction, chapter 1.

② Ken Pomeranz, Water to Iron, Widows to Warlords: The Handan Rain Shrine in Modern Chinese History, *Late Imperial China* 12, no. 1 (June 1991); Mark Elvin, Who Was Responsible for the Weather? Moral Meteorology in Late Imperial China, *Osiris* 12 (1998): pp.213—237.

③ Paul R. Greenough, Comments from a South Asian Perspective: Food, Famine, and the Chinese State, *Journal of Asian Studies* 41.4 (August, 1982): p.792.

④ Kathryn Edgerton-Tarpley, *Tears from Iron: Cultural Responses to Famine in Nineteenth-Century China*, University of California Press, 2008.

900—1300 万人丧命。[①] 本人的研究并没有主要聚焦于这场可怕饥荒的原因、过程及影响，而是重点考察晚清社会中不同层次的观察者如何解释、描述并记住这场饥荒。

## 经历灾荒、找回遗失的声音

首先，此书第二章标题为"经历饥荒：解州一首饥荒歌谣中的受难等级制度"，借鉴卡瑟的方法，利用有关饥荒的民间传说、口述访谈以及地方志、歌谣、碑刻、木刻图画等资源，以获得灾情最重的晋南饥荒经历。为了能给灾害史研究者和饥荒经历者提供"集理性与情感于一体的表达"，这一章把历史背景与饥荒歌谣、当地灾民的苦难相结合。[②] 仔细阅读第一手资料及流传至今的民间创作，能够更好地理解1876—1879 年饥荒期间"受难的等级制度"，或山西社会不同阶层的人群如何体验灾害。笔者发现，几乎每位晋南人都遭受了"丁戊奇荒"严峻而漫长的不利影响，但其受难的起始时间和程度却极其多样。

## 不同解释框架之比较

其次，此书之包含四章篇幅的第二部分"赞扬和责难：饥荒成因的解释性框架"，并未聚焦于 21 世纪史学家们如何解释"丁戊奇荒"，而是关注晚清时期不同阶层的中国民众和外国经历者如何解释、回应这场 1876—1879 年的大灾难。贯穿始终的核心问题是分析对于饥荒的各类不同的文化、政治反应。无辜饿死者的形象令人极为不安，或许饥荒能为审视灾难的文化反应提供一个格外生动的窗口。正如历史学者保罗·格瑞诺夫（Paul Greenough）所建议的，"洪水、饥荒等灾害刺激了有关文化终极价值、是非观念、合法与非法的讨论"。[③] 虽然一场大饥荒能考验、解释任何社会的价值观念与预设，但是，饥荒迫使人们不得不做出的何种行为构成了道德的与不道德的反应界限，这种界定会随时间、地点、社会阶层、文化的改变而改变。

灾害期间及之后，山西灾民的幸存者、中国官员、救济灾民的外国人员、新闻记者以及上海通商口岸的慈善家们都在努力解释，为什么会发生如此大规模的饥荒，将来如何预防类似可怕饥荒的再次发生。我比较了饥荒发生缘由的多种解释，并将其放在更宽广的意识形态框架内。文化史方法使我设定了如下问题：19 世纪 70 年代晚期的灾害观察者提出了哪些不同的灾害起因解释？哪些人被界定为文化意义上的

---

① R.J. Forrest, China Famine Relief Fund (Shanghai, 1879), pp.1, 9.

② Mary Daly, Revisionism and Irish History: The Great Famine, in *The Making of Modern Irish History*, D.G. Boyce and A. O'Day eds., Routledge, 1996, p.86.

③ Greenough, Comments from a South Asian Perspective, p.792.

英雄与恶人？他们因缓解或恶化灾荒的严重程度而被予以赞扬或谴责。观察者和评论者们使用了何种标题与关键词，使他们对灾害的解读能够令其受众信服且觉得有意义？最后，在中英两国的评论者们看来，采取何种措施才能有效地检讨此次灾荒并预防未来的灾荒？

《铁泪图》表明，华北大饥荒所带来的精神创伤给晚清中国的关键转型期制造了极具挑战性的社会环境。晚清不同社会阶层的评论者们往往持有这样的预设，即灾害的降临可能与上天对人类的惩罚、特别是对官员恶行的愤怒相关。同时，他们对灾荒的基本含义有着多种多样的解释。例如，晋南地区的文化人将饥荒视为对儒家伦理传统及其强调的女性贞操、孝道的首要威胁，而上海通商口岸的精英人士则视其为对国家改革的呼吁。在京师，清朝的保守派官员们利用对饥荒的讨论来突出仁君的家长式责任。与此相对，支持自强政策的洋务派官员们则将外患视为比饥荒更大的威胁，并试图降低政府在赈灾方面的支出。此外，英国的报业人士和外国传教士则普遍认为，灾荒是清朝官员无能、腐败的铁证。可见，文化史研究路径有助于从更多元的层面理解灾荒本身以及中国 19 世纪晚期危机的复杂性。①

## 饥饿符号学

最后，此书第三部分题为"饥饿的图像：影像、神话和幻觉"，其中各章利用解构和符号学方法来考察、分析 1876—1879 年大饥荒中具体的文化形象。笔者关于晚清中国"饥饿符号学"的分析受益于爱尔兰饥荒研究者茅斯和凯莱赫。在中国的案例中，家庭内人吃人、出售饥饿妇女的形象贯穿于有关华北饥荒的各类资料。第 7—9 章探讨的这些令人不安的"饥饿图景"被引用为各种各样的目的，其中包括清代社会不同阶层的中国观察者以及 1960 年代再生这些图景的 20 世纪中国教育者们。②

对创伤的跨文化研究表明，当苦难是一种普遍的、最典型的人类经验时，这种经验的意义和模式却极其多样。例如，人类学家凯博文（Arthur Kleinman）与其妻子汉学家凯博艺（Joan Kleinman）关于苦难文化形成的文章显示，《纽约时报》的一张照片如何名声大噪，以至于它对美国人来说成为了真实的"饥饿图景"，而这种饥荒描绘实际呈现了明显的西方倾向。通过集体灾难的个性化，这张照片描绘了一个饥饿的苏丹女童被秃鹰以外的所有事物抛弃，让苏丹饥荒"按西方意识形态化的模式

---

① Edgerton-Tarpley, *Tears from Iron*, chapters 3—6.

② Ibid. chapters 7—9.

来呈现：它变成了孤独个体的经历。"①

在晚清中国与同时代的美国，"丁戊奇荒"的观察者们力争描述饥荒难以言表的悲惨性，也试图弄清楚这样一场无法形容的灾难为何会降临在华北诸省。萦绕在人们心头且被中国观察者反复描述的大规模饥饿图景，包括饥肠辘辘的妇女被其绝望的家庭卖到妓院、为求生而出卖肉体的女性、杀死并吃掉家人的饥民。这些与众不同的"饥饿图景"，根据其存在的社会或文化系统，蕴含着一系列令人迷惑的意义，并被用于多种惊人的目的。②

**买卖饥肠辘辘的妇女**："丁戊奇荒"期间，山西本地文人和上海通商口岸的中国记者与慈善家们都参与到了"饥荒的女性化"或"通过妇女形象来表现饥荒及其影响"之中。③尽管买卖饥饿妇女是各类与饥荒相关资料中一个重要的隐喻，但中国观察者们试图利用女性饥饿图景来展示的危机本质却出现了戏剧性变化。在山西当地的饥荒文本中，饥荒给构成传统社会基础的儒家家庭伦理体系带来极大压力。被地方精英选择并突出饥荒恐怖性的这种女性化图景，正好反映了这一焦点情况。受过教育的幸存者们拼命挽救或恢复受饥荒威胁的传统信念，尤其是女性贞节、节俭、孝道等。山西本地的知识分子期待着处于人生不同阶段的饥饿妇女选择不同的行为。他们在饥荒中将女儿放置到极为危险的状况下，并要求年轻的妻子和寡妇坚守贞洁、牺牲自我，直至死亡。反之，年迈的老母亲在多数情况下被描写成值得为之牺牲的人，而不是那些本该挨饿而让他人活下来的人。于是，为地方精英恢复秩序服务的饥荒图，包括未婚的女儿，宁愿挨饿或自杀也不肯失身的妻子、寡妇，或被孝子救活的老母亲。相比之下，令社会焦躁不安的形象为无节操的女人，她们沿途卖身以换取食物。总之，地方性饥荒中的各类妇女形象对应着儒家思想所划分的道德与不道德的定义。地方人士企图利用女性化的饥荒形象挽救或恢复贞节、孝道等受到饥荒威胁的传统理念。④

与此相反，上海的商人和精英人士以极为不同的方式实施了"饥荒女性化"的

---

① Arthur and Joan Kleinman, The Appeal of Experience; The Dismay of Images: Cultural Appropriations of Suffering in Our Times, *Daedalus* 125.1 (1996): pp.1—24.

② 参考 Daniel Chandler, *Semiotics: The Basics*, Routledge, 2002; John Lechte, *Fifty Key Contemporary Thinkers: From Structuralism to Postmodernity*, Routledge, 1994, pp.127—130, 145—151; Clifford Geertz, *Local Knowledge*, Basic Books, 1983, pp.11—12, 118—120; Victor Turner, *The Forest of Symbols: Aspects of Ndembu Ritual*, Cornell University Press, 1967, pp.43—46.

③ Kelleher, 2.

④ Edgerton-Tarpley, *Tears from Iron*, chapter 7.

举措。面对外国对买卖妇女现象的批评，江南的商人和慈善家将饥荒视为对改革的呼吁，而买卖饥饿妇女则是民族的耻辱。他们刻版发行了载有受难妇女图像的名为《河南奇荒铁泪图》的小册子，目的是为了激励同胞支援救灾，并赎回被卖掉的妇女们。灾区猖獗的妇女拐卖现象推动江南的改革派人士将饥荒视为一场民族危机，而不只是对儒家道德伦理或大清帝国的威胁。有关妇女们被婆家因饥饿出售为妾或妓的悲惨命运被上海媒体接二连三地报道，通商口岸的一些改革派人士开始将赎回饥饿妇女与拯救国家连为一体。在灾荒发生过程中，从人贩子手中赎回、"挽救"饥饿妇女，成为精英人士对抗饥荒破坏力和外国对华无休止谴责的一种途径。①

文化史方法也能用来探讨 20 世纪饥荒中的人口贩卖现象。灾区的妇女买卖一直持续到新世纪，但有关这种现象的解释随着时间的变化发生了改变。例如，1942—1943 年河南饥荒期间，冀鲁豫边区的中共赈灾干部就明确讨论了妇女买卖问题，这与晚清的赈灾者们非常不同。中共的报告从经济层面而非道德层面来分析贩卖人口的动机与影响，并没有提及买卖妇女对女性贞节构成的威胁。中共的赈灾干部们也没有把被出售的妇女描述成无助的受难者。相反，他们强调女性的自主能力，规定饥荒期间被丈夫卖掉的妇女既可以选择回到原来的家中，也可以继续留在被卖给的那家生活。②

**食人主义**：1870 年代的饥荒故事中频繁出现的另一种形象是与饥荒相关的食人主义。饥荒中人肉被出售在商铺和市场上，这种说法在许多饥荒文本中出现过，正如文本中的连续性描写——从吃死人到杀死家人并食用他们。生动描述杀死家人并把他们吃掉的地方文本，被山西的天主教和新教传教士作为文学纪实传播到了上海的中外出版物中。由于怀疑大量饥民被迫杀死并吃掉自己的家人而不是从饿死的陌生人尸体上去剥肉吃，笔者力争解构家庭内部的食人主义图景。这么做既是为了探寻阴暗叙事中的文化力量，也是为了解释它为何在饥荒叙述中广泛出现。虽然人相食现象作为孤立事件在饥荒期间可能发生过，但笔者在《铁泪图》中想要表达的是，食人主义形象主要是一种隐喻性表达，能够说明饥荒对家庭单元的毁灭性破坏。笔者指出，对食用彼此父母、儿女的显著聚焦，证明了许多此类描述的隐喻特质。这些描述摧毁了涉及人类社会五大基本关系的儒家伦理原则，其中四项为等级体系——号召年轻人遵从年长者、女人遵从家中的男人。山西的饥荒叙事中经常写道，儿子、女儿、妻子和弟弟杀死他们的父亲、母亲、丈夫和哥哥，并将其吃掉。可以设想，

---

① Edgerton-Tarpley, *Tears from Iron*, chapter 8.

② 《冀鲁豫行署关于处理因灾荒买卖人口纠纷的指示》（1943 年 1 月 12 日），《革命历史档案》G12-01-15，河南省档案馆。

这样的叙述也许不仅是字面上的食人主义，更是强调饥荒对融洽的家庭关系破坏到何种程度的一种叙事。此类图景也威胁着统治者与被统治者之间的和谐愿望，从而引发对家庭、社会、政治忠贞和道德整体滑坡的恐惧。总之，笔者认为，正如坚守贞节的妻子和依旧遵行孝道的儿子的形象，有助于强化已动摇的那些儒家信条一样，对孩子们违背孝道杀死并吃掉亲生父母的描述，表达了一种对可毁掉或"吃掉"儒家文化的大饥荒的根深蒂固的恐惧。[1]

笔者不再完全信服于自己对 19 世纪 70 年代饥荒文献中关于食人主义图景所做的文化史分析。自《铁泪图》2008 年出版以来，本人有关 1942—1943 年河南饥荒的研究以及其他有关饥荒的高质量著作表明，在 20 世纪的中国饥荒中出现了许多证据确凿的家庭内部人吃人的案例，并留下大量详细的记录，如人吃人案例的时间地点、罪犯的姓名、被吃掉的受害者姓名、是把受害者的尸体挖出来吃掉还是杀死吃掉等等。[2] 报告饥荒中食人事件的政府官员，通常有强烈的政治动机来低估其治下地区饥荒的严重程度，而非夸大。[3] 此外，特别是毛时代发生的饥荒期间，通过强调饥荒对儒家家庭伦理的威胁来凸显饥荒之可怕，这对中共官员没有任何意义。可见，笔者关于晚清家庭内部人吃人叙事的隐喻性观点，并不适用于民国及毛时代的中国饥荒。总之，文档资料保存良好的 20 世纪饥荒促使我相信，在中国大饥荒期间，包括家庭人吃人在内的食人主义比文化史方法所考虑的问题有更广泛的实践性。

## 从文化史看"救荒食品"

大饥荒期间，一些中国饥民求助于非粮食类的求生食物，在其长长的清单中，也可能将食人主义视作最后、最可恨的"救荒食品"。目前，笔者正在研究 19—20 世纪中国饥民用以求生的"救荒食品"。学界对中国救荒食品的现有讨论趋向于罗列饥民在荒年食用的各类食物，并对其进行分类。利用文化史框架，笔者主

① Edgerton-Tarpley, *Tears from Iron*, chapter 9.

② 张广嗣：《张广嗣关于河南省旱灾情况及救灾情形的调查报告》，《中华民国史档案资料汇编》卷 8，江苏古籍出版社，1991 年，第 560—566 页；Zhou Xun, ed., *The Great Famine in China, 1958—1962, a Documentary History*, Yale University Press, 2012, pp.59—71. 也可参考 Andrea Janku, From Natural to National Disaster: The Chinese Famine of 1928—1930, in Janku, Gerrit J. Schenk, and Franz Mauelshagen, eds., *Historical Disasters in Context: Science, Religion, and Politics,* Routledge, 2012, pp.227—260.

③ 国民党官员张广嗣被派去调查 1942—1943 年饥荒期间河南的情况，他在报告中记录了 14 个证据充分的吃人案例，但补充到，当地领导却因害怕受到处分通常将这些人吃人的报告压下来（《张广嗣关于河南省旱灾情况及救灾情形的调查报告》，第 560—566 页）。

要探讨晚清、民国、共和国时期在"救荒食品"的选择、概念化以及政府保障方面的变化与连续性。主要借助下列大饥荒案例进行研究：1876—1879 年的华北饥荒、1942—1943 年的河南饥荒、1958—1962 年的大跃进。它们分别在三个明显不同的政权时期袭击了华北地区。穿插在三个时段中的连续性包括精英人士参与辨识能够充饥的各类食品。起初是树皮、野生植物，后来扩展至"观音土"，最后就连人肉也成了特殊的非粮食食品。上述三场饥荒期间，地方灾民均以此为生。

　　启发我开展最新研究的一个文化史问题，便是文化形态如何塑造饥荒时期的饥民食用何种食品。历史学家大卫·阿诺德（David Arnold）已证明，尽管饥荒环境使许多非食物的物品转变成食物，但对求生食品的选择与概念化继续受到已有文化观念的影响。阿诺德举例道，19 世纪种姓制度下的印度教徒，"无法被说服放弃其禁吃牛肉的宗教习俗"，"在许多案例中，他们也不接受赈灾中低种姓厨师准备的食物"。总而言之，"食物没有仅仅因为一场饥荒就丧失其神圣或渎神的文化内涵"。[①] 在晚清、民国和毛时代中国饥荒中出现的一些求生食物支持了阿诺德的观点。饥民将高岭土称为"观音土"，从而使食用该物质更容易为人接受。这一事实表明，宗教信仰在选择救荒食品方面起到了作用。观世音菩萨俗称观音，是晚期中华帝国的一个重要神祇。她起初是作为一位印度男性神灵进入中国，但与中国本土的女性神灵妙善相融合。在有关妙善公主的传说中，尽管父亲对她十分残忍，但当父亲生病时，妙善"用自己健康的四肢替换父亲萎缩、腐烂的肢体，还把自己的眼睛给父亲用作药物"，这样才使父亲起死回生。然后，她去了天堂，在那里解救其所目睹的受难冤魂。通过这些慈悲、奉献的行为，妙善从根本上被改造成了观音菩萨。她的诞辰是清代朝圣祭拜的盛大节日。[②] 因此，饥荒中的饥民普遍向仁慈的观音和"观音土"求助，也就不足为奇了。饥饿的民众食用白土或黏土，类似的描述经常出现在 1876—1879、1942—1943 年的饥荒文献中，甚至到 1960 年，四川渠县的一个调查组报道，来自18 个不同公社的 1 万多人从山坡上把所谓的"观音土"挖出来，用水浸泡后，将其与野生植物掺和、磨碎，最后一小块一小块地吃掉。调查报告显示，老年妇女在挖土的地方烧香、磕头，其他人则靠自己挖的少量泥土充饥。[③]

---

[①] David Arnold, *Famine: Social Crisis and Historical Change*, Basil Blackwell 1988, p.8.

[②] *Susan Mann, Precious Records: Women in China's Long Eighteenth Century*, Stanford University Press, 1997, pp.178—181, 268—269.

[③] "关于渠县部分地区因生活安排不落实群众挖吃'观音土'的调查"，1960 年 8 月。来自《中国大跃进与大饥荒数据库 1958—1962·第二版》（哈佛大学费正清中国研究中心，2014 年）。数据库编者注意到，原始文件的数据不清晰，应始于 1961 年 8 月而非 1960 年。文件发现于四川的一个档案馆。

在 19、20 世纪的中国，尽管文化观念或宗教信仰似乎在高岭土成为救荒食品方面发挥了作用，但此类观念并未限制大饥荒期间饥民的食用品种。以上所论，详细的食人主义报告在大多数饥荒中都普遍存在，其中许多案例涉及家庭内部的人吃人现象。一些中国饥民明显表现出食人倾向，包括食用死尸或吃掉所杀死的家人，这使人们对阿诺德的论点产生了怀疑，即"尽管个人面临着可怕的饥饿，但对食用某些食物的惯有忌讳或偏见可能不会被推翻。"[1]在晚清、民国等历史时期，文化观念中对吃人肉的禁忌在严重的饥饿面前似乎已经崩溃。

尽管大饥荒期间各地食用非粮食食品的种类表明晚清到毛时代有着显著的连续性，但政府支持特殊非粮食食品的程度以及用于宣传此类食品的措辞与方法，却随着时间发生了明显变化。中国精英人士在参与鉴别植物类救荒食品方面有着悠久传统。一个基本的例子是《救荒本草》，这是明代洪武皇帝第五子朱橚（1360—1424）编纂的一本百科全书。1381 年，朱橚被分封到河南开封，成为周定王。通过收集、研究开封地区的各种植物，他对封地内的连年饥荒做出了积极应对。[2]其著作识别了414 种可充当救荒食品的植物，其中 138 种取自早期的中医著作，276 种是通过鉴定新增的。每种植物都附有一个详细的木刻插图，书中亦记载了处理有毒植物的方法，以便于食用。朱橚的著作问世后，明清《药典》也随之汇编而成。[3]

自 20 世纪早期开始，中国的现代化支持者倡导利用科学技术来开展灾害防治与救济，公立的健康卫生部门开始在检测、改进非粮食食谱方面发挥着越来越积极的作用。[4]该趋势在大跃进期间达到顶峰。当时，政府发起了一场"代食品"运动，其目标是在不降低农村粮食采购量的情况下解决食物短缺问题。1960 年 6 月，中国科学院的 22 个不同部门开始研究代食品。中共领导通报了绿藻等非粮食食品和人造肉奶等合成食品的生产与分配情况，但代食品运动最终没能阻止大饥荒，反而导致了

[1] David Arnold, *Famine: Social Crisis and Historical Change*, Basil Blackwell 1988, p.8.

[2] Des Forges, *Cultural Centrality*, pp.15—16;（明）朱橚著，王家葵、张瑞贤、李敏校注，《救荒本草校释与研究》，中医古籍出版社，2007 年，第 1、7 页。

[3] Bernard E. Read, *Famine foods Listed in the Chiu Huang Pen Ts'ao: Giving their Identity, Nutritional Values and Notes on their Preparation* ,1946, reprint Taipei: Southern Materials Center, Inc., 1982;（明）朱橚著，王家葵、张瑞贤、李敏校注：《救荒本草校释与研究》，第 11 页。

[4] 《救荒食品实验结果成效甚佳》，《河南民国日报》，1943 年 2 月 14 日，第 2 页。也可参考 Seung-joon Lee, *Gourmets in the Land of Famine*: *The Culture and Politics of Rice in Modern Canton*, Stanford University Press, 2011, pp.1, 13—14, 114—115.

大量鲁莽的中毒案例。[①]

# 结论

中国灾害史研究在国内外已经得到了长足发展。然而，任何研究领域都能从新路径、新方法中受益。新文化史方法已颇有成效地运用于爱尔兰大饥荒的学术研究中。笔者坚信，将文化史方法运用于中国灾害史领域，能为研究者提供宽广、深入的新思路，并在许多重要方面使该领域得到充实。

---

① Gao Hua, *Food Augmentation Methods and Food Substitutes during the Great Famine,* in *Eating Bitterness*, pp.172—190;《用野生植物农副产品代粮食大有可为：科学院研究粮食代用品的初步成果》(1960年10月17日)，《内部参考》，来自《中国大跃进与大饥荒数据库 1958—1962》(第二版)，哈佛大学费正清中国研究中心，2014年。

# 和而不同：多学科视野下的
# 灾害史研究（2001—2016）

郝 平

（山西大学历史文化学院）

【摘要】受多学科研究视野影响，灾害史领域已逐渐摆脱"就灾言灾"的固有模式，相关成果亦多为各学科互相交叉的产物。基于人与自然、人与社会的互动研究都更加注重人在灾荒中的影响和意义。探讨隐藏在灾荒背后的深层社会内涵，不应只局限于灾荒和救荒本身，而须将其置于特定的历史语境中，研究灾荒中的历史。同时，要广泛收集材料，尊重每一个文本的独特性。

【关键词】新世纪；多学科；视野；灾害史

近年来随着灾害史研究的不断深入，学界在灾害史的研究方法上推陈出新，将各学科交叉研究充分利用到灾害史的研究中，积极开辟灾害史研究的新领域。突破"就灾言灾"等传统研究模式，综合运用自然科学和社会科学中的地震学、气候学、社会学、经济学、生态学、历史学、人类学和心理学等多学科理论体系，对灾害问题进行再深入研究，涌现出一批优秀的研究成果，对灾害史的发展有着极为重要的意义。基于此，笔者将近些年来兴起的新视域下的灾害史研究成果进行归纳总结，希冀对未来灾害史研究的进一步发展提供一些思路和启示。灾害史研究的论文数目庞大，不可能一一介绍，本文只好按类型进行选择性的介绍，难免挂一漏万，敬请学者见谅，不当之处，尚祈指正。

## 一、史学领域的灾害史研究

自邓拓的《中国救荒史》问世以来，中国灾害史的研究在相当长的时间内都未脱离其研究范式，这也在客观上形成了"就灾言灾"的局面。随着上世纪80年代以来研究视野的拓展，相关的研究成果不断涌现，主要集中于灾情、救灾备荒、救荒思想等主要内容上。特别是从社会史、社会文化史和生态环境史等角度为推进灾害史研究进行了积极的探索，就灾荒中的人与社会、人与文化和人与自然的多重互动关系进行了研究，在灾荒与社会、民众意识与日常行为和灾荒记忆等方面丰富了灾害史的研究成果，推动了灾害史研究的深入。

## 1. 灾荒的社会史视角

目前灾荒社会史探讨的主要问题大体可以分为三类：一是灾荒的社会应对机制，多集中于政府和民间不同层次的灾害应对与救济；二是灾荒的社会影响，即灾荒与社会之间的互动关系；三是灾害记忆与民众信仰，探讨民众的灾害意识、灾荒记忆和经历。

灾荒的社会应对研究。救灾历来是学界重点讨论的话题，包括政府和民间社会救灾活动、救灾制度以及民间信仰等方面。近年来，学界尤为致力于民间社会救济的研究以及社会互动研究，其中南方民间救济仍然是学界研究的重点。对宗族[①]、民间医家[②]、商人[③]、同乡组织[④]等群体救灾行为的研究，表明民间救灾群体的研究呈现多样化局面，已突破绅商群体的单一范围。对社会互动研究则主要集中于中央与地方政府之间的互动、地方政府与地方乡绅之间的互动与合作以及城乡之间的互动。

相比之下，近年来北方民间社会救济的研究成果也不断涌现。如叶宗宝《同乡、赈灾与权势网络：旅平河南赈灾会研究》一书，以旅居北平的河南人组成的救灾组织为对象，对旅平赈灾会的成立、运作资金和赈灾活动等进行考察，借此揭示清末民初地方社会"权势网络"的形成与运作。[⑤]论文类研究多集中于单次重大灾荒的灾情及社会应对研究，其中多涉及民间社会救助。郝平以民国二十二年山西阳曲县水灾为例，详细探究了山西农民自强协会阳曲县水灾救济会进行救济的历史过程，认为尽管从空间范围和救济程度来看，民间救济所起到的作用比较小，但作为救灾体

---

① 曾京京：《近代灾赈及社会改良事业中的家族血缘群体——以唐氏无锡东门支为例》，《中国农史》2007年第1期，第100—110页。

② 钱高丽、周致元：《明代徽州的疫病灾害及民间医家应对机制研究——以汪机为例》，《常州大学学报（社会科学版）》2013年第14卷第5期，第59—62页。

③ 张小坡：《论晚清徽商对徽州社会救济事业的扶持——以光绪三十四年水灾赈捐为例》，《安徽大学学报（哲学社会科学版）》2009年第5期，第126—132页。

④ 唐力行：《城乡之间：1947年歙县旅沪同乡会扑灭家乡疟疾运动会》，《史林》2003年第1期，第28—42页。

⑤ 叶宗宝：《同乡、赈灾与权势网络：旅平河南赈灾会研究》，中国社会科学出版社，2014年。

制走向现代化的一种努力与尝试，其意义却非常深远。[①]

灾荒的社会影响。部分学者对灾荒的整体社会影响予以研究。如张祥稳认为天灾严重威胁着乾隆朝的民众生命财产安全、国家粮食安全和财政安全，影响着民心的向背及社会稳定等，引发了多方位和深层次的社会危机，实乃乾隆盛世衰落的主因之一。[②]关于灾害的区域影响，各方面研究更为多见，郝平从社会史的视角考察了明清三次大地震同山西乡村社会变迁的关系，对每次大地震灾害的后果、危害以及赈灾方法和效果进行复原，力图呈现连续性的自然灾害与社会变迁，阐述了大地震后山西乡村社会的部分变化以及对社会发展变迁的作用和潜在影响。[③]一些学者则注重探讨灾荒与社会秩序之间的关系。朱浒、黄兴涛探讨了清嘉道时期的环境恶化，包括气候变动异常、水旱灾害严重、垦荒泛滥、瘟疫频发等诸多方面，认为从灾荒这一极富中国特色的视窗出发，可以考察和认知嘉道变局的历史进程及其逻辑，并有助于深入理解中国社会从18世纪的繁盛到19世纪的衰落之剧烈转换过程。[④]郑民德通过论述道光十七年山东潍县马刚天柱教叛乱，指出叛乱的实质是清中叶后阶级矛盾不断积累与恶化的结果，是清政府对基层社会逐渐失控的具体体现。[⑤]

灾害记忆与民间信仰。汪志国通过探讨近代安徽自然灾害下的乡民习俗信仰，指出含有许多不科学成分和不合理因素的各种农事习俗，浓郁的祈神求丰的宗教信仰，以及愚昧落后的文化生活，正是大灾之后乡民精神上荒芜的体现。[⑥]吴才茂试图对明清以来清水江地区民众日常灾害防范风俗"请神祈禳"进行分析，讨论其存在的合理性。[⑦]

无论是从学术增长点还是从学术创新的角度来看，从社会史角度推进灾害史研究还大有可为。笔者曾从灾害史研究的三种路径出发，提出在社会史的视野下，结合各类民间资料与田野调查结果，力求在长时段视角下拓宽研究领域，做到不仅要

①　郝平、曹雪峰：《抗战前夕山西水灾与民众救济——以民国二十二年阳曲县为例》，《古今农业》2011年第4期，第61—70页。

②　张祥稳：《天灾视角下的乾隆盛世衰落缘由探略》，《中国农史》2013年第6期，第58—66页。

③　郝平：《大地震与明清山西乡村社会变迁》，人民出版社，2014年。

④　朱浒、黄兴涛：《清嘉道时期的环境恶化及其影响》，《中国高校社会科学》，2016年第5期。

⑤　郑民德：《灾荒与民变：略论道光十七年山东潍县马刚天柱教叛乱》，《济南大学学报（社会科学版）》2012年第5期，第52—92页。

⑥　汪志国：《近代安徽自然灾害与乡民的习俗信仰》，《古今农业》2013年第2期，第107—113页。

⑦　吴才茂、冯贤亮：《请神祈禳——明清以来清水江地区民众日常灾害防范习俗研究》，《江汉论坛》2016年第2期，第117—126页。

研究灾荒中的历史，更要研究历史中的灾荒。[①]

## 2. 灾荒的社会文化史视角

应当说，这一视角为灾害史研究注入了新鲜血液和活力，是一个值得深入推进的新视角。余新忠在《文化史视野下的中国灾害研究刍议》一文中，探讨了从文化史角度开展中国灾害史研究的必要性和重要意义，并指出灾荒社会史与文化史的不同之处在于，文化史特别注意去"挖掘出事件背后我们的前人所经历和体验的人类生存状况"，呈现他们的日常的生活样态。[②]

目前的研究成果主要集中于对灾害文本和灾害认知的解析、灾民的日常经验和体验研究以及灾害史相关概念的界定等方面。朱浒辨析了《海宁州劝赈唱和诗》在社会文化方面的内在脉络，认为在捐赈机制日益规制化的背景下，地方社会文化传统可以更为明显地表达本地救荒活动的独特面相。作者还提出，尊重文献作为文本的内在属性，探究文本得以生成的具体情境及其实践逻辑，不仅是践行社会文化史视角的必要路径，而且有利于反思以往文献认知方式的不足。[③]朱馨薇研究了《东方杂志》灾荒信息中所蕴含的救荒观念和信息传播理念，她指出《东方杂志》一方面用科学的话语解释灾荒，另一方面又非盲目地使用西方的救灾方法，而是在中西两种文明中寻求救荒方式，在很大程度上体现了灾荒研究的世界眼界、科学话语及实践逻辑，并影响着人们对世界的理解。[④]德国学者安维雅选取史料特征不太显著的方志传记，研究其中隐含着的灾害体验的社会文化内容，并进而探讨中国灾害史的研究方法。[⑤]

灾害史相关概念的界定。夏明方通过梳理清末民初以前数量庞大的灾荒文献，对"荒政书"的内涵与外延进行了界定，认为不能将"荒政"等同于"官赈"，而应在尊重古人的基础上，以当事人的立场和角度来理解此概念，荒政书的范围应包括历史上系统总结和整理源自官方和民间的救荒经验和赈灾措施的著作。[⑥]闵祥鹏认为

[①]　郝平:《从历史中的灾荒到灾荒中的历史——从社会史角度推进灾害史研究》,《山西大学学报（哲学社会科学版）》2010 年第 1 期, 第 65—70 页。

[②]　余新忠:《文化史视野下的中国灾荒研究刍议》,《史学月刊》2012 年第 4 期, 第 5—9 页。

[③]　朱浒:《灾荒中的风雅:〈海宁州劝赈唱和诗〉的社会文化情境及其意涵》,《史学月刊》2015 年第 11 期, 第 76—87 页。

[④]　朱馨薇:《近代中国灾害认知的世界视野——以〈东方杂志〉所载灾荒信息为中心》,《农业考古》2015 年第 4 期, 第 88—94 页。

[⑤]　安维雅:《临汾方志传记中的灾害体验 1600—1900》,《清史研究》2009 年第 1 期, 第 1—9 页。

[⑥]　夏明方:《救荒活民:清末民初以前中国荒政书考论》,《清史研究》2010 年第 2 期。

"灾害"是一个动态变化的历史概念，不同历史时期或者同一历史时期不同阶层对灾害的界定各不相同。通过分析历史语境中"灾害"界定的流变，他指出对灾害史文本的解读必须回归历史语境，遵循传统社会与人类发展的内在逻辑来审视历史时期灾害。[①]朱浒通过追踪"义赈"作为一个名词的话语及实践脉络，认为这种名称不变而实践内容发生剧烈转换的状况，体现的正是一种既传承又超越的新陈代谢进程。在此基础上提出灾害史的研究不应太过局限于社会史、经济史范围，也应进一步融入思想史、文化史的视角。[②]应当说，社会文化史视角下的灾害史研究，反映了灾害史研究者对既往研究路径的不满和反思，是灾害史研究寻求突破和创新的重要思路，其前景令人期待。

## 3. 生态环境史视野下的灾荒

环境史研究作为一门新史学在当下的中国史学界引起研究者极大兴趣。灾荒作为环境史研究的对象，自然与此密切关联。夏明方较早地提出从环境史的角度深化和推进中国灾害史研究，他指出中国灾害史研究存在非人文化倾向，应深入探讨人与自然之间的互动关系来消解这一问题。[③]此后，夏明方教授进一步倡导应以视野更加宏大的生态史观来研究历史，探寻人与自然界其他部分在交互作用过程中的一体化的分异和多样化的统一，[④]并应重视历史学家与其研究对象之间主客体相互作用中形成的历史认知生态系统，进而推动"史学生态化"[⑤]。周琼认为中国的灾害史研究应脱离人类中心主义的窠臼，使灾害史成为环境史研究的新主题。她指出，灾害的新定义显示自然界与人类社会相互影响、作用的历史是一个动态、复杂的过程，各时期、各地区环境变迁的路径、方式及特点千差万别，使人与自然的关系史备受关注，灾害史成为环境史研究中最具魅力及现实资鉴意义的部分。[⑥]基于此，周琼在环境史视野下探讨了中国西南大旱的成因，从长时段、跨区域的视角探讨旱灾的自然、历史、

① 闵祥鹏：《历史语境中"灾害"界定的流变》，《西南民族大学学报（人文社会科学版）》2015年第10期，第13—18页。

② 朱浒：《名实之境："义赈"名称源起及其实践内容之演变》，《清史研究》2015年第2期，第83—96页。

③ 夏明方：《中国灾害史研究的非人文化倾向》，《史学月刊》2004第6期，第16—18页。

④ 夏明方：《历史的生态学解释——21世纪中国史学的新革命》，载于《新史学·第六卷》，中华书局，2012年，第1—43页。

⑤ 夏明方：《生态史观发凡——从沟口雄三〈中国的冲击〉看史学的生态化》，《中国人民大学学报》2013年第3期。

⑥ 周琼：《走出人类中心主义：环境史重构下的灾害》，《中国社会科学报》2014年7月9日，第618期。

文化及现实原因，进而指出旱灾最严重的地区就是森林破坏及水土流失现象最严重的地区。因植被破坏、水土流失、土地石漠化加剧和水文地质环境的改变，才使当地涵养水源的生态能力减弱而演变为一场巨大的人为灾难。[①]

与此相应，环境史视野下的城市灾害史和乡村灾害史研究成果也日渐涌现。李嘎以吕梁山东麓三城为例，探讨了城市洪灾背景下人与环境之间多重的复杂关联。他认为有必要突破"洪灾破坏——社会应对"这一固有的研究路径，而应以"洪灾的环境塑造"和"治洪的环境效应"等角度进一步推动城市洪灾史研究。[②]孟祥晓以卫河流域为中心，分析水患与华北平原村落的发展及村落之间的社会联系，认为在水患背景下村落变迁的过程所表现出来的这种内涵上的聚积与数量上的裂变增多是并行不悖的。[③]胡英泽通过对清代至民国年间永济县沿河三村的四本黄河滩地鱼鳞册的研究，提出黄河泛滥并未导致农民因举债而转让、买卖土地，也未形成土地兼并的局面，进而提出灾害与地权分配关系的"停滞说"。[④]

立足于环境史的视野，无疑会更加注重灾害中人与自然的互动关系，同时也拓宽了灾害史料的可研究范围和视域，加深了灾害史料的再利用程度。夏炎结合飞蝗迁飞的自然与人为因素，重新解读原有史料，认为"飞蝗避境"是人与自然互动过程中出现的一种正常现象。通过这一视角，"飞蝗避境"从一个近乎荒诞的神话转变为蝗灾史研究的重要资料，并得以重新建构出历史"虚像"叙述背后隐藏的"实像"。[⑤]

## 4. 中外比较视野下的灾荒

近年来，在中外比较视野下的灾害史研究也逐步发展起来，显示了当下灾害史研究视野的扩大。研究者探讨的问题主要有外灾赈济、中外灾荒比较、西方灾害认识等问题。孙会修通过对民初俄灾赈济会的研究，指出赈济会试图以国民外交促进

① 周琼:《环境史视野下中国西南大旱成因刍论——基于云南本土研究者视角的思考》,《郑州大学学报（哲学社会科学版）》2014年第5期，第132—141页。

② 李嘎:《关系千万重:明代以降吕梁山东麓三城的洪水灾害与城市水环境》,《史林》2012年第2期，第1—12页。

③ 孟祥晓:《水患视野下清代华北平原村落的分合与内聚——以卫河流域为中心》,《郑州大学学报（哲学社会科学版）》2016年第3期，第120—125页。

④ 胡英泽:《灾荒与地权变化——清代至民国永济县小樊村黄河滩地册研究》,《中国社会经济史研究》2011年第1期，第18—24页。

⑤ 夏炎:《环境史视野下"飞蝗避境"的史实建构》,《社会科学战线》2015年第3期，第132—140页。

中俄政府外交的愿望未能实现，国力不强是其"道德强国"梦碎的根本原因。[①]卜风贤在中西方历史灾荒比较研究的基础上，分别对比了中西方历史灾荒成因和中西方灾民生活史。研究表明，中国的灾荒主要是由于社会救助不力造成的，在原因层面属于弹性灾荒，欧洲的灾荒主要是因为灾害的强度导致的，属于刚性灾荒的范畴。[②]中国古代完备的荒政制度在救荒济民的过程中发挥了良好的救灾效果，大灾之后并非一定有大荒，欧洲国家缺乏有效的国家政策救济灾民，重大灾害发生后灾情极为严重。[③]赵艳萍通过19世纪中美应对大蝗灾的比较研究，认为中美两国在蝗灾问题上有显著的相似性，同时不同政治体制和文化背景下的灾害应对存在差异性。[④]

李岚通过研究马克思和恩格斯的灾荒观，认为其在当下仍有很强的学术意义和实践意义，进而提出解决生态危机应充分发挥社会主义制度的优越性。[⑤]刘亮以《纽约时报》为例，分析近代西方人对"丁戊奇荒"的认识及其背景，认为西方媒体一定程度上肯定了清政府的赈灾措施，而其更多地将"丁戊奇荒"的原因集中于中国基础交通设施的落后是受第一次工业革命的影响。[⑥]

这一视角提醒研究者，对于灾害史的研究，既要转换视角，也要扩大视野。惟其如此，才能真正推动中国灾害史的研究。当下中国灾害史研究正是由于不断翻新的研究视角和不断扩大的学术视野，才使得这一领域的研究能够不断地推陈出新，充满活力。

## 二、多学科视域下的灾荒

与历史学范畴的灾害研究相比，综合运用多学科的研究方法也是当前灾害史研究的一个大趋势。学界从人类学、经济学、法学、社会学、民俗学、文学和心理学等多学科角度推进灾害史研究，为研究灾荒提供了多种路径，极大地拓宽并丰富了当下的灾害史研究。

---

① 孙会修：《道德强国之梦：民初俄灾赈济会述论（1921—1923）》，《史学月刊》2015年第5期，第40—48页。

② 卜风贤：《中西方历史灾荒成因比较研究》，《古今农业》2007年第3期，第22—30页。

③ 卜风贤：《灾民生活史：基于中西社会的初步考察》，《古今农业》2010年第4期，第42—48页。

④ 赵艳萍：《19世纪中美应对大蝗灾的比较研究》，《广西民族大学学报（哲学社会科学版）》2013年第3期，第125—130页。

⑤ 李岚：《马克思恩格斯的灾荒观》，《北京社会科学》2002年第4期，第133—139页。

⑥ 刘亮：《近代西方人对"丁戊奇荒"的认识及其背景——〈纽约时报〉传达的信息》，《古今农业》2014年第3期，第107—114页。

## 1. 社会学科与灾害史研究

灾荒与人类学。系统的中国灾害人类学研究源于汶川大地震之后，人类学学者李永祥认为，中国灾害人类学是一种新的学科理论建设，而灾害史应为灾害人类学研究的重要内容。[①] 近期，灾害人类学视野下的灾害史研究主要集中于群体灾害记忆及其文本建构的分析，并力图在特定的历史语境中揭示文本背后的社会权力关系。如王田以 1933 年川西叠溪地震的灾难叙述为个案，分析了特定时代不同人群对这场灾难的叙事方式，认为通过对灾难叙述文本的阐释可获悉书写者对灾难本身的情绪、企图与立场，深刻理解文本背后的社会权力关系与历史语境。[②] 张文以宋人的灾害记忆为切入点，考察了灾害作为一种群体性的文化创伤对宋代社会的影响，他认为由灾害记忆引发的宋代士大夫与民众的两种不同指向，反映了文化创伤的两种不同宣泄途径和文化建构取向。从文化意义上体现了"体制失范"与"阶层违和"、"大传统"与"小传统"的二元分立。[③] 郭建勋以 1786 年四川大渡河地震为例，认为西南地区多元生态环境、多族群的活动及地方知识与灾难的关系是相辅相成的。[④] 目前尚缺乏从灾害人类学角度探讨灾害史研究的系统理论构建。从灾害人类学的角度推进灾害史的研究，需要重视长时段、区域性及群体性等，希望未来能够引起史学界更广泛地关注。

经济学与灾害史研究。成果主要集中于研究灾区的经济水平、粮食价格和对外贸易等主要问题上。刘志刚从灾害史的视角，对明代中后期社会经济体系的脆弱性进行分析，认为中国古代社会经济的盛衰演变与气候的周期性变动有着密切的关联，明后期的商品经济仍是"靠天吃饭"的经济。[⑤] 佳宏伟以天津口岸为中心，通过考察区域灾荒与口岸贸易之间的内在关联性，认为灾害作为区域结构变动中的主要因素

---

① 李永祥：《中国灾害人类学研究述评》，《西南民族大学学报（人文社会科学版）》2013 年第 8 期，第 1—9 页。

② 王田：《川西岷江上游地区的灾难叙述——以 1933 年叠溪地震为中心》，《西南民族大学学报（人文社会科学版）》2013 年第 6 期，第 24—28 页。

③ 张文：《宋人灾害记忆的历史人类学考察》，《西南民族大学学报（人文社会科学版）》2014 年第 10 期，第 15—20 页。

④ 郭建勋：《族群、环境、地方知识与灾难——以 1786 年四川大渡河地震为例》，《云南师范大学学报（哲学社会科学版）》2014 年第 3 期，第 65—71 页。

⑤ 刘志刚：《"靠天吃饭"：灾害史视野下的明代中后期商品经济》，《中南大学学报（社会科学版）》2011 年第 4 期，第 108—113 页。

之一，直接影响着贸易结构和趋势的演变。[①] 在粮食价格方面，以清代山西为例，李军的《自然灾害与区域粮食价格——以清代山西为例》[②] 和郝平的《"丁戊奇荒"时期的山西粮价》[③] 均从内地区域的视角呈现了清代灾害时期的粮食价格在不同区域的差异性和独有的历史特点。关于灾荒时期的银钱比价变动问题，韩祥以"丁戊奇荒"中山西银钱比价变动为例，发现灾荒中的银钱比价呈现出钱价明显上升的激烈变动，但其上升幅度远不及物价，且灾区钱价的涨幅水平与灾情的严重程度呈正相关性，同时他认为发生"丁戊奇荒"的 1877 年才是中国 19 世纪后半期全国性"银贵钱贱"现象出现的时间节点。[④] 此外，李军以《1690—1990 年间华北的饥荒：国家、市场与环境的退化》一书为中心，借此阐述灾害在中国经济发展史中的重要作用，并就灾害史研究的方法和趋势进行探讨，认为灾害史研究不仅需要传统历史主义的方法，经济学的思维模式、计量方法和环境史观的研究理念都应该值得借鉴。[⑤]

文学与灾害史研究。成果主要是对灾害的文学书写进行研究。王立认为《聊斋志异》中的灾荒瘟疫描写是在一个丰富深远的文化传统基础上，对古远而来的灾荒瘟疫现象及其与人类的关系进行的较大范围的探索。[⑥] 王昕则以 1703 年至 1704 年蒲松龄的创作为中心，分析认为农村的自然灾荒和民生的困苦影响了其创作的风格与基调。[⑦] 张堂会通过研究清诗中的自然灾害的书写，认为其形象生动地反映了自然灾害下的经济与民生，揭露了赈济中的贪污腐败等人祸因素，反映了贫富之间的巨大鸿沟。[⑧]

此外，刘斌从心理学角度论述了晚清直隶灾荒与民众心理的变迁，指出频繁的灾荒导致当地迷信崇拜心理进一步发展，造成"安土重迁"传统心理的变迁，也造

① 佳宏伟：《大灾荒与贸易（1867—1931 年）——以天津口岸为中心》，《近代史研究》2008 年第 4 期，第 58—73 页。

② 李军、李志芳、石涛：《自然灾害与区域粮食价格——以清代山西为例》，《中国农村观察》2008 年第 2 期，第 40—51 页。

③ 郝平、周亚：《"丁戊奇荒"时期的山西粮价》，《史林》2008 年第 5 期，第 81—89 页。

④ 韩祥：《晚清灾荒中的银钱比价变动及其影响——以"丁戊奇荒"中的山西为例》，《史学月刊》2014 年第 5 期，第 79—92 页。

⑤ 李军、石涛：《中国饥荒史研究方法刍议——以〈1690—1990 年间华北的饥荒：国家、市场与环境的退化〉一书为中心》，《中国社会经济史研究》2014 年第 4 期，第 98—105 页。

⑥ 王立：《〈聊斋志异〉灾荒瘟疫描写的印度渊源及文化意义》，《山西大学学报（哲学社会科学版）》2007 年第 3 期，第 72—79 页。

⑦ 王昕：《1703—1704 年：蒲松龄身历的灾荒与他的生活》，《中国文化史研究》2013 年冬之卷，第 138—145 页。

⑧ 张堂会：《天灾与人祸——从诗歌看清代的自然灾害及其救济》，《兰州学刊》2011 年第 5 期，第 139—146 页。

成民众社会秩序观念的变迁。① 游红霞从民俗学的视角切入，以旱灾为例，论述灾害是一个包含语言、民俗行为、物象景观等多元叙事形态的综合叙事体系，既是对灾害文化记忆的构建，又蕴含着基于灾害"文化化"逻辑的民俗应对路径。②

## 2. 自然科学与灾害史研究

自然科学下的灾害史研究，是气象学、地理学、地震学、海洋学、农学和科技史等学科交叉下的研究。通过整理和分析历史文献资料，采用数理统计、量化定级和建立数据库等方式，集中对灾害发生的周期性规律和时空分布特征进行探讨。

程民生的《北宋开封气象编年史》从气象学和历史学的角度探讨了开封的气象变迁及其规律。③ 陈业新从灾害学的研究角度，根据档案关于 1736—1911 年洪涝灾害史料的记载，以州县为空间单元，对清代淮河中游皖北地区的洪涝灾害进行初步的研究，建立了一个洪涝灾害的灾害学等级划分体系，并对皖北地区洪涝灾害进行了逐年等级划分，分析结果表明：洪涝灾害发生具有普遍、连年和集中的特征；灾害的年际、年内持续时间起伏较大；灾害空间分布有明显的区际间不平衡性等特征。连年范围广大的洪涝灾害，对皖北地区的经济和社会发展产生了深远的负面影响。④ 王涌泉从灾害链和灾害史角度探讨 1841—1843 年连年大水与地震问题，对地震与洪水的关系以及震洪关系的物理机制进行了分析研究，表明地震对大洪水影响的可能物理机制主要是密集大地震加强了一定地区对流层大气活动性，规范和稳定主雨带和主要暴雨中心，集中增大水汽含量。⑤

蔡勤禹从海洋灾害史的角度出发，以自然原因引起的海洋灾害为研究对象，从社会变迁的视角探讨民国时期应对海洋灾害的主要措施，认为民国时期防御海洋灾害技术的发展和进步，有效地降低了灾害损失。⑥ 王保宁从气候和农学的角度研究乾隆年间山东省的番薯推广和种植规模，提出"灾荒——番薯引入"的新模式，认为

---

① 刘斌：《论晚清直隶灾荒与民众心理的变迁》，《农业考古》2015 年第 1 期，第 118—121 页。

② 游红霞、王晓葵：《灾害叙事与民俗应对路径研究——以旱灾为中心的考察》，《西南民族大学学报（人文社会科学版）》2015 年第 5 期，第 13—18 页。

③ 程民生：《北宋开封气象编年史》，人民出版社，2012 年。

④ 陈业新：《清代皖北地区洪涝灾害初步研究——兼及历史洪涝灾害等级划分的问题》，《中国历史地理论丛》2009 年第 4 期，第 14—29 页。

⑤ 王涌泉、侯琴：《黄河 1841—1843 年连年大水与地震》，《气象与减灾研究》2008 年第 3 期，第 57—62 页。

⑥ 蔡勤禹：《民国时期的海洋灾害应对》，《史学月刊》2015 年第 7 期，第 57—64 页。

作为救荒作物的番薯，并未融入当地农作物种植制度。进而指出无论在技术上还是在经济价值方面，番薯都需要通过在良好气候条件下与其他新作物的搭配才能融入当地的种植制度，甚至替代原有作物形成新的制度。①

## 3. 灾害史料的建设

公开出版的灾害史料主要有《中国三千年气象记录总集》②《中国荒政全书》③《中国荒政书集成》④、《清代奏折汇编——农业·环境》⑤、《清光绪筹办各省荒政档案》⑥、《中国历史大洪水调查资料汇编》⑦《康熙朝雨雪粮价史料》⑧《清代干旱档案史料》⑨、《民国赈灾史料初编》⑩《民国赈灾史料续编》⑪、《上海地区自然灾害史料汇编》⑫、《云南省历史洪旱灾害史料实录》⑬《清代台湾自然灾害史料新编》⑭《中国灾害通史》系列丛书和《中国气象灾害大典》各省分卷等，为灾害史的研究提供了重要的史料基础。

更让人欣喜的是，学界已出现建立综合性中国灾害历史数据库的努力。其中，以夏明方领衔的《清代灾荒纪年暨信息集成数据库建设》研究团队为杰出代表。该团队以清代为例，尝试突破以往以单一灾害、单一灾种为主要内容的资料汇编形式，在大规模扩展、辨析灾害史资料的基础上，力求将历年各省区各类自然灾害包容其中，揭示各灾种之间的关联，为更加准确、清晰地揭示灾害的生成、扩散与演化规律提供尽可能丰富的资料基础，从而打造一个服务于国内外中国灾害史研究者的可持续扩展的公共学术交流平台。⑮

---

① 王保宁：《乾隆年间山东的灾荒与番薯引种——对番薯种植史的再讨论》，《中国农史》2013 年第 3 期，第 9—26 页。

② 张德二主编：《中国三千年气象记录总集》，江苏教育出版社，2004 年。

③ 李文海、夏明方主编：《中国荒政全书》，北京出版社，2002—2004 年。

④ 李文海、夏明方、朱浒主编：《中国荒政书集成》，天津古籍出版社，2010 年。

⑤ 葛全胜主编：《清代奏折汇编——农业·环境》，商务印书馆，2005 年。

⑥ 国家图书馆文献开发中心：《清光绪筹办各省荒政档案》，全国图书馆文献缩微复制中心，2008 年。

⑦ 骆承政主编：《中国历史大洪水调查资料汇编》，中国书店，2006 年。

⑧ 刘子扬、张莉编：《康熙朝雨雪粮价史料》，线装书局，2007 年。

⑨ 谭徐明主编：《清代干旱档案史料》，中国书籍出版社，2013 年。

⑩ 古籍影印室：《民国赈灾史料初编》，北京图书馆出版社，2008 年。

⑪ 詹福瑞主编：《民国赈灾史料续编》，国家图书馆出版社，2009 年。

⑫ 火恩杰、刘昌森：《上海地区自然灾害史料汇编》，地震出版社，2002 年。

⑬ 云南省水利水电勘测设计研究院：《云南省历史洪旱灾害史料实录》，云南科技出版社，2008 年。

⑭ 徐泓：《清代台湾自然灾害史料新编》，福建人民出版社，2007 年。

⑮ 夏明方：《大数据与生态史：中国灾害史料整理与数据库建设》，《清史研究》2015 年第 2 期。

## 三、深化灾害史研究的思考与展望

通过现有的灾荒研究成果来看，学者们日益注重对灾荒进行长时段和多学科交叉的研究。对于灾荒的长时段研究应包含两层含义：一是将灾害放置于特定的历史语境中考察，再现历史中的灾荒；二是系统地考察灾害发生的整个过程（灾前、灾中、灾后），深化拓展灾害与地方社会之间的互动关系以及社会重建与影响等深层次的研究。同时，各学科与史学之间的对话增强，灾害人类学、灾害经济学、灾害心理学和灾害生态学等多学科领域蓬勃兴起，极大地拓宽了灾害史研究的视域。

同时也应看到目前灾害史研究的局限和不足，新视域下的灾害史研究还处于发展壮大阶段，仍有许多地方有待提升和完善。自然科学与社会科学的研究界限仍然较为明显，新学科理论建设尚未成熟，区域灾害史的研究拘于"区域"，缺乏与整体史的统一等问题尚待解决，且区域间的比较研究开展较少。笔者通过对现有研究成果的反思与借鉴，希冀对灾害史的再发展提供一些思考。

首先，注重和加强灾害史的学科交叉研究，特别是自然科学和社会科学的结合与统一。必须改善两者之间长期各自为营的局面。探讨灾害发生的规律与周期，并结合人在灾害中的主要活动分析其社会影响，是灾害史研究的主要目的。前者倚重自然科学，后者倚重社会科学，两者研究的结合构成了灾害史研究的主体。李文海早些年就曾提倡社会科学工作者同自然科学工作者之间的交流与合作，提倡社会科学同自然科学之间在研究内容、研究思路与研究方法上的交叉与渗透。[①] 大数据和计量史学的发展，不失为两者的结合提供了较好的范式。例如夏明方正在进行的清代灾害历史数据库建设，便是生态史研究范式出发，借鉴大数据思维的重要成果。[②]

其次，突破区域灾害史研究的"地方区域"界限，注重研究的跨地方性和整体性。区域灾害史的研究不能就区域谈区域，必须突出地域的典型性，同时要有整体史的关照理念。注重跨地域的比较方法或是将其纳入国际视野中进行考察，都将深化灾害史的研究。在区域灾害史研究盛行的大形势下，如何保证呈现区域个体性的同时又能够统一于整体，是我们需要为之努力的方向。如艾志端就采用跨文化比较方法，将清人对"丁戊奇荒"的讨论与19世纪英国人对中国、爱尔兰及印度大饥荒的解读

---

① 李文海：《进一步加深和拓展清代灾害史研究》，《安徽大学学报（哲学社会科学版）》2005年第6期，第1—5页。

② 夏明方：《大数据与生态史：中国灾害史料整理与数据库建设》，《清史研究》2015年第2期。

进行对比，从而解读文化给予灾难的意义。[①]

再次，深化和丰富理论研究，培养壮大新的研究队伍。作为灾害史研究的新视域，相关学科理论建设尚未健全，因此深化和丰富学科理论成为当务之急。不仅如此，培养和壮大新的研究队伍，特别是对青年学者的培养，对于灾害史的研究意义重大。2016 年山西大学历史文化学院与中国人民大学清史研究所暨生态史研究中心、中国灾害防御协会灾害史专业委员会联合举办了第一届"灾害与历史"高级研修班，就灾害史研究的学术脉络、研究的理论与方法、灾害史的前沿理念和发展方向进行了学术交流，为高校青年教师与研究生搭建了良好的学术交流平台。这为青年学者加强理论学术修养提供了宝贵的机会，是一次值得借鉴的良好开端。

最后，重视旧史料的再利用和加强新史料的新发掘。若要真正实现灾害史研究"自上而下"与"自下而上"的结合，则必须切实开展灾荒民间文献的收集整理工作。可以说，多个研究视角的转换，造就了史料解读的多样性，为旧史料的再利用和再研究提供了良好的契机。而对于新史料的发掘也同样重要，不仅要利用官方文书，民间文献也应得到重视。要重视普通人的灾荒经历，搜集官方文献的同时，更要深入挖掘碑刻、契约、家谱和口述等民间文献，要尊重每一个文本的独特性。当然，不论是新旧史料，都应该充分重视其历史语境。

总的来说，在多学科、多领域的研究视野下，灾害史的研究已经逐渐脱离"就灾言灾"的固有模式，成果多是各学科交叉研究下的产物。而不论是基于人与自然的互动研究，还是基于人与社会的互动研究，都越来越注重研究人在灾荒中的影响和意义。学界目前致力于探讨灾荒深层次的社会内涵，要做好这一点，不应只局限于对灾荒和救荒本身的研究，而要关注灾荒背后的东西。须将灾荒放置于特定的历史语境中，研究灾荒中的历史。广泛收集材料并尊重每一个文本的独特性，注重多学科多方法的结合及学科理论的建设，都将深化灾害史的研究。

---

① ［美］艾志端著，曹曦译：《铁泪图：19 世纪中国对于饥馑的文化反应》，江苏人民出版社，2011 年。

# 云南少数民族的神话、宗教信仰、
# 传统知识与防灾减灾

李永祥

（云南省社会科学院民族研究所）

【摘要】少数民族的宗教信仰和传统知识与防灾减灾有着密切的联系。千百年来，各民族以口传、仪式和文献的方式记录了很多与灾害和防灾减灾的传统知识，这些传统知识在当代社会中继续发挥作用。现代灾害管理实践说明，文化是解释灾害过程的关键，包括对灾前的现象和灾害原因解释，救灾活动的开展，灾后恢复建设的完成，都与文化有着密切的联系。

【关键词】少数民族；宗教信仰；传统知识；防灾减灾

少数民族的文化，包括神话、宗教信仰、传统知识等。千百年来，各民族的文化中记录了很多与灾害有关的传统知识和防灾减灾经验，它们以文献和口传的方式一代代传承下来，并在当代社会中继续发挥作用。本文旨在对云南少数民族的传统文化进行描述和分析，探索它们与防灾减灾之间的关系。

## 一、云南少数民族神话、传说和民间故事与灾害的关系

云南少数民族主要分为氐羌、百越、苗瑶以及南亚语系等几大族群，前三种被中国语言学家认为是汉藏语系的组成部分，[①] 最后一种属于南亚语系。本文中的少数民族神话传说故事，主要以藏缅语族和壮侗语族为主，同时也提到苗瑶语族和南亚语系民族。因为笔者的灾害调查主要是在彝族、哈尼族、傣族等地区完成的，讨论这些民族的神话、传说、故事和灾害的关系与研究主题相一致。

---

① 但是，西方语言学家认为百越族群不属于汉藏语系，参见 Matisoff, James A., Sino-Tibetan Linguistics: Present State and Future Prospects, *Annual Review of Anthropology*, 1991, Vol. 20: 469—504.

神话与灾害有着密切的联系，中国神话中的一个重要主题就是自然灾害，[①] 对它的分类也与之相关，如与洪水灾害有关的神话，与干旱灾害有关的神话，与地震灾害有关的神话，还有与火灾、雷电等灾害有关的神话，等等。女娲补天就是一个与地震灾害有关的神话，[②] 也有人说这个神话是对多种灾害的反映。[③] 云南的少数民族神话与全国相似，其中与洪水、干旱、地震、地陷（滑坡泥石流及崩塌）、风雨雷电、火灾等有关的神话占很大的部分。在现实生活中，这些灾害是云南民族地区的主要灾害。灾害神话就是对过去发生过的各类灾害的一种记忆，它将人们带回到远古时代，在代代相传的过程中，让人们记住曾经发生过的事情，同时发挥着它的实践功能，将人们的意识和价值结合在一个统一的观念之下，进一步巩固族群的正统性，强化民族意识。[④] 正因如此，笔者在讨论文化与灾害的关系时，就离不开讨论神话与灾害的关系，特别是神话中与洪水、干旱、地震、泥石流滑坡等灾害。

## 1. 洪水神话与洪涝灾害

洪水神话，或洪水滔天、洪水漫天、洪水泛滥等传说，在中国少数民族中广泛流传，几乎所有的南方民族都有与洪水灾害有关的神话、传说、歌谣和故事。在中国古代史书，如《山海经》、《淮南子》、《尚书》、《史记》等文献中也有很多的记载，说明洪水灾害在历史上产生过广泛的影响。在云南，彝族、哈尼族、纳西族、拉祜族、独龙族、苗族、布依族、景颇族、基诺族、佤族等都流传着洪水神话，其内容大同小异，有洪水漫天、人类毁灭、兄妹（或者人神）成婚、人类再生等，但都与洪灾有着密切的联系。

彝族是洪水神话最为丰富的民族。彝族支系繁多，不同的支系都有不同的洪水神话版本和内容。在诺苏、纳苏、尼苏、撒尼、阿哲等有文字的支系中，还在文献中有记载。彝族尼苏支系的著名史诗《查姆》就是如此。据称人类最初分为独眼人、直眼人，但是由于这两种人良心不好，被格滋天神所收，而直眼人被天神所收，就

① 叶舒宪：《文学中的灾难与救世》，《文化学刊》2008 年第 4 期。

② 王黎明：《古代大地震的记录——女娲补天新解》，《求是学刊》1991 年第 5 期。王若柏：《史前重大的环境灾链：从共工触山、女娲补天到大禹治水》，《中国人口、资源与环境》2008 年第 18 卷专刊。

③ 李少花：《近年女娲补天的本相及其文化内蕴研究综述》，《绥化学院学报》2007 年第 1 期。

④ ［日］樱井龙彦：《混沌中的诞生——以〈西南彝志〉为例看彝族的创世神话》，巴莫阿依、黄建明编：《国外学者彝学研究文集》，云南教育出版社，2000 年，第 238—262 页。

是通过洪水实现的，后来天神创造了横眼人，一代代地传到今天。[①] 正因如此，在彝族丧葬活动中，有一个叫"踩尖刀草"的仪式，其中需要念《踩尖刀草经》，该经书后半部分就记载了洪水漫天的传说，表明了尖刀草可以追溯到遥远的洪水时代。[②] 彝族洪水神话几乎都是格兹天神通过洪灾将人类湮灭的故事。日本学者西胁隆夫对流传在云南彝族地区的 30 个洪水神话进行了比较研究，发现其载体是以口头长诗、口头故事、口头歌谣、文献史诗等传承下来的，人物通常是兄妹、笃慕祖先、三弟等，起因几乎都是天神惩罚人类，逃生方式主要是葫芦、木桶、木船、木棺等，婚姻通常是兄妹通过大磨或者簸箕占卜后再婚或者天神派仙女下凡配婚。生出来的孩子，有的直接说有 6 个，有的说是哑巴、血肉球、肉葫芦等，后通过天神的帮助，变成今天各民族的祖先。[③]

彝族尼苏人的洪水神话不仅是灾害逃生的描绘，它还反映出彝族祖先笃慕和"六祖分支"的故事。笃慕就是格滋天神选择的传承者，洪水之时躲在葫芦之中，洪水退去之后，葫芦被挂在悬崖上的尖刀草丛中，无法落在地上，格滋天神安排老鹰将其扒到地上。所以，彝族人至今感谢老鹰，崇拜老鹰，将自己视为老鹰的民族。笃慕从葫芦中出来，发现世界上只有自己一个人，非常着急，痛苦不堪。格滋天神就派仙女下来与他成婚，生下 6 个孩子。孩子长大之后，向不同的方向发展，大儿子和二儿子向滇南发展，变成今天尼苏人的祖先；三儿子和四儿子向贵州方向发展，变成今天纳苏人的祖先；五儿子和六儿子向北边发展，变成今天诺苏人的祖先。这就是彝族著名的"六祖分支"传说。笃慕祖先实有其人，无论是汉文献还是彝文献都有记载，据彝族学者张纯德研究，他是公元前 5 世纪的人，时当春秋末年战国初年。[④] 滇南彝族尼苏人的先民们还将洪水神话编成了一种叫"创世花鼓"的舞蹈，该舞蹈在鲁奎山地区广为流传。其主要道具就是扁鼓，另有长号、唢呐、镲、锣等。扁鼓象征着洪水漫天中笃慕祖先藏身的葫芦，舞蹈中女性持鼓、男人持锣镲，女性击鼓时要从下面击鼓，象征洪水泛滥时流水冲击葫芦表面的景象。[⑤] 据说，该创世花鼓有

---

① 云南省民族民间文学楚雄、红河调查队搜集，郭思九、陶学良整理：《查姆》，云南人民出版社，1981 年。

② 李永祥：《滇南彝族丧葬经书浅析》，《山茶》1991 年第 5 期。

③ ［日］西胁隆夫：《关于云南彝族的洪水神话》，巴莫阿依、黄建明编：《国外学者彝学研究文集》，云南教育出版社，2000 年，第 263—271 页。

④ 张纯德：《彝学研究文集》，云南民族出版社，1994 年，第 6 页。

⑤ 方锦明：《新平县扬武镇阿者创世花鼓，〈笃慕罗思则〉梗概》，2005 年打印稿；李永祥：《舞蹈人类学视野中的彝族烟盒舞》，云南民族出版社，2009 年，第 94 页。

20 多种套路，包括尖刀草鼓、开天鼓、祭祀鼓、翻山鼓、种地鼓、收割鼓等。一些地方学者对创世花鼓舞的歌词进行了部分收集。①

除了彝族之外，云南省很多少数民族都有洪水神话，并且都有相似的内容和情节。新平县傣族傣洒人刀先生就曾向笔者讲述了他们的洪水神话故事：

> 兄妹俩知道洪水要泛滥了，于是跑到葫芦里躲起来，三年之后，洪水退了，他们随着葫芦漂流到了天边，出来之后什么人也没有。天神对他们说："天下没有人了，你们必须配成夫妻。"兄妹俩说："我们是兄妹，不能配成夫妻。"神说："这好办，我把石子丢到水里，如果水花自然分开又自然合拢，你们就可以配成夫妻。"神一面说一面把石子丢到水里，水花自然分开又自然合拢。神说："你们可以配成夫妻。"兄妹俩又说："我们没有人作证。"神于是又请大青树作证，这样，兄妹俩就配成夫妻。从此，傣族人不砍大青树。后来，他们生下一个女儿，由于世间人太少，神让他们点树成人。于是，丈夫天天外出点树，妻子天天送饭，但由于人类越来越多了，他们也老了，女儿长大成人，两个老人要求他们的女儿只嫁傣族人。

相似的洪水神话，在南方苗、瑶、壮、侗、布依、毛南、仫佬、黎、彝、白、傈僳、拉祜、纳西、哈尼、基诺、佤和等各民族中也普遍存在，但它仅仅是传说，还是历史上真实存在过的洪水灾害呢？换言之，规模巨大的洪水是不是在各民族的神话记忆中流传下来呢？很多学者对此做了深入的研究，认为从中至少可以看到人类历史上真正发生过的洪水灾害的影子。②有的学者则认为洪水灾害在中国历史上曾经出现过，坚信传说时代的洪水灾害属历史事实。③距今一万年前后，中国的南方曾出现过多种类型的洪水泛滥，这就是南方各民族"洪水滔天"传说的历史背景。张群辉在1990 年的文章中写道：

---

① 云南省新平彝族傣族自治县扬武镇政府收集的创世花鼓舞的部分歌词如下："斜崖外连天，赤地遍千里，洪荒落赤地，遍地是荆棘，笃慕披荆棘，笃慕走在前，笃儿紧随后，笃女跟上来，踩开荆棘路，天开地又阔，遍地亮堂堂，说威说。"参见方锦明：《新平县扬武镇阿者创世花鼓〈笃慕罗思则〉梗概》，2005 年打印稿；聂鲁：《从高亢的创世古歌中诞生的峨山彝族花鼓舞》，聂滨、张洪宾主编：《花鼓舞彝山：解读峨山彝族花鼓舞》，云南大学出版社，2007 年，第 117—120 页。

② 刘亚虎：《伏羲女娲、楚帛书与南方民族洪水神话》，《百色学院学报》2010 年第 6 期。

③ 毛曦：《中国传说时代洪水问题新探》，《山东大学学报（社会科学版）》2002 年第 2 期。

　　大量的洪灾，发生在更新世末期到全新世初期，因为这段时期，全球气候转暖，冰川不断融化，雨量随之激增，加之新构造运动的影响，我国地震频繁，高原出现泛湖期，水网地带的江河湖泊变迁急剧，山区则不断暴发滑坡、山洪、山崩，沿海又多次发生海浸，这种种大自然环境的巨大变化，给已经遍布全国各地的古代民族造成了深重的灾难。[①]

　　有的学者对洪水灾害的时间判断得更短，即在4000—5000年前之间，认为中华大地在发展初期确实发生过包括洪水滔天、严冬持续在内的巨大的自然灾害。[②]这些研究表明，洪水灾害在中国历史上曾经出现过，并且不止一次。此外，云南少数民族中还有很多与水有关的神话和崇拜现象，与灾害也有密切的联系。生活在红河岸边的傣族在讲述洪水神话的同时，还要到红河边上祭祀水神，澜沧江边的傣族要祭祀澜沧江水神，他们认为水神与洪灾、暴雨等有着密切的联系，说明洪水神话在长时间的演变之后，在现实生活中就变成了对具体江河的崇拜。

　　总结洪水神话与灾害的关系，可以看出：第一，此类神话有洪水滔天、洪水漫天、葫芦神话、兄妹神话、人类再生神话等诸多名称，但讲述的都是相同或者相似的故事。它表明洪水灾害在古代确实发生过，但对洪水发生的时间和范围可能存在不同意见。第二，洪水神话是天神或者其他神灵用以降灾来惩罚人类的，虽然也有未讲明具体原因，但大多数都与神灵有着某种关系，其中的关键是人类已经到了道德十分败坏的时代，天神要更换人类。第三，天神在更换人类时，是以道德为标准的。那些道德败坏的人，在洪水中并没有得到生存的机会，神灵教授或者赐给他们铁船；那些善良的人，天神则赐给或教授他们使用木船或葫芦，使之能在洪水退了之后继续生存。对有幸生存下来的人——兄妹，还得到了天神或者神灵的帮助，让他们成婚，繁衍人类。第四，洪水神话在我国南方各民族中普遍存在，但有的学者认为它在世界很多地方都是存在的。它反映出一种区域性的洪水灾害。第五，洪水神话可能涉及到多民族的合作和互助，彝族洪水神中出现了藏族、汉族、哈尼族和傣族，怒族洪水神话出现了汉族、白族、怒族和傈僳族，傈僳族洪水神话出现了藏族、汉族及克钦等，

---

　　① 张群辉：《洪水滔天的传说与上古环境的变迁》，《贵州民族学院学报（哲学社会科学版）》1990年第4期。

　　② 王若柏：《史前重大的环境灾链：从共工触山、女娲补天到大禹治水》，《中国人口·资源与环境》2008年第18卷专刊。

普米族洪水神话中出现了藏族、纳西族。[①] 这些内容的出现不应该是偶然的，它表明洪水灾害的受害者或者受灾地区不仅仅是本民族的人，还包括了其他民族。

## 2. 干旱神话与干旱灾害

云南少数民族中有很多与干旱有关的神话故事，说明各民族都碰到过干旱灾害，都发生过与干旱灾害作斗争的故事。彝族的《祭龙词》《万物的起源》《梅葛》《查姆》《西南彝志》中就有就有大量这样的记载或者传说，说明干旱在早期彝族社会中是经常发生的。如长诗《万物的起源》记载："天旱海见底，海旱底无水；鱼儿无水喝，泥鳅张嘴哭，螺蛳流眼泪；大地不栽秧，浮萍当菜用，山药当饭吃。"[②] 这说明了干旱发生的严重程度。史诗《梅葛》记载："天上有九个太阳，天上有九个月亮，白天太阳晒，晚上月亮照，晚上过得去，白天过不去，牛骨头晒焦了，斑鸠毛晒掉了……格滋天神……留一个太阳在天上，留一个月亮在天上……"[③] "天上水门关了，四方水门关了。三年见不到闪电，三年听不到雷声，三年不刮一阵清风，三年不洒一滴甘霖。大地晒干了，草木渐渐凋零；大地晒裂了，地上烟尘滚滚；大海晒涸了，鱼虾化成泥；江河晒干了，沙石碎成灰；老虎豹子晒死，马鹿岩羊晒绝，不见雀鸟展翅，不见蛇蝎爬行；飞禽走兽绝迹，大地荒凉天昏沉。"[④] 这些说明了干旱灾害发生时的实际情况和对万物的影响。

除了文献中对干旱的记载之外，彝族民间还流传着很多的故事。滇南彝族毕摩李才旺向笔者讲述了一个与干旱有关的美丽传说：

古时候天上有 9 个太阳和 9 个月亮。9 个太阳照得大地十分炎热，地球上什么都没有了，什么庄稼也种不出来，人和动物都在挨饿，人们一直在想办法来对付 9 个太阳。后来，一个力大无比的彝族人就用神箭去射太阳，射下来其中的 8 个，最后一个太阳也被吓坏了，它跑到东方神山的裂缝里躲起来了。没有了太阳，大地上又变得寒冷了，庄稼仍然种不出来，由于人类没有庄稼，动物也没有什么可以吃的。于是，动物们就商量怎样帮助

---

① 王菊：《归类自我与想像他者：族群关系的文学表述——"藏彝走廊"诸民族洪水神话的人类学解读》，《西南民族大学学报（人文社会科学版）》2008 年第 3 期。

② 梁红翻译：《万物的起源》，云南民族出版社，1998 年，第 96—98 页。

③ 云南省民族民间文学楚雄调查队：《梅葛》，云南人民出版社，1959 年，第 20 页。

④ 云南省民族民间文学楚雄、红河调查队搜集，郭思九、陶学良整理：《查姆》，云南人民出版社，1981 年，第 31 页。

人类,把太阳喊出来。动物们商量的结果是首先请老牛出面去喊,老牛"哞哞"的叫声没有将太阳请出来;紧接着,山羊出面了,山羊"咩咩"的叫声仍然没有让太阳出来;第三个出面的动物是鸭子,但鸭子"杀杀"的叫声更是使太阳躲在山里。最后,动物们只好求公鸡了。公鸡说,我倒是可以将太阳叫出来的,但是,我要过东海,如果没有人帮助我过海,我还是没有办法。鸭子说:这个我可以帮忙,我把你送过东海去。公鸡在鸭子的帮助下渡过了东海,到了太阳躲藏的山上。公鸡优美的叫声终于把太阳请出来了。天上的"洒申"神来了,表扬了公鸡的贡献,授予了鸡冠。并说,天下所有人做重要仪式时,必须要有公鸡到达和出现,方才算数。这就是今天所有重要的仪式都要杀公鸡的意思。公鸡回到家里,非常骄傲,常常炫耀自己的鸡冠和功绩。鸭子对此非常不满意,于是它跑到"洒申"神那里讲理,如果不是自己的帮助,公鸡根本到达不了对岸,但现在好像自己一点功绩都没有似的,应该给自己一个奖励。"洒申"神说,你帮助了鸡,那么今后就让鸡给你孵蛋吧。从此之后,鸭子再也不用自己孵蛋,而是让鸡来完成。

这个故事说明干旱不仅会影响到人类,还会影响到其他动物。人和动物都是生态系统的组成部分,因此,抗击干旱灾害的时候,动物还是具有自己的责任。尽管我们知道动物不可能有"请太阳出来"的能力,但是故事本身说明了生态系统的重要性。

除了彝族之外,云南各少数民族都有与干旱灾害有关的神话、传说和故事。藏族传说有 9 个太阳,9 个月亮;而 9 个太阳烧干万物,烧焦土地,所以,被射下 8 个太阳和 8 个月亮。傈僳族传说有 9 个太阳,7 个月亮,9 个太阳晒得大地上人畜难活,后来被射下 8 个,最后一个害怕躲了起来,人类请公鸡将他请出来,大地才恢复了光明。布朗族传说过去顾米亚造田地时,遭到 9 个太阳姊妹和 10 个月亮兄弟的破坏,放射出烈光,导致大地干裂,鱼的舌头都被晒化了。顾米亚为了拯救万物,射下 8 个太阳和 9 个月亮,剩下的 1 个太阳和 1 个月亮躲起来了,大地一片黑暗和寒冷。顾米亚在白鸟的帮助之下,将太阳请出来,造福人类。[①] 普米族认为天上有 9 个太阳和 9 个月亮,造成大地冷的时候太冷,热的时候太热,人类和万物遭到劫难。有三个智慧出众的好汉,用竹箭、铁箭和钢箭射下了 8 个太阳,又用泥土箭射下了 8 个月亮,但是,剩下的太阳躲起来了,大地又变得黑暗冰冷,人类派公鸡把太阳请出来,拯

---

① 《中国各民族宗教与神话大词典》编审委员会编:《中国各民族宗教与神话大词典》,学苑出版社,2009 年,第 31 页。

救了地球上的万事万物。[①]

这些干旱神话，大部分都提到9个太阳和9个月亮，当然也有12个太阳和12个月亮的传说，如侗族、布依族，并且也是人类射下11个太阳之后，最后一个太阳就躲起来了，后来还是公鸡把他请出来的。[②]但大部分都是9个太阳和9个月亮的故事，彝族、傈僳族、普米族等都是如此。

就干旱神话与干旱灾害的关系而言，笔者认为如下几点是应该注意的：第一，此类神话解释了干旱灾害发生的原因和结果，通常是神灵降灾于人类，主要是有多个太阳，如9个、12个等，其结果是大地被晒干，江河被晒干，甚至大海也被晒干了。人类种不出任何作物，于是粮食减产或者完全没有收成，造成了严重饥荒。这些解释与历史上发生的干旱与大饥荒基本相似。当然有的干旱灾害并没有讲明的原因，而只是说及灾害的结果。

第二，干旱发生之后，人类开始射日，于是就出现了很多射日神话。这是一种英雄神话，射日者几乎都有具体的人名，如普米族、藏族、彝族的传说，他们经过千辛万苦完成任务，为天下人解决了干旱的问题。由此也可以知道，干旱神话的核心是太阳太多，解决办法当然也是射下多余的太阳，因此，神话中的抗旱救灾以射日方式完成。

第三，干旱灾害之后又转入了另一种灾害：寒冷和黑暗。由于人类或者神射下11个或者8个太阳，最后剩下的一个太阳也因恐惧而躲起来了，这又给人类带来了问题，大地变成漆黑一片，从一个极端走向了另一个极端。人类的"射日"行动也随之变成了"请日"。然而太阳不愿意出来，于是，动物帮助了人类，如鸭子、公鸡等，更多的是公鸡。这就是公鸡每天早上都要叫的原因，它叫了之后，太阳就冉冉升起，预示着新的一天开始。

## 3. 地震神话与地震灾害

在中国，地震神话并不像洪水和干旱神话那样丰富，但是最为出名的女娲补天故事，就被很多学者认为是地震神话，它反映了人类希望征服自然力，这种自然力就是地震。[③]云南少数民族中流传着不少与地震有关的神话、传说和故事，虽然没有洪水、干旱的那样多。例如，怒族就有地震的传说，他们认为地球像一座平顶屋，

---

① 普米族民间文学集成编委会编：《普米族民间故事集成》，中国民间文艺出版社，1990年，第2—3页。

② 管新福、杨媛：《贵州少数民族神话中的灾难与救世》，《当代文坛》2014年第5期。

③ 王毅、吕屏：《汶川地震与"补天"神话原型研究》，《重庆大学学报（社会科学版）》2008年第6期。

上面是平的，下面是空的，地下由9根金柱、9根银柱支撑，上帝为了让地球转动，就用一对金鸡和一对银鸡拉动地球，当金鸡和银鸡跳动的时候，地震就发生了。如今每当发生地震时，怒族老人会说金鸡银鸡又在跳动了。[1] 与怒族的传说不一样，哈尼族认为地震是因为海神密嵯嵯玛把支撑田地的大金鱼密乌艾希艾玛的尾巴搬来搬去的原因，因此，要停下生产，牺牲祭祀海神。哈尼族叶车妇女穿短裙就是为了镇压地震不使之发生。[2]

彝族人对于地震的看法与哈尼族相似又有区别。滇南彝族尼苏人认为地球建立在一条大鱼的基础之上，地震就是鱼翻身造成的。[3] 彝族史诗《梅葛》记载：

格滋天神说："水里面有鱼，世间的东西要算鱼最大；公鱼三千斤，母鱼七百斤；捉公鱼去！捉母鱼去！公鱼捉来撑地角，母鱼捉来撑地边。"

公鱼不眨眼，大地不会动，母鱼不翻身，大地不会摇，地的四角撑起来，大地稳实了。[4]

史诗中的大地"翻身"、"摇动"等，都具有地震的意义。上述彝族、哈尼族和怒族的神话传说明了云南少数民族先民对于地震的解释。

## 4. 其他灾害神话与灾害记忆

除了洪水、泥石流、干旱和地震有关的灾害之外，云南少数民族中还有其他很多与火灾、虫灾、雷电、大风、大雪、冰冻等灾害有关的神话、传说和故事，它们与相关信仰结合在一起，形成各少数民族与防灾减灾有关的思想体系。

火灾是各民族地区从古至今经常发生的灾害，相关的神话和解释也非常丰富。

---

[1]　普学旺主编：《云南民族口传非物质文化遗产总目提要·神话传说卷》（下卷），云南教育出版社，2008年，第254页。

[2]　《中国各民族宗教与神话大词典》编审委员会编：《中国各民族宗教与神话大词典》，学苑出版社，2009年，第156页。

[3]　笔者对云南省新平彝族傣族自治县戛洒镇竹园村委会迪巴都村马毕摩的采访记录。

[4]　云南省民族民间文学楚雄调查队搜集翻译整理：《梅葛》（彝族民间史诗），云南人民出版社，1959年第一版，1978年第二版，第9页。

美国人类学家霍夫曼（Hoffman）还将火灾比喻成魔兽。这样的魔兽，如同一次难以预料的地震或飓风，常给人们制造紧急事件。在魔兽和灾害来临时，科学探索和人类有序的理性思维全都轰然崩溃。<sup>①</sup>从另外一种意义上讲，火是具有驱邪去污的功效，它能烧掉一切可以导致疾病的有害成分，从而净化人和牲畜。因此，火是一种消毒剂，能毁坏一切物质的或精神的邪恶因素。<sup>②</sup>各民族火神话的主题，首先是人间没有火，但人类得到各种帮助，通过偷、抢等手段得到火种；其次是通过火来制服或者驱赶鬼神、害虫；再次是神灵或者人类用火来制服别人。

云南各民族的火神话故事别具特色，拉祜族有钻木取火的故事，景颇族有向火神讨火的故事，独龙族也有取火故事等。独龙族的故事说两个年轻人无意中撞击石块，碰出火花，从得到了火种。但此举激怒了龙神，它亲自施法灭火，两个独龙青年为了保护火种献出生命。至今独龙族仍在火塘边放上两块石头，纪念保护火种的英雄。<sup>③</sup>傣族人也认为火种是有一个人用两块石头撞击之后发出火星点燃的。火种的由来并不复杂，但是火种转变成为火崇拜之后，与火神有关的仪式和节日就变得非常丰富。<sup>④</sup>彝族是一个崇拜火的民族，其各支系都有与火有关的神话、宗教仪式和节日。彝族火神叫"阿依迪古"，火把节（包括白族、哈尼族、拉祜族等都有火把节）是彝族的传统节日，不仅要举行火神祭祀仪式，还要举办与火有关的各种活动。彝族的火崇拜可能与蝗虫灾害有着密切的联系，至今武定、禄劝等地的彝族在火把节中都要将火把插在田间地头，并举行驱赶蝗虫的仪式。它表明古代虫灾问题严重，人们用火把来驱赶蝗虫。新平县漠沙镇的傣族也流传着通过火制服龙神的传说，他们认为漠沙镇红河岸边原来是有龙神住着，一个美丽的傣族女孩在江边劳动时，由于天气炎热又找不到水，就自言自语说："如果现在哪个人给我水喝，我就嫁给他了。"这话不巧被龙王听到，看到美丽的女孩，就将清凉的水送给女孩喝。女孩没有办法，只好跟着龙王到了龙宫。但是，到了龙宫之后，小姑娘发现龙宫中的各种怪物，决心逃出来。恰巧她的父亲也

① Hoffman, Susanna M, The Monster and the Mother: The Symbolism of Disaster. In Susanna M. Hoffman and Anthony Oliver-Smith (eds.), *Catastrophe and Culture: The Anthropology of Disaster*, 2002, pp. 113—142, School of American Research Press. 同时参见［美］苏珊娜.M.霍夫曼著、赵玉中译：《魔兽与母亲——灾难的象征论》，《民族学刊》2013年第4期。

② 张文元：《从文献资料看西南火节的内涵和外延》，《思想战线》1994年第2期。

③ 普学旺主编：《云南民族口传非物质文化遗产总目提要·神话传说卷》（下卷），云南教育出版社，2008年，第309页。

④ 普学旺主编：《云南民族口传非物质文化遗产总目提要·神话传说卷》（上卷），云南教育出版社，2008年，第424—425页。

来到王宫救女儿，他们用火烧毁了王宫，烧了三天三夜，龙王逃跑了，他们也顺利地回到了家乡。① 这些故事说明火不但是人类的需求品，还能够给人类带来灾难，当然，也能构成人类使用的工具，整治妖魔鬼怪。由此可知，火有多样性的功能。

山神是云南少数民族普遍崇拜的神灵之一，有众多的神话传说和祭祀仪式。彝族人非常崇拜山神，称之为"白泥"，认为每一座山都有山神，所以每个村都有山神庙。山神威力与山的大小密切相关，如哀牢山、圭山、乌蒙山、大黑山等威力更大。山神统管一切，包括人、动植物和灵魂，求雨、打猎、叫魂、赶鬼、起名字等都要祭祀山神，大型的宗教和节日活动也都要先来祭祀山神。山神还管着猎神、生育神、庄稼神、寨神、河神等，人类需要做与此相关的活动，都要祭祀山神。山神除了管着善神之外，还管着各种恶神和坏神，所以，每当举行宗教仪式，也都要先祭祀山神。哈尼族、拉祜族、基诺族、白族、纳西族、佤族等也崇拜山神，也有山神庙，每到节日之时都要祭祀山神。事实上，云南所有的少数民族都崇拜山神，认为山神主宰着自然界和人类社会，一切活动都与山神有关。美国人类学家F.K.莱曼说："人们普遍假定，土地最早和最终的拥有者是一些鬼'主'。""初次开辟某一土地的定居者必须同上述鬼主订下某种契约，据此，人神之间应保持沟通，以保证双方合作的条件可以持续，鬼主的要求可以适时得到满足（如贡物、祭品、禁忌等）。更为独特的是，鬼主与定居者之间排他性的权利，将传至定居地创建者的后代和继承人，直至永远。这便是建寨始祖崇拜的核心所在。"② 事实上，山神崇拜与人类建寨始祖崇拜密切相关，人类祖先在某地定居下来之时——即所谓的"建寨始祖"，就是与山神达成了某种契约，人类使用山上的土地、森林、猎物等，同时祭祀山神。这样的习俗一直传至"定居地创建者的后代和继承人"，③ 这就是很多民族至今还在崇拜山神的原因。

风雨雷电也是云南少数民族的崇拜对象，有很多的神话、传说、故事和信仰习俗。风雨雷电同时也是灾害的制造物，经常给人类带来灾难。风的传说非常多，傣族认为风是创世大神英叭吹的一口气，在吹了10万年之后，产生了风神叫叭鲁，叭鲁后来与雨神结婚生下冬天，与太阳女神结婚生下夏天，与月亮女神结婚生下秋天，与露雾神结婚生下春天。哈尼族认为风神来自丰海，是天神创造了人之后让人类呼吸用的。雨神也是云南少数民族的崇拜对象，水族人将雨神称之为"天鬼"，壮族人认

---

① 李永祥：《国家权力与民族地区可持续发展——云南哀牢山区环境、发展与政策的人类学考察》，中国书籍出版社，2008年，第179—180页。

② ［美］F.K.莱曼著、郭静译：《建寨始祖崇拜与东南亚北部及中国相邻地区各族的政治制度》，王筑生编：《人类学与西南民族》，云南大学出版社，1998年，第190—216页。

③ 同上书，第190—216页。

为雨神是一种女神，彝族人认为雨神就是天上的陇塔兹控制。雷神崇拜也在云南少数民族中广泛存在，并有各种伦理道德观念融入其中。人们认为，那些被雷电击中的人是不道德之人，做了坏事之人，经常被社会所排斥。这种思想贯穿在社会生活之中，那些被雷击中过的树木也不能用于房屋建设。总之，对这些自然物的崇拜和神话传说，使我们有充分的理由相信在历史上的某个时期，它们曾经给人类带来了灾害，并在人类社会中留下记忆。

动物神话是少数民族神话的重要内容。很多动物在神话中是神仙，曾经在各种灾害中拯救过人类，或者在人类碰到困难的时候挺身帮助过人类，只是由于各种原因被天神降为动物。当然，彝族人也认为谷种是狗从天上带来的，荞麦种也是狗从月亮上带来的。藏族人也有青稞种是狗从天上带来的传说，傈僳族、独龙族等都认为谷种是狗从天上或者天界带来的，他们都让狗先吃新米。我国民俗学家乌丙安认为，狗崇拜的普遍意义就在于它很早就把狗与人类的生活密切联系在一起，使狗始终成为救助人类的有功的家畜。[①] 今天的人类非常痛恨老鼠，因为它偷粮食吃，会给人类带来鼠疫，但是，德昂族、傣族等都崇拜老鼠，因为人类的谷种是从老鼠那里讨要到的。白族则感谢牛的救助之恩，将其列入本主崇拜内容。笔者认为狗的神话传说可能包含着人类早期与饥荒等灾害的关系。

这些神话表明的是一种思想体系，一种对过去的记录，虽然距离遥远，但都可以推测出过去发生的故事。笔者认为，对神话的思想体系进行研究是必要的，因为我们今天的种种行为与过去的行为具有相似性，如道德问题、不尊重自然规律等，这在某种程度上讲，是今天发生灾害的原因之一。

## 二、云南少数民族宗教思想和仪式与灾害的关系

宗教思想是一个知识体系，而宗教仪式则是祈求好运，人畜平安，五谷丰登，祈求避免灾难，祈求雨水等。应该说，避灾辟邪和祈求雨水等仪式在少数民族宗教活动中占有很大的部分。宗教思想和宗教仪式中有很多就是为了避免灾难，换言之，就是为了防灾减灾。

### 1. 民族宗教知识与防灾减灾

各民族都有与防灾减灾有关的宗教知识。对天地神灵的尊重是避免灾害的基础，

---

① 乌丙安：《中国民间信仰》，上海人民出版社，1996 年，第 73 页。

天地在宇宙万物中是最大的，所以，任何祭祀活动都必须先提到天地神。天地神在所有神灵中必须受到尊重，并且有一整套的祭天仪式。如果人类不尊重天地，就会受到惩罚，最突出的方式就是降灾于人类。事实上，彝族洪水神话就是格滋天神要惩罚人类道德败坏的典型案例，彝族史诗《查姆》中从独眼人到直眼人，再到横眼人，都说明了人类道德衰败与天神降灾收回人种之间的关系，天神让人类再生也是一种道德选择的结果。换言之，当人类自身伦理道德堕落到了"极度恶劣"的程度，也就到了天神换人类的时候。例如，云南红河州开远市的彝族人就传说，远古时候的人日子太好过了，就不敬天地，他们用白面粑粑作尿布。天神见了之后十分生气，发洪水淹死了那些人。[①]

风雨、雷电、山川、河流、树木等自然物也是受尊重的对象，最为典型的滇西藏族，任何人都要对神山顶礼膜拜，尊重山上的一切。新平县的傣族傣雅人，禁止向河流做任何不礼貌的行为，包括了向河流中丢石头，在河流边随意大小便，说脏话等，这些都是侮辱河流的行为。对河流的不敬会引起河神和水神的不悦，并降灾于人类。与傣族的情况相似，彝族、哈尼族、拉祜族等都生活在大山上，人们对大山是非常尊重的，每年都要对山神进行祭祀，不做不敬山神的事，说不敬山神的话。彝族、哈尼族等还有神树崇拜，如龙树等；除了神树之外，大树、老树也都必须受到尊重，即使在砍柴的时候，也不能砍树龄太大的老树。对动物的尊重和保护也是宗教和伦理文化中的重要内容。动物不仅跟人类是朋友关系，还给人类很多的启发，不保护动物就维持不了生态平衡，没有基本的生态平衡，人类就会面临灾难。

祖先、父母、长辈等是最重要的尊重对象。祖先是彝族最为重要的崇拜对象，彝族人死后都要通过毕摩将其灵魂送回到祖先的居住地。对于祖先神灵的不敬，对父母、长辈的不孝不尊重等都会导致灾害的降临。所有的民族都有尊老爱幼的传统习俗，这些习俗并没有法律上的功效，却有防灾减灾的意义。如果一个人对老人不尊敬，神灵就会降灾与人类。少年成长、婚恋、性行为等都涉及到严重的伦理道德问题。各民族都对血亲、兄妹等婚姻和性行为都有严格的伦理控制，洪水神话中的兄妹再婚是"世界上只有同胞二人"这一必备条件，[②] 并得到了神灵的许可，通过簸箕、筛子、石磨、隔河穿针等验证之后才得以进行，因为那是唯一的人类延续方式；即便如此，兄妹俩也只是勉强答应神的旨意，他们后来生下的也是肉团、肉坨、葫

---

　　① 李子贤：《彝、汉民间文化圆融的结晶——开远市老勒村彝族"人祖庙"的解读》，《云南民族大学学报》2010 年第 4 期。

　　② 谢国先：《中国南方少数民族神话中的洪水和同胞婚姻情节》，《长江大学学报》2010 年第 6 期。

芦等怪物，这种情况使人类认识到了"近亲婚配之弊"。[1]

对宗教观念的不敬也会带来灾害。各民族都有自己的传统宗教观念和意义，例如，房屋建筑关系到家庭兴衰、子孙后代吉凶祸福、发达与否的大事，彝族建房过程就是地道的宗教活动过程。[2] 房屋的内部结构也有宗教的意义，如堂屋、灶房、火塘、大门、门槛等都有一整套的伦理道德，违反这些禁忌就会带来灾难。[3] 在宗教观念中，从天地万物、人类祖先到日常生活习惯，都与防灾减灾联系在一起，宗教信仰的本质就是预防各种灾害，让人类的生活更加美好。

## 2. 求雨抗旱的祭龙仪式

很多少数民族如彝族、傣族、哈尼族、纳西族等，都有通过宗教仪式对付干旱灾害的方法。在这些仪式中，祭龙仪式不仅普遍，还有代表性。彝族的祭龙仪式因支系和地区的不同而不同，如滇南鲁奎山彝族需要 3 天才能完成，还禁止妇女参与，所有村民不能外出劳动；妇女在村中做针线活儿或者跳舞，但不能到祭祀地点磕头，到仪式点磕头的女性必须在 12 岁以下，即月经之前的年龄。另外一些地区的彝族祭龙仪式则让所有的人员参与，不论男女都可以到仪式地点磕头。祭龙的彝语叫"罗拉"，包括在一个叫"米卡哈"的仪式中。这种仪式通常需要 3 天才能完成：第一天叫"罗拉"，即祭龙；第二天叫"米卡哈"，相当于"净村"；第三天叫"伯卓硕"，即祭猎神。"米卡哈"仪式一般都是 1—3 天，但由于 3 天的时间太长，目前很多村寨都只举行一天，仍然称为"米卡哈"，但翻译成汉语的时候，一般称之为祭龙。

祭龙的日子一般都在农历二月的第一个属牛日，但是，对于那些需要 3 天时间才能完成的彝族，就选择鼠日、牛日和虎日举行，其祭龙仪式会在鼠日进行。下面的例子来自云南省新平县戛洒镇竹园村委会（原老厂村委会竹园村），这里的祭龙仪式通常情况下需要 3 天才能完成，男女都可以参与。我的描写主要集中在祭龙仪式上。其中最重要的祭品是寨门、飞鸟、砍刀等，地点在村寨边的水井旁。如果一个村子有多个水井，就选两个最重要的水井祭祀；如果是废弃的水井，就要先把它打扫干净。竹园村的大水井位于村子东边的万年青树之下，至今仍然出水。它曾经是整个村寨最为重要的水源，全村人民仍然难以忘怀。

---

[1] 王宪昭：《中国少数民族人类再生型洪水神话探析》，《民族文学研究》2007 年第 3 期。

[2] 张含、谷家荣：《简论云南彝族土掌房的文化内涵：写在云南石屏县麻栗树村土掌房调研之后》，《中南民族大学学报》2004 年第 3 期。

[3] 张方玉：《试论彝族的宅居文化》，《楚雄师范学院学报》2002 年第 5 期。

　　祭龙当天，清晨起床之后，村中的年轻人会被分成两个组，一组去打灶、杀猪，然后炒菜做饭，另一组则去打扫水井卫生，他们必须将全村所有使用的水井打扫干净。毕摩则开始制作仪式中使用的祭品，主要包括寨门中所需要的尖刀草绳子、木制砍刀等。所有这些祭品最后都要成为一道象征性的"寨门"，作为祭龙仪式完成的标志。首先，毕摩要制作一根20米长的尖刀草绳，粗细适中，但必须很结实。尖刀草前一天就准备好了，毕摩只要将其搓成绳子就行。据说，尖刀草是各种恶神鬼怪的挡箭牌，它们最怕尖刀草，一见到尖刀草就停止前进。所以，彝族丧葬中有一个踩尖刀草的仪式，还要念《踩尖刀草经》。在祭龙仪式中，毕摩把尖刀草吊在寨门上，其作用是把恶神、坏神阻隔在外。其次，毕摩要制作9把桑树木砍刀，是用来砍各种鬼神的。这些砍刀用尖刀草绳拴起来甩的时候会发出"嗡嗡"的响声，因为桑树是最容易发出响声的树木。砍刀上写着各种坏神、恶神的名字，它们一旦来到村子旁边，看到自己的名字，就进不了村子，也伤害不到人。据毕摩的解释，这9把刀的功能是不一致的，第一把刀是砍带来坏运气的坏神；第二把刀是砍使人生病和难过的神；第三把刀是砍让棺材出现的坏神；第四把刀是砍让牲畜死亡和见到死亡的坏神；第五把刀是砍让人乱淫、以及让人见到乱淫事件的坏神；第六把刀是砍让人生病或见到不吉利事情以及不好东西的恶神；第七把刀是砍让人死亡的恶神坏神；第八把刀是砍专门让人犯罪的坏神；第九把刀是砍各种流氓神、是非神、开棺神等恶神坏神。再次，毕摩还要用竹子编3只鸟，象征鸽子、布谷鸟和者呗勒（与布谷鸟相似的鸟）。三种鸟都要编成有一种腾飞的状态，挂在寨门中央尖刀草绳的中间，象征鸽子要出去觅食，布谷鸟和者呗勒都在春天时节出现叫声，提醒人们季节、时节抓紧时间耕作。最后，毕摩还要准备好米、活鸡、鸡蛋、钱、香、盐巴、腊肉等。

　　仪式一般在下午两点半举行。如果一个寨子有好几口重要的水井，需要举行几个仪式，通常就同时举行。笔者参访的竹园村就是同时举办了两个祭龙仪式，这在其他地是少见的。到了祭龙的时辰时，毕摩就会拿着祭品、法器和经书包到村边的水井旁，年轻的村民助手们已经在水井边等候。祭坛被建在大青树下水井边的小坡上，毕摩用锄头把小坡铲平，以便摆放祭品。祭坛中主要使用松枝、柏树枝、桑木片和金竹。树枝插成3组，每组插3根金竹、3枝松枝（已剥皮，表示干净）、3枝柏树枝、3块桑木片，每组都以数字9来构成，即9根金竹、9枝松枝、9枝柏树枝、9块桑木片。毕摩解释说，数字9象征9条龙。然后在祭坛上撒上松毛，献上1碗米、3杯酒、3炷香，还有腊肉、鸡蛋、钱、盐等。毕摩点燃香，跪在祭坛前磕3个头，把香插在3组树枝旁，每组插1炷香。随后抱着公鸡磕头，并念《献牲经》，念完后就开始杀鸡。新鲜的鸡血要用刀蘸了之后洒在树枝上，同时要拔下一些鸡毛放在树枝旁的松毛上，毕摩磕再磕上几个头，仪式就算结束了。

祭水井结束之后就开始了"呷且都"（即安寨门）的仪式，念《呷且都经》，其中记载了坏神的名字和赶鬼的方法，目的是把所有的坏神赶出村寨外。毕摩首先要在村边建一个祭台，然后放上松毛、米、酒、鸡蛋、钱、盐巴、腊肉、香等祭品，插上松枝和桑枝。在磕头并念完《献牲经》之后，就开始杀鸡，鸡血鸡毛都要献在祭台上，然后开始念《呷且都经》，经书很长，需念1小时。毕摩念经的同时，助手们要把安装寨门所需要的东西准备好，那就是两根竹竿，作为门框，顶端用尖刀草绳连接起来，作为门梁，尖刀草上拴着9把树刀和竹编的小鸟。3只小鸟中，鸽子要进行装饰，即把仪式中杀死了的鸡头砍下来，穿在竹编的鸟头上，作为鸽子头；把鸡翅膀砍下来，穿在鸟翅膀上，作为鸽子翅膀；把鸡尾巴砍下来，穿在竹编的鸟尾巴上，作为鸽子尾巴，这样的装饰看起来更像鸽子。所有事情准备完了，就等待毕摩的指示，等毕摩经书念完时，助手们就可以把寨门竖起来。两根竹竿要挖洞钉稳，以防风吹雨打倒下来。整道门的高和宽都是6米左右，门框中吊着的是那些恶神和坏神砍刀，还有展翅的竹编小鸟，象征着村民已经进行了祭龙仪式，来年一定会风调雨顺，五谷丰登，六畜兴旺。

很多村民对于祭龙有着特殊的感情和看法。人们认为，如果不举行祭龙仪式，这一年的干旱就会变得严重，丰收就没有希望。在2012年的西南大旱中，竹园村在祭龙的当天下起了雨，虽然不大，但所显示出来的预兆和象征意义是惊人的，人们欢天喜地，奔走相告，有的人家还打电话告诉远方的亲戚朋友，村民坚信神灵一定会帮助人们战胜干旱灾害。当地政府也支持村民举行祭龙仪式，认为祭龙仪式不仅是一种尊重自然的体现，更为重要的是农民从中增加了抗旱的信心和能力，对地方的抗旱减灾有很大的帮助。

## 3. 抵御洪灾的江河祭祀仪式

河流常常给人类带来灾害，特别是诸如红河这样的河流更是如此，其中的任何一段下大雨，都会给下游民众带来灾害。所以，生活在河流周边的少数民族都有与洪水和河流作斗争的经验，也有一些民族通过举行宗教仪式，祈求河流不要发洪灾，不要在平时给人带来灾难。傣族就是一个具有这种信仰的民族，他们每年都要祭祀红河，以祈求红河保佑平安。笔者曾经观看过红河岸边傣族祭祀河流的仪式，他们每年都要在农历二月的第一个属牛日祭祀河神。由专门的祭司主持，有的村寨还要请雅摩（相当于巫师）进行念经。祭祀河神时需要购买一头肥猪、一只鸡，还有酒、饭、罗锅、碗筷、柴火、香等。祭品准备好之后，就由村寨中的祭司指定青壮年小伙子，将其运送到河边一个固定的地方，该地方被认为是河神的居住地。然后，支好锅庄，生火，再开始杀猪、杀鸡，并用树枝和树叶搭建神台。神台建好之后，用猪肉、鸡肉和其他祭品祭祀，雅摩要做法念经。仪式中最为重要的一个环节，就是雅摩指挥村民用一个竹箩筐接河水，此举表示河水被箩筐接住了，不会冲到村里，泛滥成灾。有的村寨祭祀河神时，还要在河神居住处吹号。傣族人认为，河水由河神控制，要使河水不泛滥，就要年年祭祀河神，以保证下雨之时河水不泛滥成灾，冲垮寨子。

### 4. 避免火灾和赶走蝗虫的祭火仪式

祭火仪式以彝族阿细人最为著名。这里最先没有火，后来是一个叫木邓的人用木棒在朽木上钻磨，在二月初三钻出了火花，得到火种。从此，阿细人结束了吃生食的蛮荒时代。木邓也因此被认为是火神。阿细人在祭祀火神时，就是祭祀木邓。开始之时要送旧火，由妇女们将火塘中的火灰送到门外，然后毕摩就装扮成火神木邓的样子在寨中取火。得到新火种之后，人们抬着火神，载歌载舞，游行村寨，随后进入密林中，毕摩则手摇法铃，口中念念有词，祈求火神保佑村民。之后，村民还要将火神抬入村中，继续周游村寨。所到之处，家家户户都必须把门打开，用松明子将新火种点燃，磕头之后将新火种引入家中火塘，只有得到新火种之后，村民才能开始做饭。火神接到家中之后，护送火神的人会在家中用木刀进行"砍杀"，表示赶走邪气。阿细人认为，送旧火迎新火是一年中最为重要的节日祭祀活动，只有将旧火送走，才能将灾难和不幸赶出去。[①]

通过火来避邪、驱邪的另一个重要内容是火把节。彝族以及白族、哈尼族、拉祜族、傈僳族、基诺族、普米族等民族都有传统的火把节。它是火崇拜的集中体现，有多种功能，如祈求农业生产，施行礼德教育，传承民间文艺，促进社会整合等。[②]每当此节到来之时，彝族人家家户户都要扎火把，每个村寨还要扎一个大火把。在晚上庆典之时，人们手持火把，到田间地头绕行，并将火把撒向地脚，表示驱逐害虫，保证五谷丰登。一些地区的彝族在家中点燃火把，边舞边念："烧呀烧，烧死吃庄稼的虫，烧死饥饿和病魔，烧死猪、牛、羊、马的瘟疫，烧出一个安乐丰收年。"[③]新平县彝族在庆祝时，要点燃门前的"火扎"，举火绕田，通宵跳舞。据说，这是为了纪

---

①　石连顺、石晓莉：《阿细人生礼仪》，云南民族出版社，2007年，第170—175页。

②　黄龙光、张晖：《彝族传统火把节的文化意义》，云南省民族学会彝族专业委员会、昭通市民族宗教事务局编：《云南彝学研究》（第九辑），云南民族出版社，2012年，第240—249页。

③　朱文旭：《彝族火把节》，四川民族出版社，1999年，第133页。

念一位通过火把烧死庄稼上的害虫的彝族老者。[①] 从祭火和火把节的情况说明，火崇拜的相关仪式和节日活动都有防灾的意义。

## 5. 避免灾荒的叫谷魂仪式

很多民族都有叫庄稼魂的仪式。作为稻谷文化极其丰富的红河谷岸边的花腰傣，其叫谷魂的仪式别具特色，而且经久不衰。此种仪式一般都需要在家里或田间进行，但随傣族支系的不同而略有差异，傣雅支系是在一天之内就完成，傣洒支系则需要两天，一天在田中，另一天在家中。

据笔者调查，新平县漠沙镇傣雅人，在叫谷魂时需要准备如下东西：第一是必须在田间采集的新鲜谷穗，傣语叫"弘考"。它是谷神的代表，叫了魂后将被放入粮仓中。傣族人每年种植两季谷子，而叫魂仪式是在第二季谷子成熟的时候举行，所以，新谷穗在田间随处可见。谷穗是代表谷魂的，所以采集时也有讲究，它必须是没有被雀、鼠等动物吃过的，谷穗长且结得多，谷粒饱满，一般要 15—20 穗，这样挂在仓中会非常显眼。第二是要砍一根小树枝，约 1 米长，傣语叫"酿朵考"。这种植物是用来辟邪的，它同时代表了某种神灵，谷魂会跟随它一起回到叫魂的户主家里。这种植物在傣族村寨边随处可见，它的树枝在很多宗教仪式中都使用。第三是家庭成员的衣服，一般是每个家庭成员都要有一件衣服，并按照辈分长幼排列，孙子辈的衣服放在最里面，父母辈的衣服放在中间，爷爷奶奶的衣服放在外面，把其他家庭成员的衣服包起来，用红线拴好。如果户主家爷爷奶奶已经去世，则用户主夫妇的衣服把小辈人的衣服包好备用。傣族人相信灵魂是附在衣服上的，只有衣服才能将谷魂带回来。户主的衣服就是表明谷魂要随着户主回到相应的人家里。第四是要准备一瓶白酒，但不用倒出来，只要用瓶子装好即可。仪式中需要烧的香，也要提前准备好。

仪式由女性主持，通常由家中户主直接进行；如果户主不会，就到村中请雅摩（傣族宗教仪式主持者）。仪式分为两个部分，第一部分在田边进行，第二部分在家中。在田边，仪式主持者拿着全部祭品，站在金黄色的稻田边，选好位置，既不下跪，也不烧香，就开始念起经来。经文大体如下："拿三成谷子献给祖先，拿九成谷子献给祖先，大仓库里的谷子献给祖先，老仓库里的谷子献给祖先。把谷种拿到坝子中间，用好田来种谷子，用好水来养鱼。谷种撒在秧田里，谷种发出小苗，秧苗栽在大田里，

---

① 新平彝族傣族自治县民族事务委员会编：《新平彝族傣族自治县民族志》，云南民族出版社，1992年，第 53 页。

大田变得绿油油，秧苗栽在小田里，小田变绿油油。栽一棵变成千棵，秧尖虫不吃，秧根虫不咬，秧茎长如扁担，秧苞粗如甘蔗，谷穗遮住坝子，谷粒结得多又密，像李子一样多。"念完后，主持者就可以带着谷穗回家，开始第二部分的仪式。主持者到家后，要把谷穗、衣服和"酿朵考"拿到粮仓里，并把谷穗和"酿朵考"吊在粮仓里的木头或者墙上。此时粮仓一般都有粮食，因为已经收获过一次了，所以谷魂叫回来之后，代表得到了丰收。在确定谷穗和"酿朵考"不会掉下来之后，她又开始念道："谷魂叫回三道门，谷魂叫回五道门，进到大仓库里，谷魂交给墙角，谷魂交给大粮仓，吃一小点，就饱一天。"所有经文念完之后，她就可以把主人家的衣服放回衣柜。仪式结束，主人家可以做饭并喝酒，表示祝贺谷魂被叫回来了。

这个仪式非常简单，但是它所显示出来的意义并不简单。它事实上是一个避免挨饿的仪式，谷魂叫回来了，丰收就有了保证，只要有了丰收，人们就能远离灾荒。

## 6.宗教仪式的防灾减灾意义

总而言之，宗教仪式与防灾减灾有着密切的联系，在某种程度上甚至可以说，其目的有很多就是为了减轻灾害风险。在人们看来，灾害风险无处不在，无论是自然的、人为的、还是神为的，都会给人类带来灾难。在这一点上，笔者看到了德国哲学家贝克的风险社会的内容。有的宗教仪式中针对具体的灾害，有的则不一定，而是指更为广泛的不吉利事件。例如，祭龙习俗就是针对干旱缺水的，其目的是要得到更多的雨水，以保证来年五谷丰登和六畜兴旺；傣族人祭水和祭河流的仪式就是针对洪水灾害的，虽然有打鱼的成分在其中，但祈求不出现洪水灾害是主要目的。云南中部、南部地区彝族、哈尼族等的祭火把习俗，则主要是针对虫灾的，虽然现在由于广泛使用杀虫剂，并不需要通过火把来驱赶蝗虫，但杀虫剂的使用又带来了另外的问题，所以祭火的习俗也一直没有停止。叫谷魂针对的粮食歉收，没有粮食，农村就没有了根本。

# 三、云南少数民族传统知识与防灾减灾的关系

## 1.民族建筑知识与防灾减灾

云南少数民族有丰富的建筑传统知识，其防灾减灾功能包括如下几个方面：

第一，预防滑坡崩塌灾害。这在少数民族村寨选址过程中有突出表现。他们选址时非常认真，不仅要考虑自然地理上的便利条件，如地质、水源、森林、土地、阳光等，还要符合宗教意义，如从风水上确定所选之地是阳而不是阴地，任何不利

因素都会影响到最终的决定。在自然地理方面，村寨房屋和重要建筑群（如寺庙、山神庙等）都不会建在泥石流滑坡等环境脆弱的地方，选址的第一要素就是地基稳定。因此，绝大部分的村寨都会建在地基坚硬的山梁之上，即使在平坝地区，其地基也是坚固的。一些具有泥石流滑坡风险的村寨很多是后来的人为因素造成的，如人口增长，过度开发等，古人在选址时实际上已经考虑到了规避泥石流、滑坡、崩塌等风险。

第二，防范火灾。很多民族建筑都有防火功能，如藏式建筑（尽管近期的独克宗古城还是被火灾吞噬了，但究其原因有人为因素）。西南民族大学兰婕对贵州黔东南侗族建筑的调查发现，其防火功能很有特色。侗族村中的戏台、粮仓等皆为木质吊脚楼，底部木柱建于水塘中，四周都有很多的水，用于防鼠和防火，保护粮仓。村中所有的粮仓都集中在一起，与村民住房保持一定距离，此种相互隔离的设计使粮食得到了保护，即使村中房屋发生火灾也不会烧到粮仓，而侗族村寨之内和周边的水渠、水塘实际上是村民的消防水源。[1] 此外，很多民族建筑，如藏式建筑、彝族土掌房等都有火塘，也有防火之用。彝族人在挖火塘时底部和四周都用厚厚的硬石块隔开，与墙壁保持一定距离。楼上的火塘更加注重防火，除了用石板与楼层土隔开之外，还要分几层，不让热量传到楼层的木头上，四周的石板坚硬，并用土层再次隔离，即使整天烧火也不会发生危险。另外，火塘的位置、风向和排烟方式都与防火有关。滇南的傣族、基诺族、哈尼族、拉祜族、佤族等都住杆栏式建筑，他们全部在竹楼上烧火做饭，但很少听到有杆栏式建筑着火的情况。

第三，防范地震灾害。独龙族、怒族等民族的建筑对地震有很好的防灾减灾作用，房屋的墙不是用石头或者土坯砌成，而是用木头穿斗堆积，整间房屋就是一个整体，地震时不易倒塌。另外，2014年发生在云南省普洱市景谷县的"10·15"地震，震级6.6级，震源深度5000米。原本估计损失会很大，但最后只造成1人死亡，324人受伤，其中8人重伤。为什么震级那么大，震源那么浅的地震伤亡会那么小呢？包括中央电视台记者、建筑专家和抗震专家在内的人都到该地区进行调查，结果发现，其主要原因是当地的民间建筑，这种房屋被称为"穿斗"，特点是整栋房子连成一个主体，地震时即使墙壁震倒了，整间房子也不容易倒。另外，房屋的墙壁与柱子是分离的，柱子在里面，墙壁在外面，墙壁被震倒之后不会往里面倒，因为被柱子挡住了，往外倒的墙壁不会伤到人。第三是当房顶瓦片掉下来时，被房子的楼板隔开了，很少

---

① 兰婕：《不同灾难风险场景下的本土应灾实践探析——以黔东南南侗地区火灾为例》，西南民族大学硕士论文，2014年，第14页。

能够砸在人头上。6.6 级的地震只造成 1 人死亡的情况在全国上下震动很大，中央电视台记者甚至说："这是最不像灾区的灾区。"[①] 它说明传统知识能为现代建筑设计提供很多有益的东西，为其他地区（甚至城市地区）的防灾减灾提供经验。

第四，防风灾、防寒灾和防高温灾害。在风力巨大的地方，各民族都在房屋建筑上下功夫，如大理白族的"三坊一照壁"房屋结构，为了防风防火，设计出了"三合一"的外墙工艺。[②] 滇南彝族、傣族的土掌房有冬暖夏凉的特点，高山彝族的土掌房有防寒功能，河谷傣族的土掌房有防高温功能。彝族和傣族的土掌房在建筑方式、外形上区别不大，差别主要在内部结构上。彝族居住在高山，气候较冷，一般房间都比较小，楼上楼下都有火塘，有的人家有 2—3 个火塘，整间房屋都比较温暖。而傣族地区气候炎热，他们的房屋都比较高，房间大，不建火塘，一楼宽敞不隔开，二楼虽然隔开，但是房间也比彝族的大。总体上，彝族土掌房有保温防寒功能，傣族土掌房有降温防高温功能。

第五，建筑材料使用中的防灾减灾功能。几乎所有民族的建筑材料，都根据当地的地理气候条件进行严格的选择，使用非常结实的木料，如傣族热带地方建房从来不用松树，而是用坚硬的栎木，因为河谷地区的白蚂蚁非常喜欢吃松木。此外，所有的民族都不用雷击过的树木建房，也不用有鸟窝的或者看到过蛇爬过的树木建房。他们认为这些是不吉利的象征，一旦选用了这些材料，就有可能给户主带来灾难。

当然，还可以通过举行宗教仪式来防止不吉利事件的发生。例如，建房开工以及重要部分的施工，如彝族土掌房立柱、上大梁、填土等，都必须择吉日进行。而且任何重要部分的施工都要进行驱鬼仪式，以避免未来发生灾害。

## 2. 地质地貌等环境知识与防灾减灾

任何一个少数民族群体，无论生活在高山还是平坝地区，都有与周边环境有关的传统知识。云南总面积的 94% 是高山，大部分少数民族都有与高山地质地貌结构和环境风险有关的传统知识，如生活在哀牢山的彝族、哈尼族、拉祜族、瑶族等，都知道周边环境和地貌状况，知道哪座山有多陡，水土湿润度有多大，土地是否疏松，是否发生过泥石流滑坡等，知道某座山是否安全，是否适合人类居住。对于村寨周

---

① 中央电视台新闻调查视频资料"震后的七七组"，下载于云南省地震局官网"云南景谷 6.6 级地震新闻视频资料"，http://www.eqyn.com/manage/html/ff808181126bebda01126bec4dd00001/ynpejgdzzt/index.html。

② 段炳昌、赵云芳、董秀团编著：《多彩凝重的交响乐章——云南民族建筑》，云南教育出版社，2000 年，第 74 页。

边的环境，村民也都知道哪里经常滑坡、崩塌和下陷，哪里有裂缝等。每当雨季到来的时候，人们就将这些地方列为重点观测对象，人和动物都不允许去容易塌陷的地方。这样的知识普及到每一个村民中，是传统知识的组成部分。

云南农业的特点之一就是梯田和山地，这些地区会经常发生滑坡和崩塌。当地人有阻止梯田滑坡和坍塌的传统方法，如果梯田出现滑坡的迹象，就砍竹子或者树干在滑坡点打桩，其深度与滑坡点的危险程度相一致。如果滑坡面积较大，打桩数目较多，反之则少。如果已经造成滑坡，就在打桩的同时，用竹子或者树木将滑坡点铺垫起来，然后再用土填上。如果滑坡点太大，树桩解决不了问题，就开始用石头砌墙，周围再打树桩，最后再填土，这样，梯田才能恢复功能。与梯田相比，山地不具备良好的排水系统，山地滑坡主要是由排水不畅引发的，但山地不易打桩，一般都是通过砌墙来防止滑坡和崩塌。对那些危险的山地，一般都放弃种植谷物，而是以种植果树为主。

云南农业的另一个特点是刀耕火种，几乎所有边境线地区的民族，如佤族、哈尼族、拉祜族、基诺族、布朗族、德昂族、独龙族等都有这样的传统。据研究，刀耕火种与现代农业相比较具有各种优势和意义，对恢复生态环境，提高土地肥力，减少草灾和虫灾都具有重要的意义。[①] 刀耕火种者很少对山地进行大规模的改造，也不深挖土层，或者彻底地砍掉植物，这样就不会造成水土流失，植被恢复也快。表面上，刀耕火种的耕作方式是粗放的，原始的，但恰恰是这些民族的生态环境一直处于较好的状态，笔者调查时对此有深刻的印象，相反，那些精耕细作的农业地区环境脆弱性却相当严重。可见云南少数民族的刀耕火种农业中具有丰富的环境意识和防灾减灾知识经验，各民族将这些知识代代相传，保护了人们赖以生存的土地。如今，很多边境地区的少数民族大多实行精耕细作，所谓先进的技术也在这些地区得到推广，特别是在一些地区甚至大搞橡胶种植，反而导致生态系统的恶化。这些事实不得不让我们重新思考传统与现代、先进与落后之间的关系。至少，我们没有任何理由放弃这些传承了无数年的防灾减灾智慧。

烧山烧地不是简单地把树木砍倒，放火烧之，它其实孕育了一系列的山地防火的方法。实行刀耕火种者都知道何时烧火，从哪里开始烧，怎样做才能不让火灾发生等。在烧地时，人们会选择在风不太大的日子进行，一般都不从下面往上烧，而是先在上面烧开一片，然后再从中间点燃，最后才烧底线部分，这样避免火势太旺。

---

① 尹绍亭：《一个充满争议的文化生态体系——云南刀耕火种研究》，云南人民出版社，1991年，第19页。

即使不实行刀耕火种，很多民族也有烧山的习俗。据笔者的调查，烧山必须遵循一整套的规则：一是烧山须在春雨后或者在潮湿的条件下进行，尤其避免在极度干燥的天气条件下烧山，还要避免大风天气下烧山；二是必须由有烧山经验的成年男子进行，村里在烧山之前有应急的方式，如果火势失去控制，能够及时通知其他村民来灭火；三是要有隔离火种的道路，并且从道路下边最接近道路的区域烧火，然后再烧中段和底部，这样，火势从下而上也不会越过已经烧过的区域；四是烧火的区域不能连接成片，要烧完一片又烧一片，不能整体连片烧山；五是烧山的时间通常是早上或者下午，避免正午时烧地；六是烧山要年年都烧，不能一年烧一年不烧，避免干柴野草堆积过多。与烧山相比，烧地则容易得多。在开荒的时候，人们都会将新开垦地区的树枝、树桩等烧光，以制作肥料，但是烧地总是从上边烧到下边，避免火苗越过新开垦的山地串入森林。因此，烧山在某种程度上可以减少发生森林火灾的可能性。

云南东部、东南部的大片土地呈现典型的喀斯特地貌特征，即石漠化，生态系统比较脆弱，由于很多地区出现了灾变，人们无法耕作，无法放牧。但是生活于此的各民族，包括彝族、苗族、壮族、瑶族、哈尼族等，都在长期的生产过程中积累了对抗石漠化的传统知识。如苗族，就通过捡含有种子的鸟粪放入石缝中，成功地种植了很多植物，另外，他们还在石缝里植树，在石山上种植当地的传统植物，实行"树要活，不烧坡"的方法，有效地应对了石漠化。[1] 在学者们看来，苗族的石漠化传统知识应对方式没有办法通过自然科学来解释，但是它却能够在实践中取得成功。[2] 在玉溪市元江县洼垤乡，彝族濮拉人和尼苏人都居住在喀斯特石漠化地区，他们通过砌墙造地等方式，硬是在石缝中种出了高质量的烤烟，改变了旧观念。喀斯特石漠化问题严重的，还有昆明市石林彝族自治县，该县所有地区都处在石漠化的覆盖范围之内。与其他地区不同的是，该县把石漠化当成一种地理标志产品，申请到了联合国的自然和文化遗产保护，成为他们的经济之源。

## 3. 民族生态知识与防灾减灾

云南少数民族都有丰富的传统生态知识，一度成为预防干旱和饥荒的重要手段。例如，生活在滇南哀牢山的彝族尼苏人，能够从山中寻找出两百多种野生食物，如野菜、野花、野果、蘑菇、根茎等，加上狩猎和野生蜂蜜等营养品，即使碰到干旱、

---

[1]　石峰：《苗族石漠化地区生态恢复的本土社会文化支持》，《云南民族大学学报》2010 年第 2 期。

[2]　杨庭硕：《苗族生态知识在石漠化灾变救治中的价值》，《广西民族大学学报》2007 年第 3 期。

粮食减产也是可以度过的。在尼苏人看来，要在山上寻找可使用的野菜、野果并非难事，仅仅野菜类就超过 100 种，在春季还有各种野花。彝族地区有两种花是可以当成"饭"来使用的，一种叫"莫洛朵"，另一种叫"维呐"。莫洛朵花被认为是特等的"饭"，维呐花则为次等。彝语谚语"莫洛朵花如同大白米饭，维呐花如同玉米饭"就说明了这一点。在彝族地区，只有莫洛朵和维呐可以当饭来吃，其他所有的花都是当"菜"食用的。彝族地区的野果也十分丰富，如黄坡果、黑坡果、枇杷果、杨梅、多依果、野芭蕉果等，都能够在不同的季节里找到。彝族地区的蘑菇同样十分丰富，很多人都可以拾到 50 多种的食用蘑菇。彝族地区的根茎也十分丰富，如山药、蓑衣果等。要是加上狩猎中得到的野生肉类、蜂蜜、蜂蛹等食品，彝族人的食物种类不仅多样，还具有丰富的营养成分，即使在没有发生干旱和饥荒的年份也是当地彝族人的传统特色饮食。

傣族是非常擅于打鱼的民族，他们不仅对水田中的谷杈鱼、泥鳅、黄鳝、鲫鱼等非常熟悉，还擅于捕捉江河里的各种鱼类，也擅于养殖鱼类。他们男女分工不同，男性下河撒网捕鱼，女子在田中用笼子捕捉泥鳅、黄鳝、鲫鱼等。在过去，傣族社会中还有不会捕捉泥鳅黄鳝的女子很难嫁出去的说法。他们除了在平时下河捕鱼外，每当碰到暴雨大雨和红河涨水的时候，就会整天捕鱼，很多男子甚至晚上不睡觉，捕鱼到天亮。河谷地区有各种野菜、野花和水果，特别是在水果方面，热带水果种类也是丰富的，他们能够将野菜、冬瓜等做成各种鲜美的食品。其传统饮食腌鸭蛋和干黄鳝更是让其他民族的人赞不绝口，所谓"腌鸭蛋，干黄鳝，二两小酒天天干"就是傣族传统饮食的真实写照。

云南少数民族的食物储藏方法，也能够为预防因干旱等灾害引起的食品短缺起到重要作用。高山彝族人、哈尼族人、拉祜族人等将猪肉用石板压干后，挂在通风处，制成火腿，能够保存 3 年以上的时间。傣族人由于气候状况无法制作火腿，就将所有的猪肉放入土罐中，腌制成酸猪肉，傣语称为"呐木宋"，可以保存 3 年以上。傣族人同时将鸡肉、鸭肉、鹅肉、鱼等都放入罐中保存，在热坝地区使用酸肉可以达到解暑效果。高山地区的彝族人、哈尼族人、拉祜族人等经常将各种蔬菜晒干保存，等到没有蔬菜或者食品较少的时候使用。这些晒干的蔬菜、豆类、竹笋等，与腌制品及腊肉、腌肉类结合在一起，可以缓解很多食品短缺上的困难，加上野外的蔬菜水果等，当地人在营养上还能实现多样化。

少数民族都有常用的止血药物，具有消炎止血的作用，并且被广大人民所知晓。例如，彝族中就常用蒿枝来止血，使用时先用石头将其春碎，使浆汁出现在表面，然后涂在伤口上。患者起初会感到非常疼痛，但止血效果很好。止血的药物之所以重要是因为它涉及到灾害发生时期的外伤和急救，当政府的急救医疗队尚未到达的时候，地方传统急救方法就会变得特别重要，特别是很多的村子都没有社区医疗点，连基本的消毒都没有办法进行，此时传统药物就能发挥重要作用。此外，几乎所有的少数民族都有骨科医生，而且都认为他们能够解决西医没有办法解决的问题，对骨科有非常大的贡献。笔者的家乡在 1970 年代时有很多云南地质大队的探矿人员，他们经常在探矿时摔伤，甚至导致断肢。因为知道彝族的骨科特别好，其骨科伤员也是送到彝族村寨中，只要几个月的时间，就可以回到单位上班了。

傣族、哈尼族、拉祜族、瑶族、苗族等民族在骨科上也有丰富的传统医药知识，都能够在灾害急救中发挥作用。事实上，不论是地震还是地质灾害，政府的急救人员是无法在第一时间到达灾害现场的。1976 年唐山大地震，第一批到达灾区开始抢救人的外地援救队伍——北京部队坦克某师，也是在地震发生近八个小时，才从西北方向进入已经是一片废墟的市区；其他大部分救灾队伍是在 7 月 29 日和 30 日即地震发生 24 小时之后才陆续到达。[1] 在救灾队伍未能在第一时间到达灾害现场的时候，民族医药能够发挥作用。

# 四、云南少数民族天文伦理与防灾减灾的关系

## 1. 历法文化中的防灾减灾

中国现行的阴历是世界上最为古老的历法之一，对云南少数民族的历法产生了深远的影响，很多民族的行为和文化意识都与现在的阴历密切相关。然而，在云南的少数民族地区，还流传着各民族的历法，如傣历、藏历、彝历等，都对世界文明做出了重要的贡献。即使是没有历法的民族，在使用阴历的过程中，也融入了本民族的文化。云南少数民族的行为、仪式、时间选择等都与对历法的理解有着密切的关系。彝族历法被认为是最为古老的历法之一，虽然使用仅限于今天的大小凉山地区，但是影响深远。彝族历法一年有 10 个月，每个月有 36 天，剩余 6 天为过节日。正因如此，大小凉山的彝族一般都在 10 月过年，称之为"彝族年"。根据彝族学者刘尧汉先生的研究，彝族还有一种 18 月历，即每年有 18 个月，每月有 20 天，仍然留有 6 天作为过年日。[2] 据说这种立法与美洲的玛雅立法非常相似，但是，在彝族地区

---

① 孙绍骋：《中国救灾制度研究》，商务印书馆，2005 年。

② 刘尧汉：《〈彝族文化研究丛书〉总序——弘扬中华彝族优秀文化传统》，钟士民著：《彝族母石崇拜及其神话传说》（序言部分），云南人民出版社，1993 年，第 1—41 页。

没有看到具体的使用情况。当然，在多数情况下，彝族人主要还是在使用汉族阴历和罗马阳历，这与其他少数民族相似。

然而，无论是有自己历法的民族还是使用汉族阴历的民族，其行为都受到历法的影响。在彝族历法中，除了凉山彝族之外，几乎都使用阴历。彝族的十二属相，有的地方与阴历的相同，有的地方则不同，其中最关键的是历法对人类行为所产生的影响。彝族人认为，所有的日子都有凶吉好坏之分，即所谓的吉日和凶日，吉日就是人们选择各种重要事件的日子，大凡婚丧嫁娶、建房、节日、出行、举行仪式等，无不与日子的凶吉有着密切的联系。彝族毕摩教导人们，出行和回家的时候都要算清楚日子才能进行，尽可能避开属猪属蛇之日，所谓"蛇日不出门，猪日不归家"。

同样，红河流域的花腰傣人也分吉日和凶日，所有的重大事情都要在吉日举行。他们也认为蛇日、猪日等不是好日子，一般都会避开蛇日、猪日。傣族人也坚信做任何事情都要避开不好的日子或者与自己相冲突的日子，包括建房、结婚、举办节日、仪式等，都需要看日子后决定。日子不好的话，就会在活动中带来灾难。同时，他们也认为属相与婚姻之间存在着某种关系，属相相冲的人不能在一起，而只有相配的人才能长久并相互有利。

哈尼族、纳西族、拉祜族、苗族、基诺族、壮族等民族的历法概念也基本相似。历法被认为是人类文明的象征，作为一个民族悠久历史的标志，对人类的思想和行为产生了深远的影响。几乎所有的少数民族都认为灾害与历法有着密切的关系，人们在灾害发生时遇难，都会被解释为"时候不好"、"日子对其不利"等，如果能避开这些日子，就会避免灾害发生在自己身上。彝族毕摩对于疾病、灾害、不吉利事件的发生是从历法的角度解释的，他们认为如果记不清楚事件发生时的时间，就难以算出其中的原因，也不知道需要举行何种仪式。彝族毕摩丢失东西的时候，首先要确定丢失的时间和地点，那天是属什么的，这样就能确定还能否找到失去的物品。彝族毕摩生病的时候，也要确定哪天开始生病，属什么，特别是得病的时辰对于他们来说非常重要，因为这样才能算出什么原因导致疾病，并采取相应的仪式进行治疗。任何仪式都需要在特定的日子、特定的时段举行仪式，如果时辰把握不好，仪式的效果就不明显。

## 2. 伦理文化中的防灾减灾

伦理与灾害有着密切的联系，因为伦理文化中有很多与灾害有关的内容，在救灾过程中体现出伦理的意义。在那灾害发生的紧急时刻，无论是否认识，过去有没有矛盾，人们都会相互帮助。并且很多文化上的禁忌也会暂时为救灾让路，这种情况在 2002 年哀牢山区傣族社区的泥石流灾害中有鲜明的案例。[①] 灾害与伦理的关系还体现出它们之间的因果关系。换言之，灾害的降临很多是人类社会的伦理失衡所致，伦理道德的丧失是灾害发生的原因，不尊重天地自然、神灵、长辈、社会道德等都会导致灾难降临。例如，在彝族人的道德观念中，如果伦理道德的丧失是个体性的，那么灾害就会降临到这个人身上；如果伦理的丧失是社区性的，那么，灾害就会降临在这个社区；如果伦理丧失是全社会，那么灾难就会降临在整个社会；如果全人类都丧失伦理道德了，那么天神就会"换人"，即彝族人的独眼人到直眼人再到横眼人的过程。

对天地神灵的尊重是避免灾害的基础，天地在宇宙万物中是最大的，所以，任何祭祀活动都必须先提到天地神，天地神在所有神灵中必须受到尊重，并且有一整套的祭天仪式。如果人类不尊重天地，那么就会受到惩罚，最突出的方式就是降灾于人类。事实上，彝族洪水神话就是格滋天神要惩罚人类道德败坏的典型案例，彝族史诗《查姆》中从独眼人到直眼人，再到横眼人，都说明了人类道德衰败与天神降灾收回人种之间的关系，天神让人类再生也是一种道德选择的结果。例如，彝族洪水神话中有哥弟 3 人，老大、老二都是良心不好的，只有老三才心地善良，所以，天神选择了老三作为人类繁衍的传承之人。除了彝族之外，几乎所有的南方民族都有与洪水有关的神话，内容都是人类因道德问题而受到天神或者其他神灵的惩罚。当人类自身的伦理道德散失和堕落的时候，也就到了天神换人类的时候，如开远彝族人就说，远古时候的人日子太好过了，就不敬天地，他们用白面粑粑作尿布。天神见了之后十分生气，发洪水淹死了那些人。[②] 由此可知，道德沦丧是导致自然灾害的原因之一。

风雨、雷电、山川、河流、树木等自然物也是受尊重的对象。最为典型的是滇西藏族的神山崇拜，任何人都要对神山顶礼膜拜，尊重山上的一切。滇南新平县的傣族傣雅人禁止向河流做任何不礼貌的行为，包括了向河流中丢石头，在河流边随意大小便，说脏话，这些都是侮辱河流的行为，对河流的不敬会引起河神和水神的不悦，并降灾于人类。傣族人对于水神非常尊重，每年都要到红河岸边祭祀河神和水神，以避免红河水神降灾于人类。与傣族的情况相似，彝族、哈尼族、拉祜族等都生活在大山上，他们对于大山是非常尊重的，每年都要对山神进行祭祀。不能在

---

① 李永祥：《傣族社会和文化对泥石流灾害的回应——云南新平曼糯村的研究案例》，《民族研究》2011 年第 2 期。

② 李子贤：《彝、汉民间文化圆融的结晶——开远市老勒村彝族"人祖庙"的解读》，《云南民族大学学报（哲学社会科学版）》2010 年第 4 期。

山上做不敬山神的事情，不能说不敬山神的话。彝族、哈尼族等还有神树崇拜，如崇拜龙树等，除了神树之外，大树、老树也都必须受到尊重，即使在砍柴的时候，也不能砍树龄太大的老树。高山地区民族在打猎的时候，为了避免灾难的发生，在上山之前都要祭祀山神，打猎回来之后，也要感谢山神。表明了人类对于山神的依赖关系，人类使用山上的资源，同时也要祭祀山神，以感谢神灵的帮助。

祖先、父母、长辈等都是伦理道德中最重要的尊重对象。祖先是彝族最为重要的崇拜对象，彝族人死后都要通过毕摩将其灵魂送回到祖先的居住地，与祖先团聚。对于祖先神灵的不敬，对父母、长辈的不孝不尊重等都会导致灾害的降临。所有的民族都有尊老爱幼的传统习俗，这些习俗并没有法律上的功效，但是，却有防灾减灾的意义。如果一个人对老人不尊敬，那么神灵就会降灾于人类，为了避免灾难降临在自己的身上，人们都要尊老爱幼。

少年成长、婚恋、性行为等都涉及到严重的伦理道德问题。各民族对血亲、兄妹等婚姻和性行为都有严格的伦理控制，洪水神话中的兄妹再婚，也只是勉强答应神的旨意，但他们后来生下的还是肉团、肉坨、葫芦等怪物，尽管在神灵的帮助之下变成了各民族的祖先，但在后来的神话中很少出现兄妹婚配的情况。

对宗教观念的不敬也会带来灾害。各民族都有自己的传统宗教观念及其意义，例如，房屋建筑关系到家庭兴衰、子孙后代吉凶祸福、发达与否的大事，彝族建房过程就是地道的宗教活动过程。[①]房屋建设的地点、开工日期、仪式、材料等都有着各种伦理和宗教上的意义，彝族房屋的内部结构也有宗教的意义，如堂屋、灶房、火塘、大门、门槛等都有一整套的伦理道德，违反这些禁忌就会带来灾难。[②]

对动物的尊重和保护也是伦理文化中的重要内容。动物不仅跟人类是朋友，还给人类很多的启发，不保护动物就维持不了生态平衡，没有基本的生态平衡，人类就会面临灾难。在云南的少数民族神话中，人类的各种灾害、灾难都是通过动物的帮助得到克服的，如狗到天上找粮种，公鸡帮助人类把太阳请出来等。很多民族姓氏都会崇拜一种有特点的动物，即所谓的"图腾崇拜"，图腾崇拜中有的崇拜动物，有的崇拜植物，整个民族都崇拜一种动物或者植物，有的则分得比较细。例如，彝族崇拜虎和龙的情况是比较突出的，楚雄州的彝族罗罗泼认为人类源于虎，万事万物源于虎，崇拜老虎的现象非常普遍，崇拜龙的情况更不用说。但是，彝族人图腾

---

① 张含、谷家荣：《简论云南彝族土掌房的文化内涵：写在云南石屏县麻栗树村土掌房调研之后》，《中南民族大学学报（人文社会科学版）》2004 年第 24 卷第 S2 期。

② 张方玉：《试论彝族的宅居文化》，《楚雄师范学院学报》2002 年第 17 卷第 5 期。

崇拜中也有更详细的分类，如彝族普姓崇拜石蚌，方姓崇拜吉吾鸟等，与整个民族的崇拜不同，这些情况说明了氏族祖先与该种动物之间的联系，通常是动物拯救过他们祖先的生命。如果该姓氏的人在打猎时不小心伤害了所崇拜的动物的话，就会带来厄运，需要举行仪式方能避灾。

伦理文化与防灾减灾之间存在着某种联系，我们今天几乎到了无灾不成年的地步，从某种程度上讲，应该从伦理道德及少数民族文化上找找原因，我们的社会和文化在哪些地方出了问题，或许会得到某种反思。

# 五、小结

云南少数民族文化与灾害的关系，就是民族文化与防灾减灾之间的关系。对于文化与灾害之间的关系，笔者认为如下几点应该得到总结和强调：第一，少数民族的神话、史诗、传说、歌谣、民间故事等都记载了很多与灾害有关的故事，这些神话、传说和故事的内容距今可能非常遥远，也有可能存在于现代社会，但它们说明各民族历史上可能发生过与此相关的灾害，与当下的防灾减灾关系密切。

第二，各民族都通过宗教仪式的方式来进行防灾减灾，具体内容包括通过宗教仪式来避免灾害发生，或者祈求解决方式，如祈求降雨来解决干旱灾害的问题，通过祈求天地来停止地震的问题，通过祈求不发大水而减少洪灾的问题，等等，都具有通过宗教来实现防灾减灾的意义。

第三，少数民族传统生态和环境知识与防灾减灾之间有着密切的联系，传统生态和环境知识是各民族实践的结果，它深深地嵌入社会成员中，很多成员能够通过传统生态和环境知识达到预防和减灾的目的。人类学通常有重视和强调各民族文化的传统，这在灾害研究，特别是防灾减灾的研究中也不例外，包括奥利弗·史密斯（Oliver Smith）在内的多个人类学家都阐述了传统知识对于防灾减灾的重要性，这是减轻灾害风险的实践者需要注意的。

第四，通过历法的方式来实现避灾，这种方法在云南各少数民族中普遍存在，如不是吉日不举办婚礼、建房、节日等，也不出远门、归家、访友等。遵守了历法的相关规定，就可以避免一些灾难，以达到防灾减灾的目的。

第五，少数民族伦理文化与灾害之间有着密切的联系，很多伦理问题在灾害应急、急救、物资分配、恢复重建等活动中体现出来，说明了民族伦理文化与灾害之间的关系。可以说，伦理文化贯穿了灾害的全过程，包括对灾害发生的解释，救灾活动的开展，灾后恢复建设的完成，都与伦理文化密切相关。

# 文本中的灾害史：《泗州大水记》与贞元八年水患的别样图景[*]

夏 炎

（南开大学历史学院暨中国社会史研究中心）

**【摘要】**唐德宗贞元十三年吕周任所作《泗州大水记》所载地方长官亲历亲为的应灾举动在当时具有特殊性，其背后不仅反映出唐代应灾体制的不健全，同时亦从一个侧面"活化"了地方官府应灾的历史面相。就唐代地方官亲历亲为的应灾行为而言，在当时虽不具备普遍性，但若从一个长时段的历史时期来看，这一行为却具有经典的示范意义。

**【关键词】**唐代；泗州大水记；灾害；地方官

唐代地方官参与灾害救济的行为，学界偶有关注。[①]但由于史料的局限，使得我们对于地方官应灾的历史细节缺乏细致而深入的了解。唐德宗贞元十三年（797）吕周任所作《泗州大水记》是研究唐后期水灾史的重要资料，为我们进一步探寻唐代地方官府应灾的历史面相提供了可能。目前，学界尚无专文对《泗州大水记》进行讨论，仅将其中的片段作为唐代灾害史研究的史料加以利用。鉴于此，本文拟以《泗州大水记》的文本叙述为中心，讨论唐代灾害史研究的相关问题，敬请方家指正。

---

[*] 本文为国家社科基金一般项目"汉唐《异物志》整理与研究"（15BZS043）、国家社科基金重大项目"多卷本《中国宗族通史》"（14ZDB023）、教育部人文社会科学重点研究基地重大项目"隋唐五代日常生活"（12JJD770016）阶段性成果。

[①] 学界对于唐代地方官应灾的研究主要集中在灾害奏报方面。此外，么振华还专门研究了唐代地方官在因灾蠲免程序中所发挥的效用及官吏渎职行为对灾害救济的影响；刘勇以刺史为中心，探讨地方官上报灾情、防御灾害、处置灾害、救灾效果等问题；毛阳光则重点考察了各级地方官员重视与参与灾害救济的历史面相。参见么振华：《唐朝的因灾蠲免程序及其实效》，《人文杂志》2005 年第 3 期，第 120—125 页；《关于官吏渎职行为对唐代灾害救济影响的考察》，《求索》2010 年第 11 期，第 238—241 页；刘勇：《唐代刺史与灾荒》，《江汉论坛》2011 年第 7 期，第 90—94 页；毛阳光：《唐代灾害奏报与监察制度略论》，《唐都学刊》2006 年第 6 期，第 13—18 页；《唐代灾害救济实效再探讨》，《中国经济史研究》2012 年第 1 期，第 56—58 页。

# 一、文本个性的发现

《泗州大水记》，唐吕周任撰，《文苑英华》卷八三三、《唐文粹》卷七六、《全唐文》卷四八一均载，但文字略有出入。该文详记德宗贞元八年（792），泗州地区发生特大洪水，刺史张伾携官民抗灾一事，同时亦有作者的议论。以下将《文苑英华》所载《泗州大水记》全文迻录如下，并参校《唐文粹》、《全唐文》，[①] 进而讨论相关问题。

　　《春秋左氏传》曰："天反时为灾（《粹》'灾'作'妖'），地反物为妖（《粹》'妖'作'灾'）。"其于水也，反利为害矣。在唐尧时，包山陵而若漫（《粹》、《全》'若漫'作'浩滔'）天。在汉武时，浮啮桑而浸钜野，皆震荡上心，昬（《粹》、《全》'昬'作'昏'）垫下人，其故何哉？天其或者警休明而表忠诚也。

　　皇唐贞元八年，岁在壬申夏六月，上帝作孽，罚兹东土，浩淼长澜，周亘千里。请究其本而言之：是时，山泖桐栢，发谼歔涌，下注淮渎，平湍七丈。浮寿踰濠，下连沧波。东风驾海，潮上不落。雨水相逆，溅涛倒流，蠹缩回薄，冲壅汴（《粹》、《全》'汴'作'淮'）泗。积阴骤雨，河潟瓴建，不舍昼夜，至于旬时（《粹》'时'作'浃'）。乾坤合怒，云雷为屯，以水济水，吞洲漂防。走不及窜，飞不及翔，连薨为河海（《粹》'海'作'宫'），噍类如鱼鳖。事出虑外，孰能图之？

　　开府议（《粹》、《全》'议'作'仪'）同三司、校检（《粹》、《全》'校检'作'检校'）右散骑常侍兼御史大夫、泗州刺史、武当郡王张公（《全》'公'后多'伾'字），以其始至也，聚邑老以访故，搴薪楗石以御之。其渐盛也，运心术以驭事，维舟编桴以载之。遂连轴（《粹》'轴'作'舳'）促橹，敛邑之惸嫠老弱、州之库藏图籍、官府之器，先寘于远墅，军资甲楯、士女马牛，遽迁于水次。将健丁壮，遏水之不可者，任便而自安，迨（《粹》'迨'作'逮'）数日而计行矣。洪波汗漫，不辨（《粹》'辨'作'测'）涯涘，惊飙

---

①　本文《文苑英华》《唐文粹》《全唐文》采用的版本及页数：《文苑英华》，中华书局，1966年，第4392—4393页；《重校正唐文粹》（明嘉靖三年徐焴刻本），四部丛刊二编本，简称《粹》；《全唐文》，中华书局，1983年，第4911—4912页，简称《全》。

鼓涛，舟不得不覆；巨浪崩山，城不得不圮。崇丘（《全》'丘'作'邱'）如岛，稍稍而没；厦（《粹》'厦'作'夏'）屋如杳（《粹》、《全》'杳'作'查'），况况（《粹》、《全》'况况'作'汎汎'）相继。天回地转，混茫其中。公独与左右十数人，缆舟于郡城西南隅女墙湿堵之上，以向冲波而（《全》'而'作'之'）来，不亦危哉！公之左右失色，同辞请移。公曰："伾，天子守土臣也，苟有难而违之，若王（《粹》'王'作'君'）命何！且南山隔淮，几五六里，吾能往矣，况是别境，'离局，奸也'，虽死不为。"公于是使部内十驿迁于虹城西鄙而南，傍南山（《粹》无'山'字）而东四百里，达维扬之路，俾星邮无壅；石（《粹》、《全》'石'作'又'）东北直渡，经下邳，五百里，至于徐州，通廉察之问；又移书（《粹》无'书'字）淮南城将，令断扁舟往来，立标树信，以虞寇贼之变。公每端拱对水而诉曰："伾奉圣主明诏，司牧此州，以亲（《粹》'亲'作'观'）万姓，河公何为不仁，降此大沴，伾之罪也。"厉声正色，陟危不挠，历数（《粹》'数'作'再'）旬而水定，又再旬而水抽（《全》'抽'作'耗'）。

自水始至，及水始耗，已一（《粹》、《全》'一'作'六'）时矣。又一时而复流，郊境之内，无平不陂，郭郭之间，无岸不谷，尺椽片瓦，荡然无所有。可异者，惟（《粹》'惟'作'唯'）公之露寝与内寝岿然存焉。岂不可浮而往，盖（《全》'盖'作'抑'）不可颠而坏乎？斯则神仰公之仁，先庶物而遗已；神赏公之忠，临大难而守节；神高公之义，动适权以成务。故保其听政养安之所，旌公之善也。昔邵（《全》'邵'作'召'）伯之理也，人爱甘棠而勿剪（《粹》、《全》'剪'作'翦'）。方兹神灵支（《粹》、《全》'支'作'扶'）持，不亦远乎！公乃舍车而徒，弃辐而泥，吊亡恤存，绥复军郡。远轸圣虑，诏左庶子姚公吊而赈之，至于修府署，建城池，诏有司计功而偿缮。立廛（《粹》'廛'作'鄽'）市，造井屋，公申劝科程，以贯（《粹》、《全》'贯'作'赍'）以贷，纔踰年，而城邑复常矣。其于缩板为垣，树柳为丽，端衢四达，廓宇双峙，即公之新意也。

天灾流行，何代无之？逢昏即盛，遇贤即退。故刘琨（《粹》、《全》'琨'作'昆'）返风而火灭，王尊临河而水止。盖忠诚之至也。公尝领赢兵守孤城，以百当万，俾国家全山东之地。名载青史，公即国之长城也。今以一苇之航，挂（《粹》、《全》'挂'作'絓'）于危堞之上，以当涨海之势。城颓而一块不倾，水止而所济获全，公即国之贞臣也。固知明主之委任于公也，皆感而通焉。

周任不敏，学于旧史氏，借古人以谕公，未（《全》无'未'字）或曰（《粹》无'曰'字，《全》'曰'后多'未'字）同年矣，谨述而记（《粹》'记'作'纪'）之。时贞元十三年，岁在丁丑，清和之日（《全》'日'作'月'），哉生魄，勒于石。(《粹》无'时……石'之句）①

　　《泗州大水记》的叙事背景是德宗贞元八年夏泗州地区发生的一次水患，文章的第二段重点描述了此次水患的情况及破坏程度。实际上，贞元八年的水患并非仅仅是泗州的局部性灾害，而是一次全国性的大范围水患。《旧唐书》卷一三《德宗纪下》载贞元八年七月，"辛巳，大雨。八月乙丑，以天下水灾，分命朝臣宣抚赈贷。河南、河北、山南、江淮凡四十余州大水，漂溺死者二万余人"。②此次水灾波及范围广，破坏性大，③么振华曾对唐代水灾溺死伤亡情况进行总结，在其所列表格中，贞元八年的水灾伤亡人数在唐代居第一位。④至于此次水灾的具体情形，《新唐书》卷三六《五行志三》："（贞元）八年秋，自江淮及荆、襄、陈、宋至于河朔州四十余，大水，害稼，溺死二万余人，漂没城郭庐舍，幽州平地水深二丈，徐、郑、涿、蓟、檀、平等州，皆深丈余。八年六月，淮水溢，平地七尺，没泗州城。"⑤《新唐书》卷七《德宗纪》：载贞元八年，"六月，淮水溢。"⑥《新唐书》中特别记载了"淮水溢"、"没泗州城"，可见在这次大规模水患中，泗州城的确是重灾区。⑦

　　《泗州大水记》的主人公泗州刺史张伾，《旧唐书》卷一八七下《忠义下》《新唐书》卷一九三《忠义下》有传，因德宗建中初固守临洺，以功迁泗州刺史。据郁贤皓考证，其任泗州刺史当在贞元八年至二十一年（792—805）间，⑧在州十余年，后死于任上。

---

　　① 《文苑英华》，中华书局，1966年，第4392—4393页。

　　② 《旧唐书》卷一三《德宗纪下》，中华书局，1975年，第375页。

　　③ 刘俊文有专文论述唐代的水害，认为唐代的水害不但次数多，而且范围大，其中，贞元八年的水患是重要案例。同时，文章还讨论了水害成因、统治者的水害对策以及水害对政治的影响。参见刘俊文：《唐代水害史论》，《北京大学学报（哲学社会科学版）》1988年第2期。此外，陈可畏的相关文章亦可参考。参见陈可畏：《唐代河患频发之研究》，《史念海先生八十寿辰学术文集》，陕西师范大学出版社，1996年，第183—206页。

　　④ 么振华：《唐代自然灾害及其社会应对》，上海古籍出版社，2014年，第124页。

　　⑤ 《新唐书》卷三六《五行志三》，中华书局，1975年，第932页。

　　⑥ 《新唐书》卷七《德宗纪》，中华书局，1975年，第198页。

　　⑦ 泗州在历史上是水患重灾区，清康熙十九年（1680），泗州城终被大水淹没。参见伍海平、曾素华：《黄淮水灾与泗州城湮没》，《第二届淮河文化研讨会论文集》，2003年10月。

　　⑧ 郁贤皓：《唐刺史考全编》，安徽大学出版社，2000年，第946页。

《泗州大水记》的作者吕周任，据《全唐文》卷四八一作者小传："周任，德宗朝，官侍御史。"《全唐文》小传所载目前仅为孤证，暂且存疑。同时，吕周任与张伾之关系，亦史载无文。但吕周任愿为张伾歌功颂德，表明其二人当具有密切之关系。观其文字之生动翔实，推断吕周任曾亲历此事，时或任泗州僚属，亦未可知。就目前存世的唐文而言，如《泗州大水记》以地方官应灾为核心题材的长篇文章实不多见。文章不仅描述了水灾发生时的情况及其造成的严重后果，同时还详细记述了泗州刺史张伾在水灾前后的积极应对措施，包括灾前访问耆老、修筑防御工事、转移百姓与官府财产、灾后保障交通与联络通畅、防止民变、赈恤灾民、重建州城等具体而实际的行为。此外，还叙述了朝廷派遣使臣到泗州赈灾，并拨专款协助地方重建州城诸事。若从灾害史研究的史料角度讲，该文记载了此次水灾的时间、地点、灾害程度、影响以及应对措施，是研究唐代后期区域水灾史的重要且完整的个案资料。然而，我们必须认识到，《泗州大水记》所载刺史的一些应灾行为以及作者所表达的灾害观念，实际上仍然是以往灾害史研究的传统课题。虽然该文本内容翔实而完整，但如果仍然按照传统的"从史料到史实"的灾害史研究方法对其文本进行解读，便会有题无剩义之感，其史料价值亦会随着研究理路的僵化而被湮灭。鉴于此，我们研究工作的起点应当是挖掘《泗州大水记》的文本个性，进而提取文本中暗含的别样历史信息。

幸运的是，围绕贞元八年水患，除去两《唐书》的概略性描述以及《泗州大水记》之外，尚有三份相对完整的文本存世，分别是陆贽、权德舆的状、疏以及德宗的诏书，从而为我们进一步讨论问题提供了史料支撑。实际上，就在贞元八年水患发生后，德宗并没有立即下诏遣使赈灾，而拜相不久的陆贽曾围绕此事上奏皇帝，德宗亦有回应。陆贽的奏文是《请遣使臣宣抚诸道遭水州县状》、《论淮西管内水损处请同诸道遣宣慰使状》两篇，[①]《资治通鉴》卷二三四简明扼要地记录下了这次君臣对话。

　　河南、北、江、淮、荆、襄、陈、许等四十余州大水，溺死者二万余人，陆贽请遣使赈抚。上曰："闻所损殊少，即议优恤，恐生奸欺。"贽上奏，其略曰："流俗之弊，多徇诡谀，揣所悦意则侈其言，度所恶闻则小其事，制备失所，恒病于斯。"又曰："所费者财用，所收者人心，苟不失人，何忧乏用！"上许为遣使，而曰："淮西贡赋既阙，不必遣使。"贽复上奏，

---

　　① 参见陆贽：《请遣使臣宣抚诸道遭水州县状》、《论淮西管内水损处请同诸道遣宣慰使状》，（唐）陆贽撰，王素点校：《陆贽集》，中华书局，2006年，第552—559页。

以为："陛下息师含垢，宥彼渠魁，惟兹下人，所宜矜恤。昔秦、晋仇敌，
穆公犹救其饥，况帝王怀柔万邦，唯德与义，宁人负我，无我负人。"八月，
遣中书舍人京兆奚陟等宣抚诸道水灾。①

就在陆贽上奏的同时，时任左补阙的权德舆亦上《论江淮水灾上疏》，请求德宗
尽快遣使赈济。②《新唐书》卷一六五《权德舆传》略载其事。

贞元八年，关东、淮南、浙西州县大水，坏庐舍，漂杀人。德舆建言：
"江、淮田一善熟，则旁资数道，故天下大计，仰于东南。今霖雨二时，农田
不开，庸亡日众。宜择群臣明识通方者，持节劳徕，问人所疾苦，蠲其租入，
与连帅守长讲求所宜。赋取于人，不若藏于人之固也。"帝乃遣奚陟等四人循
行慰抚。③

陆贽、权德舆所上的状、疏全文至今依然传世，足见其二人的上奏行为对于此
次遣使赈灾的重要意义。而就在陆、权上奏之后，德宗才最终发布了遣使赈灾诏书。④
诏书对于遣使作出了具体的分工，《册府元龟》卷一六二《帝王部·令使二》："（贞元）
八年八月诏曰：'……宜令中书舍人奚陟往江陵、襄、郢、随、鄂、申、光、蔡等州，
左庶子姚齐梧往陈、许、宋、亳、徐、泗等州，秘书少监雷咸往镇、冀、德、棣、深、
赵等州，京兆少尹韦武往杨、楚、庐、寿、徐、润、苏、尝、湖等州宣抚，应诸州
百姓因水不能自存者，委宣抚使赈给。……'"⑤据《旧唐书》卷一四九《奚陟传》："贞
元八年，擢拜中书舍人。是岁，江南、淮西大雨为灾，令陟劳问巡慰，所在人安悦之。"《泗

---

① 《资治通鉴》卷二三四《唐纪五〇·德宗贞元八年》，中华书局，1956 年，第 7533—7534 页。

② 参见权德舆：《论江淮水灾上疏》，（唐）权德舆撰，郭广伟校点：《权德舆诗文集》，上海古籍出
版社，2008 年，第 738—740 页。

③ 《新唐书》卷一六五《权德舆传》，中华书局，1975 年，第 5076 页。

④ 参见《唐会要》卷七七《诸使上·巡察按察巡抚等使》，中华书局，1955 年，第 1416 页；《册
府元龟》卷一〇六《帝王部·惠民二》，中华书局，1960 年，第 1264 页；《册府元龟》卷一六二《帝王部·命
使二》，第 1959 页；《文苑英华》卷四三五《遣使赈恤天下遭水百姓敕》，中华书局，1966 年，第 2202—
2203 页；《全唐文》卷五二《遣使宣抚水灾诏》，中华书局，1960 年，第 567 页。其中，《册府元龟》卷
一〇六记此次诏书的发布时间为贞元七年八月，误。《唐会要》卷七七将"姚齐梧"误作"姚齐语"。《文
苑英华》文字较多，《全唐文》当据《英华》。关于唐代朝廷遣使赈灾问题的讨论，参见毛阳光：《遣使与
唐代地方救灾》，《首都师范大学学报（社会科学版）》2003 年第 4 期。

⑤ 《册府元龟》卷一六二《帝王部·令使二》，中华书局，1960 年，第 1959 页。

州大水记》:"远轸圣虑,诏左庶子姚公吊而赈之。"此姚公即为姚齐梧。从《旧唐书》、《泗州大水记》的记载看,此次遣使赈灾的确是得到了实施。然而,如果将上述德宗对此次水患的反应与陆贽、权德舆等人的上奏联系起来考察的话,我们发现德宗对于救灾的态度明显是消极和被动的。为了进一步说明问题,我们再来看一看陆贽《请遣使臣宣抚诸道遭水州县状》:

> 右频得盐铁、转运及州县申报,霖雨为灾,弥月不止,或川渎泛涨,或谿谷奔流,淹没田苗,损坏庐舍,又有漂溺不救,转徙乏粮,丧亡流离,数亦非少。……前者面陈事体,须遣使抚绥,陛下尚谓询问来人,所损殊少,即议优恤,恐长奸欺。臣等旬日以来,更审借访,类会行旅所说,悉与申报符同。但恐所闻圣聪,或未尽陈事实。……初闻诸道水灾,臣等屡访朝列,多云无害于物,以为不足致怀,退省其私,言则顿异。霖潦非可讳之事,搢绅皆有识之人,与臣比肩,尚且相媚,况乎事或暧昧,人或琐微。以利己之心,希至尊之旨,其于情实,固不易知,如斯之流,足误视听。所愿事皆覆验,则冀言无诈欺,大明照临,天下之幸也。……①

当贞元八年水患发生后,陆贽"前者面陈事体,须遣使抚绥",而德宗的反应则是"询问来人,所损殊少,即议优恤,恐长奸欺",并没有立即遣使赈济。同时,对于割据的淮西镇,德宗亦无救济之心。与此同时,朝臣一般的反应则是认为"无害于物"。可见,在朝廷的角度,从皇帝到臣僚均对此次水患持消极态度。这一反应当与唐代的灾害奏报体制、君臣关系以及淮西吴少诚割据等问题紧密相关。而就在朝廷消极应对的氛围中,《泗州大水记》所载泗州刺史张伾积极主动的应灾行为便显得尤为耀眼,与德宗君臣的消极态度形成了鲜明的对比。文本的流传固有其复杂的原因,但目前存世的关于贞元八年水患的四份相对完整的文本,则具有一定的历史逻辑在内。其中,陆贽、权德舆与德宗的言论代表朝廷,而吕周任的文章则代表地方。如果略去陆贽、权德舆的名人效应,前三者文本的流传与德宗的消极应灾态度密切相关。而就在这一朝廷应灾背景下,吕周任的《泗州大水记》作为孤立文本得以流传,不能不说这是对朝廷消极应灾政策的一种反应。而就上述列举的奏文、诏书而言,此次全国大范围的水患记录,中央的记录相对较多,而地方的应对记录目前则只有《泗州大水记》最为翔实。当然,我们决不能据此认为其他地方官在面对水患时毫无应灾

---

① (唐)陆贽撰,王素点校:《陆贽集》,中华书局,2006年,第552—556页。

举动，但《泗州大水记》所具有的孤立文本特性，却可以为我们重新发现历史提供重要线索。

## 二、史家选择与历史特殊性

简单说来，历史学研究的对象主要是两类人，一是文本中的人，二是写文本的人。二者共同建构起史料的灵魂。而在以往灾害史的研究中，往往重"事"而不重"人"，对于与文本密切相关的人的思想、行为关注不够。鉴于此，本文提出"文本中的灾害史"研究范式，旨在通过分析作者的写作意图与写作对象入手，发现文本中暗含的别样信息，还原灾害史的丰富历史面相。

按照《泗州大水记》作者的写作意图，其终极目标实际上并不在于叙述水灾本身，而是要通过记述抗灾之行为以彰显泗州刺史张伾之德，进而赞颂皇帝之德，正所谓"固知明主之委任于公也，皆感而通焉"。因此，与其说这是一段水灾实录，不如说是一篇刺史应灾的德政记录。正因为如此，《泗州大水记》被后世所重。元人王恽《玉堂嘉话》卷八："周世宗南伐，驻跸临淮，因览唐贞元中《泗州大水记》，诏窦俨论其事。"窦俨，显德中，累拜翰林学士判太常寺。我们看到，窦俨围绕《泗州大水记》所议论的核心并非贞元八年的泗州水灾，而是在其所包含的灾异天谴观的基础上，杂糅阴阳五行学说，借以劝谏君主实施德政。[1] 这一"以灾害论德政"的叙述方式在当时的知识界应具有一定普遍性，反映出知识精英对灾异天谴论的认同与接受。[2]

《泗州大水记》写作的终极目标是宣扬德政，这一观念贯穿全文。文章开篇引《左

---

[1]　窦俨认为贞元八年大水的原因在于，"贞元壬申之水，非数之期，乃政之感也。德宗之在位也，启导邪政，狎昵小人。裴延龄专利为心，阴潜引纳；陆贽有其位，弃其言。由是明明上帝，不骏其德，乃降常雨，害于粢盛，百川沸腾，坏民庐舍，固其宜也"。（元）王恽：《玉堂嘉话》卷八《窦俨水论》。

[2]　卜风贤认为，古代消除灾害的根本办法不是积极地防灾抗灾，而是通过皇帝本人改进品性操守、实行所谓的"德"政。围绕灾异与人事之关联，学者们亦从多个视角探讨相关问题。如刘俊文认为唐代水害会对政治产生影响，主要导因于儒家学说中的"天人合一"和"阴阳五行"观。潘孝伟认为中国古代关于灾荒成因问题的解释，颇受"天人感应"观念的影响，不乏所谓"天灾"、"天谴"的唯心之说。然而，唐代又有人试图作出唯物主义的解释。李军认为在灾害天谴论的压力下，唐代因灾求言颇为盛行。参见卜风贤：《中国古代的灾荒理念》，《史学理论研究》2005 年第 3 期，第 33 页；刘俊文：《唐代水害史论》，《北京大学学报（哲学社会科学版）》1988 年第 2 期，第 54 页；潘孝伟：《唐代减灾思想和对策》，《中国农史》1995 年第 1 期，第 42 页；李军：《论唐代帝王的因灾求言》，《首都师范大学学报（社会科学版）》2006 年第 1 期，第 21—25 页。

传·宣公十五年》"天反时为灾，地反物为妖"之语，明确表达了作者的灾异天谴观，认为灾害是"天其或者警休明而表忠诚也"，这是作者构思全文的知识背景。在此框架下，作者通过列举事实，将天灾与人事相关联，提出"逢昏即盛，遇贤即退"观念，突出刺史德政退灾的主旨思想。在上述思想观念的基础上，作者总结出张伾具有的仁、忠、义三种品格，这是其论赞的核心观点。

对于作者所论的仁、忠、义等儒家纲常伦理，并非笔者关心之话题，但是该观点的立论依据则是本文讨论问题的出发点。文章遵循摆事实，讲道理的论说原则，所得出的论点均建立在一些具体史事之上，认为："斯则神仰公之仁，先庶物而遗已；神赏公之忠，临大难而守节；神高公之义，动适权以成务。故保其听政养安之所，旌公之善也。"其中，"先庶物而遗已"、"临大难而守节"、"动适权以成务"应当是张伾应灾行为的高度提炼，是其立论所据之史事。如果认为这样的表述较为抽象的话，文末还有一句话似较具体，即"今以一苇之航，挂于危堞之上，以当涨海之势。城頹而一块不倾，水止而所济获全，公即国之贞臣也"。我们发现，作为全文论点的总结，作者并没有面面俱到地将张伾的应灾行为一一列举，而是仅仅强化了某种单一行为，即"今以一苇之航，挂于危堞之上，以当涨海之势"，如果将这一总结性记录与《泗州大水记》对刺史应灾行为细节的描写文字对号入座的话，"公独与左右十数人缆舟于郡城西南隅女墙湿堵之上，以向冲波而来"正是上述总结性记录的具体体现。作者认为刺史的这一行为"不亦危哉"，僚属见状大惊失色，纷纷请求长官不要冒险，迅速撤离至安全之处。随即作者记录了张伾的一段言论："伾，天子守土臣也，苟有难而违之，若王命何！且南山隔淮，几五六里，吾能往矣，况是别境，'离局，奸也'，虽死不为。"据《左传·成公十六年》："侵官，冒也；失官，慢也；离局，奸也。"杜预注："远其部曲为离局。"可见，如同当年固守临洺，张伾在水患面前无所畏惧，亲临一线，指挥抗灾的行为，正是作者真正要极力赞扬的核心行为。而张伾仁、忠、义的品格所依赖的"先庶物而遗已"、"临大难而守节"、"动适权以成务"等亦全部指向上述行为。

可见，作者精心选取的刺史亲历亲为的应灾举动应当是《泗州大水记》论赞的核心材料，而就在张伾之前的玄宗开元年间，时任冀州刺史的柳儒也采取过类似的应灾行为，这个故事被记载于后人为其撰写的《柳儒墓志》中：

> 公讳儒，字昭道，河东人也。……寻改授冀州刺史。是岁，天降淫雨，河流为灾。爰降丝纶，是忧垫溺。公躬自相视，大为隄防。庶人以宁，官政用义。特降玺书慰问，曰："卿国之才臣，职是方牧。属河流漾溢，天雨

霖霪，而率彼吏人，具兹舟楫，拯救非一，式遏多方。夫家以宁，糇粮用济。
其事甚美，雅副朕怀。"寻改为青州刺史。[①]

据陈翔考证，柳儒任冀州刺史当在开元十一、二年（723、724）。[②] 虽然墓志的
撰写者韩休并没有如《泗州大水记》那样对柳儒的应灾行为进行非常详细地描写，
但"躬自相视，大为隄防"则透露出一个信息，即刺史柳儒亦曾亲临现场参与救灾
行动。玄宗在褒奖诏书中也提到"率彼吏人，具兹舟楫，拯救非一，式遏多方"，可
见朝廷褒奖的焦点也在于柳儒亲自率吏民乘舟视察的行为。

柳儒与张伾的应灾举动具有相同之处，他们都是作为地方长官亲临抗灾救灾一
线，一言以蔽之，即"亲历亲为"。

然而，我们并不能据此就得出一个带有普遍性的结论，这是由上述两个故事的
结局带给我们的提示。我们发现，这些应灾故事的结局亦具有一些相似性。柳儒亲
自救灾的结果是"庶人以宁，官政用乂"，其应灾行为得到了"特降玺书慰问"的殊荣，
这一记录被韩休写进了墓志。而在张伾的努力下，泗州"历数旬而水定，又再旬而
水抽"，其事迹亦被作者"谨述而记之"，并"勒于石"。由此可见，以上材料的作者
的写作意图很明显，就是要将他人的某些特殊事迹流传于后世，这里便有一个作者
主观选择的问题。

笔者强调的是作者的主观选择，而非主观臆造。主观选择下的文本叙事是经过
人为筛选而留下的客观史实，作者的主观意图并不存在于叙述本身，而体现在选择
的过程中。作者的主观选择决定叙事的性质，而并非改变叙事的可信度。在一般情
况下，作者经过主观选择而刻意留下的叙事文本具有一定特殊意义，愈是作者大加
着墨的叙述，实际上其所叙史实本身或许愈具有历史的特殊性。我们必须意识到，
一人一事，越是被刻意宣扬，越不具备普遍性。相反，正是由于该人该事所具有的
特殊性，才造就了他的经典示范意义。我们绝不可以仅仅依据寥寥数条史料就得出
一个具有普遍意义的结论，一定要重视作者主观选择下的客观史实所具有的历史特
殊性。

由此，不同时空下的作者对客观史实的主观选择共同指向了一个观念，即刺史
亲历亲为的应灾行动在当时是一种由地方官个人实施的特殊行为，这一行为并非在

---

① 韩休：《大唐故银青光禄大夫薛王府长史上柱国河东县开国男柳府君（儒）墓志铭并序》，吴钢主
编：《全唐文补遗·千唐志斋新藏专辑》，三秦出版社，2006 年，第 165 页。

② 陈翔：《〈唐刺史考全编〉拾遗、订正》，杜文玉主编：《唐史论丛》第 14 辑，陕西师范大学出版社，
2012 年，第 275 页。

法令规定之内，完全由地方官个人意志所决定。由于这一行为本身所具有的危险性和困难性，在当时地方官的应灾举措中并不具备普遍性。同时，从文本流传的角度看，相关史料的稀少也证明了这一行为的特殊性。由此反证出当时绝大多数地方官并不会做出上述特殊举动，而更为直接的证据则来自流传下来的并不多的地方官应灾记录。在这些记录中，史家一般仅记救灾的结果，即使涉及救灾过程，亦是减租放粮等赈济行为，足证大部分地方官都在循规蹈矩，而极少敢于特立独行。①

经过上文的讨论，我们了解到唐代地方官府在应对水旱灾害时，偶尔会出现地方长官亲临一线的独特行为，这些历史片段被作者刻意选取并传之后世。柳儒与张伾虽然分别代表了唐代不同时期不同地域的地方官的某些应灾行为，但是这种地方官亲历亲为的应灾举动在唐代并不具备普遍意义，显示出唐代地方官府应灾的独特历史面相。

## 三、长时段与经典示范

在《泗州大水记》的文末部分，作者为了使自己对张伾的赞颂更有说服力，说自己是"学于旧史氏，借古人以谕公"，进而他将张伾的行为与两个汉代的故事相类比，即"刘琨返风而火灭，王尊临河而水止"。吕周任的引经据典，为我们进一步认识唐代地方官的上述应灾行为提供了线索。

所谓"王尊临河而水止"的故事取自《汉书》卷七六《王尊传》：

> 天子（成帝）复以（王）尊为徐州刺史，迁东郡太守。久之，河水盛溢，泛浸瓠子金隄，老弱奔走，恐水大决为害。尊躬率吏民，投沉白马，祀水神河伯。尊亲执圭璧，使巫策祝，请以身填金隄，因止宿，庐居隄上。吏民数千万人争叩头救止尊，尊终不肯去。及水盛隄坏，吏民皆奔走，唯一主簿泣在尊旁，立不动。而水波稍却回还。吏民嘉壮尊之勇节，白马三老朱英等奏其状。下有司考，皆如言。于是制诏御史："东郡河水盛长，毁坏金隄，未决三尺，百姓惶恐奔走。太守身当水冲，履咫尺之难，不避危殆，以安众心，吏民复还就作，水不为灾，朕甚嘉之。秩尊中二千石，加赐黄

---

① 毛阳光列举了高祖、武后、中宗、玄宗、代宗、德宗、宪宗、穆宗、文宗、懿宗诸朝地方官的应灾记录共计14条，参见毛阳光：《唐代灾害救济实效再探讨》，《中国经济史研究》2012年第1期，第57—58页。

金二十斤。"数岁，卒官，吏民纪之。[①]

西汉末年，东郡太守王尊面对严重水患，实施了一系列应灾行为。其中，王尊亲率官民、冒险亲为、吏民苦劝、誓死不离、吏民称颂、朝廷褒奖的叙事结构似曾相识,确实与吕周任笔下的张伾救灾故事极其相似。再来看看"刘琨返风而火灭",《后汉书》卷七九上《儒林·刘昆传》：

> 建武五年（29），（刘昆）举孝廉，不行，遂逃，教授于江陵。光武闻之，即除为江陵令。时县连年火灾，昆辄向火叩头，多能降雨止风。征拜议郎，稍迁侍中、弘农太守。先是崤、黾驿道多虎灾，行旅不通。昆为政三年，仁化大行，虎皆负子度河。帝闻而异之。二十二年，征代杜林为光禄勋。诏问昆曰："前在江陵，反风灭火，后守弘农，虎北度河，行何德政而致是事？"昆对曰："偶然耳。"左右皆笑其质讷。帝叹曰："此乃长者之言也。"顾命书诸策。[②]

在史家的笔下，东汉初年，刘昆因其德政而致"反风灭火，虎北度河"，得到了刘秀的嘉许，并命史官载于史册。刘昆的故事与上引"王尊临河而水止"的案例颇有不同，王尊的故事更近似于实录，而刘昆的故事听来则颇为离奇，但我们却不能简单地将其视为神话，故事的背后当隐藏有复杂的历史面相。[③]实际上，究竟是神话抑或实录并不重要，对吕周任而言，刘昆故事所具有的德政观念才是关键所在。

按照吕周任的思维逻辑，王尊与刘昆的故事应是其描写泗州刺史张伾救灾故事的重要借鉴材料。无论是王尊亲临现场救灾的叙事结构，还是刘昆因德退灾的德政观念，均渗透在《泗州大水记》的字里行间。实际上，还有两个可供吕周任借鉴的前朝材料，故事的主人公一个是任荆州刺史的萧梁宗室萧憺，另一个是隋初任瀛洲刺史的郭衍。

关于萧憺救灾的材料，一个有力的实物证据来自至今仍屹立在南京郊外的萧憺墓石碑。石碑额题"梁故侍中司徒骠骑将军始兴忠武王之碑"，碑额文字清晰，碑文部分可见，仍可辨认2800余字，清人金石著作多有收录。萧憺卒于普通三年（522），

---

① 《汉书》卷七六《王尊传》，中华书局，1962年，第3236—3238页。

② 《后汉书》卷七九上《儒林·刘昆传》，中华书局，1965年，第2550页。

③ 笔者曾以"飞蝗避境"为研究对象，探讨所谓神话文本叙述背后隐藏的客观的历史真相。参见夏炎：《环境史视野下"飞蝗避境"的史实建构》，《社会科学战线》2015年第3期。

碑文由徐勉撰文，贝义渊书，堪称现存萧梁碑刻中最具代表性作品。① 现将碑文中涉及萧憺应灾一段文字迻录如下。

> （天监）六年（508 年），沮漳暴水，泛滥原隰。南岸邑居，频年为患。老弱遑遽，将至沉溺。公匪惮栉沐，躬自临视。忘垂堂之贵，亲版筑之劳，吏民忱□□□□□□色方□□□□城，购□□金，所活甚众。□及□□□境叹服。德之攸感，皆曰神明。四郡所漂，赈以私粟。鬶眉缩鬓，莫不歌颂。是岁嘉禾，一茎九穗，生于邴洲，甘露降于府桐树。唐叔之美事，蒇□贞并以□闻□□□□。②

萧憺，字僧达，为梁文帝萧顺之第十一子。天监元年（502）任使持节、都督荆湘益宁南北秦六州诸军事、荆州刺史，封始兴郡王。上引碑文记述了天监六年荆州大水，萧憺携吏民抗灾一事。虽有部分文字漫漶，已无法识读，但与本文论题密切相关的信息却得以保留。其中，"公匪惮栉沐，躬自临视。忘垂堂之贵，亲版筑之劳"正与王尊、柳儒、张伾等人的应灾行为如出一辙。此外，正史亦对天监六年萧憺抗灾一事有所记录，《梁书》卷二二《太祖五王·始兴王憺传》：

> （天监）六年，州大水，江溢堤坏，憺亲率府将吏，冒雨赋丈尺筑治之。雨甚水壮，众皆恐，或请憺避焉。憺曰："王尊尚欲身塞河堤，我独何心以免。"乃刑白马祭江神。俄而水退堤立。邴州在南岸，数百家见水长惊走，登屋缘树，憺募人救之，一口赏一万，估客数十人应募救焉，州民乃以免。又分遣行诸郡，遭水死者给棺椁，失田者与粮种。是岁，嘉禾生于州界，吏民归美，憺谦让不受。③

---

① 汪庆正：《南朝石刻文字概述》，《文物》1985 年第 3 期，第 82 页。2016 年 4 月 15 日，笔者在西安美术学院美术博物馆观看"石墨镌华——2016 古代碑帖大展"，得见私家收藏的《萧憺碑》清末民初拓镜心。萧憺碑现位于南京市栖霞区甘家巷西新合村市民广场内，建有碑亭保护。2016 年 7 月 25 日，笔者赴南京对萧憺碑进行实地考察。由于事先未与相关部门取得联系，无法打开碑亭大门，只得通过门缝窥见石碑局部。碑额文字依然清晰，碑文部分文字依稀可识。

② 《梁故侍中司徒骠骑将军始兴忠武王（萧憺）之碑》，毛远明编著：《汉魏六朝碑刻校注》第 3 册，线装书局，2008 年，第 180 页。

③ 《梁书》卷二二《太祖五王·始兴王憺传》，中华书局，1973 年，第 354 页。

在史家的笔下，萧憺道出"王尊尚欲身塞河堤，我独何心以免"之语，充分体现出"王尊临河而水止"所具有的经典示范意义。面临"江溢堤坏"的危急局面，萧憺"亲率府将吏，冒雨赋丈尺筑治之"、"乃刑白马祭江神"竟与《汉书》所载"尊躬率吏民，投沉白马，祀水神河伯"的行为具有极大的相似性。同时，萧憺也如王尊一样经历了官民苦劝、誓死不离现场的过程。虽然萧憺的故事中并没有朝廷褒奖一事，但史家却添加了"嘉禾生于州界"的美好结局，而"吏民归美"则体现出对于萧憺个人应灾行为获得的社会认同。

从文字的内容和结构上看，碑刻与正史两种以萧憺救灾为中心的文本，其取材的来源似乎并不相同。正史描写详细生动，碑文记述则简明扼要。但就在碑文所记萧憺应灾的为数不多的文字中，萧憺亲自参与救灾这一重要的核心行为，碑文却完全没有将其忽略，反映出碑文的创作者徐勉对这一应灾行为的重视与认同。

再来看郭衍的故事。《隋书》卷六一《郭衍传》：

> （开皇）五年（585），授瀛州刺史。遇秋霖大水，其属县多漂没，民皆上高树，依大冢。衍亲备船栰，并赍粮拯救之，民多获济。衍先开仓赈恤，后始闻奏。上大善之，选授朔州总管。①

隋初，瀛洲遭水患，刺史郭衍亦是不顾个人安危亲自参与灾后救援，最后也获得了朝廷的褒奖。经过史家的剪裁，该故事从叙事的生动性到人物描写的鲜活性均不及上引诸条材料，但我们仍然需要强调的是，作者虽然惜墨如金，却单单将郭衍亲历亲为的举动选择出来着意描述，明显反映出作者对郭衍这一应灾行为的认同。

从西汉末的王尊到东汉初的刘昆，从萧梁的萧憺到隋初的郭衍，再到唐代的柳儒与张伾，在汉唐间长达数百年的时光里，毫无关联的不同时空下的六个人的身上却反复发生着具有类似情节的故事，引人深思。当然，我们依然不能根据以上这些具有独特性的叙事而得出一个长时段的普遍性结论。但是这些长时段中的重复案例却提示我们，在汉唐时代，地方官亲历亲为的应灾举动虽然并不具备普遍意义，却具备经典的示范意义。

这一示范意义的获得并非来自叙述对象本身行为的特殊性，而主要取决于该行为的受认同程度，那些来自多方的认同为经过选择后的史实提供了流传后世的可能性。王尊得到了朝廷的褒奖，刘昆受到了光武帝的赞许，萧憺得到了吏民称颂，而

---

① 《隋书》卷六一《郭衍传》，中华书局，1973 年，第 1469 页。

柳儒亦受到玄宗的玺书慰问。目前虽然没有找到张伾得到朝廷褒奖的证据，但《泗州大水记》对张伾的赞颂则可视为知识精英的认同。[1] 这种来自各方对应灾独特行为的认同，反映出汉唐时代人们对地方官个人行为的特殊诉求。

然而，个人行为示范意义的强化，实际上意味着体制的不健全。较之前代，唐代的应灾体制已有进一步完善，但体制的弊端依然十分明显。从整体上讲，唐代的应灾体制是"救大于防"、"抚大于救"。同时，就地方官个人因素而言，一些官员瞒报、谎报灾情和徇私舞弊的现象时有发生。一些官员为了及时救助百姓，甚至不惜违反法令，擅自开仓赈济。[2] 我们暂且不论上述个人行为意图的好恶，仅从制度层面讲，这些行为显然游离于法令之外，朝廷对此基本上持否定意见。而在各类地方官救灾的个人行为中，地方长官的亲力亲为因其具有的独特性而得到了各方的一致认同。该行为的独特性不仅表现在亲力亲为的外在层面，更重要的是其虽非在法令之内，却又不违背制度原则，这是其获得高度认同的前提。而人们对这一行为认同更重要的评判原则是一定要获得圆满的结果。之所以认为王尊等人的行为具有经典示范意义，皆因他们的个人特殊行为最终战胜了灾患，而那些虽然亲历亲为却并没有获得良好结局的地方官们便不会被载入史册，因为他们并不"经典"。

总体上讲，唐代的灾害救助仍然主要依靠相关体制维系，但地方官的个人因素亦不容忽视。从正史到碑刻，从墓志再到《泗州大水记》，地方官在法令之外且合理的个人行为在整个汉唐时代均得到了人们的推崇。这种具有特殊性的历史面相，活化了灾害史的历史形象，应当是今后唐代灾害史研究继续关注的课题。

# 结语

就贞元八年水患案例本身而言，现存资料虽然有限，但我们依然能够通过相关信息建构某些历史画面。在中央层面，诸如陆贽、权德舆的上疏，德宗的被动态度，遣使赈灾的史实和效果以及由此带来的税制改革等等，[3] 均可以被我们形象地展现出

---

① 明人朱曰藩《山带阁集》卷三三："按唐贞元壬申，泗州大水，吕周任作纪，归功于刺使张公。记中叙张之虑画，可谓条理矣。是年，泗虽水不为灾，奉天子明诏，守一方民。有大患，以身捍之，要当以张为法。"可见后世对张伾"以身捍之"行为亦持认同观念。

② 参见毛阳光：《唐代灾害救济实效再探讨》，《中国经济史研究》2012年第1期，第56—57、61—63页。

③ 关于贞元八年水灾导致的税制改革，《新唐书》卷五四《食货志四》："贞元八年，以水灾减税，明年，诸道盐铁使张滂奏：出茶州县若山及商人要路，以三等定估，十税其一。自是岁得钱四十万缗，然水旱亦未尝拯之也。"

来。在地方层面，《泗州大水记》则是一个刺史应灾的完美个案。中央与地方，整体与局部，似乎构成了一个较为完整的唐代水灾研究案例。然而，如果按照上述线索铺陈开来，进而进行唐代水患研究的话，实际上我们仅仅获得的是全新的历史知识，而非全新的历史认识。因为诸如君相关系、遣使赈灾、税制改革、地方官应灾等面相均是传统研究范式下已经获得的历史认识，案例虽然看似完整，但我们只不过是通过一个案例将过去的认知更加具体化和形象化。实际上，研究的收获并没有超越传统的范式和结论。因此，本文便欲从文本叙述的视角重新探讨灾害史的相关论题，以期获得新的认知。

鉴于上述，本文的写作旨趣与其说是具体的灾害史研究，毋宁说是灾害史料与研究范式的反思。阎守诚曾经针对唐代灾害史料简略的特点，提出处理这些材料的基本原则："一是要收集齐全同一次灾害在不同文献中的记载，以期尽量了解记录这次灾害的全貌；二是要将记录该次灾害的史料，与所涉及的救灾情况、灾区的地理情况等相关因素联系起来考察，以深入发掘灾害史料的内涵；三是对灾害史料要有可信度的考察。"[①] 其中，"深入发掘灾害史料的内涵"应是我们在今后的研究中需要重点强化的史料处理原则。笔者曾经提到，以往的灾害史主要是在灾害学的研究范式下展开相关研究的，这一研究模式被称为"灾害历史学"。[②] 由于灾害历史学研究具有自然科学与社会科学的双重属性，使得唐代灾害史研究亦基本在此框架下展开研究。纵观近百年的唐代灾害史研究，学界在灾害史数据库建设、灾害年表制作、灾害时空分布、分类灾害考察以及"荒政"研究方面，取得了丰厚的研究成果。[③] 当前，若欲在唐代灾害史研究方面继续向前迈进，则必须在认真吸收前人研究成果的基础上，转变思路，更新视角，发现文本中暗含的独特信息，"活化"灾害史的历史面相，将是继续深化唐代灾害史研究的有利途径。

所谓"活化"历史，就是重在从史料中探寻文本叙述的个性，从作者的写作意图出发，挖掘叙述背后隐藏的历史特殊性，这一理路便是本文所强调的"文本中的灾害史"研究范式。从这个意义上讲，《泗州大水记》正是一个合格的文本。对于这类体现历史特殊性的材料，我们一定要充分重视。但是绝对不可仅仅根据寥寥数条特殊性的史料就得出一个具有普遍性的结论，这是在史料较少的中古史研究中，极

---

① 阎守诚主编：《危机与应对：自然灾害与唐代社会》，人民出版社，2008 年，第 15 页。

② 参见夏炎：《中古灾害史研究的新路径：魏晋南北朝地方官灾后救济的史实重建》，《史学月刊》2016 年第 10 期，第 24 页。

③ 参见么振华：《唐代自然灾害及救灾史研究综述》，《中国史研究动态》2004 年第 4 期；《唐代自然灾害及其社会应对》，上海古籍出版社，2014 年，第 4—23 页。

易出现的史料处理误区，应当在研究中加以警惕和防范，否则便会陷入以偏概全的陷阱，其对历史的认识往往具有一定危险性。就本文所讨论的核心问题而言，地方长官亲历亲为的应灾举动在当时具有特殊性，其背后不仅反映出唐代应灾体制的不健全，同时也从一个侧面丰富了地方官府应灾的历史面相。

当然，本文虽然强调历史特殊性，但并非夸大特殊性与偶然性而忽视规律与经验的意义。这类特殊性质材料的传世往往与作者的主观选择密切相关，经过主观选择后而传之后世的材料一定暗含时人赋予其存在权利的历史信息。就唐代地方官亲历亲为的应灾行为而言，在当时虽不具备普遍性，但若从一个长时段的历史时期来看，这一行为却具有经典的示范意义，而示范意义的赋予则来自各方的认同。这一结论的获得又提示我们，长时段的辅助研究往往会为断代史的研究提供一个可以拓展思维的空间，诸多特殊性在不同时空下的反复发生恰恰体现了历史的规律性与经验性的存在。

# 专题研究

## 干预抑或听其自然：南宋和盛清荒政中的
## 市场意识倾向

［澳］邓海伦（Helen Dunstan）

（悉尼大学历史系）

【摘要】本论文联系宋朝主张市场力量调整粮食市价，因而保护脆弱消费者的一些故事和论据，评价了南宋董煟对一位学者所称"自我调节过程"的论述，然后讨论了清朝乾隆朝初叶的民食政策论战，并对过分干涉行为所引起的更详尽的有关利得动机功能的论据进行了调查。中国式经济自由主义的假定遭遇到乾隆十一年的江北水灾，结果如何？

【关键词】荒政原则；古代中国经济思想；对市场力量的认识；宋清比较

据常理，灾害政治的基本原则应该是非常简单的：灾害要预防，人饿要给饭，人临死要援救，灾完要善后。想认真地负责任的政府必须有救荒机构、救荒政策、救荒计划以及救荒手续，还必须掌握相关的数量信息，如某个地方灾民多少，官方手边的救荒物资多少，收获比常年减少十分之几，从外地可获的物资几天才会到，等等。据他自己的记载，北宋熙宁八年（1075）越州遭遇旱灾的时候，知州赵抃成功赈灾的第一步正是从所属知县收集数量信息。赵知州"问属县灾所被者有几，乡民能自食者有几，当廪于官者几人，沟防兴筑可僦民使治之者几所，库钱仓粟可发者几何，富人可募出粟者几家，僧道士食之羡粟书于籍其几具存？"① 这不是认真着手制订救荒计划的典型吗？

让我们来听一下明代一位中级地方官讲他对备荒任务的看法。时间是万历二十二年（1594），皖北宿州的新知州崔维岳正在查看被水田野的荒芜景色。旱灾、蝗灾接

---

① 赵抃：《救灾记》，载董煟：《救荒活民书》，《四库全书》卷三，第40—41页。

踵而来，以致"其流移号呼之状，辗转殍饿之夫，盖塞涂横野，有不忍言者"。① 这时候预备仓分仓四座很可能都已"飘没"了，万历八年以后为"复业"流移人而立的营田仓四座大概也被放弃了，只剩下州预备仓和卫预备仓二座，但预备仓"所以为国计军需者计，而非所以为民计也"。② 过了一年，积蓄了白银"若干"两以后，崔维岳就"尽召诸七乡父老，谋其地之适中可便于转发者……概为之贸基拓土，各创厅三间、仓廒六间、大门三间，瓦覆砖甃，蔽以墙垣"。③ 后来，他反思自己的行动，写道：

> 窃闻之，治郡者如治家然。治家者悉家之人计口而食，又计口而备，然后家无冻馁而家之人安。治郡者悉郡之人编户而田，又编户而备，然后郡（无）凶荒而郡之人安。④

乍一看，崔知州的义仓是"官督民办"的，但其实，我们也许应该说是"官有民办"的，因为一方面崔知州从宿州居民内每仓委派"殷确……二人主其事"，另一方面他论述储备谷物的用途在于"丰年则蓄之官，凶年则给之民"。⑤ 在以上所引段落里，崔知州表达了官有备荒储备政策内在的带有家长主义味道的基本假定，还把家长作风的理由解释得非常清楚。这种态度历史悠久，大多体现在王朝统治讲道语言使用的常见修辞手段之中，例如把平民叫做"赤子"。

按崔知州的描述，家长最典型的活动是制订数量化的计划。制订数量化的计划也许可以说是王朝统治下官界最根本的习惯之一，而清朝常平仓制度就是这一习惯的典型体现。虽然常平仓这一名称使人想起每年青黄不接时期的"平粜"措施，但清朝常平仓有更重要的一个作用，即储备粮食以应紧急救灾的需要。⑥ 正如众所周知，清朝常平仓系统很明显是官办的；是在户部财政统治之下，有一系列中央政府颁发的规矩，虽然在执行方面"因地制宜"的意识相当高，但每一个知县都清楚，在县城一定要有常平仓，有盘查也有交代，如果发现有什么亏空或差额现象，则惟父母

---

① 崔维岳：《宿州新创义仓记》，载万历《宿州志》卷二一至二五，第62—63页。

② 万历《宿州志》卷四至五，《仓备》，第16—17页；崔维岳：《宿州新创义仓记》，第63页。

③ 崔维岳：《宿州新创义仓记》，第63页。

④ 同上书，第62页。陈伟强教授帮助我确定在词典中找不见的怪字几乎肯定是"无"的异体字，特此致谢。

⑤ 同上书，第63—64页。

⑥ Pierre-Étienne Will, *Bureaucracy and Famine in Eighteenth-Century China*, trans. Elborg Forster, Stanford University Press, 1990, pp.186–187, 277.

官是问。① 但是，在包括荒政在内的各种经济政策上，相反的态度——一种"听其自然"态度，岸本美绪教授所谓"不干涉论"——间或有其提倡者。② 笔者从前的研究对象正是这种简单的经济自由主义意识在具体政策问题讨论中的表现，尤其是乾隆初期某些官僚对两条具有干涉主义含义的养民政策所提出的批评。乍一看，这两条政策好像各不相关：（甲）为严禁谷物所有者的所谓"囤积居奇"行为；（乙）为尽可能扩大集聚在常平仓的储备。③ 但是，在这两种干预政策的后面存在着理论上的根本问题，即国家最好是为老百姓储积农业剩余，还是应该听任私人为营利而保护谷物的库存，然后对价格刺激做出灵敏的反应，因而导致农业剩余的合理再分配。如果公家积贮政策的结果没有私人经营那么理想，国家何必扩大常平仓的储备，以致有人怀疑粮食市价的高昂正是对国家不受约束地囤积的直接反应？

在本文之中，笔者想考察某些针对粮食市场的经济自由主义的典型表现，然后用一个具体例子一方面探索乾隆初期信任市场力量的激进派的救荒药方在实际执行中所遭遇到的问题，另一方面介绍一下清朝中叶荒政的中间道路。这条中间道路并非清朝才发现；正如下面所讲卢坦的例子所表明那样，它可以追溯到唐朝。救荒技术成熟以后，走中间道路的典型地方官，一方面怀着根深蒂固的必须制订数量化计划这类干预主义的意识，另一方面也具有相当发达的市场意识，把牟利动机 (profit motive) 的功能估计在其干预计划之内。王朝统治下的经济自由主义萌芽这一研究主题是非常有意思的，因为通过针对干预主义政策的批评和挑战，我们可以发现理智独立性在官界存在的明显证据，也可以考察昔时人物如何了解市场的作用机制。但是，我们千万不要把干预主义和自由主义的对立看作是分析清朝荒政政策讨论的十全概念框架，因为忽视了计划干预主义和市场意识交融在一起的中间道路，就很可能忽视了清朝中叶荒政的主流。

---

① 针对包括盘查和交代手续在内的统计统治制度是否有效这一问题，魏丕信 (Pierre-Étienne Will) 在所著 The Control System (Pierre-Étienne Will 和 R. Bin Wong 主编, *Nourish the People: The State Civilian Granary System in China, 1650–1850*, The University of Michigan, Center for Chinese Studies, 1991, 第七章 ) 中讲得非常详细。

② 岸本美绪：《清朝中期经济政策の基調—1740 年代の食糧問題を中心に》，载《近きに在りて—近现代中国をめぐる討論のひろば》，1987 年第 11 期，第 27 页。

③ 参见拙稿：《囤户与饥荒：18 世纪高级官僚奏折中所反映囤户的角色》，载复旦大学历史地理研究中心主编：《自然灾害与中国社会历史结构》，复旦大学出版社，2001，第 211—33 页；《乾隆十三年再检讨—常平仓政策改革和国家利益权衡》，载《清史研究》2007 年第 2 期，第 1—11 页。英文的 *State or Merchant? Political Economy and Political Process in 1740s China* (Harvard University Asia Center, 2006) 讲得详细一点。

还有一件事必须弄清楚，即在古代文献中找到经济自由主义态度的证据，并不等于找到传统中国的经济自由主义者。一般来说，经济自由主义的表现都是由特定的、产生负面效果的政策所引起，但并不意味着对这一政策建构带有经济自由主义味道之论据的官僚或知识分子反对所有的积极荒政政策。大多数讨论救荒政策的人是讲究实际的，注重实效的；哪里会有一位有意识地以创建一系列互相连贯一致的经济自由主义论据为目标呢？因此，如果现代的研究者想了解在这些作者的论述中潜在的理论，只能试图从片言只语之中重现未曾详尽阐述的中国本土的经济概念。

## 南宋董煟：自我调节过程的发现者？

1993 年美国学者韩明士（Robert Hymes）在其所著"南宋对荒政的各种看法中道德义务和自我调节过程"中对董煟（1193 年登进士，1217 年卒）的《救荒活民书》进行了非常有意思的分析，把董煟的带有经济自由主义味道的看法介绍给讲英语学界。[①] 韩明士教授自己承认，董煟对市场力量的信任是有限的，他所提倡的是几种补充市场力量的政府措施，所以下面的讨论并不能算是对韩明士教授的立场的一个挑战。[②] 我觉得董煟对现代人所谓的"自我调节过程"的意识还是比较粗略的，他好像并未彻底地思考他之理论所有的含意。这或许跟《救荒活民书》的散论性结构有关。但是，像魏丕信一样，我也怀疑韩明士教授对董煟的自我调节过程意识的强调有一点点过分。[③]

在《救荒活民书》第二卷卷首，董煟列举五种首要的救荒"法"，说它们都是必须兼行的。头两种（"常平以赈粜，义仓以赈济"）都是干预性的，第三种（"不足则劝分于有力之家"）从表面上看好像也是。最后两种（"遏籴有禁，抑价有禁"）与此正相反，都是听其所为的自然主义的。[④] 我们先看一下他对两种干预性的办法表现出什么样的态度。

---

① Robert P. Hymes, Moral Duty and Self-Regulating Process in Southern Sung Views of Famine Relief, in *Ordering the World: Approaches to State and Society in Sung Dynasty China*, Robert P. Hymes and Conrad Schirokauer. ed., University of California Press, 1993, pp.280—309.

② Hymes, Moral Duty and Self-Regulating Process, p.302.

③ Pierre-Étienne Will, Discussions about the Market-Place and the Market Principle in Eighteenth-Century Guangdong, 载汤熙勇主编：《中国海洋发展史论文集》第七册，"中央研究院"中山人文社会科学研究所，1999 年，第 356—357 页。

④ 董煟：《救荒活民书》卷二，第 1 页。

董煟很清晰地论述常平干预性买卖方法的原理，说道：

> 常平之法专为凶荒赈粜。谷贱则增价而籴，使不害农；谷贵则减价而粜，使不病民。谓之常平者此也。①

南宋常平仓的管理好像远不及清朝中叶那么系统，或许应该说，在董煟编《救荒活民书》的宁宗时代（1195—1224 年）初叶还是严重不完善的，以致（据董煟所言）"近来籴无所籴，饥无所粜"。②但是，董煟坚持不可束手无策的态度。他提醒读者，尽管有可能"饥荒之年常平无米"，还是有元祐元年淮南旱灾的先例可资借鉴。那时候虽然"本路"长官对"涌贵"的粮食价格怀着莫不相关的态度，但朝廷"诏发运司截留上供米一十万石，比市价量减出粜……其粜到钱起发上京，又何患于无米？"③虽说向来行此例的"前贤"一定都是位高权重之人，所作所为是下级地方官办不到的，但是董煟的弦外之音也许是对州县父母官提供"有志者事竟成"这一教训。

董煟也支持一种分散在乡村的义仓制度以补常平制度所不及。据他看来，义仓的定义应该是"民间储蓄以备水旱者也"。④他好像不反对从北宋的太祖、仁宗、哲宗以及徽宗四个时代传下来的强制性积贮方法，即收取本色附加税。⑤他所反对的是义仓米的集中和挪用。据他看来，"义仓米随冬苗输纳州仓"的行为之所以可责，不

---

① 董煟：《救荒活民书》，卷二，第 1 页。李华瑞：《宋代救荒史稿》，天津古籍出版社，2014 年，下册第 866—872 页对李教授所谓董煟的"仓储救荒思想"，已有丰富的论述，在此不赘。关于宋代常平仓的沿革，参见李教授，同上书，下册第 641—643、648—660 页；王德毅：《宋代灾荒的救济政策》，台湾商务印书馆，1970 年，第 28—38 页。

② 同上书，卷二，第 2 页。南宋的常平仓制度是有其严重毛病的，但宁宗初叶籴粜制根本废弃不用这一断言，似还有待证实。Richard von Glahn, Community and Welfare: Chu Hsi's Community Granary in Theory and Practice，载 Hymes 和 Schirokauer 主编，*Ordering the World*，第 230—232 页；郭文佳：《宋代社会保障研究》，新华出版社，2006 年，第 139—141 页；李华瑞：《宋代救荒史稿》，下册第 649—651、654—660 页。李教授（同上书，第 650—651 页）所引用杨万里（1127—1206）1187 年的一个说法，即"州县穷空，军人待哺，不幸而省仓无粟则不得不支常平之粟矣，故常平之粟往往徒有其数耳"，最有说服力地说明董煟十数年以后的断言。

③ 同上书，卷二，第 4 页。

④ 同上书。

⑤ 同上书，卷二，第 5、7 页。关于乾德、庆历年间立义仓的尝试跟董煟所讲"王其"（似当做王琪）的附加税建议，参见《宋会要辑稿》，《食货》五三和六二，《义仓》，庆历元年；《宋史》卷一一，庆历元年，卷一七六，《食货》上四，《常平、义仓》，第 4275、4277 页。关于宋代义仓的沿革，王德毅：《宋代灾荒的救济政策》，第 38—47 页；李华瑞：《宋代救荒史稿》，下册第 643、646—654 页可参考。

仅是因为"一有饥馑，人民难以委弃庐舍，远赴州郡请求"，而且还有更坏的结果。[①]起初，"义仓米不留诸乡而入县仓，悉为官吏移用"，后来"上三等户皆令输郡，则义米带入郡仓，转充军食，或资颁费"。[②]甚至到了宁宗时代（1194—1224 年）初叶，由于有关部门存在把救生粮食卖钱的恶习，天下义仓总共积贮"五十余万缗"，仅比常平仓系统的应有"籴本""七十余万缗"少了二十万缗左右。实际上，不一定是所有的售卖义仓米的行为都是渎职的：据李华瑞的研究，从北宋末叶开始，屡有"将义仓米依常平法减价出籴"之事，绍兴二十八年（1158）朝廷终于决定有关部门每年可以售卖义仓库存十分之三以内，以籴价做籴本。这是董煟所知道的：在《救荒活民书》首卷，他承认，虽然义仓米"在法不当籴钱，但太陈腐则不可食。高宗令桩其价，次年复籴，与今之籴钱移用者有间矣"。董煟好像认为不为买补仓储或救济灾民而售卖义米深为可羞，在"义仓"一节里提及"廷臣方且昌言而不怪，习俗之移人如此"。[③]除了反对义仓库存集中、仓米换钱之外，董煟对义仓的态度是十足的国家主导论的。这或许是唐宋两朝断续实施的义仓制度经营原则的反映。但是，虽然董煟把义仓的库存看作应该是官筹、官督、民办的，他跟崔维岳不同之处在于董煟并未造成印象，好像他把义仓库存看作是官有的。董煟的意思，与其说"官有的"，不如说"官保的"，因为董煟在批评售卖义仓库存的行为时责备售卖者"攘民所寄之物而私用籴钱"，在批评移用为义仓而征收的粮食时也反问"岂复还民？"这并不是他独特的看法。淳熙八年（1181）朝廷在批准台州知州请用常平、义仓米救济老弱孤独的建议时这样说道："若义仓米，则本是民间寄纳在官，以备水旱。既遇荒岁，自合还以与民。"[④]

我们继续考察董煟的听其自然主义的救荒办法，把注意力集中在他的所谓"抑价有禁"办法，以及貌似干预性的"劝分于有力之家"办法等有关思想之上。我们先拿董煟所讲的北宋政治家范仲淹（989—1052）的故事来介绍他对米价控制的看法。当范仲淹做杭州知州的时候，两浙遇到灾荒，粮食日趋涌贵，谷每斛（斗）

① 董煟：《救荒活民书》卷二，第 6 页。据《中国荒政全书》第一辑所重刊的明朝嘉靖年间王崇庆编《救荒补遗》第 91 页点校者的分段，好像第 6 页这一段落都是王崇庆的评论。但是，作为财政用语，"冬苗"这一名词短语可能是宋朝特有的，跟明代中叶的财政变迁不太符合。所以在此笔者继续凭依《四库全书》本，看作是董煟的原文（或董煟所抄袭的另外一位宋代知识分子的评论）。

② 同上书，卷二，第 7 页。按：王崇庆编《救荒补遗》第 92 页和王德毅《宋代灾荒的救济政策》第 44 页从《墨海金壶》本《救荒活民书》的引用文"或资颁费"做"或资烦费"，可能是正确的。关于义仓库存集中的过程和背景，王德毅（同上书，第 45—46 页）所引李椿的奏折很有启发。

③ 同上书，卷一，第 34 页，卷二，第 8 页；李华瑞：《宋代救荒史稿》，下册，第 653—654 页。

④ 同上书，卷二，第 7 页，第 8 页；著者无考，《宋史全文》（十四世纪初叶；四库全书本），卷 27 上，第 2 页（李华瑞：《宋代救荒史稿》，下册第 491 页，1181 年条所引用）。

值铜钱 120 文。在这种情况下，一般地方官很可能要听从舆论，对谷价规定低于市价的最高限额，即所谓"抑价"行为。然而范知州偏把谷价"增至"每斗 180 文——

> 仍多出榜文，具述杭饥及米价所增之数。于是商贾闻之，晨夕争先惟恐后，且虞后者继来。米既辐凑价亦随减。[①]

这个故事是抄自吴曾《能改斋漫录》中的"增谷价"一节还是其他的作品我们无法确定，但是吴曾的故事说到范知州"命多出牓沿江"，更清楚地表明范知州的目的在于劝诱客商，使他们把载有粮食的船只驾驶到杭州来。[②] 对经济自由主义原则有着更进一步了解的知识分子，就像下面所讲的方苞那样，会对范知州的干涉行为表示不满，因为（至少在理论上）这种手段的后果，也许是从被灾更严重、谷价已为每斗 150 文的州县夺取其应得的商业救济，哄骗客商把救生粮食运到自然市价仅为每斗 120 文的杭州。但是，范知州的故事之所以适应董煟的论述，是因为他的措施反映着对中国传统经济思想的两条基本规律的承认。（甲）是牟利动机的有效性，即古代成语所谓"商贾唯利是图"，"商贾趋利如鹜"，以及董煟自己所谓的"人之趋利如水就下"。[③]（乙）是物之贵贱随供应量而变化这一原则，正如两位清朝政治家所言，"从来货集价落"。[④] 的确，讲了范仲淹的故事以后，吴曾和董煟都添上包拯知庐州的经验，说他"亦不限米价而贾至益多。不日米贱"。[⑤]

笔者曾经建议，如果我们想知道有市场意识的清朝官僚如何理解粮食市场的作用，最好把米价昂贵的地方想象在两个平面之上——横的（即空间的）和竖的（即时间的）。横的平面表示某个地方在很多别的地方中间。这些地方都有其各自不同的粮食供给情况，这些供给情况都为地方米价水平所反映。问题在于米价昂贵地方（甲）能否把外来商人的粮食吸引起来，这是地方（乙）、（丙）、（丁）等的相对米价水平和本地（地方甲）居民的相对购买力两个因素所决定。竖的平面表示本地的私有粮

---

① 董煟：《救荒活民书》卷二，第 16 页。

② 吴曾：《能改斋漫录》，载《丛书集成初编》卷二，中华书局，1985 年，第 19 页。

③ 董煟：《救荒活民书》卷二，第 16 页。

④ 嵇璜等编：《清朝文献通考》，商务印书馆 1936《十通》本第 1 册 36 卷，新兴书局，1965 影印重刊本，第 5190 页上栏。

⑤ 董煟：《救荒活民书》，卷二，第 16 页；吴曾：《能改斋漫录》卷二，第 19 页。引文是董煟的措辞，吴曾的原文有"而商贾载至者遂多。不日米贱"。

食库存的时间经营，尤其是居奇者对粜卖的时间和次数的决定。[①] 董煟的反抑价论之所以值得我们注意，除了是历史上这种听其自然主义的比较早的一个陈述以外，还有一个原因就是，尽管他把重点放在横平面的问题之上，但是他也提及竖平面的问题。他的论据如下：

> 常平令文诸粜籴不得抑勒。谓之不得抑勒则米价随时低昂、官司不得禁抑可知也。比年为政者不明立法之意，谓民间无钱，须当籍定其价。不知官抑其价则客米不来。若他处腾涌而此间之价独低，则谁肯兴贩？兴贩不至则境内乏食。上户之民有蓄积者愈不敢出矣。饥民手持其钱，终日皇皇无告籴之所……若客贩不来，上户闭籴，有饥死而已耳，有劫掠而已耳。可不思所以救之哉？惟不抑价非惟舟车辐凑，而上户亦恐后时，争先发廪，而米价亦自低矣。[②]

从这一节我们可以看到，在董煟的眼里地方居奇者在某个时间把库存的粮食粜卖与否，取决于两个前提是否得以满足。董煟先提到的前提是居奇者所需要的安全感。在粮食缺乏的情况下，被看做是囤积居奇的"富而不仁"的商人或地主当然会引起贫下户的反感。明朝中叶刊行的《救荒活民书》增补本《救荒补遗》把以上所引"上户之民有蓄积者"改写做"上户之租有蓄积者"。[③] 这也许意味着编者王崇庆假定，"上户"（大地主）之所以"不敢"把库存的粮食粜卖，是因为他们的佃户认为地主把他们辛苦劳动所产生的租谷囤积起来，然后以高价卖给包括他们在内的贫穷饥民这种行为是不公平的，因而感到愤怒。在这种情况下，地主担心私廪一发佃户就用暴力擅自实施粮食的再分配（即地主阶级所谓"抢粮"行为），就不一定是多疑的。但是，地主有安全感不过是其粜卖库存粮食的必要条件（necessary condition）。地主相信米价已差不多涌到他们所期待的高水平，粜卖则会得利，闭籴则会失利，这才是他们粜卖库存粮食的充分条件（sufficient condition）。

董煟所言"民户有米，得价粜钱，何待官司之劝？"过于简单，"得价"这一短语也过于含糊。[④] 正如清朝中叶江西巡抚陈宏谋的经验所表明的那样，地方市价虽然

---

① 拙稿 *State or Merchant?* pp.140—143.

② 董煟：《救荒活民书》卷二，第 15—16 页。

③ 王崇庆编：《救荒补遗》，载李文海、夏明方主编，《中国荒政全书》第 1 辑，北京古籍出版社，2003 年，第 97 页。

④ 董煟：《救荒活民书》卷二，第 9 页。

异常高昂，地方富户也不一定会粜卖。他们固执居奇的行为乍一看是不合理的，但对它感到惊异的官僚未必了解他们如何对自己的几种选择可能权衡着得失轻重。[1] 其实，很难说董煟对地方富户和外来米商的牟利动机怀着绝对的信赖，因为他提出的口号不是"不用劝"而是"以不劝劝之"。[2] "不劝"之术的目的在于补充市场力量，在本地采取措施鼓励外地粮食的流入，从而使地方囤户担心市价狂跌，尽快粜卖，即董煟所言"恐后时，争先发廪"。如果"官不抑价，（则）利之所在，自然乐趋"，官方何必出示劝告本地有资本的人到别的地方去买米，何必劝资本少的本地人把钱凑起来共买外地米，何必向常平仓借钱买外地米，更何必向本地"上户及富商巨贾"借钱，"差牙吏于丰熟去处"买米呢？[3]

在中国历史上，反抑价论是否滥觞于董煟的《救荒活民书》？我们很容易假设，没有唐晚期和宋代巨大的经济变化，就不会有如上所述的经济论据。董煟的反抑价论和"以不劝劝之"论是以经济货币化，经济商业化和水路运输方便为前提的，它们发生在南宋，时人倪思（1166 年登进士，1220 年卒）、欧阳守道（1241 年登进士）也主张不要抑米价，并不是偶然的。[4] 但这条假设虽然合理，却不十分正确。无论吴曾所说范仲淹的故事来自"范蜀公"（即范镇，1007—1088，与范仲淹无亲属关系）的记载，更无论倪思提倡"听米价之自然"的对策大概早于《救荒活民书》，其实在此之前已有相似的论述。据么振华的研究，司马光所撰《资治通鉴》（元祐元年即 1086 年第一次出版）收入唐代宣歙（皖南东部）观察使卢坦拒绝抑价要求的故事。据《资治通鉴》，这件事发生在元和三年（808）。[5] 我们如果寻求唐代的原始资料，其出处好像应该是李翱所著卢坦的传记。有关部分全文如下：

> 及在宣州，江淮大旱，米价日长。或说节其价以救人。坦曰："宣州地狭，谷不足，皆他州来。若制其价则商不来矣。价虽贱则无谷奈何？"后米斗及二百，商人舟米以来者相望。坦乃借兵食，多出于市以平其价，人赖以生。
> 当涂县有渚田，久废。坦以为岁旱，苟贫人得食取佣，可易为功。于是渚

---

[1]　拙稿 *State or Merchant?* pp.76—78, 83.

[2]　董煟：《救荒活民书》卷二，第 10 页。

[3]　同上，卷二，第 2、10 页。

[4]　关于倪思、欧阳守道的贡献，参见王德毅：《宋代灾荒的救济政策》，第 157—158 页。

[5]　吴曾：《能改斋漫录》卷二，第 19 页；倪思：《救荒政》，《三曰通商》部分，载董兆熊辑，《南宋文录录》卷九，苏州书局，1891 年，第 14 页（王德毅：《宋代灾荒的救济政策》，第 157–158 页所引用）；么振华：《唐代自然灾害及其社会应对》，上海古籍出版社，2014 年，第 320 页。

田尽辟，藉佣以活者数千人。又以羡钱四十万代税户之贫者。故旱虽甚而人忘灾。①

可见，卢坦并没有全靠市场力量以对付这次生存危机。司马光用更清楚的措辞改写故事，还把它简单化，好像他只要读者得到一个启示，即年荒之际，与其抑价以致"商船不复来"，不如让谷价继续上升，因为价格超过某个起始点以后"商旅"自然"辐凑"。②后来，南宋吴曾在所编《能改斋漫录》中"增谷价"这一节里，讲了范仲淹和包拯的故事以后，继续说道："予案此策，本唐卢坦为宣歙土狭谷少，所仰四方之来者……"这句话的意思乍一看不通，但插入了《丛书集成》本"拾遗"部所载的"脱文"以后，我们发现，除了几处微小出入以外，面对着我们，逐字逐句地，是《资治通鉴》的简单化、被改写的故事。③《能改斋漫录》是在绍兴二十七年（1157）第一次出版的，比董煟进呈《救荒活民书》的13世纪初叶早40年以上。④董煟把"抑价有禁"叫做一个"法"虽然看似有一点奇特，但我们一旦知道吴曾先把范仲淹、包拯的行为叫做一个"策"，董煟的说法就不再出乎意外了。我们是不是应该说董煟的贡献在于恢复李翱所讲卢坦故事的精神，把"不抑价"描画为几个必须兼行的救荒办法之一？《资治通鉴》的某些刊本在卢坦简单化的故事末尾"既而米斗二百，商旅辐凑"这一句话之后，又添上"民赖以生"四个字，造成印象好像只要拒绝抑价，过一会儿生存危机就消除了。⑤可惜，董煟自己在《救荒活

---

① 李翱：《故东川节度使卢公传》，载李昉等编：《文苑英华》（987年。附有彭叔夏"辨证"本。中华书局，1966年）卷七九二，第4189页。按：徐松等撰《全唐文》卷六四〇（1814年，中华书局，1983年再版本），第4—5页（第7册，第6464页）所载本传文，"价虽贱则无谷奈何"做"价虽贱如无谷何"，"以平其价"做"以平其直"。异文可追溯到南宋彭叔夏所引《五字集》。

② 司马光：《资治通鉴》卷二三七（1086年，北京：古籍出版社，1956年），唐宪宗元和三年（第7653页）。

③ 吴曾：《能改斋漫录》卷二，第19页；《拾遗》，《脱文》，卷二，第3页。《拾遗》部虽然是清末才编辑的，但因为条下小注末有"案钱氏钞本不缺"七字，所以《拾遗》部编辑者是填补传下文里的空白，并不是近世人凭其他文献而做的修正。"钱氏钞本"指"旧藏钱遵王述古堂写本"。参见《能改斋漫录》卷末编辑者傅以礼"谨案"。

④ 韩明士教授认为《救荒活民书》的进呈大概在嘉泰年间（1201—1204年）。Hymes, Moral Duty and Self-Regulating Process, p. 283. 因为《救荒活民书》卷二，第7页下提及庆元六年（1200）的事，所以本书的完成在13世纪初叶是可以肯定的。但是，正如下面所述那样，因为本书《拾遗》部提及"丁卯年"（1207年）作者自己的经验，所以至少《拾遗》部的一部分晚于嘉泰年间。

⑤ 司马光：《资治通鉴》卷二三七，唐宪宗元和三年，第7653页注。

民书》卷末"拾遗"部所添补的再简单化的卢坦故事，也有这个毛病。①

董煟所言"饥荒之年人患无米，不患无钱"虽然很可能把贫穷家庭的购买力估计得过高，但他提出这个念头肯定是经济货币化水平相当高的反映。②具有重商意识的救荒策略的出现是有其必备条件的，但这些条件不一定到南宋才存在，尤其是在长江以南。无论如何，经济已被货币化的另外一个反映是董煟的支钱论，即他积极提倡赈济以铜钱代米的主张。应该指出，把铜钱散（或借）给农民以救其急这一念头，在南宋也不是完全新鲜的；除了颇有争议的青苗钱尝试以外，王安石的同乡人曾巩（1019–1083）如下描画"和预买"制度在宋真宗时代的本意：

> 景德（1004–1007）中河北转运使李士衡奏：方春（青黄不接之季——引用者）民不足，可给以钱，使至夏输绢。民甚便之。③

不但如此，在所著《救灾议》中，曾巩主张以"钱五十万贯"，"粟一百万石"赈河北"十余州"的灾民。乍一看，这条建议好像跟本文后来所讲的清代"银谷兼赈"办法相似，但这次河北所遭遇的灾害是地震和水灾，城乡各业人户的住宅都被毁灭了。曾巩的意见是应该提供修屋津贴，因而资助灾民"复其业而不失其常生之计"。他对其建议的原理做了如下说明：

> 百姓患于暴露，非钱不可以立屋庐；患于乏食，非粟不可以饱。二者不易之理也。④

曾巩所提倡的是针对"非常之变"的一个"非常"的措施，跟南宋董煟主张以钱代米或"钱米兼支"作为通常赈济办法终究有间。至于宋朝荒政的实际做法，据

---

① 董煟：《救荒活民书》，《拾遗》，第5—6页。董煟不提米价涌到什么水平，只说"既而商米辐凑，市估遂平，民赖以生"。他在评价卢坦的行为时并未提出什么新的经济学上的见解，只是说"不抑价则商贾来，此不易之论。昧者反之，其意止欲沽誉。不知绝市无告籴之所，适以召变而起谤也。坦有定见如此哉！"

② 董煟：《救荒活民书》卷二，第3页。

③ 曾巩：《隆平集》卷三（原序1142年，1701年重刊本，文海出版社，1967），《爱民》部，第9页（第1册，第140页）。

④ 曾巩：《元丰类稿》，《四库全书荟要》本卷九，第15、16、18页。曾巩主张应该把铜钱"赐"给灾民，把粮食"贷"给灾民，跟王安石的青苗法两样。

李华瑞制作的详细赈济事件年表，在城市（尤其是南宋首都临安的城内和近郊地区）把铜钱，或铜钱和米，散给贫乏居民或外来难民或病人是有的，在特别情况下（例如疫病的流行）为特定费用（例如买药，买棺材）把铜钱散给城市贫民也是有的。甚至在乾道五年（1169）朝廷命令在福建路给贫困家庭采取"养育"津贴政策，"贫乏之家"每次生孩子可以受"常平米一石，钱一贯"，以此法通行"余路州军"。① 但是在李教授的年表中，在自然灾害的情况下用铜钱或铜钱和米救济乡下老百姓的例子很少，十分详确的例子全无。② 从李教授所讲王安石新法对荒政的影响的一个段落中，我们还可以添上两条熙宁年间的例子，其中后一个例子（熙宁七年，即1074年，"……先于常平仓拨见钱赈济"）是比较明确的。③ 的确，在神宗熙宁年间中央政府命令地方当局把铜钱散给灾民是我们不难预料到旳。在《救荒活民书》首卷（董煟就历代救灾措施撰写的评论性纪年），董煟除了举出天圣七年（1029）河北水灾，官方把铜钱赏给残存家口的例子以外，还对在李教授年表中出现的最明确的例子之一（熙宁八年，即1075年，朝廷命令在现代山东、江苏两省相接地区"发常平钱、省仓米，等第散给"）给予很高的评价，认为神宗那样命令：

> 盖虑米不给足而继之以钱，真得救荒之活法。然国家所失者财用而所得者人心，陆贽之言惟神宗得之。④

至于《救荒活民书》的编辑时代之前之后列在李教授年表中的几条例子，有两三条有一点含糊。在宋朝，因为官方用铜钱买大量粮食不算意外，所以如"自秋至于明年夏，县官（即王朝政府—引用者）出钱三百三十三万缗、粟四百八十五万石以赈"这类措辞，使读者看不出来被拨出的钱是被用来购买粮食以准备用本色救荒，

---

① 李华瑞：《宋代救荒史稿》，下册，第14章，《宋代赈济概览》（476—498）：481（1059年条），484（1087，1088两条），488（1161条），489（1169条），490（1173条），493（1186，1187两条），494（1189六月条），495（1195二、四、六月各条），496—497（1199，1206，1208，1209四条）。

② 同上书，481（1075正月甲寅日条），482（1075三月己亥日条），484（1095条），493（1185条），495（1193条），497（1215条）。

③ 李焘：《续资治通鉴长编》卷二五七（1183年），中华书局点校本，1979—1995，熙宁七年十月癸巳日条（李华瑞：《宋代救荒史稿》，上册第337—338页所引用）。

④ 董煟：《救荒活民书》卷一，第26、31页；李焘：《续资治通鉴长编》卷二六一，熙宁八年三月己亥日条（李华瑞：《宋代救荒史稿》，下册，第482页，1075年条所引用）。

还是被直接散给灾民。① 只有淳熙十二年（1185）兴元府（在现在陕南地区）的例子跟董煟的积极支钱想法相似。淳熙十一年兴元府遭遇旱灾，但是十二年春，一位临时发遣的官员认为，在本府"自今物价甚平，亦无流徙之人"，因此他虽然建议在往东的洋州和金州准备用本色米救济灾民，但在兴元府则"见（现）行措置钱米，准备赈济"。 换而言之，他觉得本府境内生存危机不太严重，市上还有粮食，以铜钱代替一部分赈灾米是不会败事的。他的建议被采纳了。②

的确，中央政府的命令和地方官、被邀请帮忙的地方精英所想实行的不一定是一码事。在"拾遗"部，董煟叙述了宁宗丁卯年（1207）他自己对一位上级官员提出的一条支铜钱的请求。这时候，作为饶州德兴人，董煟被"招"在被旱的鄱阳地区"措置荒政"。他认为这位上级官员先前的救荒方案基本上是可行的，不过提出一条建议，即先把"义仓米"在县城里"减价出粜"以赈济县城和近郊居民，然后"以此钱纳价，计口遂（似当做"逐"—引用者）月一顿支给，以济村落之民"。③ 我们无法得知究竟有多少乡绅或下级地方官意识到将义米粜钱的行为是怎样的盛行，觉得在面临自然灾害的情况下不妨把粜价直接散给灾民，以免官方买米运米的费时费钱，因而间接地把民所"寄"的救生物再次还给他们。董煟自己在讨论赈粜、赈济、赈贷三法部分中的"赈济"一节里指出，如果义仓本色库存不足以救济城内、城外的老弱孤贫等人，"则近来州县有义仓钱，"应该用"此钱"或"广籴豆麦谷粟之类"以补充救荒物资，或"散钱与之（即老弱孤贫灾民—引用者）"。④

董煟预料到会有人批评上述他在丁卯年想实行的妙法，把"赈饥给钱非法令所

① 引文来自马端临：《文献通考》卷三〇一（1308 年左右十通本），第 2379 页上栏（李华瑞：《宋代救荒史稿》，下册第 497 页，1215 年条所引用）。此外，"淮西转运司见桩管铁钱、交子内共支拨三万贯专充赈济使用"和"【候】赈恤了毕，具已赈恤过钱米数目申"等字样（《宋会要辑稿》，《食货》68，《赈贷二》，绍熙四年和嘉定八年，李华瑞，同上书，下册第 495 页和 497 页，1193 年、1215 年两条所引用）同样缺乏明确性。如众所共知，宋朝货币制度有相当大的问题（Richard von Glahn, *Fountain of Fortune: Money and Monetary Policy in China, 1000–1700*, University of California Press, 1996, pp.49—56）。到了南宋中期，政府买米可供选择的支付手段，除了铜、铁钱和交子以外，还有钱引、会子和白银。下文注②所引的史料给我们提供了一条杂用白银、铜钱和钱引买米的例子；《宋会要辑稿》，《食货》58，《赈贷下》，嘉泰元年（1201）条载有先用会子 87,500 余贯和钱 12,400 余贯买米赈粜，然后"其粜到价钱即更循环作本粜籴"的诏文。

② 《宋会要辑稿》，《食货》68，《赈贷二》，淳熙十二年（李华瑞：《宋代救荒史稿》，下册，第 493 页，1185 年条所引用）。

③ 董煟：《救荒活民书》，《拾遗》，第 11 页。按王崇庆编《救荒补遗》，第 84 页，《墨海金壶》本（《拾遗》第 7 页）"遂"做"逐"。三本内，只有《救荒补遗》以"纽价"代替"纳价"。

④ 董煟：《救荒活民书》卷二，第 31 页；按王崇庆编《救荒补遗》，第 108 页，"谷粟"做"菽粟"。

载"这一可能的反应摒弃为"庸儒之论"。[1]他原本在"义仓"一节之末对应该用本色米来救济饿民这一常识性假设提出批评，指出把粮食逆流而运，运费很高，也存在拌入杂物以掩盖偷窃行为的风险。因此，如果天灾不太严重，"米斛流通，物价不涌"，最理想的办法是把铜钱给贫民，让他们赎回质押的谷物（原文的"斛斗"可能指种子而言），或多买价贱的杂粮，因为"一斗米钱可买二斗杂斛，以三二升拌和菜茄，煮以为食，则是二斗之粜（似当做"杂"——引用者）斛可供一家五七口数日之费"。[2]但最后董煟提倡"钱米兼支"的办法，因为分配铜钱的时候有委员舞弊的风险。"拾遗"部的讨论还要仔细。董煟明晰地指出，上述先在城里赈粜，然后在农村直接用粜价钱赈济灾民这一方案，是一种"一物两用"、好处"甚博"的手段。他声称这样做"深山穷谷皆沾实惠"虽然不无夸张，但有利于帮助我们想象到在长江以南逆流而往山地农村运米"极为费力"这一说法的贴切。最后，他列举支钱办法的好处，除了明确地说农民"得钱"以后可以赎回质押的种子以外，还补充说他们可以"取赎农器，经理生业，以系其心。"[3]

其实，董煟所认识的市场作用机制值得冠以"自我调节过程"的名称吗？他所意识到的好像并未超过这样一个简单的模型，即涌贵的米价吸引米船，如蜜吸引蜜蜂，米船到了、囤户因而粜了，市上米多，米价当然平减。虽说高价招平价（乾隆皇帝的一条谕旨所言"贵则征贱"；欧阳守道所言"市井常言'凡物之价，闻贱即贵，闻贵即贱'"）这一基本念头所指，的确是一种自我调节过程，但是过程有一点模糊，有一点靠不住，跟乡下人"望郎媳"能"招小弟"的迷信差不多。[4]董煟在提倡支钱办法的两个段落中错过了机会，没有谈到支钱办法能提高贫民的购买力，因而增强有效需求（effective demand）这一方面。为了了解董煟对横平面理论的局限性，我们最好看一下清朝著名桐城派学者方苞讨论米商免税证的劄子。

---

[1] 董煟：《救荒活民书》，《拾遗》，第 11 页。

[2] 董煟：《救荒活民书》卷二，第 9 页；按王崇庆编《救荒补遗》，第 93 页，"二斗之粜斛"做"二斗之杂斛"，"菜茄"做"菜茄"大概是正确的。

[3] 董煟：《救荒活民书》，《拾遗》，第 11 页。"极为费力"四字来自同书，卷二，第 9 页。同书卷一第 31 页也提到"细民得钱亦可杂置他物以充饥肠"这一好处。

[4] 《大清高宗纯（乾隆）皇帝实录》（以下简称《乾隆实录》），乾隆十二年十二月戊辰日，（台湾华文书局 1970 年影印本，第六册，卷三〇四，第 16 页）；欧阳守道《与王吉州论郡政书》，载《巽斋文集》（《四库全书珍本》二集所收），第一册，卷四，第 5 页（王德毅：《宋代灾荒的救济政策》，第 158 页所引用，但"市井常言"这四个重要的字被略去了）。关于人类学家武雅士（Arthur Wolf）和黄介山所谓"治疗性收养"(therapeutic adoption)，即没生男孩的家庭收养"望郎媳"以催促男孩的出生这一习惯，参见 Arthur P. Wolf 和 Huang Chieh-shan, *Marriage and Adoption in China, 1845–1945*, Stanford University Press, 1980, 第 18 章。

# 清朝乾隆初叶著名儒家方苞谈米价自我调节过程

乾隆二年中央政府决定，被灾省份的上层领导得到朝廷允许以后，开往被灾地方的米船过税关时，要宽免应征的米税或船料。这个措施的目的在于"俾米谷流通，不致增价有妨民食"。换句话说，一方面关税的豁免会吸引米商，使米价因供应量的增加而低落，另一方面间接课税的暂时消除，会从米价之中减去被商人转嫁到消费者身上的纳税部分。后来朝廷修正了这条规定，决定在十分急迫的情况下可以立刻免除关税，同时向朝廷作报告。[①] 在颁发这条新例的谕旨中，朝廷还提出一个实在令人头疼的问题，即"富商大贾趋利若鹜。歉收之处与丰收之处毫无分别，国家又何以操鼓舞之权，而使商贾踊跃从事于无米之地哉？"[②] 朝廷之所以提出这个难题，是因为有人提倡无论岁收丰歉都要豁免米船所应付的关税。但是朝廷忽视市场力量的看法，再现于户部的一系列复杂的章程。为了预防被豁免关税的米商"偷运别省，并沿途先行粜卖"，户部规定，开往被灾地方的米商过税关时所领受的"印照"（免税证，也称"印票"），要指明其目的地州县。到达以后，米商必须向所至之处地方有司申请盖章，然后返回发印照的税关，让税关官吏核销。[③] 不久之后，浒墅关监督海保奏报，米商因害怕盖章手续会浪费他们的时间，是以"观望"，不想趁机到被灾州县去卖粮食。[④] 这是方苞所预见到的。

此时的方苞担任三礼义疏馆副总裁，兼"食礼部侍郎俸"。[⑤] 乍一看，他不过是一位道学先生，哪里会洞悉商人的想法？他自己说，年轻的时候做过经学讲师，多次搭商船旅行，所以了解水商所冒的风险。在他的反对上述规定的劄子中，我们可以找到地道的有关自我调节过程的描述：

---

① 《乾隆实录》，乾隆二年五月辛亥日，三年七月己巳日（册二，卷四三，第 12 页；卷七三，第 4 页）。笔者对有关这件事原始资料的知识，原是从香坂昌纪的一篇论文种得来，特此承认。参照香坂昌纪，"乾隆代前期における関税主穀税免除例について"，载《文化》第 32 册，第 4 期 (1969): 42–78。

② 《乾隆实录》，乾隆三年七月己巳日（册二，卷七三，第 4 页）。

③ 方苞：《请除官给米商印照劄子》，载《方苞集》，刘季高校点，上海古籍出版社，1983 年，第 2 册，《方苞集集外文》，第 554 页所引那苏图的奏折；光绪《钦定大清会典事例》，（以下简称《会典事例》）卷二八八第 3 页上（新文丰出版公司 1976 年影印本，册一一，第 8938 页）；《乾隆实录》，乾隆三年十月甲辰日（册二，卷七九，第 9 页）。

④ 《乾隆实录》，乾隆三年十月甲辰日（册二，卷七九，第 9 页）。

⑤ "中央研究院"历史语言研究所：《明清人物传记》资料库，方苞条（2016 年 5 月 9 日在线访问）；《乾隆实录》，乾隆三年 9 月丁卯日（册二，卷七七，第 5 页）。

> 凡贩米客商逐贵去贱，本不待教而喻。凡米价贵贱，视被灾浅深：灾浅者价贵，灾深者价必尤贵。若必限定到某处粜卖，不可改移，假如沿途米价更贵于所报往卖之处，则此地之饥困必更甚于彼地。客商不敢违法而擅卖，贫民嗷嗷待哺，必欲强买……大凡米价腾贵之地，一遇客商凑集，价必稍减。此地稍减，又争往他所。听其自便，流通更速。若价昂既不敢卖，价减又不得不卖，商贾用本求利，必视此为畏途而观望不前。①

中央政府终于把规定改得缓和一点，朝廷也委托省级领导督率所属灵活地实行新手续，不再强迫米商把粮食粜卖在供应已足的州县里。②但是户部原来的反应是否定的，完全拒绝方苞的意见，重复先前上谕的观点，认为："若不指定被灾州县，验到钤印，即概准免税，恐奸商偷运他处，漫无稽查。"③这个回答提醒着我们，作为基本规律，"商贾唯利是图"等成语具有双重意义。就中国本土之朴素的经济自由主义而言，米商追求高利润率的行为是靠得住的，他们当然会在收丰价贱的地方籴买，在收歉价贵的地方出售，因而自然地通有无。在这个意义上商人行为的可靠性是南宋倪思早就察觉到的。他直率地说："夫商贾，逐利者也：苟米价稍高，无不坌集。"④但是，在中国传统儒教的道德主义看来，正是因为商人所求是"利"而不是"义"，所以他们的行为是靠不住的，不可以信任他们会履行他们那一方的协议条件。在中国，道德主义和官方统治主义是根深蒂固的，难怪户部堂官没有意识到他们这次讲的道理有一点荒谬可笑。

方苞之所以陈述了牟利动机足以保证商米的合理再分配这种理论，是因为户部采取了一个荒谬的措施，这并不意味着方苞认为商米的合理再分配足以解决所有的荒政问题。正相反，在其他的劄子里他所提倡的对现行荒政以及常平仓管理的一些改革，依然以常平仓制度的继续存在和直接救济政策的必要性为前提。⑤我们如果想知道，在鸦片战争以前有没有人以为连常平仓本色库存制度也可以不用，最好对乾

---

① 方苞：《请除官给米商印照劄子》，第 554 页。

② 关于规定的缓和过程，参照《乾隆实录》，乾隆三年十月甲辰日（册二，卷七九，第 9—10 页）。《会典事例》卷二三九，第 17 页乾隆三年"又覆准"条或许是被修改章程的部分摘要。

③ 《乾隆实录》，乾隆三年九月丁卯日（册二，卷七七，第 5 页）。

④ 倪思：《救荒政》，第 14 页。

⑤ 方苞：《请定常平仓谷粜籴之法劄子》和《请备荒政兼修地治劄子》，载《方苞集》，册二，《方苞集集外文》，第 538—540、542—543 页。

隆初的 1740 年代考察一番。

## 乾隆初叶反对备荒多储本色谷之激进派的出现

从乾隆三年到十三年（1738—1748），朝廷对常平仓的基本政策是通过监生头衔的销卖（所谓"捐监"）提高在仓的本色储备水平。这时候天下储备定额不过是 2800 万石左右，乾隆三、四年确定新额之后又添上所谓"增定捐监谷数" 3200 万石左右。其实，大规模捐监收谷的尝试不太成功。到乾隆七年，只有安徽、四川、江苏三省达到了指标的百分之五十以上，其中江苏一省捐监收入的三分之二为折色银。大多数省份连百分之十或二十也没有达到。乾隆七年，朝廷决定采取一位监察御史所谓"实在可行之数"，命令省级领导折中制定新额。因为乾隆九年朝廷对储备政策作了首尾倒置的改变，所以这次定额过程非常复杂。到乾隆九年末，天下总计常平仓储蓄指标是 4800 万石左右。尽管新指标乍一看好像是折中额，但是一般来说幅度比较大的削减集中在乾隆八年间。九年所定八个新额之中，至少三个仅低于从前的高额百分之二十以下，两个比高额要高一点，另外五个则高于原来的基本（低）额百分之五十以上。[①] 总的来说，从乾隆三年到十三年这十年内，对常平仓政策的根本路线是把储备水平提高，虽然实际的净增长不大，但是，如众所共知，有很多官僚怀疑是政府从市场撤回了过多谷物，导致米价昂贵。

我们先看一下乾隆十年以前对常平仓制度本身的一些激进批评。这些评论的内容不一定都翔实可信，但是为了了解具有市场意识的清朝官僚所想象得到的荒政模范起见，它们好像值得我们注意。乾隆七年工科给事中杨二酉上呈了一篇奏折，提到常平仓制度的几个弊病，声称官方的每年买补行为使谷价涌贵。在常平粮食买卖的理论上，正如董煟所说过的，"谷贱则增价而籴，使不害农；谷贵则减价而粜，使不病民"。[②] 在清朝的实践里，因为每年必须出陈换新，所以每年春天地方有司粜卖储存粮食最陈的一部分（原则上应该是十分之三，然而因地制宜）。春天恰恰是青黄不接之季，因为上年的谷物快要吃完，新谷还没有登场，所以市价自然昂贵。至少在理论上，官方按低于市价粜卖，则一方面市场的供应量增加，另一方面囤户担心市价因而低落，开始出粜，以致市价自然平减。秋收后谷贱之时官方用春天所收的"粜

---

① 关于增定谷数的两次定额过程以及数字上的问题，参照拙稿 *State or Merchant?* pp.198—207, 216—217, 244—274.

② 董煟：《救荒活民书》卷二，第 1 页。

价"购买新谷以补充常平仓的储备，即所谓"买补"。可惜的是卖一石陈谷所获的价钱不一定买得上一石秋天的新谷，不但董焴所言"增价而籴"不一定符合事实，因"原价不敷"而将买补过程推迟到下年或后年的现象也相当普遍。[1]

杨二酉忽视了这一实际问题，也忽视了谷价的季节性。他控告说："嗣是（指短价行为所造成的赔累问题）采买行而谷价顿长，延至春夏之交，谷愈少价益昂，向值八九钱一石者，竟值至一两六七钱。众口嗷嗷，势难终日。"囤户居奇之术不正是在于操纵市场，使物价尽可能上涨，然后把货物出售以赢莫大的利吗？杨二酉控告官方把"我国家良德美意"所体现的平粜措施用作牟取暴利的手段。他说谷价上涨以后官方才开始平粜，按照平粜章程官谷卖价仅比当时市价削减"一钱或五分"，使其跟原来买价比起来高达数倍。这条章程当然有其依据，为的是避免"市侩"因官价过低而"藏积以待价"，以致平民唯官谷是买这一风险。[2] 但是杨二酉对这一论据置之不理。据他的看法，平粜手段有更坏的一方面，即对外地商米的流入起抑制作用，以致本地市价更贵。结果是："夫向因采买而贵民之粟，继以平粜而争民之利，朝廷之德意竟等于富户之囤积，又何怪乎民不见德而且以为怨耶？"[3]

杨二酉对官方采买制度的有害性陈述得有一点模糊，但是早在乾隆三年末，寓居杭州的歙县人，工部都水司郎中吴炜，不但为采买过程画了初步素描，还开始分析官买和商买之间的假定存在的两样作用。首先必须指出，在他批评的背后存在着一个虽然和缓但尚可察觉的物价长期上升的趋势。据王业键教授的计算，长江三角洲的 31 年移动平均米价，到乾隆三年，已从康熙二十、二十一两年的每石 9 钱 4 分的最低数值逐渐上升到每石 1 两 3 钱 9 分。[4] 吴炜表面上挂念的问题是农业剩余很大

---

① 魏丕信（Pierre-Étienne Will）把"原价不符"的问题讲得很详细，参见 Will 和 Wong 主编，*Nourish the People*, pp.148—152.

② 嵇璜等编：《清朝文献通考》册一，卷三六，第 5189—5190 页，"又准两广总督鄂弥达条奏平粜减价之法"条。

③ 中国第一历史档案馆，朱批奏折，财政类，仓储（以下简称一史馆，仓储）杨二酉，乾隆七年四月十八日《奏请嗣后直省平粜谷价不得依时价而平粜等事折》。军机处录副奏折，载叶志如编：《乾隆朝米粮买卖史料（上）》《历史档案》39（1990 年第三期），第 25 页。为读者方便起见，引用一史馆所藏朱批奏折时，在脚注内使用一史馆，《朱批奏折财政类目录》，第 3 册（中国财政经济出版社，1992）的奏折题目。

④ Wang Yeh-chien, Secular Trends of Rice Prices in the Yangzi Delta, 1638–1935, 载 Thomas G. Rawski 和 Lillian M. Li 主编，*Chinese History in Economic Perspective*, University of California Press, 1992, 第 39—42、50—51 页，表 1.1，图 1.2。王教授的康熙三十四年以前的原始数据是上海米价，三十五年至乾隆五年是苏州本城米价。乾隆六年以后的是苏州府米价（参见同书第 39 页）。

的江西、湖广三省民食，他说江苏、浙江两省的灾民依赖着长江中部三省商米的流入，然而官方购买者大规模地争夺着市场上的粮食，以致江西、湖北、湖南三省的米价也随之腾贵。他轮廓鲜明地控告说"买官米者舟车四出，相望于道，以两省（即江西、湖广三省——引用者）有尽之储蓄而供各省无穷之积贮"，则不但涌贵的米价给官方购买者造成困难，而且"本地丰收之贫民出而谋诸市者亦且价值日增"。其中的含义当然是在长江中流各省的批发米价昂贵，则长江下流各省的零售价必更贵于长江中流的零售价，而吴炜只模糊地说道"两地之民皆交困也"。他继而试图揭发"商买"和"官买"不同之处：

> 商买则以一方之积而散之于四方，故米谷日见其流通，而官买则以四方之粟而积之于一方，故米谷日见其不足。

尽管如此，他并没有把常平仓的储备直接解释为官方可居的奇货。他指出的风险与此正相反，是米商会效尤官方贵买贵卖的行为。在仓的储备既然是贵买的，地方有司必不肯按低于（高昂的）市价粜卖。结果：

> 商贾之垄断者，以官米尚如此其贵也，又从而甚之。是因积贮而为商贾藉口居奇之地，民何赖焉？①

吴炜的第一条建议乍一看是令人惊跳的。他提议"其现今州县有积贮者，请尽减价平粜，不必随时价之高下"。他的意思也许不过是地方有司每次粜卖粮食一定要低于市价出售。他的第二和第三条建议都表明着他并不提倡常平仓制度的彻底废除。②但是，大学士和户部堂官好像作了字面上的解释。他们指出，歉收以后中央政府之所以允许地方有司把买补过程推迟到下年，正是为了"杜官民争买勒昂市价"。他们拒绝吴炜的第一条建议，说"未便因一时歉收，即将采买谷石概行停止，现存米谷尽令粜卖，致平时之积蓄无资，歉岁之赈施有缺"。③吴炜五年以后的另一篇奏折表明这个字面上的解释大概是正确的。

---

① 一史馆，仓储，吴炜，乾隆三年十二月的奏折，大学士鄂尔泰等，乾隆四年二月五日《奏议停止部捐为各省仓储等事折》所抄录。

② 同上。

③ 一史馆，仓储，大学士鄂尔泰等，乾隆四年二月五日《奏议停止部捐为各省仓储等事折》。

# 江苏布政使安宁的官买、商买过程不同论

吴炜对"商买"和"官买"的不同作了初步分析，但他只注意到两种购买行为的不同结果。至于两种购买过程是不是两样这一问题他并未提及。如此造成的印象是他以为官买之所以有害于商米的供应量，不过是因为官买规模大。还有其他的一些官僚考虑到官买的过程，提出官买、商买过程不同论。因为篇幅有限，在此只提讲得比较详细的江苏布政使兼管浒墅关监督安宁乾隆九年的论据这一个例子。乾隆九年，王教授算出的长江三角洲31年移动平均米价已继续上升到每石1两5钱5分。[①]安宁提出一个问题，说如果采买制度之唯一的毛病是购买额过高，为什么连续不断地通过浒墅税关的长江商船把江西、湖广三省的米运到江南的行为，从来没有导致米价涌贵呢？无论这个问题的前提正确与否，安宁的答案对官买过程表示出深刻的怀疑态度。他说：

> 良由商贾贱糴贵粜，各有权衡，非若官买之期在必得也。况奏明奉旨委官拨帑，则已树之风声矣。委官到境，亲友长随挟不切己之资，作不谙练之事，则又远逊商贾矣。况更欲从中侵肥，先自声言米贵，则彼牙侩者反肯贱售耶？产地因官买而不肯贱售，则产地之米贵，产地既贵，则商贾不前而邻省之米亦贵，理势然也。故奴才以为米价之贵，由官买之声势使然，非仅官买之过多也。

他得出结论说：

> 总之，米谷之流通当顺其自然。商贾权衡子母非不为利，然而云集于江广而市价不昂。官买未及商贾百分之一而米价顿长者，非自然之势也……（下略）。[②]

安宁对官方采买队的描述足以值得相信吗？评价以前，我们不但必须看一下上下文，更必须知道这篇奏折的背景以及安宁这次上奏的目的。虽然苏松31年移动

---

① Wang, *Secular Trends of Rice Prices in the Yangzi Delta*，第42页，表1.1。

② 一史馆，仓储，安宁，乾隆九年二月十日《奏请停止户部捐银之例复各省捐监事例折》。

平均米价表明的长期趋势，除了六个年份价额不变外，从雍正三年到乾隆三十二年（1725—1767）一直保持着年复一年的增长，但是王教授算出的 18 世纪 40 年代苏州府年度米价（annual price）的第一个高峰出现在乾隆八年，乾隆九年比八年低达5分。[1] 乾隆八年闰四月，朝廷听从激进派的警告，暂停采买。大学士和九卿的咨询意见是非常严格的。乾隆皇帝已经下了谕旨，为了防止粮食价格持续增长，要暂时禁止地方有司委派人员到外省去买谷，也要暂停通过销卖监生头衔换谷以提高储备水平的尝试，但"常平原额（原来的 2800 万石左右的定额——引用者）固不可缺"。[2] 大学士和九卿建议的实施方案还要彻底，他们说每次州县有司必须动用常平仓储备的一部分来平粜或赈济灾民，如果原额之外的捐监谷足够应用，动用以后不要买补。如果需要动用原额以内的谷石，甚至

> 有将原额全行动用者，除临时通融酌济之外，应将动用额数先行报部，其粜价银两亦暂贮司库。

几时买补的决策，其责任由每省督抚承当。他们得：

> 恪遵谕旨，从长妥计，因时筹划。如有前项额谷未买，适当本地年岁丰稔之后，米价平减，农有余粟，再将前项粜价存贮银两，不拘谷石定数，陆续买补。[3]

在安宁上奏的乾隆九年（1744）春天，暂停采买政策实行不及一年而米价已少少平减，但"非向时之平价也"。安宁得出的结论是，新政策正在开始奏功，千万不要继续买补。为什么呢？近几年的高价有利于江广三省地主等有米之人，因为"贵粜之利，百姓尚在未忘"，所以他们观望居奇，好像试图使刚出现的趋势逆转。所求解决的难题如下：一方面，"采买非多停数年不可"；另一方面，常平仓为备荒关键机构，不可以无限期地停止所有的补充措施以致储备一空二虚。[4] 乾隆八年暂停捐监

---

[1] Wang, *Secular Trends of Rice Prices in the Yangzi Delta*，第 42—43 页，表 1.1。

[2] 《乾隆实录》，乾隆八年四月己亥日（册四，卷一八九，第 1—3 页，引文在第 3 页）。

[3] 一史馆，仓储，大学士鄂尔泰等，乾隆八年闰四月六日，《议河南监察御史陈其凝奏陈变通积贮仓谷折》（原来户部主稿）。按：《朱批奏折财政类目录》的这个题目不太准确。本篇奏折基本上是大学士、九卿被咨询以后针对上述谕旨提出的实施方案，同时对陈其凝、李清芳两位监察御史的两篇奏折进行评议。有关乾隆八年暂停采买政策，参见拙稿 *State or Merchant?* pp.217—223。

[4] 一史馆，仓储，安宁，乾隆九年二月十日"奏请停止户部捐银之例复各省捐监事例折"。

收谷和委派人员到外省买谷的谕旨所用的根本逻辑不过是数量上的：两种行为之所以使谷价昂贵，是因为它们都从商业流通的范围撤回过量谷物。① 安宁想提倡对地方有司来说最简便的补充手段，即按比较合乎实际的公道价格售卖监生头衔换谷，他更进一步想建议江西督抚已经提倡的彻底改革：以这个简便方法代替令人头疼的买补过程。② 因此，他需要提出理由来证明，虽然买补和捐监都导致谷物在官仓的收贮，但只有前者会使市场米价腾贵。他所提出的论据一方面把捐监之人描画为具有经济合理性的追求最大利润者。据安宁所言，他们一般不从市场那里撤回谷物来购买监生头衔，因为他们自己存有余谷，"不输之官者，未必不囤之家以待重价"。间或有人买谷捐监，其购买行为跟安宁所描画的商贾行为相似，一定会权衡损益，"必不肯用贵价以博虚名"。③ 另一方面，安宁也如上刻画了官方采买队的肖像，把他们描画为不称职的购买者，与商贾形成对照。我们学历史的人看这样的史料，必须联想到西方人听自己国家的政治家发表施政演说。我们知道，政治演说内容的取舍标准不在于真实与否，而在于有没有说服力。安宁对官方采买队的批评貌似有理，然而在多大程度上是对的，我们很难依靠同类的史料予以确定。

## "以银代米"：从权宜之计到可取的方案？

吴炜在乾隆三年所撰的奏折末页着手解决他的建议必然会导致的问题，即如果在仓储备缺乏的州县遇到自然灾害要怎么办？吴炜的答案是简洁的："不妨酌量以银代米。"④ 正如下面所举之例表明的那样，"银米兼赈"的救荒办法在18世纪中叶是相当普遍的。⑤ 乾隆三年，中央政府规定，虽然在官仓储备足用的情况下应该全用本色谷来赈济灾民，嗣后如果库存不足，省级领导可以命令所属，采取银谷兼赈的措施来解决问题。有意思的是，那时候皇帝的顾问仍然保持着常识性的以谷为主的态度，把银谷兼赈看作不过是不得已的办法。起初，翰林编修李锦不但建议应该以谷

---

① 《乾隆实录》，乾隆八年四月己亥日（册四，卷一八九，第2—3页）。

② 一史馆，仓储，尹继善和陈宏谋，乾隆八年十二月十六日《奏请留江西收捐监谷以裕仓储折》。有关这篇奏折和陈宏谋的相关檄文以及两位上奏者所提出的财政刺激，参见拙稿 *State or Merchant?* pp.262—267.

③ 一史馆，仓储，安宁，乾隆九年二月十日《奏请停止户部捐银之例复各省捐监事例折》。有关安宁的奏折以及朝廷采取其建议的后果及其财政上的意义，参见拙稿 *State or Merchant?* pp.267—282.

④ 一史馆，仓储，吴炜，乾隆三年十二月的奏折（大学士，乾隆四年二月五日的奏折所抄录）。

⑤ 参见 Will, *Bureaucracy and Famine*, pp.133、147.

六银四的比率散赈，以满足灾民的营养以外的需要，还建议应该以谷六银四的比率收捐监费，以对付提高本色储备水平的一些实际问题。以鄂尔泰和张廷玉为代表的被咨询的大学士和户部堂官不以为然，他们坚持朝廷多积贮本色谷这一新政策的本意。他们之所以承认"银谷兼赈亦属便民之举"，不过是因为在本色储备缺乏的情况下，有司把外地粮食运到被灾地带会花时间，不如本折兼支以救目下之急。至于白银对饥民有什么用处这一燃眉问题，他们并未提出什么理论，不过指定白银的来源，说可以动支地丁银。他们宁可为这个权宜之计调配正项，也绝不要采纳李锦捐监银谷兼收的建议，以致忽视皇帝新政策的至意，即"原为（本色）积贮充盈起见，并非为库贮银两谋其丰裕也"。[①]

对灾民来说，不管是白银还是铜钱，以货币形式受赈究竟有什么好处呢？正如上面所说，南宋董煟提及两三种可能性，即灾民收到铜钱可以赎回质押的谷物、种子和农器，或多买贱价的杂粮。据李锦的看法，支白银的好处在于让灾民购买粮食以外的生活必需品。乾隆八年，杭州钱塘县出身的监察御史孙灏比较系统地开了一个单子，其所列五"便"之中就有四个好像是便民的。第一是银轻于谷，第三跟李锦所说的差不多相同。第四是救济白银可以用做微小资本。孙灏非常典雅地说道：

> 细民觅利，术至纤微。贷银少许亦能谋负贩、逐锱铢。谷之滞不若银之通四便也。[②]

孙灏所声称的第五个好处可能最关紧要的，但他的措辞有一点深奥难解。他说：

> 虽有荒岁，必无竭粮。有有谷而患无银者矣。苟有银，何患无谷？五便也。[③]

这样的话有什么道理呢？我们如果想起北方赤地千里，人吃树皮的大旱灾，很容易假定人之所以饿死简直是因为被灾地区完全没有饭吃。万历年间山西巡抚吕坤在提醒山西老百姓要积蓄"救命谷"或"救命钱"来预防荒年的白话公告中所讲的警世故事，给读者留下深刻的印象：在大旱灾的情况下，做富家子弟并不是幸存票，

---

①　一史馆，朱批奏折，财政类，捐输，大学士鄂尔泰等，乾隆三年六月二十七日《密议翰林编修李锦奏陈变通各省捐纳本色折》。朱批为"依议"。

②　一史馆，仓储，监察御史孙灏，乾隆八年《奏陈采买谷石积弊已深，请酌银谷兼赈办法折》。

③　同上。

例如公告这样讲述万历十四年西安近郊村人的逃荒经验：

> 走到北直、河南，处处都是饥荒。那大家少妇那受的（得——引用者）
> 这饥饿？奔走都穿着纱段（缎——引用者）衣服死在路上。[1]

　　这也许只不过是一种恐怖宣传而已，但所造成的大荒形象跟印度经济学家 Amartya Sen 所称"可获得性食物减少"(food availability decline，简称 FAD) 的饥荒解释相符合。可获得性食物减少解释是常识性的，大概也可以说是传统的，意思是民众之所以遭受饿死的危险，是因为食物的供应量大幅度减少了。[2] 从 FAD 解释的角度来看吕坤所描述的悲惨状况，富人的家属饿死不足怪：如果食物根本没有，富人的钱是无用的。的确，在天候干燥、农业产量有限、山路崎岖、商业难通的山陕甘三省，孙灏所谓"竭粮"情况应该是可以发生的。但在吕坤的另外两个警世故事中，我们看到"大家少妇……将浑身衣服卖尽"来试图救他快要饿死的丈夫生命，还"有一男子将他妻卖钱一百文"，虽然两对夫妇最后死了，但如果两位售卖者不相信在他们居住的地方附近有食物可买，他们的售卖行为是无意义的。[3] 这两个半小说性的例子提醒着我们，受灾民众虽处于饿殍枕藉、命悬一线的绝境，也未必意味着附近完全没有粮食。粮食可能是有的，但价很贵，居奇者也不一定肯售，一般老百姓没有足够的购买力以争获生存口粮。

　　我们可以用森（Sen）教授的"权利禀赋"(entitlement) 理论来更广泛地说明在市场经济条件下的饿死现象。民众内每人（也许应该说每户）都有其各自的"所有权束"（ownership bundle）。个人可以利用他的包括劳动力在内的所有物来换取需要的东西。每个"所有权束"都有其相应的"交易权利"(exchange entitlement)，即"所有权束"所能换取的整套供选择的可能商品与（或）产品束（产品包括他自己种植的农作物，如作为凶年主食的甘薯）。在包括食物供应量大幅度减少在内的各种危机情况下，一个人饿死与否取决于他这时候的"交易权利"是否包括了提供足够食物以维持生命

---

　　① 吕坤：《救命会劝语》，载《吕公实政录》（有万历二十六年原序。嘉庆二年重刊本，文史哲出版社影印本，1971 年），卷二，第 27 页（册一，第 197 页）。第 25 页也有"富家"或"大家"妇女的荒年惨死故事。

　　② Amartya Sen, *Poverty and Famines: An Essay on Entitlement and Deprivation*, Oxford University Press, 1982, pp.57—58.

　　③ 吕坤：《救命会劝语》，第 25—26 页。

的可能商品与（或）产品束。[1]

孙灏所言"苟有银，何患无谷？"当然很含糊，甚至可以说是轻率的。但在农业产量高，水路四通，粮食贸易发达的长江中下游流域，说"竭粮"情况罕见不无说服力。孙灏之所以试图辩明支银手段有理，是因为他建议只要常平仓所存谷物以及可用做谷价的白银足以完成乾隆三年以前的"原"指标，以谷七银三或谷六银四的比率维持库存的地方官即可暂免处分。上奏的时候，孙灏只知有乾隆八年初夏暂停捐监收谷和委员到外省买谷的谕旨，并不知道两旬以后朝廷就采取更为彻底的暂停采买政策。因此，他只不过是对谕旨的有限决策作出反应，认为两个措施会导致有司以维持库存原额为急务，因而赶紧在本省境内争买谷物这一不良后果。但是，他对实施支银手段的看法跟大学士、九卿即便在"将原额全行动用"的情况下也要暂停采买这一主张完全相符合。他说：

> 请嗣后地方偶有偏灾，其仓储足供赈恤者，仍照旧办理，其本地不足而他处可协济者，亦仍通融拨运外，倘至仓储不敷散赈，酌量各该地情形，或先仅谷再用银，或将银谷分配凑给。至甚不得已，全以银代，亦非权宜之必不可通者也。[2]

孙灏的同年进士、同乡人吴炜的态度更极端。乾隆八年（1743）七月，现任工科给事中的吴炜上奏。这次他十分明确地建议"以仓储之蓄，不必拘存七粜三之例，尽出而市诸民间"。不但如此，他还提倡应该牺牲漕粮的一部分用以补充常平仓储备的大贱卖之所不及。一方面，应该命令地方有司把库存谷物分给境内所有的"乡镇"，以平粜的责任嘱托"乡镇中之殷实而老成者"，让他们把防荒储备大减价卖给老百姓，然后把粜价交给官府；另一方面，应该指示有漕省份的督抚指定谷贵且仓储缺乏的府州县，奏请"截留"漕粮，以获取更多可粜的粮食。

吴炜发狂了吗？他的建议之所以值得我们注意，不但是因为它证明了当此常平仓制度的黄金时代，一个如此极端的念头是想像得到的，更紧要的是他提倡"以银

---

[1]　Sen, *Poverty and Famines*, pp.3–4, 45–47。至于 exchange entitlement 的定义，Sen 的原文如下：The set of all the alternative bundles of commodities that he can acquire in exchange for what he owns may be called the "exchange entitlement" of what he owns，但在这里 commodities 的用法是比较广泛的，不但指商品而言。至于饿死与否的决定因素，Sen 的原文是：A person will be exposed to starvation if, for the ownership that he actually has, the exchange entitlement set does not contain any feasible bundle including enough food（p.3）。

[2]　一史馆，仓储，孙灏，乾隆八年《奏陈采买谷石积弊已深，请酌银谷兼赈办法折》。

代米"手段的论据。他似乎确信,常平仓储备枭完以后,面临天灾的地方官只需放一两个月的白银津贴就可以防止逃荒惨景,加上可以给灾民提供"谋生之策"(所指好像不一定限于微小资本,有可能寻求受雇机会的路费也在吴炜的心目中)。他接着论述了支银办法之所以"便民":

> 盖以此,官不扰而吏不侵,民不劳而治生之需胥得也。民既有钱,便可售米,则远近商买(原文如此——引用者)俱于焉而来矣。如此而米价不平,未之有也。[①]

"官不扰"大概指勒柒浮收等弊而言。[②]"民既有钱,便可售米",其意似乎是灾民得到白银或铜钱之后,米,尤其是外来商人的米,在被灾地方是可以销售的。换而言之,对董焆忽视的有效需求这一问题有所认识,在吴炜的豪言壮语中得以显现。他虽然没有清晰地阐述他之主张的逻辑,但好像意识到荒年的高米价对商米的吸引力,是以加强被灾贫民的购买力为前提的。

吴炜的支银论并不是他个人独创性的产物。吴炜和孙灏的奏折都提及福建人詹事府少詹事李清植的有关论据。在18世纪40年代的讨论中,李少詹事好像是"以银代赈"论的始作俑者。乾隆八年五月,他上了一篇奏折,主要是提倡恢复他所称的"常平本法",但最后他主张以捐监收纳折色银代捐监收纳谷,以"就省"收银代"就部"收银。乾隆初,卖监生头衔换白银是户部的收入来源之一,据乾隆六年户部尚书海望奏请恢复在部收银政策一折,从乾隆元年到三年,每年收入为120—130万两左右。[③]李清植认为"以本省所捐即济本省之用"这一原则是令人满意的,他还指出,这时候省级的白银库存并不充裕。他提出的全新救荒方案如下:他要求的改革虽然彻底,但并没有吴炜那么极端,因为他所设想的"常平本法"的恢复,是以常平仓基本库存(乾隆三年以前原额以内)的维持为前提的。李清植主张在新救荒政策的筹划准备阶段,一方面要在各省藩库积存所有本省人所付换监生头衔的白银,另一方面需要户部分别大口、小口和极贫、次贫,确定每人应得的赈银份额。如果发生天灾,省级领导把必要的白银分配到被灾州县,然后由"办赈官员"把轻便的白银"逐村支俵",村人既知应得

① 一史馆,仓储,巡视北城工科给事中吴炜,乾隆八年七月二日《奏报停止采买米谷以苏民困等事折》。

② 关于短价、派买等问题,参见魏丕信(Pierre-Étienne Will),Management(Will 和 Wong 主编,*Nourish the People*,第六章),第 168—171 页。

③ 户部尚书海望:《为请将各省捐监停止,仍归户部办理事奏折》,(军机处录副奏折)载吕小鲜编:《乾隆三年至三十一年纳谷捐监史料(上)》,《历史档案》1991 年第 4 期,第 14 页。

多少，"奸胥"没有"扣剋"的机会。他为这个反常识性的办法辩护说：

> 臣案：管子曰："汤以庄山之金铸币赎人之无粮卖子者，禹以历山之金铸币以救人之困。"又《周礼》："于国凶荒，则市作布。"夫以禹、汤、周公之圣，岂不知民饥必待粟而食哉！诚以岁荒则谷少者势也。灾民之食，虽薯芋杂产之类，皆可度命。所患者洗手无资，乃坐而待槁耳。若赈以银两，自能各图活计。况灾民有钱，则商贩必营运而来，自可不至绝哺矣。是以银代赈，实济常平之所不逮，似可通行无弊者也。[①]

我们应该如何评价吴炜和李清植的建议所蕴含的未成熟的经济理论？最好来考察一下森教授从注重横平面的角度对 1972—1973 年埃塞俄比亚沃洛（Wollo）省的饥荒所做的分析。为了理解森教授的分析，我们可以把沃洛和埃塞俄比亚其他的 13 个省份都想象在横平面上，只有沃洛省有相当严重的偏灾，全国的"可获得性食物"的情况相对来说还是好的。因为沃洛省遭遇旱灾，所以沃洛农业产量降低，农民遭受"直接权利失败"（direct entitlement failure），雇工人、提供各种服务等人遭受"贸易权利失败"（trade entitlement failure）。饿殍遍野现象之所以在沃洛省发生，是因为这里的人缺乏足够的"市场势力"（market power）或"市场控制"（market command）把食物"拉入"到沃洛省来。他们所有的市场势力甚至不足以防止沃洛省的食物供应量的一部分被拉到别的地方去。[②]

吴炜和李清植是在 18 世纪中叶讨论荒政问题，难怪他们没有运用"市场势力"，"市场控制"这类抽象的概念。但是，我们好像应该承认，森教授分析的基本原则是他们早就理解的。可惜的是他们的看法虽然在理论上似乎是可以成立的，但与 18 世纪长江流域的实际情况未必完全相符合，遑论华北呢？更确切地说，支银派的"苟有银，何患无谷？"这一反问，忽视了一对实际问题，即"银多少？"和"谷多少？"乾隆八年八月，湖广总督阿尔赛上了一篇富有思想内容的奏折，一方面肯定外省委员采买过程引起湖广谷价腾贵的不良后果，另一方面提出折中建议，通过省级领导之间的秘密商量以及代采归款的手续，"于停止邻省采买之中，仍寓预筹积贮之计"。他强调常平仓库存的必要性，然后对"以银代赈"建议表示怀疑。问题在于歉收以

---

① 一史馆，仓储，詹事府少詹事兼侍讲学士李清植，乾隆八年五月三日《奏陈仓储利弊本末变通事宜折》。

② Sen, *Poverty and Famines*, pp.88–96.

后米价必昂贵，官方的折合率例不跟上，以致老百姓吃亏，买不到足够的粮食。他提起上年湖广水灾的例子，说官方折合率为每谷一石给白银五钱（相当于每米一石白银一两的标准折合率），但谷的市价为每石七至八钱，所以灾民虽收到一升的官定价值，但买不到一升之谷。结果，"穷民日食委有未敷"。我们很容易建议这样经验的教训是应该对折合率进行调节，但这不是省级领导所可擅自实行的。阿尔赛作出的结论是，假使上年常平仓库存充实——

> 岂不更可济民之困？故赈谷不足，不得已而济之以银，尚可权宜办理。若谓仓无积谷，竟可恃银而无恐，臣之愚衷实不免鳏鳏过虑也。[1]

激进派的思想虽然有意思，但被咨询的户部堂官给出的结论却是"无庸议"。他们的看法跟阿尔赛所说无异：银谷兼赈不过是"一时权宜之计"。他们更进一步断言"非谓银便于谷，可恃为万全也"。[2]

## "以银代米"在实践中：1746—1747 年江北的经验

为了更具体地了解负实际责任的高级官僚对"以银代赈"论的保留态度，笔者将介绍针对乾隆十一年江北水灾的官方筹划经验，因而顺便说明上面所讲的在制订数量化的干预计划和依赖市场力量这两个极端之中的荒政中间道路。乍一看，江苏省级领导的设想都在数量化计划的领域之内，但仔细考察江苏布政使安宁如何筹划尽可能合理地去历时分配有限的官有米和白银，以提供持续到年末的救济物资，我们就会发现他已考虑到地方粮食市场上可预料到的实际供应量情况，因而调节办事常规。可惜的是，到了下年初春，因为粮食库存根本不足，所以新任布政使王师采取了一个更为欠佳的权宜之计，为了表面上的执行而牺牲了部分灾民的物质利益。[3]

---

① 一史馆，仓储，湖广总督阿尔赛，乾隆八年八月十日《奏陈酌办湖北仓储谷石事宜折》。

② 一史馆，户科红本，仓储，包 94，户部，乾隆八年六月十三日的奏折；"中央研究院"历史语言研究所，内阁大库档案，户部，乾隆八年六月十五日的奏折（档案副本，文件 098714 号）。

③ 有关乾隆十一年江苏北部的整个救荒活动，有两个不同的评价可参考。张祥稳博士注重赈济灾活动的缺点；本人反而从积极方面讨论问题。参见张祥稳：《试论清代乾隆朝中央政府赈济灾民政策的具体实施——以乾隆十一年江苏邳州、宿迁、桃源三州县水灾赈济为例》，载《清史研究》2007 年第 1 期，第 49—56 页；拙稿，Heirs of Yu the Great: Flood Relief in 1740s China, 载 *T'oung Pao, International Journal of Chinese Studies* 96，2010，pp. 471–542。

　　首先必须介绍中央政府所规定的历时发赈原则和章程。乾隆五年，户部建议，在天灾损害秋收的场合，除了一个月的"急赈"（又名"抚恤"）口粮以外，应该使用一种浮动计算法来决定合乎受赈条件的灾民每户应受多少月的所谓"正赈"（又名"大赈"）援助。有两个因素必须考虑到，即本村的"灾分"（本灾年的收获比常年收获减少十分之几）以及本户被归入"极贫"类还是"次贫"类。[①] 例如住在受灾六分村庄的极贫农户以及住在受灾七八分村庄的次贫农户，都合乎受赈一个月的条件；住在受灾十分村庄的极贫农户，合乎受赈四个月的条件，等等。朝廷采纳了这条建议，但同时强调各省领导有灵活处理的责任。[②] 的确，这次所规定的不过是基本权利，是朝廷可以随时延长的；乾隆十一年江北被灾最严重的极贫农户最终接受了七个月的援助。

　　但应该在几月份开赈呢？这是一个比较复杂的问题，可惜篇幅有限，在此不能详尽讨论。[③] 按乾隆十一年秋江苏巡抚陈大受的一篇檄文，似乎有一个根本原则，即在冬天最冷的一月份，所有的合乎受赈条件的灾民都应该受赈。陈巡抚指示应该在阴历九月以"灾在十分之极贫"开始，然后"按其应赈月份递行放给，俾寒冬腊月咸有赈粮可以资生"。[④] 腊月是阴历十二月的异名，在乾隆十一年相当于阳历 1747 年 1 月 11 日至 2 月 8 日，恰好跟"小寒"和"大寒"两个节气（阳历 1 月 6 日至 2 月 4 日）差不多。但立春以后灾民要怎么办？小麦是夏初才会登场的。十一年秋，朝廷命令江苏督抚酌量延长被灾特别严重的徐州、淮安、海州所属十个州县灾民的受赈期。新任巡抚安宁建议十州县的合乎资格的灾民应该多受赈一个月至三个月不等。朝廷不但采纳了他的意见，又添上了七个被灾"次重"的州县，为其被灾贫民延长受赈期一两个月不等。[⑤] 可惜的是江苏省级领导很难凑集足够的粮食来实施皇仁。

　　乾隆十一年冬天的正赈是以银米兼赈方式实行的。安宁原来的计划是以考虑本地市场上的粮食供应量为基本原则的。供应情况好，可以专发白银；供应情况恶化，应该因地制宜，或专发米，或银米兼发。他的论据如下：

---

　　① 有关"急赈"和"正赈"的区别以及确定被灾地区村级灾分的"查灾"（又名"勘灾"）过程和确定被灾农户的个别经济状况的"查赈"过程，参见 Will, *Bureaucracy and Famine*, pp.109—124, 129—130。

　　② 《乾隆实录》，乾隆五年九月己卯日（册三，卷一二六，第 16—17 页）。

　　③ 参见拙稿 Heirs of Yu the Great, pp.486—492。

　　④ 陈大受：《为钦奉上谕事》，载佚名，《赈案示稿》，乾隆十一、十二两年江苏，尤其是江北的荒政公文集，中国科学院所藏抄本；节选本载李文海、夏明方主编：《中国荒政全书》第二辑，卷二，北京古籍出版社，2004 年，第 138 页。

　　⑤ 《乾隆实录》，乾隆十一年八月庚辰日，十二月丁卯日（册六，卷二七三，第 2 页；卷二八〇，第 9 页）；安宁《奏为遵旨议奏加展赈期仰祈圣鉴事》（乾隆十二年一月六日《藩司咨飞移事》所抄），载《赈案示稿》，第 159—160 页。

惟查九、十两月，正新谷登场之际，被灾各邑乡村虽已歉收，其未被水之附近村庄以及邻封收成尚称丰稔。新米入市，客贩流通，目下粮价谅必平减。若届严冬雨雪，商贩或有不继，抑且市米渐少，市价恐致渐昂。本司酌量调剂，应将九、十两月赈粮，以银折给贫民，易于买米，自无不足。其十一、十二两月，以米放给，或银米兼放，俾免贵价购米之艰。[①]

安宁之所以提出这个意见，大概不过是因为在预拨正赈物资内，本色米缺少，白银很可能居多。[②] 我们不应该把一条权宜之论误认是什么以先进理论为根据的对市场力量的信任声明。安宁对秋末冬初被灾地区的粮食市场情况的乐观看法切合实际与否这一重要问题，我们且置之不论。但他假设在气候条件比较好的情况下牟利动机会把粮食吸引到受灾地区来，并把这个见解嵌入他的救荒计划之中，这正是荒政中间道路的典型特点。

乾隆十二年正月，王师估计，按朝廷指示延长赈期，以银米兼赈方式发赈，除了正赈盈余银以外，还需要白银 260,644.05 两，米 293,964.442 石。白银是比较容易办得到的，但可获之米仅 86,860 石。在筹划赈济活动过程中，有关部门从来以白银一两相等于米一石计算，所以纸面上的解决也很容易办得到。最终在预拨加赈物资内，白银（473,000 两）多于米（86,860 石）五倍以上。王师认为阴历正、二两个月都应该发本色米，因为在三月粮食市场情况才开始转好。原则上，因为正月和腊月情况相似，所以 17 个州县的合乎受赈条件的灾民都应该在正月受赈，然后按"应赈月份"递减，以致三月情形转好的时候只有受灾九、十分的极贫农户继续受赈。但这样做需要大量粮食在先，小量白银于后，与手头所有银、米实际相对数量正相反。因此，王师主张把次序颠倒，以正月只做被灾九、十分的极贫农户受赈的月份，以三月做所有应赈灾民都受赈的月份。每月都在月底发赈。换句话说，应只受正赈一个月、加赈一个月的灾民，在腊月受本色米，然后必须等到三月底（阳历 5 月 8 日）才能得到折色银。但据王师所说，粮食市场情况之所以在三月开始转好，一方面是因为小麦快要登场，另一方面是因为三月是地方有司开始平粜粮食的月份。[③] 如果所

① 乾隆十一年九月十八日《准藩司安咨为通饬遵照事》，载《赈案示稿》，第 153 页。

② 至少在被灾特重的邳州、宿迁、桃源三州县是这样的。参见拙稿 Heirs of Yu the Great，pp. 499–501。

③ 王师，乾隆十二年正月十一日《藩司咨详请示遵事》，载《赈案示稿》，第 161—163 页；拙稿 Heirs of Yu the Great，pp.521–522。

有可获之米都在正、二两个月用完，那么三月有什么粮食可粜呢？正如两江总督尹继善所指出的那样，"饥口繁多，米粮有限。赈放既多，则平粜无资"。王师虽然清晰地说"正、二月米少价昂，应给本色"，但他也劝所属"酌量情形，多赈折色，搏节本色，以备平粜"。尹继善更进一步强调正、二月米，三月白银这一原则是不可以拘泥的，地方有司反应该负责任，"酌量仓储民情，通融本折兼放"。①

结果如何呢？可靠的见证人难找。我们只好从乾隆十三年著名民生政策大论战所引起的两篇奏折中寻找线索。十三年三月末，两广总督策楞上了一篇奏折，极端提倡"商运流通无滞"等反干预意见，也断言包括淮安、徐州两府在内的江苏、安徽被灾"稍重"地区的近年经验，证明了以银代米的政策是有效的。他说"四五年内"朝廷牺牲了巨万帑金来救济灾民，"大概均系给银，现在灾民莫不共安衽席，可见有银之后，随便可以买食"。②策楞是乾隆十年以广州将军改任两广总督的，从十年到十三年一直任两广总督，十三年九月才暂任两江总督，十一月改任川陕总督，然后是四川总督。③淮、徐两府灾民"安衽席"与否他很难知道。如果十二年春季赈济、平粜活动终究是成功的，有两个因素我们应该注意到。第一，乾隆十一年十二月，朝廷决定在两江受灾最严重的16个州县应该调节折合率，从春节开始，每米一石给银一两二钱。④第二，王师试图想办法得到100,000石米来散给徐州、淮安、海州所属缺乏粮食可平粜的州县，尹继善因而指出扬州盐义仓还存有谷150,000石（相等于米75,000石），他打算跟都转运盐使商量是否可以拨给徐淮海地区。⑤灾民的市场势力被更进一步提高，也许像森教授的理论所预计那样粮食被拉入被灾地区来，再加上扬州盐义仓的谷也许被运到受灾地区，大多数灾民的生命也许因官方的活动而得救。"也许"多着呢！

尹继善讲民生政策的奏折跟策楞的语调两样。是非常谨慎地写的，好像有言外之意。一方面，他肯定"地方被灾之后商贩云集，灾民得银即可酌买杂粮糊口"，也指出在"米价略昂"的情况下可以奏请调节折合率。假使乾隆十二年春季江北赈济活动完全失败，他之将折银手段描画为不但节省而且便民的办法是不大可能的。但

---

① 王师：《藩司咨详请示遵事》，和王师，乾隆十二年正月二十九日《藩司咨奉总督部堂尹批》所抄尹继善的批文，载《赈案示稿》，第162—163页。

② 一史馆，仓储，两广总督策楞，乾隆十三年三月二十八日《奏陈米价昂贵之缘由折》。关于这次大论站，参见拙稿：《乾隆十三年再检讨》，第3—7页；*State or Merchant*? pp.307—352.

③ 钱实甫编：《清代职官年表》册二，第1406—1408页，中华书局，1980年。

④ 《乾隆实录》，乾隆十一年十二月己卯日（册六，卷二八一，第5—6页）。

⑤ 上所引尹继善的批文，载《赈案示稿》，第163页。

另一方面，他指明"若不过一隅偏灾"则可以实施这个办法，也承认"本处米谷过于缺少"的情况是可以发生的。他虽然把反积贮论的摘要放在议论的首位，但他还是指出近年来"并非官为采买"的日用商品也都无例外地昂贵，所以不应该完全归咎于买补常平仓制度。他不但提醒朝廷"若竟全停采买，仓无储蓄，地方一有需用，缓急全无可恃，究属未便"，他也给朝廷想办法避免采取"全停采买"那么极端的措施。[①]他并没有提倡再次削减仓储定额。十二年春季处于危机边缘的经验很可能促使他拒绝激进派的看法，最终为常平仓制度提出隐含的辩护。不但十一年江北的水灾不一定算得上是"一隅偏灾"，而且徐州被灾地区的初春大概跟"草已无而水已冻"的"寒冬"相似。[②]正、二两个月商贩的确"云集"与否也不可凭空臆断。

如众所共知，虽然在民生政策大论战上大多数（更确切地说，65%以上的）上奏的督抚等高级地方官都领会了朝廷所给的暗示，意指常平仓的大规模积贮和买补过程乃粮食市价上涨原因之一，但中央政府并没有废除常平仓制度。经过特别委员会的商议，朝廷终于把天下常平仓储蓄总额从4811万石左右的中级水平削减到3379万石左右。这是乾隆十三年十二月（阳历1749年1月底）的事。后来，虽然乾隆十六、十七两年又有高级官僚主张大量减少买补规模，在九个省份水路运输方便的地区以"听商贩自行转运流通"政策代替通常的买补过程，但总的来说，乾隆十八年以后常平仓的库存恢复了逐渐向上的趋势。[③]"以银代赈"建议对备荒政策的长期影响显然是有限的。它在历史上的意义在于让我们更深入地了解少数官僚如何重视市场力量的功能。

## 结论

清朝荒政思想相比宋朝荒政思想是先进的吗？恐怕把清朝奏折的长篇论述跟董煟的以断断续续连接起来的个别段落为结构的救荒书比较起来不太公平。有一个问题在笔者所看到的清朝公文之中并未解决，即米谷的两种用途之间的竞争。一方面，

① 一史馆，仓储，两江总督尹继善，乾隆十三年七月二日《奏报米价致贵缘由折》。

② 佚名，乾隆十一年八月十日《谕宿迁县并札徐州府》所抄《徐州府详》，载《赈案示稿》，第118页。

③ 《乾隆实录》，乾隆十三年十二月壬辰日（册七，卷三三〇，第33—35页）；乾隆十七年十月十四日的廷寄，湖广总督永常、湖北巡抚恒文，同年十二月五日《奏为遵旨覆奏事》所抄录，载"国立"故宫博物院编辑委员会编：《宫中档乾隆朝奏折》（"国立"故宫博物院，1982），第4册，第513页；Will, *Bureaucracy and Famine*, pp. 192—195; Will, *Management*, pp.143–147; Will 和 Wong 主编，*Nourish the People*，附录，表 A.1；拙稿，《乾隆十三年再检讨》，第3–10页。拙稿，*State or Merchant*? pp.307—414 有详细的论述和讨论。

产米或买进米的地方（甲）的老百姓有粮食被保留在本地以供上文所谓"竖平面"上的用途这一关键需要；另一方面，米少价贵地方（乙）、（丙）、（丁）的老百姓有通过区域间粮食市场的"横平面"上的作用机制把粮食拉进来这一关键需要。在清朝中叶，具有市场意识的写作者一方面反对遏籴行为，另一方面为（甲）地囤户辩解，说他们的投机活动为本地人民保留了粮食库存"以备不时之需"。[①] 但是，据笔者所知，清朝中叶的官僚并没有试图在理论上处理本地与外地的利益冲突，更没有人试图证明我们所谓"市场力量"能保证竖平面上的历时库存和横平面上的自由流通这两种（甲）地粮食供应的用途之间最合理的分配。的确，这个论点恐怕很难成立。如果（甲）地面临着实在的生存危机，（甲）地的高米价会对粮食外流起抑制作用，这是清朝官僚所想象得到的，但在为（甲）地利益辩护长官的眼睛里，这类保证可能缺乏说服力。[②] 因为产米地区的米价水平原比买进地区低，所以产米地的高价不一定会使外来购买者望而却步。我们还应该记得歉收后谷价腾贵并不是一个十分恒定的规律。正如沃洛省在 1972—1973 年的经验所说明那样，谷价只升一点而农民因遭受"直接权利失败"而饿死的现象是有可能发生的。[③]

我们不应该期待南宋董煟对荒政理论的贡献优于上文所引 18 世纪中叶的某些官僚们。但他的"不抑价"一节中确有颇开思路的一个段落，在此予以介绍以为本文的结论。董煟描述了他亲自在乡村看到的一个现象，即本地一般居民虽然情愿多付钱，但依然不能竞买被私人积贮的粮食。这基本上是因为"蓄积之家"宁可卖给受灾"外县"的牙侩。上层领导采取了抑价措施——董煟的措辞有点奇特，他说"上司指挥不得妄增米价"，好像所想禁止的是跟上述范仲淹的妄增米价手段相类似。在囤户不得增价的情况下，牙侩通过所谓"暗点"（私下多付价钱）手段获得了成功，在乡村收买了很多粮食，但本地人"欲增钱籴于上户，辄为小人胁持"。我们也许应该说最终是经济外压力造成"牙侩可籴而土民阙食"这一负面现象，但我在此所想强调的倒是这条记录所反映的董煟的经济意识。[④] 他所考虑的问题显然是本地消费者与外地购买者之间对本地粮食的竞争关系，片刻之间他把注意力集中于双方之间的竞争条

---

① 一史馆，仓储，两广总督策楞，乾隆十三年三月二十八日《奏陈米价昂贵之缘由折》。有关囤户有益于民食论，参见拙稿：《囤户与饥荒》，第 224—232 页。

② *Conflicting Counsels to Confuse the Age: A Documentary Study of Political Economy in Qing China, 1644—1840*, The University of Michigan, Center for Chinese Studies, 1996，pp.256—257, 304, 322.

③ Sen, *Poverty and Famines*, pp.94–96.

④ 董煟：《救荒活民书》卷二，第 16 页。按王崇庆编《救荒补遗》，第 97 页，"为小人胁持"做"为小民胁持"，意似难通。

件。这一段落的节内位置在范仲淹故事之后，两段之并列未必偶然。范仲淹故事所讲的是如何把粮食吸引到谷价比较高的地方，本段所讲的则是如何把本地人所少不了的粮食保留在谷价比较低的地方。范仲淹以假增米价来解决杭州米贵问题，董煟提倡以"不抑价"来解决谷贱乡村的粮食保留的问题。

董煟结论说"若不抑其价，彼（指"蓄积之家"而言——引用者）将由近而及远矣，安忍专粜于外邑人哉？"[①] "安忍"两字有说教的味道，对经济分析不太适当。董煟陷入说教性臆断应该使我们失望吗？我不以为然。在这一段他一时之间把（甲）地消费者描画为主体，注意到他们会用什么办法来成功地竞买所必要的粮食。他们想使用他们原有的市场势力来跟外地牙侩竞争，但上层领导和身份不明的"小人"的干预剥夺了他们的部分势力，使他们不能与外来人斗价。在"义仓"一节里提倡"支钱"散赈办法的董煟，不难意识到"支钱"的关键功能也许在于增强被灾地（乙）贫民的市场势力，让他们竞买或本地少有的粮食，或外地待拉进的粮食。董煟虽然没试图创造救荒经济理论，但如果我们暂把森教授上述理论看做是一种标准，那么董煟的观念上的基础恐怕比吴炜和李清植的还要稳固。

---

① 董煟：《救荒活民书》卷二，第16页；按王崇庆编《救荒补遗》，第97页，"安忍专粜于外邑人"做"安忍转粜于外邑人"，似误。

# "水患"与"水利"

## ——略论历史时期浙江湖州地区水域景观体系构建及动力机制

安介生

（复旦大学中国历史地理研究中心）

**【摘要】**景观环境构建的历史，也是一个地区人民生存及发展的历史。地毗太湖，湖州地区水网密布，水域景观体系具有典型性与代表性。然而，历史时期在所谓"风景绝胜"的背后，湖州地区有着漫长而持续的与自然灾害（特别是水患）艰苦抗争的历程。湖州地区复杂的水域景观体系的构建历程，正是历代人民抗洪防患，发展农业的真实记录。

**【关键词】**湖州；水患；水利；水域景观

湖州地区是浙江省重要的经济文化区域之一，历史时期很早就被誉为"浙西名郡"。"苏湖熟，天下足"这句古代名谚，清晰地道出了湖州在江浙乃至全国经济发展中的重要作用与影响。[①]

与江浙其他区域相类似，湖州地区人文荟萃，与历史地理变迁相关的文献相当丰富，但是，迄今为止，关于湖州地区历史地理演变的研究却较为有限。目前，湖州地区城市建设已全面跨入了快车道，启动了生态型示范城市建设规划与建设，取得了十分喜人的成就。因此及时总结湖州地区历史时期水利建设与水文化建设的经验，无疑会对今天的水环境与水文化建设带来诸多启示与教益。[②]

湖州自古被称为"水乡泽国"，水域景观是湖州地区景观体系的核心与主干。由于地处太湖流域及浙西山地之间，湖州地区的变迁历程受到地理及环境因素影响更为突出，因而具有很强的代表意义。本文试图利用丰富的历史文献资料与实地考察，较

---

① 此为宋代流行之谚语，参见（宋）范成大《吴郡志》卷五〇《杂志》所引，宋绍定二年重刊本，台北成文书局 1970 年影印版，第 1337 页。

② 在笔者课题组从事湖州地区实地调研期间，得到湖州市史志办、水利局、吴兴区水利局以及德清县党史办、对河口水库等单位的热情接待与协助。其中，湖州市史志办杨伟民副主任还为笔者提供了重要的相关资料。在此一并深致谢忱！

为系统地梳理一下湖州地区水域景观构建的历史过程及其特点。其中，着重对水旱灾害与湖州水利建设及水域景观构建之间的互动关系进行一番较为深入系统的分析与探讨。[①]

## 一、五湖之表，州以为名[②]
### ——湖州地区的早期开发与水环境

与其他地区相仿，在江南水乡地区，政区建置同样为区域发展的最主要的线索与依据之一，而政区建置的形态及管理范围，不可避免地受到了自然地理环境的直接影响或制约。在这方面，湖州在江南地区也是相当典型的。我们看到，湖州地区地名之缘起，大多与毗邻的水域景观及水域环境相关。如湖州地区最古老的县治，为先秦时期楚国所置菰城县，而菰城县正因为当地富产菰草而得名，[③]"城面溪泽，菰草弥望，故名。"[④]又如"湖州"之名，自然与毗连太湖相关，时至今日，湖州地区仍然提供了太湖最大的来水水源，所占太湖水域面积在江浙两省中也是首屈一指。太湖，古时又称为"五湖"，即《尚书·禹贡》所载之"震泽"，又名"具区泽"，是中国古代最著名的湖泊群之一，自然也成为最有影响力的标志性景观，因此，湖州古代也曾被称为"震州"。"梁置震州，取震泽为名。隋改湖州，取州东太湖为名，皆治乌程。"[⑤]"其名震州、湖州，皆因州东有太湖，一名震泽故也，震泽，亦名具区泽。"[⑥]名因地起，湖州称得上名实相符。

秦朝统一六国之后，湖州之地有乌程、故鄣两县之设，分别隶属于会稽郡（当时会稽郡治今江苏苏州市，后迁浙江绍兴市）与鄣郡。可以说，湖州之辖境，有东西之分，这种地域形态早在秦朝的政区建置中就有体现。"曰乌程县（治今湖州市吴兴区），隶会稽；曰故鄣（治今湖州安吉县北），隶鄣郡（治故鄣县）。杜佑谓：鄣，吴兴郡之西境；会稽，吴兴郡之东境是也。"[⑦]就其地貌形态而言，差异也相当明显。

---

① 地理学意义上的"景观"概念较为复杂，参见拙文：《历史时期江南地区水域景观体系的构成与变迁——基于嘉兴地区史志资料的探讨》，《中国历史地理论丛》2006年第4辑。

② 语见《太平御览》（第二卷）卷一七〇"湖州"下所引《郡国志》内容，河北教育出版社，1994年，第614页。

③ 菰草果实，俗名"茭白"，为江南地区常见蔬菜之一种。

④ 《永乐大典》卷二二七五"湖州府"条，中华书局，1986年，第866页。

⑤ 《旧唐书》卷四〇《地理志》"湖州乌程县"下，中华书局，1997年合订版，第1587页。

⑥ 《通典》卷一八二《州郡典十二》"湖州"下，中华书局，1988年，第4828页注文。

⑦ 《永乐大典》卷二二七五，第864页。

故鄣县可称之山地县，而乌程县则是典型的滨湖（水）县。

东汉时期，乌程县归隶于吴郡（治今江苏苏州市）。应该说，出于相对特殊的区位因素，湖州地区的早期开发较为迟缓，在相当长的时间里并不为世人所关注。直至三国时期孙吴政权时，始有吴兴郡之置。吴兴郡建置的直接起因，是曾为乌程侯的孙皓后来被立为吴王。关于吴兴郡的建置情况，《三国志·吴书·孙和传》载云："孙休立，封和子皓为乌程侯。自新都之本国。休薨，皓即阼，其年，追谥父和曰文皇帝，改葬明陵，置园邑二百家，令、丞奉守。后年正月，又分吴郡、丹阳九县为吴兴郡，治乌程，置太守，四时奉祠。有司奏言，宜立庙京邑。宝鼎二年（公元267）七月，使守太匠薛珝营立寝堂，号曰清庙。"[①] 又据《三国志·吴书》记载，吴兴郡建郡时间为宝鼎元年（公元266年）十月，"分吴、丹阳为吴兴郡。"可见，吴兴郡所辖各县，分别来自吴郡与丹阳郡（治今江苏南京市），即以吴郡之永安、余杭、临水、阳羡，丹阳之故鄣、安吉、原乡、于潜等八县，再加上乌程县，共九县，合为吴兴郡。

除社会因素外，吴兴郡建置的主要原因之一，便是依据辖内各县自然河流水势形态的便利而定，即"山川形便"式的地理环境影响相当突出。这一点，在孙皓所颁诏书中已有明确的说明：

> 古者分土建国，所以襃赏贤能，广树藩屏。秦毁五等为三十六郡，汉室初兴，阎立乃至百王，因事制宜，盖无常数也。今吴郡阳羡、永安、余杭、临水，及丹阳故鄣、安吉、原乡、于潜诸县，地势水流之便，悉注乌程。既宜立郡，以镇山越，且以藩卫明陵，奉承大祭，不亦可乎？其亟分此九县为吴兴郡，治乌程。[②]

据此可知，当时吴兴郡置郡的一大地貌形便，是其所辖各县的水系河流最后均归于乌程县（即太湖）。而吴兴郡置郡的另一个原因，则是为了"以镇山越"。可以推见，当时该地为山越族群重要的聚居之地。当时吴兴郡号称"西吴"，与吴郡、会稽郡（治今浙江绍兴市）合称"三吴"，可谓当时江南地区的"三分天下"有其一，成为吴越地区的西部核心之地，地位重要，辖区面积也相当可观。如据《晋书·地理志》，当时吴兴郡已辖有10县之多，即乌程、临安、余杭、武康、东迁、于潜、故鄣、安吉、原乡、长城。

---

① 《三国志》卷五九《吴书十四》，第1371页。
② 《三国志》卷四八《吴书三》，第1166页注文。

最初，吴兴郡是为割分原吴郡、丹阳郡所辖多县而设立，地处西部，为"三吴"之一，本为传统的所谓"吴人"聚居之地。然而，在西晋"永嘉丧乱"之后，多次大规模的北人南渡，吴兴郡迎来了大批北方移民，因此又成为北方移民的重要聚居区。而正是在政治中心南移及大规模北人南迁的直接影响下，湖州地区迎来了几次区域发展的高峰期，如东晋及南朝时期、南宋时期等。就地理方位而言，湖州地区地处东南之地，且毗邻杭州、苏州等重要东南都会，无论是定都南京（金陵，今江苏南京市），还是定都杭州（临安，今浙江杭州市），湖州地区都可因地域毗近而被纳入了"王畿"（即核心政治区）的范围之内。据《宋书·孝武帝纪》记载：大明三年（公元459年）二月，"以扬州所统六郡为王畿"。[①]元代学者胡三省注云："六郡，丹阳、淮南、宣城、吴郡、吴兴、义兴也。"[②]此外，有识之士很早便提出，湖州之发展，与外来移民有直接的关系。

> 湖州，地称西吴，自周历汉，为侯国。孙吴宝鼎中，立为吴兴郡。郡置废不一，其改名湖州，则隋仁寿二年（公元602年）始也，当南渡六朝士大夫之过江者乐其山川，吴兴遂为大府。[③]

以一些著名大族迁居为例，湖州地区外来人口之规模性的迁入，最早可上溯至两汉时期。如吴兴郡最著名的家族之一沈氏家族，即《宋书》作者沈约所属家族，"因避地，徙居会稽乌程县之余不乡，遂世家焉。顺帝永建元年（公元126年），分会稽为吴郡，复为吴郡人。灵帝初平五年（公元194年），分乌程、余杭为永安县。吴孙皓宝鼎二年，分吴郡为吴兴郡，复为郡人。虽邦邑屡改，而筑室不迁。"[④]又沈括所撰《故天章阁待制沈兴宗墓志铭》称："（沈姓）自汉以后居武康者为大族，齐郡、丹阳、下邳，皆沈望，其人微不足称。自以其望卑，稍折而入于武康，故武康之沈，亦不坚知其所出。"[⑤]隋唐之际，郡人沈法兴曾经率众起事自立，其重要原因正是其宗族势力之强大。"法兴自以代居南土，宗族数千家，为远近所服。"[⑥]

姚氏：据《吴兴备志》卷八记载："姚之居吴兴也，久矣。《姓氏书》谓王莽封

① 《宋书》卷六《孝武帝本纪》，第123页。

② 《资治通鉴》卷一二九《宋纪十一》，中华书局，1997年，第4042页胡注。

③ （清）吴伟业撰：《梅村集》卷二九《湖州岘山九贤祠碑记并颂》，清文渊阁"四库全书"本。

④ 《宋书》卷一百《自序》，第2443—2444页。

⑤ （宋）沈括撰：《长兴集》卷一八，清文渊阁"四库全书"本。

⑥ 《旧唐书》卷五六《沈法兴传》，第2272页。

田丰奉舜祀，丰子恒避莽乱，过江，居吴郡，改姓为妫，五世孙敷复改姓姚。"[1]

康氏：其祖"随晋元帝过江，为吴兴郡丞，因居乌程。事见山谦之《吴兴记》。"[2]

陈氏：陈高祖陈霸先为吴兴郡长城县下若里人。其族原居于河南颍川（今河南许昌市东），于晋永嘉南渡时迁居于吴兴。"世居颍川，（始祖陈）寔玄孙准晋太尉，准生匡，匡生达，永嘉南迁，为丞相掾，历太子洗马，出为长城（今湖州长兴县东）令，悦其山水，遂家焉。"[3]《隋书·经籍志》又载："三吴及边海之际信之（道教）踰甚。陈武世居吴兴，故亦奉焉。"[4]

人口的增加，有力地促进了湖州地区经济社会的发展。也正是在东晋及南朝时期，湖州境内一些重要的水利建设景观陆续出现，也印证了这一时期湖州地区社会与经济的进步。如荻塘。"荻塘，在州南一里一百步。《吴兴记》云：'晋太守殷康所开，傍溉田千顷。'杨偍《隋录》云：'乌程沈恒居荻塘，家贫好学，每烧荻自照，因名。其塘西引雪溪，东达平望官河，北入松江。'"[5]荻塘又称吴兴塘，历史上就多次重新疏浚。如据《元和郡县图志》记载："吴兴塘，太守沈攸之所建，灌田二千余顷。"[6]又如谢塘，实为谢公塘之略称。颜真卿在《题湖州碑阴》一文记云："太保谢公东晋咸和中以吴兴山水清远，求典此郡。郡西至长城县，通水陆，今尚称谢公塘。及迁去，郡人用怀思，刻石记功焉。"[7]又据《太平寰宇记》记载："谢塘，在县西四里。晋太守谢安开。唐大历间，刺史裴清于州西起谢塘馆。"[8]

隋唐时期，吴兴郡改为湖州，名义上已与苏州、杭州、越州等相类同，而较之南朝时期，其政治地位实际上有所下降，辖地范围也大幅缩小，下辖仅有5县，即乌程、长城、安吉、武康、德清。如著名大臣颜真卿出任湖州刺史，实际上有贬斥之意。[9]而湖州地区较大规模的水利建设却是自唐代开始的。

（于頔）出为湖州刺史。因行县至长城方山。其下有水，曰西湖。南朝疏凿，

① （明）董斯张撰：《吴兴备志》卷八，清文渊阁"四库全书"本。
② （唐）颜真卿撰：《汲郡开国公康使君神道碑铭》，《颜鲁公文集》卷七，四部丛刊初编本。
③ 《陈书》卷一《高祖本纪》，第1页。
④ 《隋书》卷三五《经籍志四》，第1093页。
⑤ （宋）乐史撰：《太平寰宇记》卷九四《江南东道六》，中华书局，2007年，第1885页。
⑥ 《元和郡县图志》卷二六《江南道一》，第605页。
⑦ 《题湖州碑阴》，《颜鲁公文集》卷一一。
⑧ 《太平寰宇记》卷九四《江南东道六》，第1885页。
⑨ 《旧唐书》卷一二八《颜真卿传》，第3595页。

溉田三千顷，久堙废。頔命设堤塘以复之，岁获秔稻、蒲鱼之利，人赖以济。州境陆地褊狭，其送终者往往不掩其棺椁，頔瘞朽骨，凡十余所。①

在上述文献中，湖州地区在唐代"陆地褊狭"之地貌特征已显露无遗，而"陆地褊狭"的对立面，就应该是水域面积较为宽广。又据《新唐书·地理志》记载，当时湖州各县境内大都有一些有影响的水利工程的兴建，且多被列为当时一些名臣的"政绩工程"：

> 乌程，望，东北二十三里，有官池。元和中，刺史范传正开。（又据《吴江志》记载，唐宪宗元和中，湖州刺史范傅[传]正开通平望官河。②）东南二十五里有陵波塘，宝历中，刺史崔玄亮开。北二里，有蒲帆塘，刺史杨汉公开，开而得蒲帆，因名。有卞山，有太湖，占湖、宣、常、苏四州境。
>
> 长城，望。大业末，沈法兴置长州。武德四年，更置绥州，因古绥安县名之。又更名雄州，并置原乡县。七年，州废，省原乡，以长城来属。有西湖，溉田三千顷，其后堙废。贞元十三年，刺史于頔复之，人赖其利。顾山有茶，以供贡。
>
> 安吉，紧。义宁二年，沈法兴置。武德四年，贼平，因之，以县隶桃州，七年，省入长城。麟德元年复置。北三十里，有邸阁池。北十七里，有石鼓堰，引天目山水溉田百顷，皆圣历初令钳耳知命置。③

自东晋南朝以至隋唐时期，湖州地区风景名胜已声闻天下。特别是一些名人如谢安、王羲之、颜真卿等先后到湖州为官，题刻诗赋，都使湖州山水名声远播。如大书法家王羲之有《吴兴帖》。④唐代名臣颜真卿在就任湖州刺史期间，撰写了多篇描述湖州境内名胜的文章，如《湖州乌程县杼山妙喜寺碑》《梁吴兴太守柳恽西亭记》《题湖州碑阴》及《吴兴地记》等。其诗文又被编为《吴兴集》十卷。如《湖州乌程县杼山妙喜寺碑》就有不少记载当地名胜景观的内容：

> ……晋吴兴太守张玄之《吴兴疏》云：乌程有墟，名东张，地形高爽，

---

① 《旧唐书》卷一五六《于頔传》，第4129页。
② 《吴兴备志》卷一七《水利征》。
③ 《新唐书》卷四一《地理志五》，第1059页。
④ 《晋王羲之集》，载于（明）张溥辑：《汉魏六朝百三家集》卷五九，清文渊阁"四库全书"本。

山阜四周，即此山也。其山胜绝，游者忘归。前代亦名稽留山。寺前二十步，跨涧有黄浦桥。桥南五十步，又有黄浦亭，并宋鲍昭送盛侍郎及庾中郎赋诗之所。其水自杼山西南五里黄蘖山出，故号黄浦，俗亦名黄蘖涧，即梁光禄卿江淹赋诗之所。寺东偏有招隐院，其前堂西厦，谓之温阁。从草堂东南屈曲，有悬岩，径行百步，至吴兴太守何楷钓台。西北五十步，至避它城。按《说文》云：它，蛇也。上古患它，而相问'得无它乎？'盖往古之人筑城以避它也……①

唐人顾况在《湖州刺史厅壁记》更对于湖州的山川形胜大加称誉：

江表大郡，吴兴为一。夏属扬州，秦属会稽，汉属吴郡，吴为吴兴郡。其野星纪，其薮具区，其贡橘柚、纤缟、茶纻。其英灵所诞，山泽所过，舟车所会，物土所产，雄于楚、越。虽临淄之富不若也，其冠簪之盛，汉晋已来，敌天下三分之一……②

又唐人李直方在《白蘋亭记》对于湖州城南白蘋洲（亭）周边的水环境做了十分细致的描述：

吴江之南，震泽之阴，曰湖州。幅员千里，棋布九邑，卞山屈盘而为之镇，五溪丛流以道其气，其土沃，其水清，其人寿，其风信实……（白蘋）洲在郡城南，东乱霅溪而即焉，白沙如浮，流波环之。前有大野，绵云缭以万峰。顾有名都压水，骈以千室，邑居可望，而喧埃不及。空水交映而云天在下，造物之工，若有私于是焉。茭菰丛生，凫鹤朋游，嘉名虽曜，清境或弃……③

"江外饶佳郡，吴兴天下稀。"④ 时至两宋时期，特别是迁都临安（今浙江杭州市）之后，湖州地区的经济及社会发展进入另一个高峰时期，其成就已为天下所瞩目。"吴

---

① 《湖州乌程县杼山妙喜寺碑》，《颜鲁公文集》卷四。
② （宋）姚铉撰：《湖州刺史厅壁记》，《唐文粹》卷七三，四部丛刊初编本。
③ 见《唐文粹》卷七四。
④ 语出宋人司马光诗《送章伯镇知湖州》，《温国文正司马公文集》卷八，四部丛刊初编本。

兴，今股肱郡，非他州比。"① 其中，湖州地区景观建设的成就已闻名于天下，当地著名文人墨客辈出，著述丰富。② 此外，各地名人雅士撰文称颂湖州景色者也有不少。如张方平《湖州新建州学记》《吴兴郡守题名记》③；苏轼（子瞻）《墨妙亭记》④、李洪《隆恩庵记》⑤ 等等。

"天下山川居一半，湖州风月占三分。"⑥ 如长期居住于吴兴的著名学者周密在《癸辛杂识》中指出："吴兴山水清远，升平日，士大夫多居之。其后，秀安禧王府第在焉，尤为盛观。城中二溪水横贯，此天下之所无，故好事者多园池之胜。"又"水心（南宋著名学者叶适）评天下山水之美，而吴兴特为第一，诚非过许也。"⑦ 当时湖州地区紧邻杭州，加之风景园林优美，成为当时不少士大夫居留的优选之地，由此带来人才与财富在湖州地方上的聚集，自然又最直接地促进了当地景观园林的建设。倚山临水，湖州地区景观建设具有得天独厚的条件，当时士大夫游历其地，每多溢美之词，其中，大多盛赞其宜居之水环境。"苕溪、霅溪风景好，浙西、浙东皆弗如。处处堤边种杨柳，家家门外有芙蕖。"⑧ 如刘过《寄湖州赵侍郎》一首云：

> 桑柘村村烟树里，新秧刺水麦梳风。舟行苕霅双溪上，人在苏杭两郡中。
> 鼓角丽声相旦暮，旌旗小队间青红。主人夙有神仙骨，合住水晶天上宫。⑨

"水晶宫"之誉，真将湖州风景（特别是水域景观）之美形容到了极致。宋人陈元靓曾考证云："水晶宫，《渔隐丛话》：吴兴谓之水晶宫，而不载之《图经》。惟《吴兴集》有之。刺史杨汉公《九月十五夜绝句》云：'江南地暖少严风，九月炎凉正得中。溪上玉楼楼上月，清光合在水晶宫。'疑因此而得名也。"⑩ 杨汉公为唐代湖州刺史之

---

① 《缴陈知津知湖州指挥状》，《育德堂奏议》卷三，宋刻本。

② （宋）刘一止撰：《苕溪集》五五卷；（宋）沈与求撰《龟溪集》一二卷；（宋）沈作喆撰：《寓简》十卷等。

③ （宋）张方平撰：《乐全集》卷三三，清文渊阁"四库全书"本。

④ 《经进东坡文集事略》卷四八，四部丛刊初编本。

⑤ （宋）李洪撰：《隆恩庵记》，《芸庵类稿》卷六，清文渊阁"四库全书"本。

⑥ （宋）汪莘《访杨湖州二首》，（宋）陈思编，（元）陈世隆补编：《两宋名贤小集》卷一九二，清文渊阁"四库全书"本。

⑦ 《癸辛杂识》之《前集》"吴兴园圃"条，上海古籍出版社，2012年，第3—4页。

⑧ （宋）汪莘《访杨湖州二首》，《两宋名贤小集》卷一九二。

⑨ 《龙洲集下》，《两宋名贤小集》卷三二七。

⑩ 《岁时广记》卷三，清文渊阁"四库全书"本。

一,足证唐代人士已将湖州地区称为"水晶宫"了。又湖州在当时还有"水国"之称,如宋人曾协《强衍之愚庵记》云:

> 吴兴郡擅水国之胜,为东南冠。背城而南,舟行不再舍,水广而益清,山远而益秀,浮图倚空,邑屋合散,旷泽砥平,引睇百里,仙圣之所游,而幽人之所家也。[1]

大文豪苏轼曾任湖州知州,且一生与湖州渊源很深。他在《湖州谢表》中直言:"(湖州)风俗阜安,在东南号为无事,山水清远,本朝廷所以优贤⋯⋯"[2]苏轼对于湖州山水景色十分喜爱,曾经创作多首诗文加以称赞,如《将之湖州戏赠莘老》一诗云:"余杭自是山水窟,侧闻吴兴更清绝。湖中橘林新着霜,溪上苕花正浮雪。顾渚茶芽白于齿,梅溪木瓜红胜颊。吴儿鲙缕薄欲飞,未去先说馋涎垂⋯⋯"[3]又其所作《墨妙亭记》正是一篇赞颂孙觉(莘老)赈济水灾功绩的佳作。"⋯⋯吴兴自东晋为善地,号为山水清远。其民足于鱼稻、蒲莲之利,寡求而不争。宾客非特有事于其地者不至焉,故凡守郡者率以风流啸咏、投壶饮酒为事。"然而,孙觉到任之时,正遇洪水泛滥光景,于是他大兴赈济,救济百姓,功德深厚。

> 自莘老之至,而岁适大水。上田皆不登,湖人大饥,将相率亡去。莘老大振廪,劝分,躬自抚巡劳来,出于至诚。富有余者,皆争出谷以佐官,所活至不可胜计⋯⋯[4]

另一位曾任湖州知州的名臣是王炎。王炎为婺源人,曾任吴兴郡王府教授,深知湖州名宦权贵聚集,地方治理相当艰难。"湖甲浙右,素号难理。"王炎秉公执法,不畏权贵及皇亲国戚,虽然受到民众的称颂,但最终因谤言被罢官。[5]王炎的治绩也主要体现在治水之上。据《宋史·食货志》记载:

> 乾道二年(1166年)四月,诏漕臣王炎开浙西势家新围田:草荡、荷荡、

---

① (宋)曾协撰:《云庄集》卷四《强衍之愚庵记》,清文渊阁四库全书本。

② 《湖州谢表》,《经进东坡文集事略》卷二五,四部丛刊初编本。

③ 《将之湖州戏赠莘老》,《集注分类东坡先生诗》卷一五,四部丛刊初编本。

④ 《墨妙亭记》,《经进东坡文集事略》卷四八。

⑤ 胡升撰:《王大监传》,引自《吴兴备志》卷五。

菱荡，及陂、湖、溪、港岸际旋筑塍畦、围里耕种者，所至守令同共措置。炎既开诸围田，凡租户贷主家种粮、债负，并奏蠲之。[1]

王炎的治水事迹，其实暴露出以湖州为代表的浙西地区社会发展中的一个突出矛盾，即水田围垦与水利治理之间的矛盾。一方面，为了发展农业，扩大田地面积，湖州当地富豪之家努力围湖造田，大搞圩（围）田建设。而另一方面，湖州地势低平，来水丰富，极容易水满为患，而兴修的圩田（水田）可能阻塞水道，成为防洪泄洪的严重阻碍。

## 二、"水晶宫"的本来面貌
### ——湖州地区历代水域景观体系的构建历程与解析

"吴兴水为州，诸山若浮萍。"[2] 水是湖州景观的核心与最突出特征。水系环流，池沼遍野，湖州地区自然环境中的富水特征，即使在长江三角洲地区也是相当罕见的，故而古有"水晶宫"之美誉。如《吴兴备志》称："吴兴山水清远，城据其会。状其景者，曰水晶宫，曰水云乡，曰极乐国。城之内，触处见山，触处可以引溪流……"[3] 很早就有研究者指出：湖州地区社会长期稳定，较少兵革之患，与其封闭性的水域环境有密切的关系。而这种封闭性水域环境的形成，首先得益于当地独特的自然地貌及水系特征。"今罗城之内，苕水入西门，余不溪入南门，至江子，汇合流为霅水，以出北门，趋太湖。西南诸山，回环拱揖，屏列于前，北有弁峰，以踞于后。子城居中，面二水之冲，挹众山之秀。又四面多大溪广泽，故立郡以来，无兵革之患。"[4]

当然，湖州地区水域景观体系的形成与成熟，更在于当地人民千百年来的构建与完善。因为水域景观的变迁速度也是相当快的，各个不同时代，即使在同一区域，其水域景观的面貌也许有巨大的差异。因此，除了自然因素影响之外，当地水域景观的形成，更多地取决于当地居民的营建及改造。湖州地区发展的历史，从一个侧面来看，就是一部水域景观体系构建的历史。

在这里，需要特别指明的是，通常，在早期文献记载中，湖州地区的水域景观

---

① 《宋史》卷一七三《食货志上》，第4185页。

② （元）黄潘撰：《登钱山望菰慨然而赋》，《文献集》卷一，清文渊阁"四库全书"本。

③ 《吴兴备志》卷一五《岩泽征第十一》。

④ 《吴兴备志》卷·四《象纬征第九》。

数量是相当有限的，集中于那些最具标志性意义的水体景观，且多以自然形成的为主。这在正史《地理志》以及地方总志的记载中尤为明显（参见下表）。这些零散的景观记载无法反映各个时代水域景观构建的真实情况，因此，深入考察水域景观的构建历程，还必须仰赖于其他高水平、高质量的地方志著作。

**表 1　早期文献中湖州水域景观简表**

| 时期 | 水域景观列项 | 资料来源 |
|---|---|---|
| 唐代 | 霅溪水（一名大溪水，一名苕溪水）、余不溪水、苧溪水、太湖、吴兴塘、若溪水 | 《元和郡县图志》 |
| | 太湖（周回四万八千顷）、霅溪、白苹洲、蛟龙溪、横溪、梅溪、震泽、若溪 | 颜真卿《吴兴地记》 |
| 宋代 | 具区薮（太湖、震泽）、苕溪、霅溪、贵溪、苏公潭、白蘋洲、荻塘、东溪、谢塘、黄浦、掩浦（项浦）、孔姥墩水、前溪、余不溪、余英溪、阮公溪、仙人渚、苕水、霅水、金沙泉 | 《太平寰宇记》 |
| | 霅溪（四水合为一溪）、放生池 | 宋王存等撰《元丰九域志》卷四 |
| | 太湖（《禹贡》震泽也，《周官》谓之具区）、苕溪（霅溪入焉）、余不溪 | 宋欧阳忞撰《舆地广记》卷八 |
| 元代 | 五湖（乌程县）、太湖（长兴）、箬水（吴兴）、金沙泉（长兴）、罨画溪（武康西）、相国池（乌程县） | 《大元混一方舆胜览》 |
| | 太湖（乌程县）、四龙湖（安吉县）、西湖（长兴州）、苕溪（乌程县）、前溪（武康县）、后溪（武康县）、霅溪（武康县）、石塘水（德清县）、赵渎（长兴州） | 《元一统志》 |

时至两宋时期，湖州地方社会发展进入了一个新的阶段。作为地方社会发展的客观反映，水域景观的营建也呈现出一片新景象。有关其记述，以谈钥所著《（嘉泰）吴兴志》的相关记载最为翔实。如鉴于当地水域景观形态之复杂，谈钥根据名称将其归为"河渎""湖""潭""溪""涧""洲浦（塘）""川""水""汇""湾""漾""泾""渚（濑、淹、港、泽）"等十余个类别，并对其中不少景观形成问题作出了说明。但是，谈钥对于其间的差异并没有进行说明与解析（参见下表）。显然，仅仅根据名称之差异进行归类，很难真实地反映水域景观的真实性质与特征。就其构成

而言,最基本的区别就在于自然形成,或是人工构造。而一些景观体而有着多种名称,更加突显了名称归类法的不合理性。

表2 宋代湖州地区水域景观体简表

| 水域景观类别 | 水域景观名称 | 属地 |
|---|---|---|
| 河渎 | 雪溪、运河、官河、月河、漕渎 | 府治 |
| | 官渎 | 乌程县 |
| | 旱渎 | 归安县 |
| | 杨渎、防渎、盛渎、乔渎 | 长兴县 |
| | 五官渎、横渎 | 武康县 |
| | 内河、马厄河、三文渎、大麻渎 | 德清县 |
| | 浑水渎 | 安吉县 |
| 湖 | 震泽(即五湖) | 府治 |
| | 凡常湖 | 乌程县 |
| | 菱湖 | 归安县 |
| | 包洋湖、忻湖、西湖 | 长兴县 |
| | 风渚湖 | 武康县 |
| | 阳子湖、五湖、五龙湖、姚湖、稸湖、西亩湖、四龙湖 | 安吉县 |
| 潭 | 苏公潭 | 州治 |
| | 白马潭、龙潭、碧潭(天潭)、金潭 | 长兴县 |
| | 永安潭、碧玉潭、石马潭 | 武康县 |
| | 仙潭 | 德清县 |
| 溪 | 苕溪、余不溪、前溪、车溪、浔溪、雪溪 | 乌程县 |
| | 东溪、小溪、宝溪、思溪、练溪 | 归安县 |
| | 罨画溪、箬溪、荆溪、四安山溪、余罄溪、邸阁溪 | 长兴县 |
| | 前溪、余英溪、后溪、阮公溪、封溪、砂溪、新溪、长安溪 | 武康县 |
| 涧 | 伏翼涧、紫花涧、赫石涧 | 长兴县 |

续表

| 水域景观类别 | 水域景观名称 | 属地 |
|---|---|---|
| 洲渚 | 白蘋洲 | 府治 |
| | 明月洲 | 武康县 |
| | 贵泾浦、章浦、青塘、黄浦、掩浦 | 乌程县 |
| | 郜浦 | 长兴县 |
| | 郜浦 | 德清县 |
| 川 | 佛川 | 长兴县 |
| | 涌川 | 安吉县 |
| 水 | 北流水 | 德清县 |
| | 苕水、南屿水 | 安吉县 |
| 汇 | 江子汇、前溪汇 | 府治 |
| 湾 | 盛湾、骆湾 | 长兴县 |
| | 钓鱼湾 | 乌程县 |
| | 蒋湾、戴湾 | 德清县 |
| | 漕湾 | 安吉县 |
| 漾 | 苎溪漾 | 德清县 |
| | 湖跌漾、岘山漾、洛舍漾、马林漾 | 归安县 |
| 泾 | 梅泾（东梅堰） | 乌程县 |
| 渚 | 顾渚、小白濑 | 长兴县 |
| | 仙人渚、钱渚、费渚、湛星港 | 武康县 |
| | 乌山港、孔愉泽 | 德清县 |
| | 鄱阳汀 | 武康县 |

资料来源：《（嘉泰）吴兴志》卷五，民国刻《吴兴丛书》本。

　　仅从名称来看，一些水域景观体就明显带有人工构建的印记，如"漕渎"、"官渎"、"官河"等，显然是继承了前代的水利工程。如前文已经提到，"漕渎"及乌程县"官渎"为"晋咸和中都督郗鉴开"，"官河"为"唐元和五年太守范传正重开"。而一些貌似自然的水域景观体也曾经过人工改造。如归安县"菱湖"，为唐崔元亮所修浚，又称为凌波塘。又如长兴县"西湖"，在县治五里，又称为"吴越湖"，"傍溉三万顷"，泽及百姓，与今天一个大型人工水库相类似。据载为先秦时期吴王阖闾及其弟夫概所创治。唐代刺史于頔重修，又称为"于公塘"，以后历代也都有修建。可以肯定，时至宋代，完全自然形成的水域景观固然不少，但是，一些貌似自然的水域景观体，大多均"有灌溉之功"，显然是经过水利化之改造，适应于灌溉之要求。如安吉县之"五湖"。[1]

值得特别提出的是，也许是取舍角度不同，笔者发现，在《（嘉泰）吴兴志》中，不仅有一些人工改造过的水域景观体被简化处理，如太湖沿岸的"溇"、"浦"，更有一些被排除在谈钥的归类之外，如"陂"、"堰"等，而这些往往为人工所构建，恰恰更多地与水利治理相关联。因此可以说，宋代湖州的一些塘浦类型的景观体，显然为当地重要的水利工程，其形成及演变过程，实际上就是一个水利工程的建造及维修过程。如乌程县之"青塘"，在县治以北三里，相传为三国时期吴国所开凿，南朝梁时太守柳恽重新浚修，故又称为"柳塘"。[2] 而荻塘的建造过程尤具典型意义。

> 荻塘，在湖州府南一里余，连亘东北，出迎春门外百余里，今在城者谓之横塘，城外谓之官塘。晋太守殷康所筑，围田千余顷，后太守沈嘉重修（原注：湖之城平，凡为塘岸，皆筑以捍水。史者以为开塘灌田，盖以他处例观，易开为筑，易溉为围），齐太守李安人又开一泾，泄水入湖。开元中乌程令严谋道，广德中刺史卢幼平，元和刺史孙储，并加增修……[3]

又如安吉县"县境陂堰旧有七十二所，盖其地势高仰，近山之田，号'承天田'，亦号'佛座田'，谓其层层增高，灌溉不及也。每春夏霖潦，溪涧暴涨，随即湍泻。数日不雨，复干浅矣。储蓄灌溉，全藉陂堰。今废者大半，存者二十四所。"[4] 谈钥所言，应该是一种较为普遍的现象。历史时期水利工程创置固属不易，而其长期的维修更是十分艰难，因此，各个地方的水利工程并非一个逐渐增加的过程，而是常常是一个递减的过程，废弃问题在中国水利建设史上是有普遍意义的，湖州地区也不例外。

---

① 上文中所引文献，非特别指明者，均出自《（嘉泰）吴兴志》卷五。

② 同上。

③ 《（嘉泰）吴兴志》卷一九。

④ 同上。

表3　宋代水利类水域景观体简表

| 类型名称 | 景观体名称 | 数量 |
|---|---|---|
| 太湖诸溇 | 诸溇、比（北）溇、上水溇、罗溇、张港溇、新泾溇、幻胡溇、金溇、赵溇、潘溇、许溇、王溇、谢溇、义高溇、陈溇、薄溇、五浦溇、蒋溇、钱溇、新浦溇、石桥溇、汤溇、成溇、宋溇、乔溇、胡溇 | 26 |
| 长兴诸埔（沿太湖） | 鄐浦、余鱼浦、柳浦、前周浦、前荻浦、后荻浦、鱼余浦、鸡笼浦、陈渎浦、石祁前浦、石祁后浦、彭城前浦、彭城后浦、新塘浦、阴寒浦、金浦、石渎浦、道界浦、白茆浦、吴渎浦、广浦、张溇浦、松公浦 | 24 |
| 乌程县诸浦 | 贵泾浦、章浦、黄浦、掩浦 | 4 |
| 德清县诸浦 | 鄐浦 | 1 |
| 安吉县诸堰 | 白龙堰、永昌堰、乌溇堰、斗门堰、黑龙堰、马头堰、五漕堰、青林堰、湖潭堰、响潭堰、飞潭堰、郑汀堰、新溪堰、张栅堰、湖塘堰、龙巢堰、东坡堰、剑池堰、豸山堰、乌程堰、青龙堰、铜井堰、赵家堰、瓜枝桥堰、石鼓堰 | 25 |
| 长兴县诸陂 | 富陂、鱼陂 | 2 |
| 塘 | 荻塘、谢塘、蒲帆塘、吴兴塘、洪城塘、保稿塘、和塘、胥塘、皋塘、荆塘、孙塘、方塘、盘塘、官塘（谢公塘）、直塘、石塘、西塘、魏塘、青塘 | 19 |
| 合计 | | 102 |

资料来源：《（嘉泰）吴兴志》卷五与卷十九。

　　明朝初年建置湖州府，湖州地区又进入了一个长期的稳定发展时期。经过千百年的建设与完善，时至明代，湖州地区水域景观体系建设趋于成熟与定型。如《浙江湖州府新置孝丰县记》记载："湖州在前代，号吴兴郡，废置不一，常领乌程、归安、长兴、安吉（后改为安吉州，下辖孝丰县）、德清、武康六县。元季，地入张士诚。我高皇帝龙兴，拯生人于溃乱，首命将伐，取其安吉、长兴二县，久之，下士诚，湖州归职，方复领县六，盖百三十年于今矣。"[①] 而这一时间出现的一些高质量的地方志著作，也是为我们的研究提供了条件，其中有董斯张所撰《吴兴备志》、永乐及成化《湖州府志》[②]、崇祯《乌程县志》[③]、嘉靖《武康县

---

　　① （明）程敏政撰：《浙江湖州府新置孝丰县记》，《篁墩文集》卷一七，清文渊阁"四库全书"本。

　　② 永乐《湖州府志》，《永乐大典》（第1册）卷二二七五至二二八三，中华书局，1986年。成化《湖州府志》，参见《日本藏中国罕见地方志丛刊》，书目文献出版社，1991年。

　　③ 崇祯《乌程县志》，《日本藏中国罕见地方志丛刊》，书目文献出版社，1991年。

志》[①]等等。

明代文献记载中,湖州地区水体景观名目很多,如有湖、泽、薮、河、渎、溪、潭、湾、荡、渚、漕、漾、溇、港等等。其中,既有天然形成的水体,也有人工修筑的水利景观,也有水域附着景观,如桥梁等。因此,有必要摆脱名号分类法的限制,进行重新分类。笔者以为:就其外在形态而言,湖州的水域景观体大概可分为平面型水域景观体、流线性水域景观体、溇港沟坝等水利设施以及水(圩)田等几大类。

## 1. 平面型水域景观体,包括湖、潭、荡、漾

此类景观体首推太湖。根据古文献记载,古人很早便意识到所谓"太湖"并非是一个单个水体的名称,而是一个湖泊群的总称。就湖州地区水域景观体系而言,太湖居湖州之北,是湖州地区众多自南而北线型水体之所归,实际成为整个水域景观体系的基础。

在湖州地区平面型水域景观中,"荡"、"漾"等名称很有江南地方特色。与两宋时期相比,该地水域景观有着很强的延续性,也就是说,大多天然形成的水域景观在总体上变化不大,特别是在明朝初年(参见下表)。当然,这也有可能是方志作者过多沿用以往文献记录所造成的现象。

**表4 明代湖州平面水体景观体简表**

| 景观类型 | 景观体名称 |
| --- | --- |
| 湖 | 太湖、凡常湖、菱湖、包洋湖、忻湖、西湖、风渚湖(封渚、九里湖、下渚湖)、杨子湖、五湖(五龙湖、姚湖、获湖、西亩湖、四龙湖) |
| 潭 | 苏公潭(湖州府)、白马潭(长兴县西)、龙潭(长兴县)、碧潭、金潭、永安潭、碧玉潭、石马潭、仙潭 |
| 漾 | 西风漾、大苞漾、小苞漾、吴山漾、西徐漾、谢村漾、钱山漾、新兴漾、东泊漾、后庄漾、重兆漾、土山漾、清水漾、龙开漾、西庄漾、神林漾、大海漾、王婆漾、半代漾、太师漾、岑峰漾、西封漾、洛舍漾、荷浦漾、湖跌漾、岘山漾、洛舍漾、马林漾 |
| 荡 | 和尚荡 |
| 泽 | 孔愉泽 |

资料来源:永乐《湖州府志》,载于《永乐大典》卷二二八〇。

---

① (明)程嗣功撰:嘉靖《武康县志》,明嘉靖刻本。

## 2. 河、渎、溪等流线型水体景观

如果说，平面型水域景观构成了湖州水域景观体系的"五脏"，那么，河川等流线型水体则构成了其"经络"与"血脉"。湖州境内较大规模的流线型水体，主要有苕溪、余不溪（今称东苕溪）、前溪、车溪等。这数条水流虽然源地不同，然多有交汇，最终合为霅溪。就湖州全境而言，这数条溪流构成了其水系汇流系统的主干，其间小型河溪众多。

又如"湾"，同样可以归入流线型水域景观体之中。湖州境内诸条溪水河道曲折，因此，河湾便成为一大突出景观。"苕水，邑之巨川也。水有二源，一出天目山阴，一出浮玉山西。至杨湾灵芝塔下合流，经梅溪，过凡常湖，入郡城。沿回曲折为湾，七十有二，存县境者，二十有五。"[①]

#### 表5　明代湖州流线型水体景观简表

| 景观类别 | 景观体名称 |
| --- | --- |
| 溪 | 苕溪、余不溪、前溪、车溪、浔溪、霅溪、贵溪、小溪（施渚溪）、宝溪、思溪、练溪、罨溪、合溪、箬溪、荆溪、四安溪、余罍溪、邸阁溪、余英溪、罨画溪、后溪、封溪、阮公溪、砂溪、新溪、长安溪 |
| 渎 | 漕渎、官渎、旱渎、杨渎、防渎（范渎）、盛渎、五官渎、横渎、三丈渎、大麻渎、浑水渎、赵渎 |
| 湾 | 清潭湾、新村湾、郎道湾、湖山湾、钱塘湾、老石湾、樵墓湾、石玲湾、清波湾、下落湾、相见湾、塔山湾、石虎湾、南溪湾、包家湾、韩湾、湖湾、杨湾、吴湾、施湾、邵湾、高湾、下湾、徐湾、盛湾、骆湾、钓鱼湾、蒋湾、戴湾、渎湾 |
| 涧 | 伏翼涧、紫花涧、赭石涧 |

资料来源：永乐《湖州府志》，《永乐大典》卷二二八〇。

## 3. 溇、港、沟、坝等水利景观

前面已经提及，溇港实为湖州地区及太湖地区相当普遍的人工水利景观，而溇、港又是湖州地区水域景观中最具水乡特色的一部分。湖州溇港集中于太湖南面堤岸。"湖之巨浸曰太湖，在郡治北十八里，乌程、长兴境之所距，兼接苏、宣、常

---

① 引自永乐《湖州府志》，《永乐大典》卷二二八〇，第 913 页。

州之界，杭州广德之水亦入焉。沿湖之堤多港溇，皆为斗门，视时之旱涝而闭泄焉。近世以来，渐就湮废。洪武十年春，通判蒋忠重为疏导，民甚便之。"① 又根据成化《湖州通志》卷六的记载，乌程县、安吉县在明代前期洪武年间建设了不少坝、沟、陂、堰等水利设施。"……以上三十八溇，俱属乌程县。《旧志·修湖溇记》云：湖溇三十六，其九属吴江，其二十七属乌程。惟计家港近溪而阔，独不置牐……久废，不牐。成化十年（1474 年），本府添设治农通判李智，渐加修治，民多赖之。"②

**表 6    明代湖州地区滨湖县域等水利景观简表**

| 县名 | 水域景观名称 | 数量 |
|---|---|---|
| 乌程县 | 大钱港、小梅港（原注：已上二港最大，总苕、霅西南众水以入湖也）、西金港、顾家港、官渎港、张家港、宣家港、杨渎港、泥桥港、寺桥港、计家港、阳溇、沈溇、罗溇、大溇、新泾溇、潘溇、诸溇、谢溇、和尚溇、张港溇、幻湖溇、西金溇、东金溇、赵港、许溇、杨溇、义高溇、陈溇、薄溇、五浦溇、蒋溇、钱溇、新浦溇、石桥溇、汤溇、盛溇、宋溇、乔溇、湖溇 | 40 |
| 长兴县 | 郎浦（原注：在县东五里，通太湖，诸浦港用附于下）、金村港、上周港、乌桥港、夹浦港、谢庄港、骆家港、鸡笼港、大陈港、殷南港、杭渎、前后港、阴寒港、卢渎港、新塘港、金浦、高家港、石渎、新开港、宣家港、白茅港、宝浦港、小陈渎、蔡浦 | 24 |

资料来源：成化《湖州府志》卷六。

明代湖州地区的溇、港，集中于乌程、长兴等滨湖县域之中，而安吉、武康等县山地居多，则是洪水的主要策源地。在山地建置陂、堰、沟、坝等设施，主要是为了阻截水势。"湖州诸邑，号山邑者，安吉、武康也。而安吉为之最。故其舟皆刳木为之。以其水骤长而易退也。且多置湖泊及沼沚、陂堰之属，以潴水……③"

①　引自永乐《湖州府志》，《永乐大典》卷二二八〇，第 910 页。

②　成化《湖州府志》卷六，第 68 页。

③　（嘉泰）《吴兴志》卷一九"砂井"条，《宋元方志丛刊》第五册。

表7　明代湖州山区县域水利景观简表

| 县名 | 水利工程名称 | 数量 |
|---|---|---|
| 安吉县 | 东海堰、庙山塘、小山塘、朱塘、富山塘、吴塘、刘家坝、西绍溪坝、朱基溪坝、散车坝、范埭坝、后干坝、罗家坝、新筑陆分坝、范家埭坝、严埭坝、杨家坝、新筑成村坝、乌墩坝、水碓坝、簸箕坝、新筑长徛坝、朱板桥坝、横山坝、源潭坝、灯心坝、李山坝、堂山坝、分水坝、长闸坝、永丰坝、贵山坝、九功坝、新塘童山坝、炭坞坝、梅家坝、陂坝、花潭坝、张塔坝、安路桥坝、下堰坝、黄坑坝、五沸沟、马渎沟、妙佛沟、石山沟、万湾沟、黄利沟、李千沟、十八路沟、猴山沟、涧渎沟、查山沟、干溪沟、安乐沟、乌禄沟、下云沟、泉波沟、方黄沟、溪沟、石柱沟、蒋村沟、节信沟、仓基沟、赤子沟、黄山沟、中沸沟、姚东湖沟、姚西湖沟、寺桥沟、市东沟、石埭沟、后冈沟、萧经沟、乌角沟、石牛沟、刹子沟、得济沟、沸沟、坟渎沟、管沸沟、寺前沟、大泉沟、善政沟、窦墓沟、许溪沟、干塘沟、通塘沟、虔塘沟、东浜沟、反澳沟、下陂沟 | 87 |
| 武康县[1] | 白龙堰、永昌堰、乌溇堰、斗门堰、黑龙堰、马头堰、五漕堰、青林堰、湖潭堰、响潭堰、飞潭堰、郑汀堰、新堰、张栅堰、湖塘堰、飞潭堰、都窠堰、东陂堰、剑池堰、豸山堰、乌程堰、青龙堰、铜井堰、赵家堰、瓜枝桥堰 | 25（？）[2] |
| 孝丰县 | 上塘坝、回平坝、铜坑坝、堂坞坝、施坞坝、上干坝、梅坞坝、牛皮坝、埂下坝、东坞坝、于山坝、豹雾坝、太山坝、陈墓坝、毛山坝、东牛坝、蒲济坝、菖蒲坝、周山坝、黄山坝、经坞坝、东冲坝、新山坝、西冲坝、大坑坝、社南坝、姚坞坝、阴山坝、狄旱坝、芦冲坝、仰坞坝、吴村沟、上干沟、山口沟、黄陂沟、方阿沟、坟沸沟、马安沟、赤石沟、汪村沟、潘村沟、仰坞沟、东岸沟、后蒲沟、金波沟、石斗沟、张坞沟、陈溪沟、新沸沟、彭家沟、前蒲沟、顾成沟、湖头沟、下于沟、仲塘沟、老村沟、赛石沟、汤泉沟、反鱼沟、平康沟、黄九沟、乌禄沟、砾山沟、前汤沟、后汤沟、上漾沟、侯山沟、万湾沟 | 68 |

资料来源：成化《湖州府志》卷六。

# 4. 圩（围）田景观

　　面对四面皆水的客观环境，湖州地区农业生产开展也同样是以防水治水为前提。

---

①　武康县陂堰记载，又见（明）程嗣功撰：嘉靖《武康县志》卷三，明嘉靖刻本。

②　原文称仅有22堰，实数为25堰。

经过古人千百年的实践与创造，湖州形成了面积广大的水田（或称圩田、围田）景观形态。"……又田畴必筑塘防水，乃有西成之望。故《统记》援《尔雅》曰：'吴越之间有具区。'区即防水之堤也。筑围圆合，具其中地势之高下，列塍域以区别之。涝则以车出水，旱则别入水田。水有堤塘，自古然矣。"① 可见，"水田"的出现，实际上是与湖水或沼泽地带争田的结果。久而久之，湖州作为江南水乡，圩田数量庞大，相当可观，对于江南地区农业发展贡献巨大。如元代治水名家任仁发曾经指出："……晋宋以降，仓廪所积，悉仰给于浙西之水田。故曰：'苏、湖熟，天下足。'若谓地势低下，不可作田，此诚无稽之论。何以言也？浙西之地低于天下，而苏、湖又低于浙西。淀山湖又低于苏、湖。彼中富户数千家，每岁种植茭芦，编钉桩篠，围筑埂岸，岂非逆土之性，何为今日尽成膏腴之田，此明效大验，不可掩也。"②

明朝湖州地方官府同样十分重视圩田的建设。"本府地多陂泽，常畏水涝。故田围堤防，视为至重。每岁春，县官一员督工修筑，府官巡视焉。洪武九年（1376 年），境内大水，多遭冲决，田畴漂没。冬十一月，户部主事任志道奉上命，至郡修筑。于是，同知魏德源、知事赵行简分诣属县董治。比昔愈加增高厚。次年春，同知魏德源复委官增修，益以完固，民甚赖之。"③ 如据统计，洪武十年（1377），湖州六县的围田数量达到 6895 围，其中，乌程围田数量最多，几乎占到围田总数的一半（参见下表）。

表 8　明代洪武十年湖州（6 县）地区田地构成简表

| 田地类型 | 数　　　量 |
|---|---|
| 田 | 25254 顷 63 亩 5 分 7 厘 5 毫 1 丝 1 忽 |
| 地 | 5231 顷 33 亩 3 分 8 厘 7 丝 6 忽 |
| 山 | 16811 顷 83 亩 3 分 9 厘 9 毫 |
| 荡 | 2206 顷 86 亩九 9 厘 4 毫 5 丝 |
| 圩（围） | 6 县共增修 6895 围（坁），其中，乌程县 3114 围、归安县 1715 围、德清县 980 围、武康县 201 围、长兴县 867 围、安吉县 18 坁 |

资料来源：永乐《湖州府志》，《永乐大典》卷二二七七"田赋"。

---

① 参见（宋）谈钥撰：《（嘉泰）吴兴志》卷二〇注文。
② （明）姚文灏撰：《浙西水利书》卷中《任都水水利议答》，清文渊阁"四库全书"本。
③ 永乐《湖州府志》，《永乐大典》卷二二七七，第 885 页。

总体而言，与两宋时代相比，明代水域景观体在类型上并没有太多改变，但是，各类型景观体的构型及数量却有很大的不同，特别是与水利灌溉及水患治理相关联的水域景观体，数量增长非常之多。

此外，湖州府下辖各县的水域景观构建也各具特色，小区域的水域景观系统更趋完善。在一个县域范围内，各种类型的水域景观体汇集在一起，从而构成了一幅幅"泽国水乡"的真实图景。

**表 9　明代乌程县域水景系统简表**

| 区位 | 水域景观名目 |
| --- | --- |
| 在城之水 | 江渚汇、前溪、倒雪湾、漕㳇、早渎、宝带河、苏公潭、塘蒲漾 |
| 南境之水 | 碧浪湖、南塘、苏湾、道洪浜、衡山漾、山塘漾 |
| 西南境之水 | 梅泾、黄埔、妙喜港、草荡漾、黄墅港、夹山漾、新塘 |
| 西境之水 | 官㳇、凡常湖、潘店港、龙湾、梅贤港、西风漾、蜃潭、龙溪、荅子汇、横渚塘、钓鱼湾、谢塘 |
| 西北境之水 | 吴山漾、孔姥墩水 |
| 北境之水 | 蒲帆塘、青塘、昆山溪、大钱湖口、横泾港、小梅港 |
| 东北境之水 | 盛家港、大苞漾、小苞漾 |
| 东境之水 | 运河、东塘、西余港、娜儿漾、诸墓漾、西湖漾、上湖漾、晟溪、浔溪 |
| 东南境之水 | 谢村漾、丁泾、马溪 |
| 娄港 | 已详前表 |

资料来源：崇祯《乌程县志》卷二《水利》。

# 三、"水患"与"水利"
## ——两晋至宋元湖州水域景观体系构建动力机制分析

湖州处于江南罕有富水环境之中，很早就以经济发达，水域景观优美而名闻天下。然而，历史时期湖州地区的发展并非一帆风顺。如崇祯《乌程县志·凡例》称："乌程环境皆水，其间成沟，成溪，成涧，成㳇。有所积而成湖，成漾，成泽，成荡；有所局而成汇、成湾、成浦；大会而成川。川有所宜防而成塘，有苦于盈而成坲，有疏塞无定而成闸，有所合泻而成娄，皆以资水之利，杜水之害，泽国所宜亟计者……"① 可以说，"资水之利，杜水之害"，即长期的水利建设，也正是湖州地区水域景观建造的动力机制之核心，实际上成为当地水域景观构建历史中的"一条红线"。

湖州地区地毗太湖，其区域发展与水问题息息相关。如《（嘉泰）吴兴志》载云："府以湖名，近五湖也。中有雪溪，合四水也。众水群凑，而太湖虚受。坎流而不盈，习险而无泛滥，此郡所以立也。"② "习险而无泛滥"，既掌控水利而又不受水害，保持水流输入与输出的平衡，是湖州地区生存、稳定与发展的关键所在。苕溪是湖州地区主要的河流之一。如《吴兴续志》载称："苕溪在乌程县，发源天目，注于太湖，非湾、汇萦折，无以杀其湍悍之势。"③ 可见，湾、汇等水域景观体的存在，对于苕溪安流而言，并非可有可无，而是起着重要的缓冲作用。

笔者在此更想着重强调：对于历史时期湖州地区而言，水利之重要，也远非其他地方可比。就自然地理形势而言，北有太湖，面积广大，可谓"水府"，南有天目山，地势高耸，水源丰沛，可谓"水源"，湖州地区人群聚居的平原地带（即府治、县治等）最为低洼。"水患"与"水利"问题不仅是灾害侵袭与经济发展问题，而是直接关系到当地的存亡问题。如果没有疏导与管控，"水源"与"水府"相连，湖州地区中心区势必成为汪洋一片。如《（嘉泰）吴兴志》卷五记载武康县"邑境在群山之间，涧水交流，聚而为溪，环乡邑治，载诸图志者六，曰前溪，曰余英溪，曰后溪，曰阮公溪，曰封溪，曰砂溪，率皆清浅湍濑，仅通小艇，及东会余不溪，北至砂村溪，始通大舟。故疏凿之利，为邑要务。"疏导水流，是调控工作的"重中之重"。又如《吴兴续志》称："（太湖）在乌程县，为东南薮泽。其诸港溇，所以泄上流而注之湖也。在县二十二都至四十一都之境，唯大钱、小梅二湖口最大而县险要。自昔置巡检于大钱者，实以二处为险要之地，故特置官以控治之。其他浦溇三十有六，当春夏霖雨，西南山水骤发，潢潦拍岸，非赖此泄之，则平畴皆浸为巨壑矣。旧常置闸，以防北风湖泛之患，后皆堙废。洪武十年，主簿王福往浚之。既而典史姚华轻继往，由是皆疏通云。"④ 文中直接触及到了湖州地区生存与发展的关键所在。对于湖州地区威胁最大的有"两股水"，一是太湖之水（湖泛），二是山洪之水（山水）。湖州地区一切水利设施的建造，核心目的就在于避免"两股水"的合流为患。如果无法完善地做到这一点，那么，其结果便是无情灾害的频繁降临。

---

① 崇祯《乌程县志·凡例》，第2页。
② 《（嘉泰）吴兴志》卷五《河渎》。
③ 引自《永乐大典》卷二二八〇，第911页。
④ 同上书，第909页。

历史时期湖州地区水旱灾患的记载并不少见，这在一定程度上会冲击我们对于江南地区的美好印象。如早在两晋南朝时期，"扬州"之地便水旱灾患频仍，其中，吴兴郡恰为重灾多灾区域之一，尤以水灾多发著称。据《晋书·五行志》《宋书·五行志》等史籍记载，我们可以对两晋及南朝时期江南地区的灾患情况有一个初步的了解（参见下表）：

表 10　两晋及南朝时期江南地区灾患表

| 年代 | 灾患记录 | 资料来源 |
|---|---|---|
| 赤乌十三年（公元250年） | 秋，丹阳、故鄣等县又鸿水，溢出。 | 《晋书》卷二七《五行志》 |
| 咸宁四年（公元278年） | 七月，司、冀、兖、豫、荆、扬郡国二十大水，伤秋稼，坏屋室，有死者。 | （同上） |
| 太康四年（公元283年） | 十二月，河南及荆、扬六州大水。 | （同上） |
| 元康五年（公元295年） | 荆、扬、徐、兖、豫五州又水。 | （同上） |
| 六年（公元296年） | 五月，荆、扬二州大水。 | （同上） |
| 八年（公元298年） | 九月，荆、扬、徐、冀、豫五州大水。 | （同上） |
| 愍帝建武元年（公元317年） | 六月，扬州旱。 | （同上） |
| 元帝太兴元年（公元318年） | 六月，（扬州）又旱。 | （同上） |
| 太兴二年（公元319年） | 吴郡、吴兴、东阳无麦禾，大饥。 | （同上） |
| 永昌二年（公元323年） | 五月，荆州及丹阳、宣城、吴兴、寿春大水。 | （同上） |
| 太宁元年（公元323年） | 五月，丹阳、宣城、吴兴、寿春大水。 | （同上） |
| 咸和四年（公元329年） | 七月，丹阳、宣城、吴兴、会稽大水。 | （同上） |

| 年代 | 灾患记录 | 资料来源 |
|---|---|---|
| 太和六年（公元371年） | 六月，丹阳、晋陵、吴郡、吴兴、临海五郡又大水。稻稼荡没，黎庶饥馑。 | （同上） |
| 太元元年（公元376年） | 吴又有大风涌水之异。 | （同上） |
| 太元六年（公元381年） | 六月，扬、荆、江三州大水。 | （同上） |
| 宋元嘉七年（公元430年） | 吴兴、晋陵、义兴大水，遣使巡行振恤。 | 《南史》卷二 |
| 宋元嘉十二年（公元435年） | 六月，丹阳、淮南、吴兴、义兴五郡大水。 | 《宋书》卷五，《宋书·五行志》 |
| 大明元年（公元457年） | 五月，吴兴、义兴大水，民饥。 | 《宋书》卷六 |
| 齐建元二年（公元480年） | 吴、吴兴、义兴三郡大水。 | 《南齐书·五行志》 |
| 建元四年（公元482年） | 吴兴、义兴遭水县蠲除租调。 | 《南齐书》卷三 |
| 永明五年（公元487年） | 夏，吴兴、义兴水雨伤稼。 | 《南齐书·五行志》 |
| 永明五年 | 八月乙亥，诏今夏雨水吴兴、义兴二郡田农多伤。 | 《南齐书》卷三 |
| 六年（公元488年） | 吴兴、义兴二郡大水。 | 《南齐书·五行志》 |
| 六年 | 八月乙卯，诏吴兴、义兴水潦被水之乡，赐痼疾笃癃口二斛，老疾一斛，小口五斗。 | 《南齐书》卷三 |
| 八年（公元490年） | 冬十月丁丑，诏吴兴水淹过度，开所在仓赈赐。 | 《南齐书》卷三 |
| 九年（公元491年） | 八月，吴兴、义兴大水。乙卯，蠲二郡租。 | 《南史》卷四 |

元嘉二十二年（445），时任扬州刺史的刘濬就在上书中提到吴兴郡的水患情况：

　　　　所统吴兴郡，衿带重山，地多污泽，泉流归集，疏决迟壅，时雨未
过，已至漂没。或方春辍耕，或开秋沉稼，田家徒苦，防遏无方。彼邦奥
区，地沃民阜，一岁称稔，则穰被京城。时或水潦，则数郡为灾。顷年以
来，俭多丰寡，虽赈赍周给，倾耗国储，公私之弊，方在未已。州民姚峤
比通便宜，以为二吴（吴郡与吴兴郡）、晋陵、义兴四郡，同注太湖，而松
江沪渎，壅噎不利，故处处涌溢，浸渍成灾。欲从武康紵溪开漕谷湖，直
出海口一百余里，穿渠洺，必无阂滞，自去践行量度，二十许载。去十一
年大水，已诣前刺史臣义康欲陈此计，即遣主簿盛昙泰随峤周行，互生疑难，
议遂寝息。既事关大利，宜加研尽，登遣议曹从事史虞长孙与吴兴太守孔
山士同共履行，准望地势，格评高下。其川源由历，莫不践校，图画形便，
详加算考，如所较量，决谓可立。寻四郡同患，非独吴兴。若此洺获通，
列邦蒙益，不有暂劳，无由永晏。然兴创事大，图始当难，今欲且开小漕，
试观流势，辄差乌程、武康、东迁三县近民，即时营作，若宜更增广，寻
更列言。昔郑国敌将，史起毕忠，一开其说，万世为利。峤之所建，虽则
刍荛，如或非妄，庶几可立。

　　姚峤等人的建议虽然获得当时朝野不少赞赏之声，然而，最终并没有实际完成。[①]
由此，吴兴地区的水旱灾害频发的势头也就无法有效遏止。

　　时到南朝萧梁时期，吴兴地区的水患问题日趋严重，引发朝野热议。"吴兴郡屡
以水灾失收，有上言当漕大渎，以泻浙江。"中大通二年（530）春，朝廷下诏命前
交州刺史王弁假节，发遣吴郡、吴兴、义兴三郡民丁从事水利工程建设。然而，昭
明太子萧统等人却上疏加以劝阻："伏闻当发王弁等上东三郡民丁开漕沟渠，导泄震
泽，使吴兴一境无复水灾，诚矜恤之至仁，经略之远旨，暂劳永逸，必获后利。未
萌难睹，窃有愚怀。所闻吴兴累年失收，民颇流移。吴郡十城，亦不全熟。唯义兴
去秋有稔，复非常役之民，即日东境谷稼犹贵，劫盗屡起，在所有司，不皆闻奏。
今征戍未归，强丁疏少，此虽小举，窃恐难合。吏一呼门，动为民蠹。又出丁之处，
远近不一。比得齐集，已妨蚕农。去年称为丰岁，公私未能足食。如复今兹失业，
虑恐为弊更深。且草窃多伺候民间虚实。若善人从役，则抄盗弥增。吴兴未受其益，

---

　　① 《宋书》卷九九《二凶传》，第 2435—2436 页。

内地已罹其弊，不审可得权停此功，待优实以不？……"① 看来，当时江南地区的社会问题极其复杂，不可避免地影响到水利工程的兴建。

前文已经提到，宋元时期是江南地区水旱灾害发生出现强烈反差的年代，即宋代江南灾患稀少，而元朝灾患发生偏多。其实，笔者发现，即使是在两宋时期，湖州地区的水患记载并不少见，有些年份甚至形成了极其严重的洪涝灾害，震动天下。如：

> 绍兴二十八年（1158）九月，癸未，蠲平江、绍兴、湖州被水民逋赋。②
> 嘉定十一年（1218）六月，辛酉，诏湖州振恤被水贫民。③

又据《宋史·五行志》记载，湖州地区的水旱灾患的记载主要有：

1. 嘉祐五年（1060）七月，苏、湖二州水灾。

2. 元符二年（1099），是岁，两浙、苏、湖、秀等州尤罹水患。

3. 大观元年（1107），十月，苏、湖水灾。

4. 政和五年（1115），八月，苏、湖、常、秀诸郡水灾。

5. 建炎二年（1128）春，东南郡国水。

6. 绍兴二十八年（1158）九月，浙东、西沿江海郡县大风雨，平江、绍兴府、湖、常、秀、润为甚。

7. 绍兴三十年（1160）五月辛卯夜，于潜、临安、安吉三县山水暴出，坏民庐田桑，溺死者甚众。

8. 隆兴元年（1163）八月，浙东西州县大风水，绍兴、平江府、湖州及崇德县为甚。

9. 乾道元年（1165）六月，常、湖州水，坏圩田。

10. 乾道三年（1167）八月，湖、秀州，上虞县水，坏民田庐，时积潦至于九月，禾稼皆腐。

11. 六年（1170）五月，平江、建康、宁国府、温、湖、秀、太平州、广德军及江西郡大水，江东城市有深丈余者，漂民庐，湮田稼，陨圩堤，人

---

① 《梁书》卷八《昭明太子传》，第168—169页。

② 《高宗纪八》，第590页。

③ 《宁宗纪四》，第770页。

多流徙。

12. 淳熙三年（1176）八月，癸未，行都大雨水坏，德胜江涨北新三桥及钱塘、余杭、仁和县田，流入湖、秀州，害稼。

13. 淳熙六年（1179），秋，宁国府、温、台、湖、秀、太平州水，坏圩田，乐清县溺死者百余人。

14. 淳熙十二年（1185），八月戊寅，安吉县暴水发，枣园村漂庐舍寺观，坏田稼殆尽，溺死千余人，郡守刘藻不以闻，坐黜。

15. 绍熙五年（1194），八月辛丑，钱塘、临安、新城、富阳、于潜县大雨水，余杭县尤甚，漂没田庐，死者无算，安吉县水平地丈余。

16. 嘉泰三年（1203）四月，江南郡邑水害稼。

17. 开禧三年（1207），江、浙、淮郡邑水，鄂州汉阳军尤甚。

18. 嘉定六年（1213）六月，钱塘县、临安、余杭、于潜、安吉县皆水。

19. 十六年（1224）五月，江、浙、淮、荆、蜀郡县水，平江府、湖、常、秀、池、鄂、楚、太平州、广德军为甚。漂民庐，害稼，圮城郭、堤防，溺死者众。[①]

《宋史·五行志》因涉及范围较广，对于湖州地区的记载不免有疏漏之处。对此，崇祯《乌程县志》卷四《荒政》的作者结合其他史料进行了一定补充与修正，为我们展示了更为翔实而确切的灾荒状况（见下表）。

**表 11　宋代乌程县灾害简表**

| 序号 | 年代 | 灾荒情况 |
| --- | --- | --- |
| 1 | 仁宗庆历九年（1049）[②] | 大水，民饥。 |
| 2 | 皇祐四年（1052） | 大水，诏蠲湖州民所贷官米。 |
| 3 | 嘉祐六年（1062） | 秋七月，诏振恤江浙水灾。 |
| 4 | 神宗元丰五年（1082） | 久雨，太湖水溢。 |
| 5 | 哲宗元祐四年（1089） | 夏，旱，浙西饥疫并作。 |
| 6 | 哲宗元祐五年（1090） | 浙西水。 |

① 上述记载，参见《宋史》卷六一《五行志》。
② 笔者注：庆历九年，似应为皇祐元年（1049）。

续表

| 序号 | 年代 | 灾荒情况 |
|---|---|---|
| 7 | 哲宗元祐六年（1091） | 正月，大雨，至六月，太湖泛滥，苏、湖、秀等州城市并遭水浸，田不布种，庐舍漂荡，民弃田卖牛，散走乞食。 |
| 8 | 徽宗建中靖国元年（1101） | 自七月雨，至十月，湖州水，赈之。 |
| 9 | 大观元年（1107） | 十月，水灾。 |
| 10 | 政和五年（1115） | 水灾。 |
| 11 | 重和元年（1118） | 水，赈之。 |
| 12 | 高宗绍兴二年（1132） | 春，雨，浙饥，米斗千钱。 |
| 13 | 高宗绍兴四年（1133） | 六月，淫雨害稼，苏、湖二州为甚。 |
| 14 | 高宗绍兴十四年（1144） | 大水，赈之。 |
| 15 | 高宗绍兴十八年（1148） | 民饥，赈之。 |
| 16 | 高宗绍兴二十三年（1153） | 大水，赈之。 |
| 17 | 高宗绍兴二十八年（1158） | 蠲湖州被水民逋赋。 |
| 18 | 高宗绍兴二十九年（1159） | 民饥，赈之。 |
| 19 | 高宗绍兴三十年（1160） | 平江、湖、秀三州水。 |
| 20 | 高宗绍兴三十二年（1162） | 六月，大霖雨。 |
| 21 | 孝宗隆兴元年（1163） | 大水，螟害稼，诏蠲租。 |
| 22 | 孝宗隆兴二年（1164） | 七月，大水。 |
| 23 | 乾道元年（1165） | 春，大饥，殍徒者不可胜计，州县为糜食之。 |
| 24 | 乾道二年（1166） | 赈两浙饥。 |
| 25 | 乾道三年（1167） | 水，赈之。 |
| 26 | 乾道六年（1170） | 五月，大水，冬饥。 |
| 27 | 乾道十一年（1175）① | 水。 |
| 28 | 乾道十四年（1178） | 旱，赈之。 |
| 29 | 淳熙六年（1179） | 水，赈之。 |

---

① 乾道十一年与十四年，似应为淳熙二年与五年。

续表

| 序号 | 年代 | 灾荒情况 |
|---|---|---|
| 30 | 淳熙八年（1181） | 七月不雨，至于十一月，旱，赈之。 |
| 31 | 淳熙九年（1182） | 大饥，令尝平使者赈之。 |
| 32 | 淳熙十四年（1187） | 夏，大旱。 |
| 33 | 光宗绍熙四年（1193） | 四月至五月，浙东、西霖雨，坏圩田，害蚕麦蔬稼。 |
| 34 | 光宗绍熙五年（1194） | 浙东、西自去冬不雨，至于夏秋，大旱，既又霖雨害稼。 |
| 35 | 宁宗庆元四年（1198） | 秋，浙东、西荐饥，多道殣。 |
| 36 | 嘉泰元年（1201） | 浙西大旱，荐饥。令常平使赈之。 |
| 37 | 嘉泰八年（1209）① | 浙东、西饥。 |
| 38 | 开禧六年（1210） | 湖州属县皆大水。 |
| 39 | 开禧十六年（1220）② | 五月，大水。 |
| 40 | 嘉定九年（1216） | 四月至八月，大雨，浙东、西灾。 |
| 41 | 嘉定十一年（1218） | 大水，赈之。 |
| 42 | 理宗宝祐三年（1255） | 杭、嘉、湖属县水涝，溺死甚众，诏各郡守臣给钱埋瘗。 |
| 43 | 景定二年（1261） | 九月辛酉，诏湖、秀二郡水灾，守令其亟劝分监司申严荒政。 |
| 44 | 度宗咸淳六年（1270） | 闰十月己酉，安吉州水，免公田租四尤四千八十石。 |
| 45 | 度宗咸淳十年（1274） | 大霖雨，赈之。 |

　　这些记载证实了一个明白无疑的客观情况，那就是湖州地区威胁最大的灾祲就是水灾。正在这种频繁灾患的破坏之下，原本为富庶之地的湖州竟让官员们闻之色变，畏而止足。如王十朋，为温州乐清人，不仅文才出色，且以敢于直言著称。当其被命为湖州知州时，有官员提出挽留，而宋高宗则称："朕岂不知王十朋，顾湖州被水，

---

① 笔者注：嘉泰八年，似应为嘉定元年，开禧六年，似应为嘉定三年。

② 笔者注：此处年代记载似有误。

非十朋莫能镇抚。"湖州遭受水灾之后，积弊暴露，民生艰难，治理难度相当大。只有派遣有名望的官员进行镇抚。但是，王十朋到任之后，依然备受挫折。"户部青苗虚逋三十四万，命吏持券往办，不听。"在这种情况下，王十朋只好辞职而去。[①] 而频繁水灾的出现，尤其诸如"大水"等灾况的反复，也突出证明了当地水利设施防水能力的孱弱、缺位与失效。而抗御水灾最有效的办法，正是兴修水利。如王回在任时，就因兴修水利而备受称道。"湖，士大夫渊薮也。公（王回）以耆德镇之，上下悦服。又访郡之大利，修湖溇，增城堞，建利济院。"[②] 又如汪思温任湖州知州时，致力于水利设施，也做出了不小的贡献。"吴兴地污下，故有沟以走潦水，而并沟之居岁久填淤，或置屋其上，遇甚雨则水及半扉。公按寻道迹，撤屋除地，复还故道，水患遂除。"[③]

经过《吴中水利全书》、《吴兴备志》等著作撰著者的整理与总结，两宋时期湖州地区曾经有过多次较大规模的水利治理行动的记录。[④] 而这些水利治理行动均涉及到当地水利设施的改造，对于当地水域景观的影响无疑是巨大的。

表 12　两宋时期湖州水利工程简表

| 序号 | 水利治理情况 | 资料来源 |
|---|---|---|
| 1 | 乾兴元年（1022）五月丁亥，诏苏、湖、秀州积水害稼，其发邻郡兵疏导壅淤，仍令发运使董之。甲午，遣尚书职方员外郎杨及往苏、湖、秀州催督疏导。 | 《姑苏志》 |
| 2 | 庆历二年（1042），守臣以松江风涛，漕运多败官舟，遂筑长堤，界于松江、太湖之间，横截五六十里，又修获塘，通湖州，凡九十里。 | 《吴江志》 |
| 3 | 熙宁六年（1073），沈括言浙西诸州水患，久不疏障，堤防川渎皆湮废之，乞下司农贷钱，募民兴役。从之。 | 《文献通考》 |
| 4 | 隆兴三年（1165）八月，诏江、浙水利久不讲修，势家围田，湮塞流水，诸州守臣按视以闻。于是知湖州郑作肃等并乞开围田，浚港渎，诏湖州委朱夏卿。 | 《宋通鉴》 |

---

① 《宋史》卷三八七《王十朋传》，第 11886 页。

② （宋）杨万里撰：《提刑徽猷检正王公（回）墓志铭》，《诚斋集》卷一二五，清文渊阁"四库全书"本。

③ 参见《吴兴备志》卷五所引。

④ 参见（明）张国维撰：《吴中水利全书》卷十《水治篇》，清文渊阁"四库全书"本；（明）董斯张撰：《吴兴备志》卷一七《水利征》。

| 序号 | 水利治理情况 | 资料来源 |
|---|---|---|
| 5 | 嘉祐五年（1060），转运使王纯臣督苏、湖、常、秀四州并筑田塍。 | 《吴中水利全书》卷十 |
| 6 | 元祐三年（1088），诏浙西常平调苏、湖、常、秀四州民夫浚青龙江。 | 《吴中水利全书》卷十 |
| 7 | 元符三年（1100），诏苏、湖、秀三州役开江兵卒浚治运河浦港、沟渎，修垒堤岸，开置斗门、水堰。 | 《吴中水利全书》卷十 |
| 8 | 政和元年（1111），诏苏、湖、秀三州治水，围田，工费给越州租赋。 | 《吴中水利全书》卷十 |
| 9 | 绍兴四年（1134），知湖州王回浚湖溇，导水入太湖。 | 《吴中水利全书》卷十 |

元朝国祚并不长，然而，湖州地区发生水旱灾害记载却也不少（参见下表）。

**表 13　元朝湖州地区水旱灾害表**

| 年代 | 灾患情况 | 资料来源 |
|---|---|---|
| 至元二十九年（1292） | 六月甲子，平江、湖州、常州、镇江、嘉兴、松江、绍兴等路水，免至元二十八年田租十八万四千九百二十八石。 | 《元史》卷十七《世祖纪》 |
| | 丁亥，湖州、平江、嘉兴、镇江、州、宁国、太平七路大水，免田租百二十五万七千八百八十石。 | （同上） |
| | 六月，镇江、常州、平江、嘉兴、湖州、松江、绍兴等路府水。 | 《元史》卷五〇《五行志》 |
| 元贞元年（1295） | 五月，饶州、镇江、常州、湖州、平江、建康、太平、常德、澧州皆水。 | 《元史》卷一八《成宗纪一》 |
| | 五月，建康、溧阳州、太平、当涂县、镇江、金坛、丹徒等县，常州、无锡州、平江、长洲县、湖州乌程县、鄱阳余干州、常德、沅江、沣州、安乡等县水。 | 《元史》卷五〇《五行志》 |
| | 七月，大都、辽东、东平、常德、湖州、武卫屯田大水。 | 《元史》卷一八《成宗纪一》 |

续表

| 年代 | 灾患情况 | 资料来源 |
|------|---------|---------|
| 大德六年（1302） | 六月，湖州、嘉兴、杭州、广德、饶州、太平、婺州、庆元、绍兴、宁国等路饥，赈粮二十五万一千余石 | 《元史》卷二〇《成宗纪三》、《元史》卷五〇《五行志》 |
| 天历元年（1328） | 杭州、嘉兴、平江、湖州、镇江、建德、池州、太平、广德等路水，没民田万四千余顷。 | 《元史》卷三二《文宗纪一》 |
| | 八月，杭州、嘉兴、平江、湖州、建德、镇江、池州、太平、广德九郡水，没民田万四千余顷。 | 《元史》卷五〇《五行志》 |
| 天历二年（1329） | 四月，江浙行省言：池州、广德、宁国、太平、建康、镇江、常州、湖州、庆元诸路及江阴州饥，民六十余万户，当赈粮十四万三千余石，从之。 | 《元史》卷三三《文宗纪二》 |
| | 八月，浙西湖州、江东池州、饶州旱。 | 《元史》卷五〇《五行志》 |
| 至顺元年（1330） | 七月，杭州、常州、庆元、绍兴、镇江、宁国诸路及常德、安庆、池州、荆门诸属县皆水，没田一万三千五百八十余顷。松江、平江、嘉兴、湖州等路水，漂民庐，没田三万六千六百余顷，饥民四十万五千五百七十余户。诏江浙行省以入粟补官钞三千锭，及劝率富人出粟十万石，赈之。 | 《元史》卷三四《文宗纪三》 |
| | 闰七月，平江、嘉兴、湖州、松江三路一州大水，坏民田三万六千六百余顷，被灾者四十万五千五百余户。 | 《元史》卷五〇《五行志》 |
| 至顺二年（1331） | 八月，湖州安吉县大水暴涨，漂死百九十人，人给钞二百贯瘗之，存者赈粮两月。 | 《元史》卷三五《文宗纪四》 |
| | 九月，湖州安吉县久雨，太湖溢，漂民居二千八百九十户，溺死男女百五十七人，命江浙行省赈邮之。 | （同上） |

江浙之地是元朝粮赋的主要来源地之一，严重的自然灾害的侵袭不仅威胁到湖州地区民众的生存与生活，而且直接影响到京师地区漕粮的供给，威胁到整个王朝的运转。为此，至成宗大德元年（1297），江浙地区开展了一次大规模的水利兴建活动：

江、浙税粮甲天下。平江、嘉兴、湖州三郡当江、浙什六七，而其地极下，水锺为震泽。震泽之注，由吴松江入海，岁久，江淤塞。豪民利之，封土为田，水道淤塞。由是浸淫泛溢，败诸郡禾稼。朝廷命行省疏导之，发卒数万人，（江浙行省平章政事）彻里董其役，凡四阅月毕工。[1]

从前面的水旱灾患的记载以及彻尔此次大规模水利兴建，可以看到，湖州的水利问题并非仅限于湖州地区，而是关系到整个太湖流域，以及浙江等水系流域。灾害发生往往成片，涉及整个流域的，因此，治理工作也必须有全局的观念，统筹安排。

此后，湖州地区的一些地方官员也深感水利问题的重要性，甚至将水利兴建作为任内的主要工作。如元代至元年间，乌程县丞宋文懿就主持兴修当地水利设施，受到当地百姓的拥戴。

吴兴为江表名郡，乌程，古秦县也。包围震泽，雄益吴会。民淳俗厚，政化易施。近岁以来，官于是者，鞅掌于簿书，期会之间，日不遑暇。政庞而不知理，俗弊而不知化。凡关于民隐者，因循苟且，固其宜也。苕水自天目来，萦纡曲折，过青塘门东北，与雪水合，而入于太湖，泛滥洋溢，故为长堤数十里，西抵长兴，以截水势之奔溃，以卫沿堤之良田，以通往来之行旅。先是土筑，岁必加葺，数十年来，失于修治。堤外水决，往来者病于徒涉。而沿堤之田亦成沮洳，莫有过问者。[2]

对于湖州居民聚居区而言，堤防之建可谓功德无量。不仅可以防止水灾，维护良田，还可以畅通道路，一举而数得。然而，在修建堤防过程中，一些具体的环节也十分关键。如元代以前，乌程县的堤防主要夯土而成，极易毁坏。因此，宋文懿在重修过程中十分重视工程质量问题。这也成为其成功的关键。"首捐已资，畚圭荤石，召匠庀工，民欢趋之。富者输财，贫者输力，郡之缁流，亦皆捐金而助。爰筑爰削，如铸如埏，为之桥梁，以通水道。夏秋涨潦，屹有巨防。奔毂走蹄，防午于道；沿堤之田，泄（？）喜有秋。"[3] 可以相信，宋文懿的成功经验在湖州水利史上的影响是相当深远的。

---

① 《元史》卷一三〇《彻里传》，第 3163 页。

② （明）程郁撰：《新复青塘堤岸记》，（崇祯）《乌程县志》卷九。

③ 同上。

又如早在元朝时期，关于江南水乡地区的灾患问题曾发生了较为激烈的争论：

> 议者曰：钱氏有国一百有余年，止长盈（兴？）年间一次水灾。亡宋南渡一百五十余年，止景定间一二次水灾。今则一二年，或三四年，水灾频仍，其故何也？答曰：钱氏有国，亡宋南渡，全藉苏、湖、常、秀数郡所产之米，以为军国之计。当时尽心经理，使高田、低田，各有制水之法。其间水利当兴，水害当除，合役居（军？）民不以繁难，合用钱粮不吝浩大。又使名卿重臣专董其事，富豪上户美言，不能乱其耳；财货不能动其心。凡利害之端，可以兴除者，莫不备举。又复七里为一纵浦，十里为一横塘（或作五里一纵浦）。田连阡陌，位位相承，悉为膏腴之产。设有水患，人力未尝不尽，遂使二三百之间，水患罕见。钦惟国朝四海一统，人才毕集。擢居重任者，或未知风土之所宜也。以为浙西地土水利兴（修？），诸处同一例，任地之高下，任天之水旱，所以一二年间水灾频仍，皆不谙风土之同异故也。①

根据笔者前面的归纳与梳理，当时学者关于南宋时期江南地区只发生一二次水灾的说法肯定是与事实相违背的。不过，任仁发有关水利兴修与灾患关系的言论却是不可否认的，即历史时期水旱灾患的出现频繁，不能简单归结于天灾，更在于"人力"，与当时的水利建设状况密切相关。水利建设不仅可以避免天灾的伤害，而且可以改造自然环境，变"水患"之乡为"膏腴之产"。任仁发言论的影响是相当深远的，明代的一些著名水利著作，如《浙西水利书》、《三吴水考》、《吴中水利全书》等，都全面引述了任仁发的水利论断，可以说，任的观点为明代众多学者所接受，在一定程度上已成为当时人们的共识了。这无疑会有力地推动明清时代湖州地区水利建设的发展。

回顾湖州发展史，我们可以发现，历史时期湖州所谓"风景绝胜"的背后，有着漫长的、持续的、与自然灾害艰苦抗争的历程。从某种程度上也可以说，湖州地区的发展史以及景观构造史，本身就是一个与水旱灾患不懈抗争的历史。历史时期水旱灾患频发的问题往往成为当地大兴水利，改善生存环境最重要、最直接的动力。

---

① 参见《任都水水利问答》或《任仁发水利议答》、《任仁发水利集议》，引自（明）徐光启撰：《农政全书》卷一三。又参见（明）张内蕴、周大韶撰《三吴水考》卷八、《吴中水利全书》卷二二、（明）姚文灏撰《浙西水利书》卷中，清文渊阁"四库全书"本等。

# 结语

景观研究，就是一个"从表及里"的过程，即通过具象事物的观察、分析与解读来认识事物的本质。历史时期的景观无法再现，但是，大量留存来的历史文献资料，就帮助我们透过"古人之眼"来见识当时的风物。

景观环境构建的历史，也是一个地区人民生存及发展的历史。然而，景观环境的营建离不开客观的自然地理环境基础。出于各个区域所处自然环境不同，其景观体系构建的方向及动力机制自然也就不尽相同。笔者以为，在目前的景观研究中，存在明显的"就景观谈景观"的倾向，很少涉及内在动力机制，"知其然"而不能"知其所以然"，因而，无法更深入地把握景观变化的内在规律与发展前景。

湖州作为"浙西名郡"，山水景观之美自南朝后期开始便名闻天下。种种有利因素如邻近政治核心的地理区位、大量南下移民的到来，都为湖州的发展贡献很大，而众多到访湖州的名人们的称颂，更让湖州成为天下屈指可数的、远近驰名的"山水佳郡"。而就景观构成而言，湖州地区被称为"水晶宫"，水域面积广大，水域景观是湖州地区景观构成中占有相当大的比重。湖州地区不仅有丰富的自然形成的河道与水域，更有大量溇、港、沟、坝等独具特色的水利建设景观。

湖州地区水域景观体系的构建经历了曲折而复杂的过程。笔者强调：历史时期江南地区的发展并不是一帆风顺的富足，现存大量关于江南生活的描述存在过分理想化的成分。以湖州为例，在"山水佳郡"的美誉之下，千百年来，湖州地区人民的生存状况并不是十分乐观，水环境问题较为复杂。一方面，由于地处天目山区与太湖水域之间，州治中心地带如乌程等县地势低下，在降水丰沛的时节，极易水满为患，洪涝为灾。另一方面，以安吉等县为代表，既易受洪水侵袭，又易蒙受干旱之苦，疏通之外，必须蓄留。一味的疏通或一味的阻塞，都无法解决问题。必须建立完善的水域水系（水流、水量）的调控体系，才能确保湖州旱涝无忧，实现地方社会的稳定发展与百姓的安居乐业。

然而，这种理想的状况在社会生产力与水利科技水平相对落后是难以实现的。从历史记载中可以看出，自两晋时代至宋元，湖州地区的灾害发生相当频繁而严重，对于当地百姓的生存造成严峻威胁，其中，水灾的影响最为剧烈。湖州自南朝以来，为重要粮食产地，故而湖州地区的灾害问题影响较大。为解决水患问题，中央朝廷与湖州地方官员都注重水利，成效显著，其中，以两宋及明代时期成绩最为显著，而湖州地区大量的水利建设景观也由此产生。从这一意义上，不得不承认，频繁发生的水、旱灾害，成为促进湖州地区水域景观维护、完善以及成熟的重要动力来源。

# 凤翔东湖：明代以降黄土高原一处城市水域的景观营建与日常生活<sup>*</sup>

李　嘎

（山西大学中国社会史研究中心）

**【摘要】**"走进城市内部"的微观研究理念已成为城市史学科的重要发展方向。陕西凤翔城区的东湖并非北宋苏轼开创，而是远在北宋之前既已存在，它由凤凰泉水和雨洪之水灌注而成。明清时期，东湖经历了多次水域景观营建，主要驱动力在于科举时代官僚士子对苏轼的追慕与文化认同；这一时期，东湖是凤翔城区一带官绅士人最为重要的休闲空间，也是他们开展社会互动的重要场域。民国以来，东湖景观营建的驱动力趋于形而下，这时的东湖基本以民众休闲场所的角色展示给世人。

**【关键词】**微观尺度；水域景观；城市生活；洪水；东湖

## 一、引言

城市水问题的具体表现不外乎三个方面，简而言之，即水少、水脏、水多，也即水资源短缺、水污染、水多为患三个问题。在我国黄土高原地带的城市中，缺水是最为常见的现象，历史时期也是如此，由此人们创造出丰富多样的解决城市水资源短缺问题的途径。[①]水污染多是由于人口高度集中或者近代工业化大生产出现以后而产生的问题，在历史时期黄土高原城市中并不严重。就水患现象而言，其同样是黄土高原城市中的重要问题，地方民众因之总结出十分多元的御患之策。不过，我们发现，水患现象并未因地方多元的应对方式而在黄土高原城市中消失，它们依旧

---

\* 本文是国家社会科学基金项目"环境史视野下华北区的洪水灾害与城市水环境研究（1368—1949）"（批准号：12CZS073）和 2017 年度山西省高校人文社科重点研究基地项目"旱域清泓：明清民国时期山陕黄土高原城市中的自然水域研究"（编号：2017309）的阶段性成果。

① 可参见包茂宏：《建国后西安水问题的形成及其初步解决》，王利华主编：《中国历史上的环境与社会》，三联书店，2007 年，第 259—276 页；程森：《历史时期关中地区中小城市供水问题研究——以永寿县为中心》，《三门峡职业技术学院学报》2013 年第 4 期，第 72—76 页。

会在城区一带肆虐。同时，黄土高原不少城市中多有泉源发育，加之很多城区的地势多凹凸不平，在这三个因素的互相作用下，黄土高原不少城市中常有面积比较可观的水体存在。这些水体常年不退，水体及其周边逐渐成为城市中重要的公共空间，从而在城市生活中扮演了重要的角色。

据笔者初步梳理，明代以降山西的太原城（文瀛湖）、清源城（东湖）、交城城（却波湖）、太谷城（西园）、夏县城（莲花池）、绛州城（天池）、永和城（莲池）、河津城（莲花池）、浑源城（金鱼池），陕西的陇州城（莲池）、榆林城（莲花池）、凤翔城（东湖）等地，均有面积较为可观的城市水体存在（部分城市水域景观参见图 1、图 2）。这些水体在缺水的黄土高原地带成为稀缺资源，地方民众或依靠其谋生，或进行景观营建，将其作为游赏雅集之地，或在其间举办集会，表达利益诉求，凡此种种，均揭示出这类水域空间在城市生活中的重要意义。

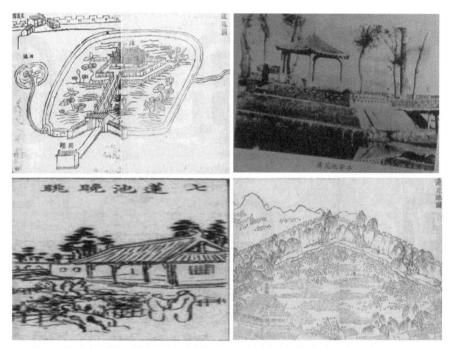

**图 1　黄土高原部分城市水域景观举例一：陇州城、榆林城、永和城、夏县城**

说明：左上为清代陇州城内莲花池图，载乾隆《陇州续志》卷前《图考·莲池图》，乾隆三十一年刻本，第 7—8 页；右上为民国榆林城内莲花池照片，载王正云：《莲花池到世纪广场》，《老榆林史话》（《榆林文史资料》第 32 辑），内部资料，2010 年印行，第 184—186 页；左下为清代永和城内莲花池图，载民国《永和县志》卷首《八景图》，民国二十年铅印本，第 8 页；右下清代夏县城内莲花池图，载光绪《夏县志》卷前《夏县图·莲花池图》，光绪六年刻本，第 12—13 页。

图2　黄土高原部分城市水域景观举例二：浑源城、交城城、太原城、清源城

说明：左上为清代浑源州城内金鱼池图，载光绪《浑源州续志》卷一《图考·金鱼池》，光绪七年刻本，第9—10页；右上为清代交城县城内却波湖图，载光绪《交城县志》卷二《舆地门·图考·却波湖》，光绪八年刻本，第10—11页；左下为民国太原城内文瀛湖照片，图片来源为 http://www.picturechina.com.cn/BBs/viewthread.php?tid=163188&extra=page%3D1；右下为清代清源城内东湖图，载光绪《清源乡志》卷首《图考·东湖夜月图》，光绪八年刻本，第18—19页。

　　当前的中国城市史研究逐步走向深入的一个重要体现在于发生了从宏观到微观的转向。学者们已经不满足于对某一城市的整体性的、大而化之的研究，转而"走进中国城市内部"①进行考察，从小处着眼，以小见大，城市中的公共空间就是学界十分关注的研究对象。但对于该问题而言，似乎存在三个方面的缺憾。其一，在研究时段上或者集中于近代，或者专注于传统时期，比较缺乏将传统与近代两个时段打通、开展长时程研究的成果。当然这与具体研究对象的特点有很大关系，诸如公园、电影院、跑马场等，本身就是近代社会的产物。不过，在城市微观空间议题上，学界尚未充分注意到长时程研究的价值，当是一个不太有争议的事实。其二，除少数

①　王笛在其专著《走进中国城市内部——从社会的最底层看历史》（清华大学出版社，2013年）一书中对该理念作了深刻阐述，可参考。

成果外，大部分成果并不十分关心空间如何生成，而是更为留意空间中所展现的丰富面向，在这些成果中，空间仅是"既已搭建好的舞台"而已。其三，在所探讨的城市的规模与地理坐落方面，较明显地集中于特大城市与东部地区城市，诸如上海、北京、南京、苏州等，中西部地区以成都研究较为深入，中小城市和中西部城市的微观空间研究仍有大量课题有待开展。

　　基于此，笔者不揣浅陋，将关注点置于明代以降陕西凤翔城内一处水域空间——东湖——的景观营建与城市生活问题上（东湖在凤翔城中的地理坐落参见图 3）。凤翔城在历史时期曾长期扮演关中西部区域中心城市的角色，不过自近代陇海铁路修通以来，该城在地位上出现了明显的下降；东湖则因北宋时期曾任凤翔府签书判官的苏轼的一首《东湖》诗而在后世名声大噪。笔者希望通过考察明代以降东湖水域的景观营建以及附着于东湖之上的城市生活问题，以使学界加深对我国西部地区城

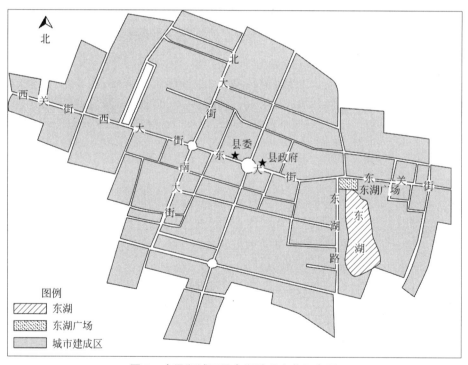

**图 3　今凤翔城区及东湖地理坐落示意图**

　　说明：底图采自陕西省民政厅、陕西省测绘局编：《陕西省行政区划图集》之"凤翔县城区图"，西安地图出版社，2007 年，第 55 页。

市环境史、城市生活史的认识。[①]

## 二、追寻东坡的足迹：东湖的形成与明清时期的湖景营造

### 1. 凤翔城、凤凰泉、洪水与东湖

在谈及东湖之前，首先阐明其所处的凤翔城的历史是十分必要的。凤翔作为政区名称，首次出现于唐至德元年（756）的凤翔郡，乃是由扶风郡改名而来，治所在雍县，故址即为今天的凤翔城。至德二年（757）升凤翔郡为凤翔府，称西京，改雍县曰凤翔县，与天兴县同为凤翔府治。上元二年（761）取消西京之号，仍称凤翔府。宝应元年（762）省凤翔县入天兴县。金大定十九年（1179）复改天兴县为凤翔县，仍为凤翔府治。此后凤翔府县并治今凤翔城的格局再未改变，直至 1913 年废府。实际上，早在隋初，雍县治所即由今凤翔县东南义坞堡移至今凤翔县，也就是说，自隋代初年开始，今凤翔县城即有了城市的建制。进一步而言，今凤翔县城南侧更是大名鼎鼎的春秋秦国都——雍城的所在，自秦德公元年（前 677 年）创建，其后 294 年间，雍城始终是秦人的首都，秦穆公在此开疆拓土，独霸西戎，成为"春秋五霸"的重要成员。[②]秦灵公迁都泾阳以后，雍城虽不再是国都，但秦人对其依然十分重视，一些重要的礼仪活动仍在雍城举行；甚至当秦始皇统一六国后，雍城作为秦人的故都，在秦代的城市中仍有重要地位。因凤翔城与雍城彼此空间距离极近，在地理环境上基本相似，故而在城市地理学上，二城可作为存在前后继承关系的同一座城市来看待。

---

① 学界关于凤翔东湖的研究性论文极少，已有成果仅关注于苏东坡与东湖的关系。将东湖水域作为特定空间探讨其景观营建及日常生活的长时段研究尚付阙如。要指出的是，凤翔地方政府及人士曾出版过两种关于东湖的资料性书籍，题名均为《凤翔东湖》，两书内容大体相似，主体部分均是东湖历代诗文的辑录，对今天的研究者提供了一定的便利。但不容忽视的是，两书均存在不少十分明显的缺陷。其一，东湖诗文内容的编排以作者为纲目，这显然打乱了历史时期围绕东湖而展开的人物群体间的彼此关联，对考察明清两代的士人雅集问题带来了极大不便，对此必须要借助大量旧志、文集等资料方可恢复士人活动的内在逻辑。其二，两书收录的东湖诗文并不全面，漏载现象较为明显，譬如康熙年间王嘉忠、王嘉信、王嘉礼关于东湖的诗文两书均漏载，这要求我们在研究过程中仍应以旧志资料为一手文献。其三，著录失误、错字漏字之处所在多有，譬如华思任、黄珍、黎陛擢三人均是康熙三十三年（1694）东湖雅集的重要参与者，显然是清代士人，两书均错录为明人，实不应该。两书分别为：中国人民政治协商会议陕西省凤翔县委员会文史资料研究委员会编：《凤翔东湖》，内部资料，1987 年印行；田亚岐、杨曙明编著：《凤翔东湖》，作家出版社，2007 年。

② 文中关于凤翔县、凤翔府、雍都、雍县的沿革情况参考自史为乐主编：《中国历史地名大辞典》"凤翔县""凤翔府""雍""雍县"等词条，中国社会科学出版社，2005 年，第 484、484、2711、2712 页。

就雍城而言，据考古勘查发现，雍城遗址四周有围墙相连，东西长 3480 米，南北长 3130 米，规模显然十分可观。[①]就凤翔城本身而言，唐末李茂贞割据凤翔期间，曾对凤翔城池进行过大规模的兴建，由此，凤翔城成为关中西部少有的大城市。明代以后，凤翔城又经历过景泰、正德、万历时期等三次较大规模的重建，康熙年间的史料记载说："凤翔府城，周围一十二里三分，旧高二丈五尺，唐李茂贞筑，景泰中重修，正德十三年知府王江增修，万历二年再修，高三丈，厚称之，女墙悉易以砖，四门楼橹鼎新之，东曰迎恩、南曰景明、西曰保和、北曰宁远，新所定也，池深二丈五尺，阔三丈，巍然焕然，一方之保障也。"[②]可见此时的凤翔城已经是周围 12 余里的巍巍大城了。城内街巷已经相当密集，据雍正《凤翔县志》所载，城内的地理中心点为十字口，其东为东门大街，街南有驿巷、吹手巷、文昌巷，街北有官院巷、毡匠巷；十字口以西为西门大街，街南有县家巷、柳巷，街北有城隍巷；十字口以南为南门大街，街东有行司巷、韦家巷、儒林巷、东马道，街西有府后巷、府前巷、西马道；十字口以北曰北门大街，街东为县仓巷，街西为县后小巷、军仓巷，密集的街巷布局揭示出城区人口的殷盛。[③]在明清时代，凤翔城的关厢地带同样有着长足的发展，其中最为繁盛者为东关，其富庶程度甚至超过了城墙之内的主城，史料对此有多处记载，其言称，"郡城东关街长十余里，巨商大贾所聚居，为一郡精华之区，城内向来冷落，一丝一粟皆取给于东关"[④]；"东关街市十数里，坐贾万余家，百货充牣"[⑤]；"凤翔为省西巨郡，控扼蜀陇，其精华皆在东关"[⑥]。从康熙《重修凤翔府志》所载凤翔城池图来看，东关地带也明显修筑有城墙，北城墙有四门，东西城墙各一门，南城墙有二门，图中标示东关街巷有 6 条。据雍正《凤翔县志》载，东关大街贯穿东西，街北有油坡巷、太白巷、麻巷口、沙家巷、崇德巷，街南有新市巷、南粉巷、曹家巷等。[⑦]凡此种种均折射出东关作为凤翔城区重要组成部分的事实，而本文要研究的东湖即坐落于距离主城东城门数步、东关大街以南的位置上。

---

① 雍城的遗址规模数据引自中国社会科学院考古研究所编著：《中国考古学·两周卷》，中国社会科学出版社，2004 年，第 255 页。

② 康熙《重修凤翔府志》卷二《建置·城池》"凤翔府城"条，康熙四十九年刻本，第 17 页。

③ 雍正《凤翔县志》卷二《建置志·街市》，雍正十一年刻本，第 12—13 页。

④ （清）张兆栋：《禀回民叛乱请发兵剿办由》，收入氏撰：《守岐公牍汇存》，上海古籍书店，1979 年影印本，第 1 页。

⑤ （清）余澍畤：《秦陇回务纪略》卷二，收入白寿彝编：《回民起义资料》（四），神州国光社，1952 年，第 222 页。

⑥ （清）王仙洲辑：《张渭川请兵援凤纪略·序一》，凤翔县志办公室据清光绪六年刻本复印，第 1 页。

⑦ 雍正《凤翔县志》卷二《建置志·街市》，第 13 页。

那么东湖是何时形成的呢？是否是北宋时苏轼创修的呢？对此，相关文献的记载并不一致。譬如，康熙《重修凤翔府志》载："东湖，府城东门外，宋苏轼官凤翔时八观之一也"，[①] 史料并未明确交代东湖的形成时间，可见纂修者对此问题还是较为谨慎的，因为康熙府志是在万历府志的基础上续修而成的，可以认为，这种审慎的看法代表了明末清初时人的观点。至乾隆三十一年（1766）《重修凤翔府志》时，对东湖的记载就完全变了："东湖，东门外，苏文忠公引凤凰泉水潴成"，[②] 可见至乾隆中期时，已出现东湖为北宋苏轼创修的观点。这一看法同样存在于清乾隆三十四年陕甘总督明山给乾隆皇帝的奏折中："东湖，在城东门外，宋苏轼引凤凰泉水潴成"。[③] 时至今日，东湖为北宋苏轼创修的说法已经成为一种十分普遍的现象。那么，东湖究竟形成于何时呢？现在看来，这一问题很有重新检讨的必要。一切都要从苏轼的名篇《东湖》诗谈起，诗文曰：

> 吾家蜀江上，江水绿如蓝。迩来走尘土，意思殊不堪。况当岐山下，风物尤可惭。有山秃如赭，有水浊如泔。不谓郡城东，数步见湖潭。入门便清澳，恍如梦西南。泉源从高来，随坡走涵涵。东去触重阜，尽为湖所贪。但见苍石螭，开口吐清甘。借汝腹中过，胡为目眈眈。新荷弄晚凉，轻棹极幽探。飘飘忘远近，偃息遗佩篸。深有龟与鱼，浅有螺与蚶。曝晴复戏雨，戢戢多于蚕。浮沉无停饵，倏忽遽满篮。丝缗虽强致，琐细安足戡。闻昔周道兴，翠凤栖孤岚。飞鸣饮此水，照影弄毵毵。至今多梧桐，合抱如彭聃。彩羽无复见，上有鹳搏□。嗟予生虽晚，考古意所耽。图书已漫漶，犹复访侨郯。《卷阿》诗可继，此意久已含。扶风古三辅，政事岂汝谙。聊为湖上饮，一纵醉后谈。门前远行客，劫劫无留骖。问胡不回首，无乃趁朝参。予今正疏懒，官长幸见函。不辞日游再，行恐岁满三。暮归还倒载，钟鼓已镗镗。[④]

正是苏轼的这首描绘东湖胜景的诗文使得东湖后世名声大噪，此诗也为我们考察东湖的形成时间提供了有力证据。根据孔凡礼在《苏轼年谱》中的考证，嘉祐六

① 康熙《重修凤翔府志》卷一《地理·山川》"东湖"条，第12页。

② 乾隆《重修凤翔府志》卷一《舆地·古迹》"东湖"条，乾隆三十一年刻本，第39页。

③ 参见《陕甘总督明山奏覆查明凤翔八观现存湮没情形折》，收入《史料旬刊》1930年第12期，第434页。

④ （宋）苏轼：《东湖》，乾隆《重修凤翔县志》卷七《艺文志·诗》，乾隆三十二年刻本，第105—106页。

年（1061）十二月年方 26 岁的苏轼正式就任凤翔府签书判官（全称"签书凤翔府节度判官厅公事"），此为其踏入仕途之始；就在上任伊始的嘉祐六年，苏轼即遍游包括东湖在内的地方古迹，咏诗抒怀，后汇为《凤翔八观》诗，其中就包括这首《东湖》诗。① 可以肯定的是，仅为签书判官的苏轼是很难甫一上任即开展创修东湖的大工程的。再结合上引文"吾家蜀江上，江水绿如蓝。迩来走尘土，意思殊不堪。况当岐山下，风物尤可惭。有山秃如赭，有水浊如泔。不谓郡城东，数步见湖潭。入门便清澳，恍如梦西南"诸句，我们可以想象，刚刚踏入仕途的苏轼，面对着尘土飞扬、风物凋零、秃山浊水，与家乡四川眉山的山清水秀的差距何啻天壤，这让他萌生了极为浓烈的思乡之情；其中的"不谓"二字值得重视，"不谓"者，不意、不料也，正在苏轼沮丧消沉之时，没想到凤翔城东积潴有一汪碧水，这迅速消减了他的低沉情绪，东湖使他仿佛回到了西南故乡。此外，从康熙《重修凤翔府志》中对苏轼为官凤翔期间的事迹来看，并无只字言其创修东湖之事，这也提供了佐证。② 至此，我们可以确定，凤翔东湖并非由苏轼创修，在其来凤翔为官之前该处既已存在一片面积可观的水体。至于该水体形成的具体时间，因史料缺载，已无法确知。但值得注意的是，苏轼《东湖》诗原文"飞鸣饮此水，照影弄毵毵"一句之下有作者自注"此古饮凤池也"字样，由此可见东湖水体与古饮凤池有着前后相继的承续关系。不过，"古饮凤池"已无确切资料可证其形成时间了，但远在北宋之前总该是了无疑义的。

　　进一步而言，东湖水体又是如何形成的呢？在这一问题上，上引《东湖》诗中的"泉源从高来，随坡走涵涵。东去触重阜，尽为湖所贪。但见苍石螭，开口吐清甘。借汝腹中过，胡为目眈眈"四句颇为重要，它实际已明确告诉我们东湖为泉源灌注而成。该泉即为坐落于凤翔城外西北角的凤凰泉，旧志资料记载说："（城）濠水起自西北之凤凰泉，绕城四围，合东门塔寺河，流入渭"。③ 可见凤凰泉成为灌注护城河水的水源，而凤凰泉水正是依地势高低，循护城河，自西而东，后自北而南，再经沟通护城河与东湖的石螭流入东湖。其中石螭的作用不可低估。2010 年，东湖公园内来雨轩北侧地下约 2 米处出土 3 件石螭，经陕西省考古队专家鉴定，确定为宋代文物，长 160 厘米，高 60 厘米，宽 80 厘米，龙眼圆睁，龙口微张，身内有槽，水可从口内流出，④ 使今天的我们可以一睹该器物的真容（参见下图）。

---

① 孔凡礼：《苏轼年谱》卷四《嘉祐五年至嘉祐六年》，中华书局，1998 年，第 97—99 页。

② 康熙《重修凤翔府志》卷四《官师·宦迹》"苏轼"条，第 15—16 页。

③ 雍正《凤翔县志》卷二《建置志·城池》，第 3 页。

④ 白军亮、张丽萍：《凤翔惊现千年石龙头》，《宝鸡日报》2010 年 6 月 4 日。

**图4　2010年出土于东湖公园内的石螭（笔者摄于2013年3月24日）**

笔者欲于此强调的是，苏轼为官凤翔之前的东湖水源不独凤凰泉一处，自城内流出的洪水也是东湖形成的重要因素。笔者于2013年3月在东湖周边开展田野调查，经目测发现，东湖北侧自东大街至东关大街一带，地势呈现出由西而东显著降低的态势。这告诉我们，古时城内的雨洪之水可以因地势之便自然流入护城河，再由护城河注入东湖，东湖充当了城内洪水的停蓄之所。可以想见，在凤翔城区遭遇强降雨之时，东湖对于减轻城内水患威胁无疑会起到重要作用。行笔至此，我们可以下结论说，凤翔东湖并非北宋苏轼始创，其形成时间远远早于北宋，前身为"古饮凤池"，水体乃是由凤凰泉和城内雨洪之水自然灌注而成的。

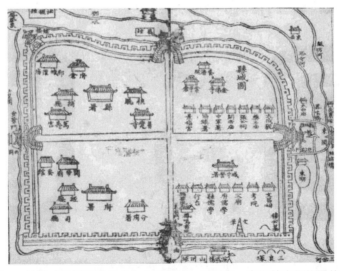

**图5　乾隆《重修凤翔县志》中凤翔城、凤凰泉、东湖的空间位置关系**

说明：此图截自乾隆《重修凤翔县志》卷首《图考·县城图》，乾隆三十二年刻本，第2—3页。

## 2. 明清时期的湖景营造

自苏轼作《东湖》诗以来，凤翔地方官府发起了多次较大规模的水域景观营造工程，东湖水域景观体系由此经历了复杂的演变。那么，究竟有哪些次较为重要的湖景营造行为？每次是如何实施的？他们营建东湖的驱动力是什么？东湖水域景观演变呈现出何种特征？此部分将对这些问题作出回答。

因史料缺乏，元代时期的东湖景观及营建行为已不得而知。文献所见最早的营造举动始于明万历年间的张应福。[①] 万历年间的东湖，"规模湫隘，无复尔时风物之胜"，水域景观破败严重。此时巡察关西的张应福"因慕苏子文学政事，得考究其往迹"[②]，对东湖水域进行了景观重建，史料记载说：

> 湖南闲田十数亩，中有基丈余，殆前人所欲为而未竟者。予因建亭其上，北面是湖，湖有莲，盈二三亩，余三方植竹万竿，翠盖红芳，摇金戛玉，岸渚交映，良足怡怀。[③]

张氏有感于湖中莲花广布，联想到莲乃花中君子，遂将湖体南侧新建小亭名之曰君子亭，同时在水体的北、南、东三侧大量补植竹子。经过张应福的重建，东湖美景得以重现。

及至清康熙中期，东湖水域的空间结构因大诗人王士禛及凤翔知县王嘉孝的记载而得以让今人知晓。王士禛的记载说：

> 湖在郡城东隅，仅三亩许，得雨益清洌。水亭曰"宛在"，其北，堂三楹，曰喜雨亭，有康熙中通判韩北城重刻《喜雨亭记》碑。后为苏公祠。万历中，佥事张应福于湖南作君子亭，亭下有莲三亩，竹万竿，见所自为《记》中。[④]

王嘉孝的记载说：

---

① 有必要指出的是，今东湖水体西北侧有"东湖静影"牌坊一座，据旁侧木牌标示，此坊乃是正德年间凤翔知府王江主持创修。考虑到此举未有史料支持，严谨起见，不将其列入东湖营建行为。

② （明）张应福：《君子亭记》，雍正《凤翔县志》卷八《艺文志中》，第 16 页。

③ 同上。

④ （清）王士禛：《秦蜀驿程后记》卷上，收入《王士禛全集》，齐鲁书社，2007 年，第 3566 页。

> 湖在凤城东门外迤南百步内，方可数十亩，湖南为君子亭，面湖跨梁
> 为宛在亭，其北为喜雨亭。又其北为苏公祠，以长公昔官此地，朝夕经游，
> 故祠焉。①

由上引文可知，康熙中期的东湖水体之上建有宛在亭，其为一临水小轩，当离北岸不远，由北岸经小桥能够径直进入此亭，南对湖泊主体；北岸陆上则为喜雨亭，有堂三楹；喜雨亭再北即苏公祠；湖泊南岸则为君子亭。不过，除君子亭可知是明万历年间张应福兴建之外，宛在亭、喜雨亭、苏公祠等建筑的始建时间已经不得而知了。对于东湖水体的占地面积而言，上引两位王姓士人的记载却大相径庭，颇有追索一番的必要。笔者认为王嘉孝的"数十亩说"更为可信。理由如下。乾隆三十四年（1769）陕甘总督明山在给乾隆帝的奏折中称："东湖周围约共四十亩，……湖面约周里余"。②此奏折是明山奉乾隆帝之命寻访北宋时苏轼所称"凤翔八观"的存留情况而作，且康熙中期至乾隆三十四年期间未见有扩大东湖水体的营建行为，则明山奏折无疑能够反映康熙中期东湖的占地规模。若湖体周长以1里计，湖泊形态假定为正方形，则湖体的占地面积约有15万平方米上下，折合成亩，则为20亩上下，考虑到东湖的实际形态极不规则，由此，王嘉孝的"数十亩"更为接近实际，"三亩许"则可信度不大。有学者可能要问：王士禛所言与明万历间张应福"盈二三亩"的记载是一致的，应以士禛之说为是。但认真研读张氏所记就不难发现，"盈二三亩"乃是指湖中莲花的占地规模，并非指湖体本身，进一步说，士禛极可能正是受张氏的"误导"才提出了水体"仅三亩许"的说法。况且，王嘉孝在康熙三十一年至康熙三十七之间始终任凤翔知县，而王士禛则是康熙三十五年首次来到凤翔、来到东湖，且时间仅短短数日，对东湖的了解断不如嘉孝深入。③综言之，明末清初的东湖水体面积为数十亩的规模。

康熙中期以后直至乾隆十九年的50余年间，未见有任何营建行为，东湖水域景观重现苍凉衰败之象，君子、宛在二亭已经荒废，据乾隆十九年凤翔知府朱伟业的记载说：

> 城外有水曰东湖，为昔苏长公游观所。渺渺一鉴，古木苍然，暗通清

① （清）王嘉孝：《东湖即事》，雍正《凤翔县志》卷九《艺文志下》，第42页。
② 《陕甘总督明山奏覆查明凤翔八观现存湮没情形折》，收入《史料旬刊》1930年第12期，第434页。
③ 王士禛系于康熙三十五年奉康熙帝之命赴陕西、四川祭告西岳、西镇、江渎而有路经凤翔之事。详见下节相关论述。

泉，远收翠峰，洵幽境也。郡志载，湖中旧有君子、宛在两亭，想亦前之官此邦者，因地兴怀，得凤人遗意，动蒹葭阻长之慕，而颜其亭耶？甲戌（即乾隆十九年——笔者注）之夏，予来守是郡，偶至湖上，但见荒烟蔓草，祠宇倾颓。寻问二亭，金曰："皆废矣"。[1]

当是因为苏东坡在明代士人中的崇高地位，亦因东湖本身即为一方风景佳地，新上任的朱知府不忍见眼前东湖的荒芜景象，遂于是年七月发起一轮景观重建活动，修缮了宛在亭，并清除杂草、灌木。其言："是年七月，因捐资鸠工，芟柞荒芜，修补破败，并镌是额于此，以识旧观，以达前人之意云尔"。[2] 乾隆三十二年时，凤翔地方官员曾捐资修建苏公祠，史料载称："（宛在）亭之后即苏祠，祠共二进，每进三楹，东西配房各三，系乾隆三十二年地方官捐资重修"。[3]

八年之后的乾隆四十年，陕西巡抚毕沅对东湖进行了修浚，成为东湖水域景观建设史上的重大事件。其在《关中胜迹图志》中言：

> 东湖，在县东门外。……当日湖波潭影，与辋水、渼陂并传名胜，岁久就湮，旧有亭台及轼祠宇，亦多倾圮。臣于乙未（即乾隆四十年——笔者注）春仲护送王师入蜀，经历凤翔，重加葺治，剪伐灌莽，舒展湖身，绕堤古柳数十株拔地参天，真数百年物。四围补植花竹，映带清流，庶几昔贤遗迹复还旧观。[4]

细心的毕沅命人将整修之后的东湖美景绘成图画，与上述文字一同收入了《关中胜迹图志》中，成为今人了解清代中期东湖水域景观的极为重要的直观史料，（参见图6）。可以看出，乾隆四十年时东湖内部的亭台祠宇复又出现颓败之状。结合文字、图像，毕沅的景观重建工作可分为四个方面：其一是重修亭台祠宇，其中当包括宛在亭、苏公祠等，但并不包括君子亭。乾隆十九年朱伟业的修建行为中就未见修复君子亭的记载，乾隆三十二年的重建仅限于苏公祠，乾隆三十四年明山奏折中明确说："东湖，在城东门外，宋苏轼引凤凰泉水潴成，上有亭二座，今宛在亭尚存，君

---

[1]　（清）朱伟业：《宛在亭说》，乾隆《重修凤翔县志》卷七《艺文志·说》，第83页。

[2]　同上。

[3]　《陕甘总督明山奏覆查明凤翔八观现存湮没情形折》，收入《史料旬刊》1930年第12期，第434页。

[4]　（清）毕沅：《关中胜迹图志》卷一七《凤翔府·大川》，三秦出版社，2004年点校本，第500—501页。

图6　乾隆四十年陕西巡抚毕沅整治后的东湖水域景观

说明：此图截自（清）毕沅：《关中胜迹图志》卷十七《凤翔府·大川》"东湖图"，三秦出版社，2004年点校本，第502—503页。

子亭旧址虽在，亭已倾圮"，[①] 可见乾隆三十四年时的君子亭已经荒废，《关中胜迹图志》中的"东湖图"显示仅有宛在亭、东坡祠两座建筑，至此可确知毕沅葺治亭祠之举并不包括君子亭。其二，清除东湖周边的灌木荒草。其三则是"舒展湖身"，这四个字很值得关注，说明自明末以来长期保持"数十亩"、"周里余"规模不变的东湖水面在毕沅的努力下实现了扩大，但究竟舒展了多少，因缺乏史料，已无从查考。其四即在湖体周边补值花竹。《关中胜迹图志》"东湖图"中竹、柳两种乔木十分显眼，其中的部分丛竹当即毕沅补种。凤翔东湖经过毕沅的大力治理，从此正式成为"关中胜迹"，至今依然。

乾隆五十九年（1794）秋，暴雨成灾，苏公祠毁坏严重，凤翔知县邓裕昌因而重修，同时对水体周边亭榭也有所修复。其为文自记说："乾隆甲寅冬，余来宰凤翔，谒东湖苏文忠公祠，因是年秋水暴发，殿宇将圮，急为鸠工修葺，并湖中亭榭而一新焉"，重修后的东湖"池台环绿沼，隐映峙湖滨"，体现出良好的景观效果。[②]

嘉庆年间有两次重修东湖的记载，一次系在嘉庆十六年（1811）凤翔知府王骏猷主持。史料载称："嘉庆十六年，太守王公骏猷修葺公祠，重加疏浚，木桥水榭，

---

① 《陕甘总督明山奏覆查明凤翔八观现存湮没情形折》，收入《史料旬刊》1930年第12期，第434页。

② （清）邓裕昌：《东湖纪事并序》，收入田亚岐、杨曙明编著：《凤翔东湖》，第119页。

胜境增新",①可知重修了苏公祠，疏浚东湖水体，另有增筑新的滨水景观之举，施工规模当为不小。另一次是在嘉庆二十五年由凤翔知府高翔麟主持。其在《东湖》诗的引子中说："余典郡凤翔，访东湖故址，已成芜陌，捐廉集工，一月浚成"。从高氏所作诗文"清输鹤俸议鸠工，荷锸成云匝月中"、"隔岸看花围万树，治堤种竹绕千竿"等句来看，这次重修之举亦属较大规模。②

道光年间亦见有两次重修东湖的记载。首先是道光八年（1828）凤翔知府陈懋采"疏浚湖水，新制庙貌"，③但具体的工程量已无从查考。第二次乃是道光二十六年（1846）凤翔知府白维清主持的大修活动。陈懋采重修东湖的成效并没有维持多久，道光二十六年时，东湖在景观功能与水利作用方面均出现了新的问题，白维清记载说："（东湖）地当孔道，行人来往与夫樵童牧杂沓其中，不数十年，石磴木阑湮没于荒烟蔓草，湖中土砾沙碛淤墁不流，偶遇春涨秋霖，山水奔驰，每致冲溢田庐，则始之为利者，今反为之害矣"。④由此可见东湖泛滥成灾威胁周边地段的实况。基于此，白维清发动凤翔府境内多个属县官员大修东湖：

> 先浚湖根，旋引泉脉，淤者深之，实者瀹之，遂成巨浸矣。乃以疏浚余资，于湖之北岸，建敞轩三楹，傍矗层楼，用资远眺，栽花雒草，种树架桥。嘱宝鸡二尹章子廷英绘为全图，参军陆子均董其事，经数月而工告成。⑤

在本次重修工程中，重新浚深了湖体，清理了凤凰泉与湖体之间的流路，用疏浚水体之后的剩余款项在湖体北岸建敞轩三楹，此即今日来雨轩的前身；旁侧新建层楼，此即今日东湖景点中最高建筑——一览亭。

同治初年，陕甘之地爆发大规模"回变"，处于关中西部的凤翔府也成为回汉厮杀之场。起先是同治元年（1862）的八月初四日凌晨，凤翔回民在东关麻巷口聚众放火起事，以响应西安、同州两府的回民，时任凤翔知府张兆栋在给陕西巡抚的文牍中奏称事件经过说："八月初四日凌晨，（回民）聚众多人，在马家巷口放火起事。逆意欲乘我仓促，夺东城门而进，所幸驻扎东湖团勇五百名，整队堵截剿杀，该逆

①（清）白维清：《重修东湖碑记》，收入田亚岐、杨曙明编著：《凤翔东湖》，第120页。

②（清）高翔麟：《东湖》，收入田亚岐、杨曙明编著：《凤翔东湖》，第99—100页。

③（清）熙年：《重修东湖苏公祠凌虚台喜雨亭记》，收入田亚岐、杨曙明编著：《凤翔东湖》，第125页。

④（清）白维清：《重修东湖碑记》，收入田亚岐、杨曙明编著：《凤翔东湖》，第120页。

⑤ 同上书，第120—121页。

遂退回巢穴。"① 马家巷口即东关麻巷口，可见回汉双方在东门一带交锋惨烈，距东门仅数十步的东湖因之遭受极为严重的破坏，史料记载说："同治初年，花门蹂躏，遂致昔日之胜，荡然无存。"② 可知东湖水域景观被损的严重程度。此事之后凤翔历任地方官员遂持续开展东湖的水域景观重建。先是凤翔知府李慎指令凤翔知县严德芳"再浚东湖，岸栽杨柳"，待李慎转官他处之后，又专门致函凤翔地方武官常瑛"修建鸳鸯亭；"③ 同治十二年凤翔署任知府蔡兆槐再"于湖内修春风亭、不浪舟；"④ 光绪十年（1884），驻防凤翔的武将张运馥"重修宛在亭"；光绪十一年换防至此的孙耀桂"督率勇夫，浚湖淤"。不过，同治、光绪年间的多次景观重建之举均属局部修复，东湖水域整体萧条的局面并未有大的改观。⑤ 光绪十三年时任凤翔知府熙年"目击情形，有感于怀"，遂有了新一轮大规模的东湖重修之举，其在记文中对此次大修经过有详细记述：

> （光绪）十三年与寅僚捐廉鸠工，添修牌坊、湖门，建丽于榭三间，庖厨一所，造埦篊画舫，植花竹、种荷芰、固桥栏、竖绣石、谨瓦墁、饰窗楹、列几筵、具器用，一时乘传之使，流连觞咏其间，以重见君子、宛在为喜。惟祠阙焉，莫隆报飨。十四年夏，又谋诸附郭同宝（鸡）、岐（山）绅商出资，刻日饬匠，寻旧故址，亟为之经营。修正殿三间，同笑山房三间，鸣琴精舍三间，悉见整齐。祠之左侧，地势宽阔，筑凌虚台一座。台上修亭一间，以适然名。喜雨亭并茸其下焉。四面缭垣，应用一切，均为具备。委赵二尹联芳、余少尉朝乐董司其事。自五月兴工，至十月竣事。⑥

从上引文来看，此次重修东湖水域景观的工程规模十分可观，除熙年及身边官吏主动捐钱之外，还发动了附郭凤翔县、府属宝鸡县、岐山县的绅商出资，值得注意的是，除重修君子亭、宛在亭、喜雨亭之外，新建了牌坊、湖门、丽于榭、庖厨、画舫、凌虚台、适然亭，其中苏公祠重修力度很大，同笑山房、鸣琴精舍等苏公祠附属建筑均有较大工程量。

---

① （清）张兆栋：《禀回民叛乱请发兵剿办由》，收入氏撰：《守岐公牍汇存》，第1页。

② （清）熙年：《重修东湖苏公祠凌虚台喜雨亭记》，收入田亚岐、杨曙明编著：《凤翔东湖》，第125页。

③ 同上。

④ 同上。

⑤ 同上。

⑥ 同上。

图 7　今日东湖公园内凌虚台与适然亭（笔者摄于 2013 年 3 月 24 日）

　　降至光绪二十四年，凤翔知府傅世炜在东湖水面小岛上新建会景堂，[①] 并在东湖水体南侧开辟出一片新的水域，后人称之为南湖，史料记载说："（傅世炜）于东湖南偏买田数十亩，筑堤蓄水，旱则泄水以资灌溉，拟置亭、台，未成而去任，湖遂渐涸"。[②] 南湖虽然逐渐干涸，但东湖从此形成了今日所见的内外湖格局。

　　综合审视明清时期东湖水域的景观营建史，可以同治初年"回变"为节点分为前后两个时期，同治以前东湖水域景观营建规模相对较小，以修复为主、新建为辅；同治"回变"对东湖水域景观造成毁灭性打击，但同时也造就了重整东湖空间的机遇，此一时段的水域景观以新建为主，修复为辅，大量新景观被创造出来，最终奠定了今天东湖水域景观结构的基本框架。

## 三、"美主嘉宾成雅会"：明清士人在东湖的雅集与书写

　　苏轼之盛名、东湖之美景，对明清两代这一科举繁盛时期的士人有极大吸引力。他们或数人汇聚于东湖之上宴饮、泛舟、赏景、玩月，或独自于东湖流连忘返，留

---

　　① 必须说明的是，傅世炜创建会景堂之事，笔者并未找到原始资料的支撑，仅在今日东湖内"会景堂"建筑的说明中有所记载，其称："清光绪二十四年，知府傅世炜将其迁入东湖，更（会景亭）名为会景堂，位于内湖小岛"，考虑到光绪二十四年去今不远，暂从此说。

　　② 转引自郑文周：《东湖缀景考》，收入中国人民政治协商会议陕西省凤翔县委员会文史资料研究委员会编：《凤翔东湖》，第 100 页。

下了百余首东湖诗文，这批文献成为今人了解明清时期黄土高原地区一座普通城市士人生活实况的重要史料。笔者认为，群体汇聚式的士人雅集最能反映出士人东湖活动的多元性、立体性，对于考察日常生活问题很有助益。基于此，笔者对百余首东湖诗文进行了细致、审慎地排比考证，选择其中较为典型的8次士人雅集活动，以此来考察明清时期东湖水域的士人生活问题。①

## 1. 明代士人的东湖雅集

### ①王体复、杨楫、李贞东湖雅会

万历年间的一天，身为陕西左布政使的王体复与故交杨楫、李贞相聚于凤翔东湖。王体复在日后的记文中回忆说：

> 予为水曹郎时，知江杨公、爱溪李公共事署中，朝夕欢也。踪萍间阔倏且十年矣。今年杨公宪使关西，予亦叨藩宣于此，而李公由太守谢政，家居凤翔，因得聚于郡之东湖。开樽命酌，话旧论心，通宵不倦，东方既白，鸣驺而散。②

王体复乃是山西太平县人，字阳父，号述斋，隆庆二年（1568）进士。上引文所言"水曹郎"系指其仕宦生涯起点的工部都水司主事，十余年之后，王体复官至陕西左布政使，为一方封疆大吏。③从上引文中的"藩宣于此"可以看出，此次雅会之时正是其官任陕西左布政使期间。"知江杨公"即杨楫，河南商丘县人，据康熙《商丘县志》载，杨楫为万历二年（1574）进士，"任山东金乡知县，迁御史，仕至陕西按察司佥事"，④文中所载"宪使关西"，当即指其任陕西按察司佥事时分道巡察凤翔而言的。"爱溪李公"名曰李贞，凤翔本邑人，系嘉靖三十七年（1558）举人，曾官

---

① 必须指出，城市生活是城市中各社会群体共同创造出的城市图景，士人只是其中的一个群体，农人、手工业者、商人的活动与东湖之间有怎样的关联？从道光年间凤翔知府白维清所言"（东湖）地当孔道，行人来往与夫樵童牧竖杂沓其中"（（清）白维清：《重修东湖碑记》，收入田亚岐、杨曙明编著：《凤翔东湖》，第120页）一句来看，东湖水域无疑是对所有社会阶层开放的城市公共空间，但因相关史料的缺乏，实无法回答这一问题。因此，严格来讲，笔者在本节的工作仅是反映了明清时期东湖水域日常生活的一个面向，不过，士人活动代表了明清东湖空间日常生活的主要方面，是没有多大疑问的。

② （明）王体复：《凤湖雅会·引》，雍正《凤翔县志》卷九《艺文志下》，第36页。

③ 王体复生平引自乾隆《太平县志》卷六《选举志·制科》（乾隆四十年刻本，第3页）及同书卷七《人物志·名贤》（第7—8页）。

④ 康熙《商丘县志》卷六《选举》，康熙四十四年刻本，第29页。

至四川马湖府知府。① 上引文揭示王、杨、李三人早年曾是一起共事的同僚，凤翔东湖成为他们久别重逢之地，三人在东湖之上饮酒叙旧，通宵达旦。雅会期间三人分别赋诗一首，内容如下：

> 画省炉香恍若蒸，联镳记是十年曾。还将鼓瑟逢杨意，更许登龙御李膺。病渴常思金掌露，临池共吸玉壶冰。论心此夕成佳会，不觉东方日已升。②
> （王体复：《凤湖雅会》）
> 燕树几年违画省，萍踪今夕集岐阳。论文水部胸如斗，授题谪仙兴若狂。绿水开轩金缕细，青山入座漏壶长。天边正缘瞻奎聚，霜角城头报曙光。③
> （杨楫：《凤湖雅会·奉和》）
> 十年重会人如玉，林下皤然鬓欲霜。自愧新诗非李杜，还推佳句属王杨。冲寒带腊春将到，秉烛围炉夜未央。倚栏高歌清兴极，湖边草木总辉光。④
> （李贞：《凤湖雅会·奉和》）

王体复在三人中品级最高，自然成为此次雅会的首吟之人，杨楫、李贞分别奉和。三首诗文的总基调在于"叙旧"，描绘东湖本身美景的文字很少，在框架结构上完全相同。首句均表达三人于京师一别十年之后在凤翔东湖再次聚首的欣喜感受，李贞诗中的"鬓欲霜"还揭示出时光无情的沧桑之感。第二句用词最为巧妙，王诗中的"杨意"、"李膺"无疑代指杨楫、李贞二人；杨诗中的"水部"、"谪仙"则从仕宦经历角度代指王体复、李贞；李诗中的"还推佳句属王杨"则明显指王体复、杨楫二人。三人用这样的方式相互推崇。第三、第四两句通过"日已升"、"漏壶长"、"报曙光"、"夜未央"等词组将三人在东湖小亭中围炉叙旧、赋诗抒怀、不觉旭日已升的意境表达得淋漓尽致。我们知道，此时的王体复位高权重，杨楫在品级上为按察使司的属官，官位低于王氏，而此时的李贞更已是谢政归家的非官身份，十年前京师共事的经历成为如今三位社会地位明显存有落差的人士能够聚首东湖的纽带，从而为我们呈现出一幅传统时代士人交往的生动画卷。

**②左熙、杨楫、李贞东湖雅集**

与王体复、杨楫、李贞东湖雅会差相同时，杨楫、左熙、李贞还有一次东湖雅

---

① 乾隆《重修凤翔府志》卷八《选举》，第36页。
② （明）王体复：《凤湖雅会》，雍正《凤翔县志》卷九《艺文志下》，第36页。
③ （明）杨楫：《凤湖雅会·奉和》，雍正《凤翔县志》卷九《艺文志下》，第36—37页。
④ （明）李贞：《凤湖雅会·奉和》，雍正《凤翔县志》卷九《艺文志下》，第37页。

集活动。杨楫与李贞的身份前文已经交代。左熙系陕西耀州人,据乾隆《续耀州志》卷七载,左熙乃是嘉靖四十四年(1565)进士,[①] 又据同书卷六载,左熙先后任汲县知县、户部主事、兵部员外郎、山西布政司参议兼佥事、四川按察司佥事等职,[②] 并未有任凤翔地方官的经历,这也与明代官员任职地域回避制度相合。笔者推测左熙家乡耀州距凤翔并不甚远,当是因私而有凤翔之行。需要强调的是,至晚从明嘉靖年间开始,耀州左氏就成为官宦大族,累世皆有科举功名,如左思明、左熙、左史、左佩玹、左永图、左佩琰、左士元、左重光、左纶等,均是较为著名的人物,左熙正是左思明之子。[③] 三人所赋诗文为我们了解这次雅集提供了可能。三首诗文如下:

> 离筵夕对镜塘开,选胜麟郊接凤台。入座湖光侵宝剑,移舟荷气落金杯。
> 珠联并擅西京赋,髯断还惭下里才。遥望春旌临锦水,天涯云树各徘徊。[④]
> (杨楫:《东湖》)

> 水云深处绣遥开,日夕邀欢有宪台。箫鼓喧阗青雀舫,名花照耀紫霞杯。
> 杨雄奇字吾真好,李白豪吟凤擅才。夜半怜余醉别去,美人时忆重徘徊。[⑤]
> (左熙:《东湖》)

> 鉴湖水拥夜筵开,绣斧双临肃宪台。钓得锦鳞烹玉鼎,折来红药泛金杯。
> 雕龙最爱杨雄赋,华国须知左史才。美主嘉宾成雅会,叨陪星聚共徘徊。[⑥]
> (李贞:《东湖》)

从上引文可以推定,杨楫当是此次雅会的首吟之人,此时杨楫官任陕西按察司佥事,分巡凤翔府,左诗、李诗首句中均提及的"宪台"即指杨楫,则左、李二人乃是奉和杨楫而作。"日夕邀欢有宪台"一句揭示本次东湖雅会乃是杨楫邀集而成。诗作中对东湖美景的描述显然要比王体复、杨楫、李贞雅会诗文要细致,轻舟、荷花、绿水、游鱼均有提及,三人夜宴东湖,把酒赋诗,垂钓烹鱼,直至夜半方才离去。其间自然少不了互相推崇,左诗中的"杨雄奇字吾真好,李白豪吟凤擅才"当是代指杨楫、李贞二人,而李诗中的"雕龙最爱杨雄赋,华国须知左史才"自然是指杨楫、

---

① 乾隆《续耀州志》卷七《选举·科目》,光绪十六年据乾隆二十七年刻板增刻,第1页。

② 乾隆《续耀州志》卷六《人物志·廉能》,第4—5页。

③ 乾隆《续耀州志》卷六《人物志》,第4—8、11—12页。

④ (明)杨楫:《东湖》,雍正《凤翔县志》卷九《艺文志下》,第27页。

⑤ (明)左熙:《东湖》,雍正《凤翔县志》卷九《艺文志下》,第27页。

⑥ (明)李贞:《东湖》,雍正《凤翔县志》卷九《艺文志下》,第27页。

左熙二位了。尽地主之谊的杨楫、远道而来的左熙、辞官家居的李贞为我们展示了又一幅东湖士人生活图景。

### ③杨楫、许孚远东湖雅会

杨楫驻巡凤翔期间，不止一次地呼朋引伴赴东湖，他已然成为东湖的常客。其有史可查的第三次东湖雅会是与许孚远一起完成的。许孚远字孟中，号敬庵，浙江德清县人，据康熙《德清县志》所载，孚远少时"天资卓伟，操履端诚"①；又据《明史》载，许孚远为嘉靖四十一年（1562）进士，曾官南京工部主事、吏部主事、广东佥事、两淮盐运司判官、建昌知府、陕西提学副使，万历二十年时官至右佥都御史，巡抚福建，三年后入为南京大理卿，调兵部右侍郎，旋改北部左侍郎，又数年，卒于家。许孚远精研理学，乃是一代名儒。②杨楫与许孚远的东湖雅会无疑发生于孚远官任陕西提学副使之时。二人所作东湖诗文为：

　　使君开宴凤城东，亭隐湖心一鉴空。万叠青山春雨外，数声黄鸟暮林中。
封疆正履岐周旧，勋业何如旦奭雄。酾酒临流千古意，坐来鄙吝已消融。③
（许孚远：《杨知江寅丈招饮凤翔之东湖亭》）

　　天官声价满江东，秉宪抡才藻鉴空。阅骏骊黄超象外，探奇麟凤入编中。
文依北斗千寻烂，剑倚长风百二雄。夜静移舟闻秘说，波澄雨霁月融融。④
（杨楫：《次许敬庵文宗寅丈韵》）

此时的杨楫官任陕西按察司佥事，许孚远为陕西提学副使，同地为官、品级相近，故孚远称杨楫为"寅丈"，即同僚之意；此时的孚远已是众所宗仰的文章大家，故杨楫以"文宗"称之。从许诗题目中"招饮"可知此次雅集仍是杨楫提议，从许诗中的"亭隐湖心一鉴空"，结合明末清初东湖的景观结构，此亭极可能即为宛在亭。细细研读两首诗文，其表达的主要内容在于两个方面，一为吟咏东湖美景，诸如许诗中的"青山"、"春雨"、"黄鸟"、"暮林"，杨诗中的"舟"、"波"、"雨"、"月"，短短几组词汇即将春日傍晚时分的东湖胜景生动地刻画出来。二则互相推崇对方功业名气，许诗中的"封疆正履岐周旧，勋业何如旦奭雄"，通过引用西周初年周公旦、召公奭之功业来推崇当下杨楫在驻巡凤翔期间的不俗政绩；杨诗中的"天官声价满江东"、"文

---

① 康熙《德清县志》卷七《人物传·儒行》，康熙十二年刻本，第 11 页。

② 《明史》卷二百八十三《儒林二·许孚远传》，中华书局，1974 年，第 7285—7286 页。

③ （明）许孚远：《杨知江寅丈招饮凤翔之东湖亭》，雍正《凤翔县志》卷九《艺文志下》，第 35—36 页。

④ （明）杨楫：《次许敬庵文宗寅丈韵》，雍正《凤翔县志》卷九《艺文志下》，第 36 页。

依北斗千寻烂"诸句明显是对许孚远大儒文宗地位的高度推崇,而"夜静移舟闻秘说"一句,则形象地揭示出杨楫洗耳倾听许氏高论的举动。

④邢云路、岳万阶、姚孟昱东湖雅集

亦是在万历年间,又一场士人雅集活动在凤翔东湖"上演",这次的"主人公"是邢云路、岳万阶、姚孟昱三人。邢云路系北直隶安肃县人,据邢氏墓志铭载,其为万历八年(1580)进士,曾官任山西繁峙知县、临汾知县、河南金事、陕西按察司副使等职。① 乾隆《安肃县志》称其"容仪修洁,气度潇洒"。② 他精通天文历法,著有《古今律历考》、《戊申立春考证》等天文历法著作。此次雅会当举办于云路任陕西按察司副使之时。岳万阶系山东朝城人,字允声,别号仰山,据康熙《朝城县志》载,万阶自幼聪慧,读书过目不忘,挥毫成章,万历十一年(1583)成进士,历官刑部主事、衢州知府等职,官至陕西左布政使。③ 此次雅会当举行于万阶官任陕西左布政使期间。姚孟昱的身份因史料缺乏,仅知其为万历十七年(1589)进士。④ 此次雅集,每人为诗二首,凡六首,题曰《东湖杂咏》,内容如下:

> 朋好合风光,维舟引兴长。景涵天上下,人在水中央。岸柳含衣绿,晴波射酒黄。更堪修禊事,新月下沧浪。(邢云路:《东湖杂咏》之一)

> 追赏眈浮景,春游白日闲。彩凤来穆穆,好鸟语关关。水荇牵衣带,林花上酒颜。乘槎度牛斗,天路不知还。⑤(邢云路:《东湖杂咏》之二)

> 新月映湖光,从流逸兴长。投胶情更笃,飞羽乐无央。竹影摇波绿,梅桩照酒黄。坐听盈耳奏,钧乐下沧浪。(岳万阶:《东湖杂咏》之一)

> 最爱艳阳景,且偷忙里闲。清言频对酌,乐意两相关。云影摇仙舫,花光开笑颜。和风收满袖,载月夜深还。⑥(岳万阶:《东湖杂咏》之二)

> 城角注湖光,源深流亦长。清波澄下际,灏影荡中央。荷擎浮玉碧,柳吐绽金黄。莫辞今夕劝,明月泛沧浪。(姚孟昱:《东湖杂咏》之一)

> 为揽东湖胜,聊乘问俗闲。川源通渭水,泉脉透秦关。征歌堪适意,

① (明)孙承宗:《陕西按察使邢公墓志》,民国《徐水县新志》卷十二《艺文记下》,民国二十一年铅印本,第10—13页。

② 乾隆《安肃县志》卷九《人物·名贤》,乾隆四十三年刻本,第5页。

③ 康熙《朝城县志》卷八《人物志·科目·进士》,康熙十二年刻本,第8页。

④ 参见朱保炯、谢沛霖编:《明清进士题名碑录索引》,上海古籍出版社,1979年,第2572页。

⑤ (明)邢云路:《东湖杂咏》,雍正《凤翔县志》卷九《艺文志下》,第27—28页。

⑥ (明)岳万阶:《东湖杂咏》,雍正《凤翔县志》卷九《艺文志下》,第28页。

对酒且开颜。维舟邀夜月，漏尽不知还。①（姚孟昱：《东湖杂咏》之二）

从诗作中，我们无法确定谁是此次雅会动议的提出者，但仍旧可以得出诸多有用信息。从"春游白日闲"、"柳吐绽金黄"等句，可知雅会发生于春季。从"人在水中央"一句可推测三人可能具体聚会于东湖水上的"宛在亭"。六篇诗文基本全系描绘东湖的美丽景致，并无上文三次雅会中参与者彼此推崇的诗句，三人在东湖中荡舟赏景，在水亭内觥筹交错、畅叙友情，湖岸春柳乍绿，湖中水波荡漾，湖面上的水草仿佛要与游人衣带相连，夜幕降临，明月当空，三人仍无归意，沉醉在这和煦的春风里。

### ⑤李棨、丁应时、苏浚东湖雅会

万历中期的一个秋日，李棨、丁应时、苏浚三人聚会于东湖，成就了又一次士人雅会。李棨系山西平定州人，万历二十二年（1594）举人，仕宦生涯的首站即为凤翔知县。据乾隆《平定州志》记载："初令凤翔，有惠政，兴学校，建南门，有掘地得金者，或讦之，棨曰：彼自得金，何与尔事，何与我事，其判事机警类此，在任数载，人称廉吏，祀凤翔名宦"，②可见是一位较有政声的凤翔知县。丁应时是山西安邑人，与李棨同为万历二十二年举人，③据康熙《陇州志》载，丁应时曾在万历年间任陇州知州。④苏浚系山东灵山卫人，乾隆《灵山卫志》对苏浚生平有较详细的记载，其曰："苏浚，字东浦，性恬雅，好读书。能文工诗。以明经任郿县县令，称循良。赋归，诗酒自娱，不干外事。著有《群玉斋诗集》，藏于家"；⑤又据乾隆《郿县志》载，苏浚万历年间曾任郿县知县。⑥可以看出苏浚是一位科举功名不高但好学能文的性情中人。总体来看，与前四次东湖雅集的参与者多是进士出身、官阶较高、声望较著的情形有所不同，李、丁、苏三位科举功名皆不甚高，多是举人，且皆为凤翔府辖下的州县级的基层官员，⑦由此我们也可以推测，三人可能因公务同时赴凤

---

① （明）姚孟昱：《东湖杂咏》，雍正《凤翔县志》卷九《艺文志下》，第28页。

② 乾隆《平定州志》卷八《人物志·宦绩》，乾隆五十五年刻本，第51页。

③ 乾隆《安邑县志》卷六《选举·举人》，乾隆二十九年刻本，第24页。

④ 康熙《陇州志》卷四《官师志》，康熙五十二年刻本，第8页。

⑤ 乾隆《灵山卫志》卷六《人物志·文学》，五洲传播出版社，2002年据乾隆三十九年抄本校注，第193页。

⑥ 乾隆《郿县志》卷五《官师志》，乾隆四十四年刻本，第9页。

⑦ 明嘉靖三十八年十一月前，凤翔府下辖凤翔县、岐山县、宝鸡县、扶风县、郿县、麟游县、陇州，其中陇州又下辖汧阳县，嘉靖三十八年十一月后，汧阳直属于府，陇州之下不再辖县，直至明亡。

翔府办差，公事之余，三位州县官同游东湖，方有了此次雅集的举行。本次雅集诗文共六首，每人两首，题为《东湖》，诗作内容为：

> 喜雨亭前暮霭收，须臾明月绕层楼。传杯喜践雷陈约，击节还登李郭舟。笑把茱萸重泛酒，期开菡萏复来游。更阑不尽登临兴，鼓枻须穷天际头。（李榮：《东湖》之一）

> 祥云掩映凤城隈，飘渺湖光一鉴开。愧我深负调羹望，多君俱是济川才。岸柳系舟期尽醉，渔灯照步强登台。忘却乾坤真逆旅，那知身世到蓬莱。①
> （李榮：《东湖》之二）

> 如鉴湖光一望收，况逢皓月转层楼。飞觞忽忆兰亭约，鼓棹还登赤壁舟。万里烟云随眼阔，一时冠盖快神游。更阑剩有寻芳兴，片叶须穷天际头。（丁应时：《东湖》之一）

> 缥缈云光柳岸隈，黄花影里笑颜开。胸襟天样茱萸酒，眼界氛清舟楫才。月印澄波疑照胆，人期佳句尽登台。临觞感慨西周业，可使勋名付草莱。②
> （丁应时：《东湖》之二）

> 鉴湖亭上暮烟收，霁月浮光满郡楼。千载交情联下榻，一时豪客共登舟。黄花香泛珍珠酒，华发荣分汗漫游。此夜须知兴不浅，任他鼓角急城头。（苏浚：《东湖》之一）

> 一池秋水映城隈，把酒登临眼界开。且是当年引凤处，更陪昭代化龙才。月明笑鼓仙人棹，星聚应占太史台。忘却风波腾宦海，恍然身世在蓬莱。③
> （苏浚：《东湖》之二）

三位士人所做的第一首诗均是描绘东湖美景，秋日傍晚时分，三人相聚于东湖北侧的喜雨亭前，谈笑间登舟泛湖，转而把酒登高，秋日的东湖美不胜收，水岸垂柳依依、黄花烂漫，秋夜沉沉，月映澄波，诗人沉浸在这如诗如画的美景之中。第二首则笔锋急转，转而关注现实，他们互相赞赏对方皆是济世之才，东湖美景一时让他们忘却了宦海沉浮，恍然如身在世外蓬莱之中。

---

① （明）李榮：《东湖》，雍正《凤翔县志》卷九《艺文志下》，第 30 页。

② （明）丁应时：《东湖》，雍正《凤翔县志》卷九《艺文志下》，第 30 页。

③ （明）苏浚：《东湖》，雍正《凤翔县志》卷九《艺文志下》，第 30—31 页。

## 2. 清代士人的东湖雅集

### ①康熙中期王士禛凤翔东湖之游踪

康熙三十五年（1696）时任户部左侍郎的王士禛奉康熙帝之命，前往陕西、四川祭告西岳、西镇、江渎，行程详细记录在其撰写的《秦蜀驿程后记》中。凤翔府作为由京师南去四川的驿路所经，我们可以借助该文献了解这位清初诗坛盟主的凤翔游踪。其中显示王士禛曾多次与凤翔地方官员聚集于东湖之上，并留有多首诗作，从中可窥探这位文坛大家在东湖的活动实况。

王士禛具体是在康熙三十五年三月二十四日抵达凤翔府城的，陕西督学副使武贞菴前来相迎，随即设宴东湖。士禛记载说：

> 抵凤翔府凤翔县治，督学副使武君贞菴来迎，设宴东湖。湖在郡城东隅，仅三亩许，得雨益清泚。水亭曰"宛在"；其北，堂三楹，曰喜雨亭，有康熙中通判韩北城重刻《喜雨亭记》碑。后为苏公祠。万历中，佥事张应福于湖南作君子亭，亭下有莲三亩，竹万竿，见所自为《记》中。①

武督学并未在凤翔官衙中招待士禛一行，而是将其引至东湖水亭。王士禛为此次东湖宴饮作诗记之：

> 行人衣上雨，来自杜阳川。湖似郎官好，名因学士传。游鲦争唼雨，垂柳欲生烟。重过荷香里，还劳运酒船。②

行旅衣上淋雨未消，主宾落座东湖宛在亭中，苏东坡的盛名使得湖泊名声大震，雨中的东湖水静风轻，烟柳轻垂，湖中游鱼也禁不住浮于水面争饮雨露，荷香花影之间，运酒轻舟穿梭水面，好一派如画美景。因王士禛一行所祭告之西镇吴山正在凤翔府境内，故此后数日王氏始终在凤翔府一带活动，遂有再次接触东湖的机会。四月初一日，士禛赴汧阳县普门寺访吴道子画，归过东湖，拜谒湖体北侧的东坡祠，随后自湖西行至水体南侧的君子亭，再循湖体东侧至宛在亭茶话，直至晚间方由东门进入位于凤翔府城内的住处。③第二次东湖之游加深了王士禛对东湖历史的体认，

---

① （清）王士禛：《秦蜀驿程后记》卷上，收入《王士禛全集》，第3566页。

② （清）王士禛：《雨中武贞菴督学招集东湖》，乾隆《重修凤翔县志》卷七《艺文志·诗》，第122页。笔者按："王士禛"原书写作"王士正"。

③ （清）王士禛：《秦蜀驿程后记》卷上，收入《王士禛全集》，第3568页。

其在《再集东湖拜东坡先生祠》一诗中说：

> 复有东湖约，来当春暮时。凉风散古柳，微雨洒清池。自识龟鱼乐，
> 何殊濠濮思。仙翁去千载，髣髴下云旗。①

此次与王士禛相集于东湖的士人大约是曾与其一同祭告吴山的凤翔府地方官僚，即"凤翔府知府许嗣国、陇州知州王鹤、凤翔县知县王嘉孝、麟游县知县周鹤、汧阳县知县韦圣翊"②等人。春日黄昏的东湖一带古柳轻摆，湖水微漾，龟鱼悠游，诗人不由想起了数百年前同样曾徘徊于东湖之上的苏东坡，王士禛笔下的东湖别有一番轻柔婀娜的诗情画意。赴四川祭告江渎之后，王士禛于五月十六日自成都出发回程，循川陕驿路，于六月十三日晚抵达凤翔府，十四日离府城寓所赴岐山县，期间再过东湖，拜东坡祠，盛夏的东湖"莲叶满塘，菡萏始花，尚未烂漫，小鸭十余只，往来唼喋其中，宛然崔白画本矣"，③眼前的如画美景，士禛不由诗兴大发，作诗曰：

> 小鸭唼喋萍叶乱，三枝五枝菡萏开。鲁连陂上花千顷，黄帽刺船归去来。④

驻留凤翔期间，王士禛的不少活动均与苏轼相关，除两次拜访东湖东坡祠之外，还访求东坡在凤翔期间的石刻拓片，即便四月初一日访吴道子画亦是步东坡的后尘，⑤甚至在六月中旬王士禛已经离开凤翔行至武功县时，扶风知县孔氏还远追至此，将苏轼天和寺石刻拓本送上。⑥时间上相去数百年的两位文学大家在空间上实现了交集。

**②康熙中期以凤翔知县王嘉孝为中心的东湖雅集**

王嘉孝，字孚人，河南汝阳人，康熙八年（1669）举人，康熙三十一年（1692）知凤翔县事，康熙三十三年与李根茂同纂《凤翔县志》，为现存最早凤翔县志。⑦康

---

① （清）王士禛：《再集东湖拜东坡先生祠》，乾隆《重修凤翔县志》卷七《艺文志·诗》，第123页。笔者按："王士禛"原书写作"王士正"。

② （清）王士禛：《秦蜀驿程后记》卷上，收入《王士禛全集》，第3567页。

③ 同上书，第3592页。

④ （清）王士禛：《东湖》，收入中国人民政治协商会议陕西省凤翔县委员会文史资料研究委员会编：《凤翔东湖》，内部资料，1987年印行，第52页。笔者按："王士禛"原书写作"王士祯"。

⑤ 参见孔凡礼：《苏轼年谱》卷四《嘉祐五年至嘉祐六年》，第99页。

⑥ （清）王士禛：《秦蜀驿程后记》卷上，收入《王士禛全集》，第3593页。

⑦ 参见乾隆《重修凤翔县志》卷五《职官》"王嘉孝"条，第50页。

熙三十五年三月王士禛路经凤翔时，嘉孝曾与其多次交游，譬如陪祭西镇吴山，后士禛由四川返程再次路经凤翔，嘉孝又远送至武功县方才告别，士禛记载说："（六月）十六日，阴。凤翔令宗侄嘉孝远送，别去"[①]。不过这里要论及的，则是康熙三十三年时以王嘉孝为中心的士人东湖雅集活动。

王嘉孝在《东湖即事》一文中详细记载了此次雅集之缘起：

> 湖在凤城东门外迤南百步内，方可数十亩，湖南为君子亭，面湖跨梁为宛在亭，其北为喜雨亭。又其北为苏公祠，以长公昔官此地，朝夕经游，故祠焉。凡守令兹土以及停骖问俗者，靡不与为往还，题咏颇富。余薄书俗吏，鞅掌风尘，不暇过览者几及二载。甲戌春季，同里李实翁词伯来凤，爰于初夏偕诸友人往游。翠树参天，荷香袭裾，南眺终南数峰，北望杜阳诸岫，历历若在目前，舒怀啸咏。实翁以诗见示，同人相与步和。余暨弟、儿辈亦草率应教，非敢云诗也。[②]

甲戌年即康熙三十三年，李实翁即与嘉孝同纂康熙《凤翔县志》的李根茂。上引文显示，康熙三十一年即就任凤翔知县的王嘉孝，因政务冗繁，始终未有充裕的时间游赏东湖，直至两年以后的康熙三十三年方有初次接触东湖的机会，期间李根茂首先作诗，同游者一一唱和，东湖雅会遂成。此次同游诸士人的咏湖诗文如下：

> 税驾东湖上，披襟坐草亭。水流几曲碧，山拥数峰青。烂熳夭桃色，峥嵘老柏形。重来携斗酒，鼓棹一扬舲。（李根茂：《东湖》）
>
> 览胜来佳地，披襟坐小亭。桃花临水碧，柳色点衣青。逸致添诗兴，忘机淡俗形。赏心日已暮，明月上渔舲。（华思任：《东湖》）
>
> 胜日寻芳草，同来喜雨亭。拂襟花气馥，扑面柳梢青。风细数筛影，水明藻现形。泂波凝霭处，遥见小渔舲。（朱燮：《东湖》）
>
> 绕郭随游履，新词寄小亭。须眉人不改，契合味水青。草藉花阴路，泉铺翠鉴形。清光遥远照，似泛五湖舲。（黄珍：《东湖》）
>
> 避炎寻逸地，适意见闲亭。杳杳山光翠，依依柳色青。游蜂绕栏曲，舞蝶带花形。为盼源泉处，鱼梭似美舲。（黎陛擢：《东湖》）

---

① （清）王士禛：《秦蜀驿程后记》卷上，收入《王士禛全集》，第 3593 页。

② （清）王嘉孝：《东湖即事》，雍正《凤翔县志》卷九《艺文志下》，第 42 页。

岐阳东郭畔，数武接苏亭。香泛芙蕖艳，波开荇藻青。风柔闻鸟语，云静现山形。俯视清波里，悠然任钓舲。（王嘉忠：《东湖》）

入眼生奇丽，开襟自此亭。君同看霁绿，我独数峰青。曲曲垂虹路，湾湾偃月形。持盃维往事，何处问歌舲。（王暲：《东湖》）

相携寻胜概，俯仰见湖亭。卧阁杉松古，幽轩菱芰青。耕锄开石径，起灭见云形。襟坐雕栏畔，居然载画舲。（王嘉信：《东湖》）

会景今何在，犹存君子亭。坐花看贝锦，面水点鸦青。树尽虬龙干，山连鸑鷟凤形。古来风月地，强半在渔舲。（王嘉礼：《东湖》）

东湖晴日丽，载酒到孤亭。水色风前碧，山光雨后青。时花非一态，野鸟各殊形。醉倚勾栏立，浑如泛画舲。（王嘉孝：《东湖步韵》）①

由上述诗作可以看出，这是一次规模庞大的雅集活动，人数多至 10 人。李根茂，由上文可知是汝阳人，与嘉孝同乡，康熙《汝阳县志》记载其仅为县学贡生，② 但从其曾纂修康熙《汝阳县志》及康熙《凤翔县志》的经历，可知根茂当为颇有才华之人。③ 华思任、朱燮的具体身份及相关事迹已无从查考。关于黄珍、黎陛擢的信息，雍正《凤翔县志》所收录两人诗作的旁侧标注为"汝阳"人，可知亦为王嘉孝同乡，但在康熙《汝阳县志》中无任何关于两人的记载，推测其科举功名可能较低。王嘉忠、王暲、王嘉信、王嘉礼皆为嘉孝之弟，他们在康熙《汝阳县志》中也无任何记载，可见同样是科举功名较低的人士。总体来看，这是一次士人级别较低、同乡聚会色彩浓厚的雅集活动。可能正是因为这两个特征，雅会参与者们对官场俗世显然极不关心，士人们自始至终皆在咏唱初夏东湖的绝美景致，整个聚会充溢着远离俗世的高雅色调。雍正《凤翔县志》卷前的"凤翔县境图"中，在东湖水体旁侧标注有"有池、有花、有船、有柳、有鱼、有亭、有水、有树"等文字，这里的十篇诗作对这些景观无不提及。诗作中"披襟坐小亭"、"同来喜雨亭"、"数武接苏亭"、"犹存君子亭"等句，

---

① 以上十首诗中的前九首均载雍正《凤翔县志》卷九《艺文志下》，第 42—43 页，第十首载雍正《凤翔县志》卷九《艺文志下》，第 50 页。需要说明的是，第十首诗原书未载作者姓名，但从该诗用韵来看，与前九首完全相同，且题目《东湖步韵》与王嘉孝在《东湖即事》中所言"同人相与步和"存在明显的逻辑相关性，前九首独缺嘉孝，故而第十首诗作者为王嘉孝无疑。

② 康熙《汝阳县志》卷八《选举志·贡生续》，康熙二十九年刻本，第 56 页。

③ 康熙《汝阳县志》卷十《艺文志下·诗歌》中载有李根茂多首诗作。此外，李根茂还是成书于康熙三十八年的《梁园唱和词》的评点者，由此亦可见其素有才华。可参见李桂芹、彭玉平：《〈梁园唱和词〉初探》，《郑州大学学报》（哲学社会科学版）2008 年第 4 期，第 115—118 页。

至少描绘了三座东湖小亭。夏日的东湖，碧水轻漾、远山拥翠、柳细风柔、芙蕖泛香、水草碧绿、游鱼穿梭、蜂游蝶舞，好一派如画美景。

### ③乾隆年间毕沅、严长明东湖夜游

乾隆年间毕沅、严长明二人夜集东湖，是清代中期一次重要的东湖雅集活动。毕沅（1730—1797），江苏镇洋人，字纕衡，一字湘衡，号秋帆，自号灵岩山人，乾隆二十五年（1760）中状元，起仕于修撰，官至湖广总督，他在陕西先后为官十余年之久，是其仕宦生涯的主体。乾隆三十五年（1770）授陕西按察使，三十六年擢陕西布政使，三十八年擢陕西巡抚，四十四年离职丁母忧，四十五年乾隆帝以特例命毕沅署理陕西巡抚，四十八年实授陕西巡抚，直至乾隆五十年（1785）毕沅调任河南巡抚，方离开陕西。毕沅在陕期间发展水利、赈济灾民、开垦荒地、修缮古迹，颇有作为。严长明（1731—1787），字冬有（一作冬友），一字道甫，江苏江宁人，幼奇慧，后从方苞受业，通古今，多智数，工于奏牍，乾隆二十七年赐为举人，在军机处七年，办事干练敏捷，乾隆三十六年擢升侍读，后以丁忧辞官归家，不再出仕。后曾客居毕沅处，为其确定奏章的措辞。[1] 长明博学强记，与毕沅同为乾隆朝的大学问家。两人一同游赏东湖的诗作如下：

　　十围老柳千寻柏，拔地参天七百秋。为问坡仙仙去后，几人曾向此中游。

（毕沅：《夜憩东湖与冬友侍读玩月宛在亭》之一）

　　便认今宵即是仙，童奴怪我苦无眠。鱼儿跳子龟鸣鼓，不听此声已廿年。

（毕沅：《夜憩东湖与冬友侍读玩月宛在亭》之二）

　　溪山橐湖浣华迹，水木兹寻嘉祐年。论我生平太侥幸，宦游多得近前贤。

（毕沅：《夜憩东湖与冬友侍读玩月宛在亭》之三）

　　苏门一派瓣香残，衣钵由来付托难。留得东湖湖上月，分明许我两人看。

（毕沅：《夜憩东湖与冬友侍读玩月宛在亭》之四）

　　西风栈险连云远，南浦华深游艇迟。宛在亭中人宛在，萧森竹柏照须眉。

（毕沅：《夜憩东湖与冬友侍读玩月宛在亭》之五）[2]

　　湖光待客明如拭，月影留人澹似秋。行尽西南吾未悔，赚来清绝有斯游。

（严长明：《东湖宛在亭玩月》之一）

---

① 参见《清史稿》卷四百八十五《严长明传》，中华书局，1977年，第13392—13393页。

② （清）毕沅：《夜憩东湖与冬友侍读玩月宛在亭》，收入田亚岐、杨曙明编著：《凤翔东湖》，第83—84页。

萍末风来回得仙,溪边清欲伴鸥眠。梦游仿佛承天寺,此乐人间七百年。

(严长明:《东湖宛在亭玩月》之二)

平桥夜濯初更露,髦柳春迷手植年。绝似虎溪溪上路,西偏古刹有栖贤。

(严长明:《东湖宛在亭玩月》之三)

泉声不断漏声残,谁向方蓬赋到难。清景不教容易掷,更摇艇子过湖看。

(严长明:《东湖宛在亭玩月》之四)

苏门萧瑟剩荒祠,怊惆秋英欲荐迟。共写新诗呈坐上,想应欢喜到须眉。

(严长明:《东湖宛在亭玩月》之五)①

从以上诗作内容首先可以推测此次雅会的具体时间。毕沅诗作题目中称严长明为"侍读",上文已经交代长明具体是在乾隆三十六年擢升侍读,又由严长明的经历可知,其是在丁忧辞官之后方客居毕沅处所,则此次雅会必然发生于乾隆三十六年之后的数年。再者,毕沅诗中的"西风栈险连云远"一句很值得注意,其无疑是指位于汉中地区的沟通川陕两地的连云栈道。毕沅在《关中胜迹图志》中言及修浚东湖之事时说:"臣于乙未春仲护送王师入蜀,经历凤翔,重加葺治",②官军经凤翔由陕入蜀必经连云栈道,由此可推定此次雅会的时间当在毕沅护送官军入蜀驻留凤翔期间,也正是在此一时段,毕沅大加修浚东湖。乙未即乾隆四十年(1775),则此次雅会的时间当在乾隆四十年仲春时节,具体当在毕沅修浚东湖工程结束之后。

毕沅、严长明十首东湖诗作的核心主题均在于"怀苏慕苏",其次方为写景。在毕沅诗中,"十围老柳千寻柏,拔地参天七百秋",指的是东湖周边粗壮硕大的东坡手植柳,东湖之柳给毕沅以极为深刻的视觉冲击,其在《关中胜迹图志》中亦有谈及:"绕堤古柳数十株拔地参天,真数百年物"③。作者在东湖中寻找"坡仙"苏轼,感叹着自北宋嘉祐年间延续至今的水木风华,庆幸自己能有与苏轼神交的机会。作者与严长明一同在宛在亭中欣赏映照在东湖水中的一轮明月,暗自思忖"这应该就是坡仙有意留给你我二人的吧"。在严长明的眼中,湖光待客,月影留人,东湖确是一处游赏胜地,湖边的垂柳仿佛在诉说着东坡当年亲手栽植时的盛况,湖体北侧西偏的苏公祠里不正供祀着东坡大贤吗?只可惜祠宇已日渐荒废了,作者与毕沅二人将新的东湖诗作呈上,心中自问"这样应该能够慰藉东坡大贤吧"。

---

① (清)严长明:《东湖宛在亭玩月》,收入田亚岐、杨曙明编著:《凤翔东湖》,第111—112页。

② (清)毕沅:《关中胜迹图志》卷一七《凤翔府·大川》,第501页。

③ 同上。

　　必须指出，明清两代发生于东湖水域的士人雅集活动绝非此处所论述的 8 次，而是大大超过这个数字。譬如在万历年间曾参加两次东湖雅会的凤翔本邑人士李贞，是经常拜访东湖之人，其在东湖的雅集活动并非只有两次。李氏另有《东湖杂咏》诗二首，从诗文内容看，当是参加另一次东湖雅会时的诗作。[①] 再如康熙中期的凤翔知县王嘉孝，除上文谈及的十人雅会之外，另有多次在东湖与友人游赏的经历，这从他的《初夏东湖邀友宴集》[②]《秋日送客东湖》[③] 等诗作题目中即可确知，内容均是咏唱东湖的美丽景致。嘉孝诸兄弟在东湖的活动亦是十分活跃的。诸如在雍正《凤翔县志》中就载有王暲、王嘉信、王嘉礼在东湖上的三首奉和诗，诗作结构均有不同，可知三首诗作绝不是在一次雅集中所作。[④] 此外，从其他很多东湖诗作的题目中，也能够看出明显是士人聚会东湖时的创作，如明人付孕钟有《夏日东湖同诸君作》、明人高尚志《与凤郡乡先生宴别》、清人杨时荐有《守道李亲翁在喜雨亭招饮次前韵》、清人刘自唐有《和李郡侯喜雨亭庆雨》、清人高锡麒有《招饮东湖》、清人高愿有《同人小集东湖次苕堂弟韵》，清人嵇承谦在《再用前韵纪游》一诗的自注中说："余以校士至凤翔，月竣事，太守田公邀游湖上，为竟日欢"。[⑤] 例子无需再举，诸多事例足以证明，明清时代的东湖士人雅集活动是经常"上演"的。

## 四、民国以降东湖水域的景观营建与民众生活

### 1. 民国时期的东湖水域景观营建与民众生活

　　民国时期凤翔政局极不稳定，地方战事不断，东湖当然不会有太多的营建举动。

---

　　① （明）李贞：《东湖杂咏》（二首）："凤水绕东楼，芙蕖开并头。双星分灿烂，千叶共沉浮。紫盖超群品，红香散远洲。使君多异政，嘉瑞应天休"；"一鉴波心里，红香菡萏殊。朱华日炫彩，翠盖露擎珠。袅袅疑相语，亭亭不用扶。香清自一种，泥淖岂能污"。载雍正《凤翔县志》卷九《艺文志下》，第 26 页。

　　② （清）王嘉孝：《初夏东湖邀游宴集》（二首）："苏公亭上午风清，邀客同来逸兴生。渭水晴光摇老树，秦山爽气照孤城。持杯峭阜云中坐，把臂澄湖镜里行。最是故人能好我，一觞一咏惬幽情"；"湖边芳草荡朝晖，把酒空亭坐翠微。树里泉声鸣滴沥，云中山色影依稀。蒲荷数处临游艇，凫鹭群翔拂钓矶。景物留人堪尽兴，不妨沉醉月中归"。载雍正《凤翔县志》卷九《艺文志下》，第 45—46 页。

　　③ （清）王嘉孝：《秋日送客东湖》："蒹葭摇曳色苍苍，步履湖边对夕阳。四壁清风披草树，一天爽气到衣裳。西岐胜地频怀古，上国嘉宾屡到觞。欲问离思何处是，寒空嘹呖雁南翔"。载雍正《凤翔县志》卷九《艺文志下》，第 46 页。

　　④ 王暲诗作题目为《同人再集东湖俚句奉和》，王嘉信、王嘉礼的诗作题目均为《奉和》，参见雍正《凤翔县志》卷九《艺文志下》，第 48—49 页。

　　⑤ 上述诗作的具体内容可参见田亚岐、杨曙明编著《凤翔东湖》一书。

其中民国九年郭坚（1887—1921）主持的重修东湖行为最为值得一提。郭坚系陕西蒲城县人，少怀大志，稍长即投身革命，1917 年孙中山发起护法运动，郭坚在陕西成立靖国军，响应护法，此后郭坚据凤翔城达五年之久（1917—1921）。在此期间，他在诸多方面做了不少有利于凤翔地方的益事，其中之一便是重修东湖。民国九年（1920）春，其基于东湖水域景观受创严重、衰颓不堪的现状，发动民众大加修葺，诸如苏公祠、凌虚台、喜雨亭、不系舟、一览亭、鸳鸯亭、君子亭、会景堂、春风亭等，均加以翻新，施以彩绘，凌虚台上重建适然亭，亲书"凌虚台"三字于其上。郭坚曾作《登凌虚台》诗一首，抒发其重整河山之志，诗文曰："禾黍高低旧战场，眼中风物尽悲凉。秦山渭水应如昨，漫拟章邯作雍王"[1]。重修之后的东湖，面貌焕然一新，游目骋怀，极一时之盛。[2] 民国二十四年（1935）东湖西岸望苏亭的修建也值得一书。该亭由凤翔县保安大队、邑人贾宗谊修建，以此来表达对苏东坡的缅怀之意。亭为两层亭楼，中有楼梯，可上至二楼以观景远望。[3] 时至今日，望苏亭依旧矗立于原地，成为东湖之内的重要景观。另有资料显示，民国年间曾在湖体南侧新建林文忠公（林则徐）祠，[4] 但该祠久已消失，今天已无从追索它的所在了。

除上述营建之外，民国年间未再见大规模重修东湖的举动，故而大部分时期东湖之内的诸多建筑景观是颇为衰败的，这从民国二十二年（1933）一张苏公祠的照片中即可见其一斑。照片中的苏公祠门前凹凸不平，主门两侧各有竖碑一通，另有一石碑卧于门之右侧，土质墙垣十分破旧，祠内树木倒是颇为苍劲，显示出苏公祠久远的历史。即便如此，民国时期的东湖水

**图 8　东湖内之望苏亭**

说明：笔者于 2013 年 3 月 24 日拍摄自东湖公园。

① 该诗文石刻现存于凤翔东湖碑林之内，笔者于 2013 年 3 月 24 日实地调查时抄录。

② 参考自文史组：《郭坚驻凤期间所做的几件事》，《凤翔文史资料选辑》第 1 辑，内部资料，1984 年印行，第 46—47 页。

③ 2013 年 3 月 24 日笔者在凤翔东湖考察时抄录自楼亭下侧之介绍碑文。

④ 参见仲翔：《西行途中：西安至凤翔》，《西北论衡》1938 年第 6 卷第 1 期，第 20 页。

域仍旧充当了城区民众最为重要的游赏空间的角色，成为最具吸引力的所在。1938年的一篇游记如此记载东湖的实况：

> （凤翔）城东的东湖，在西北算是唯一的风景。……环湖的老柳，虽经兵燹中的摧残，但老干扶疏，干叶长条，饶有风致。湖水未冰，波澜碧嫩可爱。宛在、鸳鸯等亭，都位置在桥的中间。多年不种荷花，也没有芦苇，湖滨有不少的水红花，可想见秋天风艳的姿态。湖的南角，新建林文忠公祠，湖北的苏公祠，当然是湖上的主人翁了，祠宇也残毁不堪。苏公塑像的顶上已经在露天之下了。……祠东有凌虚台、喜雨亭。[1]

引文清晰揭示出，衰败不堪的东湖仍有出彩之处，诸如古柳、湖水、红花等，是西北"唯一的风景"，由此可以想见它的突出地位了。1941年的一则资料同样显示出东湖在民众生活中的重要性："于今柳树尚是成荫，每当春夏，游人如织，山光水色，颇有江南风味。实在是凤翔人工余之暇唯一游憩的地方。"[2]

**图 9　民国二十二年（1933）东湖北侧之苏公祠**

说明：资料采自《国立北平研究院院务汇报》第 4 卷（1933 年）第 6 期，第 1 页。

---

[1]　仲翔：《西行途中：西安至凤翔》，《西北论衡》1938 年第 6 卷第 1 期，第 20 页。

[2]　何定一：《关于凤翔》，《西北研究》1941 年第 3 卷第 5 期，第 17 页。

值得一提的是，民国年间的东湖水域在成为普罗大众日常游赏空间的同时，地方官府将其作为推行官方意志、实施地方治理的重要工具，其中，于东湖之内置"林文忠公则徐禁烟遗教碑"即是十分重要的印证。民国时期鸦片烟毒在凤翔一带呈严重泛滥之势，1933 年时，仅凤翔城内的鸦片烟店即达四五十家之多，城内吸食人口占十分之四。面对此种情形，凤翔地方人士周楚才在出任凤翔检举禁政委员之后，主持查禁当地鸦片事。1936 年 8 月 29 日，周楚才携陕西其他 15 个县份的禁政委员一同在东湖春风亭前竖立石碑，将林则徐关于鸦片危害的语录刻录于石碑之上，以申明鸦片之危害和查禁鸦片之决心。周楚才在碑阴林则徐像侧的碑志中载，碑石由时任凤翔县长李静慈捐献，包括凤翔在内的陕西 16 县检举禁政委员捐金，"遂巍然树建于东湖"，旨在"万民瞻仰"、"昭示后世"。[1]"万民瞻仰"四字值得注意，因东湖游人如织，是社会各阶层人士均会涉足的游赏胜地，于东湖立碑无疑能够收到宣扬官府意志、教化民众的最佳效果。

## 2. 中华人民共和国成立后的东湖水域景观变迁与民众生活

中华人民共和国成立后，凤翔地方政府曾于 1954 年拨专款对东湖加以修整，但力度并不大，东湖基本保持了民国时期形成的景观格局，1964 年的一幅东湖水域景观结构图让我们得以了解当时的东湖面貌（参见图 10）。"文化大革命"期间，湖内建筑遭受巨大破坏，碑石被砸，古柳遭砍，湖身淤污，可以说，此时的东湖已是满目疮痍。1978 年之后，地方政府开始重新修浚东湖，但仍旧存在不少问题，1984 年一位宝鸡市民在《人民日报》说："园林内乱占乱建现象很严重。更令人惋惜的是，现在的湖水都是从城内流来的污水（原水源被堵，河床被占）。湖水肮脏，腥臭难闻。古建筑'一览亭'下，一些群众挖坑取土，严重威胁着这一建筑的安全"[2]，他呼吁应加强对凤翔东湖的管理。很快，凤翔县计委接受建议，决定对东湖进行全面治理。[3]东湖景观遂大有起色。截止 1988 年，已先后投资 137.6 万元，修复了喜雨亭、凌虚台、适然亭、不系舟、断桥亭、君子亭、宛在亭、春风亭、鸳鸯亭、会景堂、一览亭、望苏亭、牌坊、大门等建筑，铺筑了部分道路，衬砌了内湖堤岸，大量栽植柳

---

① "林文忠公则徐禁烟遗教碑"现已由原春风亭前旧址移至 1990 年代新建成的东湖碑林之中。碑文内容系笔者于 2013 年 3 月 24 日在东湖做田野调查时抄录。

② 杨青峰：《凤翔东湖的管理亟待加强》，《人民日报》1984 年 10 月 25 日，第 7 版。

③ 陕西凤翔县计划委员会：《将对凤翔东湖进行全面整理》，《人民日报》1984 年 12 月 27 日。

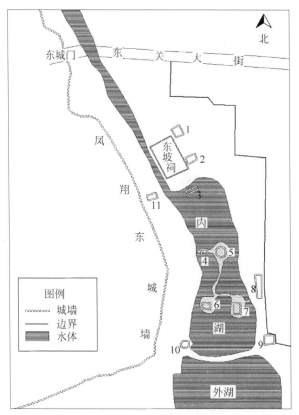

**图 10　1964 年东湖景观结构示意图**

说明：底图采自佟裕哲 1964 年 6 月测绘"凤翔东湖空间布局图"，载氏著：《中国景园建筑图解》，中国建筑工业出版社，2001 年，第 110 页。

注：1. 凌虚台　2. 喜雨亭　3. 不系舟　4. 宛在亭　5. 君子亭　6. 春风亭　7. 会景堂　8. 来雨轩　9. 一览亭　10. 望苏亭　11. 东湖牌坊

树和花草。[1]1989 年重新构建苏公祠，1989 年筹建东湖碑林，1990 年动工修建外湖山庄。[2]1990 年 4 月 6 日凤翔东湖连同黄帝陵等 9 处名胜被陕西省人民政府公布为第一批省级风景名胜区，东湖水域景观建设遂引起地方政府更大的重视。县政府为此制定了"抓紧编制东湖风景名胜区规划"、"积极稳妥地做好开发利用工作"、"进一步加强东湖风景名胜区的管理工作"、"广泛进行保护风景名胜区的全民教育"等四

---

[1]　李万德：《东湖园林焕发青春 开放接待中外游客》，《凤翔文史资料选辑》第八辑，内部资料，1989 年印行，第 124—125 页。

[2]　东湖管理处：《凤翔东湖整修工程记略》，《宝鸡文史资料》第 16 辑，内部资料，2001 年印行，第 191 页。

条规定，要求务必在 1990 年 7 月底之前全面完成景区修复工程。[①]

不过，此时东湖所面临的最大问题在于凤凰泉因水位下降致使东湖水源无法保障。要维持东湖水域景观的延续性，必须寻求新的水源。基于此，凤翔地方政府经多方商议决定，从城北 2 公里处的三里河与七里河交叉处，利用原凤凰渠向东湖引水。由于三里河受上游厂区的污染，水质较差，而七里河水质纯清，且水量也大，因此决定在不灌溉时引用七里河的水以供东湖用水。具体规划如下：

> 在七里河下段设以壅水坝，并设置冲沙闸和进水闸，用管道引水到原渠首，并在原渠首处加以引三里河水的闸门，在不作灌溉时将此闸门关闭，灌溉时可打开。上游的 400 米渠道采用 U 型渠道，其余均用 400 毫米的砼管道，并留有灌溉引水口，管道的埋置尽量与地形坡度相一致。[②]

不过，此次引水工程直至 9 年以后的 1999 年方才开始实施，2000 年 3 月成立引水工程领导小组，4 月 14 日正式开工，5 月 30 日全线试水成功。[③] 这次引水一改过去以凤凰泉为水源的历史，新水源对湖水起到了净化作用，一时成效明显（参见图 11）。然而，由于七里河为季节性河流，水源得不到经常性地保障，又加之管理部门没有建立健全的日常维护制度，七里河水源也受到一定污染，且新引来的水源并未形成循环系统而是长期停蓄于东湖之内，城内亦时有污水偷排东湖的现象发生。这些因素，最终导致东湖水质经常呈现出恶臭之态，当时远近流传的一句谚语——"听说东湖好景观，一看原是臭水滩"[④]——成为东湖的实际写照。这迫使地方政府必须寻找新的水源地以延续东湖"生命"，他们最终将目光放在距县城更远的东北方向的白荻沟水库。该水库位于横水河干流上，距县城 23 公里，1958 年 10 月开建，1964年基本建成并投入使用，原库容 1125 万立方米，增容后达 1465 万立方米，年供水量可达 300 万立方米，多年以来为凤翔县农田灌溉发挥了巨大作用。[⑤] 水库水质优

① 凤翔县人民政府：《关于做好东湖风景名胜区开发和管理工作的通知》，1990 年 6 月 13 日，凤翔县档案馆藏，档号：17-1-1125-7。

② 凤翔县人民政府：《关于申请凤翔东湖引水工程建设投资的报告》附"东湖供水工程规划说明"，1990 年 12 月 25 日，凤翔县档案馆藏，档号：17-1-1125-8。

③ 东湖管理处：《凤翔东湖整修工程记略》，《宝鸡文史资料》第 16 辑，第 191 页。

④ 曹向锋、孔宪策、赵应林：《清水淌来东湖美——凤翔东湖大规模引水成功》，《宝鸡日报》2008年 1 月 3 日，第 2 版。

⑤ 常崇信、樊维翰编著：《宝鸡江河水库大典》，西安：陕西人民出版社，2009 年，第 227—228 页。

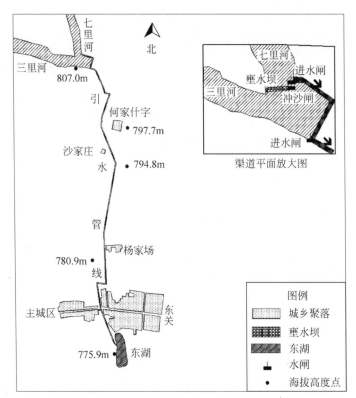

**图 11　1990 年东湖引水规划示意图**

说明：底图采自凤翔县人民政府：《关于申请凤翔东湖引水工程建设投资的报告》附"工程初步设计图"，1990 年 12 月 25 日，凤翔县档案馆藏，档号：17-1-1125-8。

良，完全符合东湖景观用水的需求。白荻沟引水工程自 2007 年 2 月动工，具体路线为：水源自水库西出之后，循横水河干流，再循西干渠进入城区一带，最终引入东湖。整个工程投资约 160 万元，经过三个月施工，最终营造出水域面积达 8 万平方米的清澈湖面。[①] 此次引水示意图见图 12。

在东湖水源问题解决的同时，凤翔地方政府依旧在不遗余力地加强、完善东湖水域景观体系。自 2006 年以来至少累计投资 3000 余万元实施了包括白荻沟水库引水在内的共九大工程的建设，诸如东湖正门（北门）外侧的苏轼文化广场、环湖路重新铺设、景区绿化美化亮化、新建东湖西大门等，大大提升了东湖水域景观档

---

① 曹向锋、孔宪策、赵应林：《清水淌来东湖美——凤翔东湖大规模引水成功》，《宝鸡日报》2008 年 1 月 3 日，第 2 版。

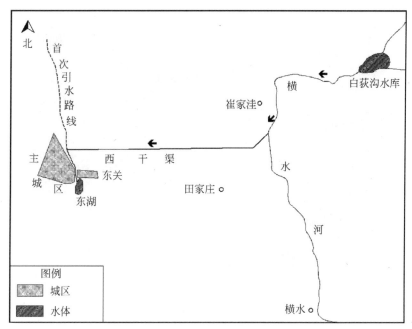

**图 12　2007 年东湖远源引水示意图**

说明:底图采自陕西省革命委员会民政局测绘局编制:《陕西省地图集》之 "凤翔县图"(秘密),1976 年印行,第 57 页。

次。[①] 今天的东湖已毋庸置疑地成为了一颗镶嵌于关中西部的璀璨的 "西府明珠"。

风景秀丽的东湖成为民众日常生活中十分重要的去处。"东湖柳、西凤酒、姑娘手" 向称凤翔三绝,其中的 "东湖柳" 正是指东湖的秀美风景。每天早上 7 点钟随着东湖大门的打开,民众便纷纷进入东湖景区,一天的东湖便在嘈杂中度过,直至傍晚方才消歇。人们在其间散步、舞剑、赏景、划船、弹奏、歌唱,抒发着对今天生活的热爱、对沧桑东湖的无限依恋,凤翔民众与东湖景区久已被构建成天然不可分离的有机共同体(参见图 13)。

为了更进一步阐明东湖在当前凤翔城市生活中的地位,笔者对中共凤翔县委主办的《凤翔报》第四版中的东湖资料进行了整理,希望能通过东湖相关作品在整个版面中的比重来反映东湖在今日凤翔人中的地位。[②] 基于此,笔者对藏于陕西省图书

①　资料引自凤翔东湖正门(北门)内侧的 "凤翔东湖简介" 标示牌,笔者于 2013 年 3 月 24 日于实地抄录。

②　《凤翔报》每周发行 1 期,每期共 4 版,第 4 版乃是副刊,主要刊载凤翔地方人士所撰写的文学作品。

**图 13 当代东湖景区民众生活侧影**

说明：左上为东湖荡舟、右上为湖滨赏景、左下为湖侧观柳、右下为君子亭下的歌者，图片均是笔者于 2013 年 3 月 24 日在东湖景区拍摄。

馆中的《凤翔报》作了翻阅。必须指出的是，该馆所藏的《凤翔报》并不全面，时间仅限于 1997 年至 2001 年，且其中有很多期付诸阙如，以 1997 年至 1998 年相对完整。收载东湖相关作品的情况参见下表：

**表 1 陕西省图书馆藏部分《凤翔报》第四版所载东湖信息一览**

| 篇　名 | 作者 | 刊　期 | 备　注 |
|---|---|---|---|
| 东湖写意 | 张卫星 | 1997.03.10 | 文体为诗歌 |
| 春日东湖柳 | 张天祥 | 1997.04.07 | 文体为散文，约 600 字 |
| 重谒东湖林文忠公禁烟积教碑 | 马塞风 | 1997.04.21 | 文体为散文，约 1100 字 |
| 季夏东湖吟 | 程鸣宇 | 1997.07.28 | 文体为诗歌 |
| 东湖夏景 | 符锁琪 | 1997.08.04 | 体裁为摄影 |
| 莲花颂 | 程　敏 | 1997.08.25 | 文体为诗歌，内容系咏东湖莲花 |
| 黄土高原上的历史名园——东湖随感之一 | 邓彦昌 | 1997.11.03 | 文体为散文，约 800 字 |
| 东湖湖畔的生态环境——东湖随感之二 | 邓彦昌 | 1997.11.10 | 文体为散文，约 800 字 |

| 篇　名 | 作者 | 刊　期 | 备　注 |
|---|---|---|---|
| 东湖景点的资源开发——东湖随感之三 | 邓彦昌 | 1997.11.17 | 文体为议论文，约 800 字 |
| 东湖秀色 | 佚　名 | 1997.12.01 | 体裁为摄影 |
| 东湖漫吟 | 程　敏 | 1997.12.01 | 以诗歌形式咏东湖内 15 个景点，每景一诗 |
| 生机 | 要　敬 | 1997.12.15 | 体裁为摄影，内容为东湖夏日荷景 |
| 诗二首 | 孟建国 | 1998.07.20 | 题名分别为《柳思》、《东湖梦》，均咏东湖 |
| 雨中游东湖 | 张晓敏 | 1998.08.03 | 文体为散文，约 1100 字 |
| 东湖三题 | 细　雨 | 1998.08.03 | 题名分别为《苏公祠怀古》、《凌虚台眺远》、《东湖赏荷花》 |
| 东湖 | 佚　名 | 1998.09.14 | 体裁为绘画 |
| 体悟东湖 | 筱　君 | 1998.10.26 | 文体为散文，约 1500 字 |
| 望湖 | 马葆青 | 1998.11.09 | 文体为散文，约 500 字 |
| 赞东湖自乐班 | 张志峰 | 1998.11.30 | 文体为诗歌 |
| 久负盛名的凤翔东湖 | 佚　名 | 1998.12.07 | 文体为说明文 |
| 凤翔东湖 | 佚　名 | 1998.12.07 | 体裁为摄影 |
| 东湖览胜 | 周升明 | 1999.08.16 | 体裁为摄影 |
| 故乡随感 | 景　钰 | 1999.08.30 | 文体为散文，内有一段言东湖 |
| 咏东湖 | 刘　亮 | 1999.08.30 | 文体为诗歌 |
| 我爱荷花 | 张恩达 | 1999.09.20 | 文体为散文，内容言及作者故乡凤翔东湖荷花 |
| 观东湖一丛梅 | 张志峰 | 2000.02.21 | 文体为诗歌 |
| 东湖柳 | 汶维维 | 2000.08.07 | 文体为散文，约 800 字 |
| 苏轼在凤翔的政绩 | 卢武智 | 2000.09.18 | 文体为说明文，约 1000 字 |
| 东湖 | 刘世森 | 2000.10.23 | 《凤翔游记》诗三首之一 |
| 东湖柳 | 刘世森 | 2000.12.04 | 《"三宝"倾怀》诗三首之一 |
| 咏凤翔 | 刘　亮 | 2001.02.05 | 文体为诗歌 |
| 心系百姓、情洒凤翔——省委书记李建国来我县考察纪实 | 窦潇儒 | 2001.06.11 | 内有五段文字详细记述李建国在东湖考察经过 |

比较来看《凤翔报》所载的所有文学作品，东湖乃是其中最为集中的选题。凤翔地方人士以摄影、散文、诗歌、绘画、议论文等多种体裁来反映对东湖的热爱和关注。他们赞美东湖中一株株的沧桑古柳、如鉴的碧水、清雅素淡的荷花，他们咏赞东湖美景在春夏秋冬四季截然不同的特色，他们讴歌晴日东湖的勃勃生机，更欣赏雨后东湖的空濛飘渺。如一首《柳思》诗这样咏赞东湖柳："不见湖柳已三年，柳丝悠悠入梦阑。随风潜下水深处，拂动乡情到心潭"，[①] 旅外游子对东湖的无限思念之情跃然纸上。再如《体悟东湖》的作者这样表达东湖在凤翔人中的地位："对于东湖之外的人，东湖显然成了家乡的一个象征，成为我们炫耀的一个资本，也成为我们心中永远也不能解开的一个情结"。[②] 又如《咏东湖》的作者言："水中亭榭疑是真，湖底蓝天飘白云。绿水静静怕惊客，岸柳依依恋游人。凌虚台下松柏翠，喜雨亭边花正红。一石忽起千层浪，原是游客试水深"，[③] 文句虽不甚高雅脱俗，但同样将游人、东湖和谐相依的多元美景作了形象的描绘。事例无需再举，如此已能清晰了解当代东湖在凤翔民众日常生活中所扮演的重要角色。

# 五、结语

东湖并非北宋苏轼开创，凤翔城东门外很早就有一片自然水体存在，乃是城外西北侧凤凰泉水和城内雨洪的蓄积之地。历史时期，东湖的这一水源特征长期保持稳定。进入共和国时期，情况始发生重大变化，东湖水源地呈现出一个由近及远的变动过程，先是凤凰泉，再到七里河，又远至白荻沟水库，这反映出新时期我国水资源环境不断恶化的大趋势，也折射出凤翔地方官民为延续东湖"生命"所作的不懈努力。

作为一方水域，明清时期东湖景观营建的主要驱动力在于科举时代官僚士子对苏东坡的追慕与认同，更确切地说，苏轼在中国文化史上的重要地位及其所作《东湖》诗是推动明清时代东湖水域景观营建的主要动力。我们注意到，东湖周边的诸多景点多与苏轼有莫大的关联（最典型者即核心建筑苏公祠），其中，建筑实体移位——将与苏轼有关但原本并不在东湖的建筑植入东湖，如喜雨亭、凌虚台、会景堂等——

---

① 孟建国：《诗二首》之"柳思"，《凤翔报》1998 年 7 月 20 日，第 4 版。

② 筱君：《体悟东湖》，《凤翔报》1998 年 10 月 26 日，第 4 版。

③ 刘亮：《咏东湖》，《凤翔报》1999 年 8 月 30 日，第 4 版。

的现象尤其值得关注。[①] 美国学者梅尔清（Tobie Meyer-Fong）在《清初扬州文化》一书中引用柯律格（Craig Clunas）的话说："一处园林的名声并不从它'自身的景致'中来，而是从它所具有的文学、艺术财富中来，特别是这些代表财富的制造者的声望。"[②] 另有学者在研究清代前期北京城市景观书写方式的转变问题时指出："城市之美不仅来自景观本身，而且来自文化认同。"[③] 苏轼之于东湖的例子很好地印证了这两个论断。民国以来，东湖水域仍旧在不断地进行着景观营建，相比较而言，共和国时期的营建规模更加庞大，是民国时期所不可比拟的。这一时段与明清时代的一个巨大变化在于，由于科举制的停废，士人阶层"退场"，"物质"的中心化日渐形成，景观营建的动力更加形而下。确切地说，虽然苏轼元素在这一时段的东湖景观营建中仍旧时有体现，但营造苏轼元素的动力已非源自"文化认同"，而是基于打造大众化的现代性公园而为之。

明代以来，东湖水域的日常生活图景也经历了巨大变化。明清时代，东湖是凤翔城区一带官绅士人最为重要的休闲空间。若言城内衙署承载的是沉闷险恶的政治生活的话，东湖则是轻松惬意的休闲生活的"大本营"。明人苏浚《东湖》诗作中的"忘却风波腾宦海，恍然身世在蓬莱"[④] 一句形象地反映出东湖作为士人重要休闲生活空间的事实。俞孔坚在论述城市自然景观功能时有"景观作为城市的逃避"的观点，[⑤] 从东湖的例子来看，对于官僚士人而言，位处凤翔城区的东湖正是作为"官衙的逃避"而存在的。另一方面，明清时代的东湖也是官绅士人开展社会互动的重要场域。通过东湖雅集，他们努力编织、强化着自身的社会关系网络。不少东湖雅集诗作中多有士人们互相推崇的文句，这恰恰表现出上下级之间、同级之间的某种利益需求，多说好话当然对自身仕途更上层楼大有好处。由此可以看出，士人雅集行为并非完全是高雅脱俗的逸乐，其本身也带有明显的世俗性。民国以来，随着科举制的停废，

---

① 譬如喜雨亭原在"府治东北，苏轼判凤翔时建，自为记，后人移置东湖"（雍正《凤翔县志》卷一《舆地志·古迹》，第 17 页）；凌虚台原在"府治东，宋陈希亮知凤翔府时建，判官苏轼为之记"（雍正《凤翔县志》卷一《舆地志·古迹》，第 16 页），"后人移筑东关三公祠后"（乾隆《重修凤翔府志》卷一《舆地·古迹》，第 39 页），而清末光绪十三年知府熙年于东湖北岸苏公祠东侧重建凌虚台，至此最终移入东湖；而会景堂原名会景亭，"旧在城外南溪处，（苏）东坡迁于少西"（雍正《凤翔县志》卷一《舆地志·古迹》，第 17 页），苏轼有《会景亭》诗，光绪二十四年知府傅世炜异地重建于东湖之上。

② ［美］梅尔清：《清初扬州文化》，朱修春译，复旦大学出版社，2005 年，第 27 页。

③ 鞠熙：《城市景观与文化自觉——清前期（1644—1796）北京城市景观书写方式的转变》，《文化研究》第 22 辑（2015 年春），第 147 页。

④ （明）苏浚：《东湖》，雍正《凤翔县志》卷九《艺文志下》，第 31 页。

⑤ 俞孔坚：《景观的含义》，《时代建筑》2002 年第 1 期，第 15 页。

士人作为传统中国社会的一大阶层迅速萎缩蜕变。随着士人群体的"退场"，东湖基本上以普罗大众的休闲场所的角色展示给世人，今日依然如此。虽然官方曾有意将东湖作为推行国家意志与教化民众的工具，但这一功能并不显著。

笔者曾撰文对明清民国时期山西太原城内的一处水域空间——海子边——进行探讨。将东湖与海子边在城市生活方面所扮演的角色加以比较，或许可以加深我们对东湖的认识。明清时代，太原海子边虽然已经具备景观价值和休闲功能，但却是较低层次上的，此段时期的海子边多给人以清幽之感；而同时期东湖的景观美感及知名度无疑要明显超过海子边。何以如此？显然，苏轼在中国文化史上的崇高声望是根本原因。进入民国时代，太原海子边的功能变得丰富多元，喧嚣异常，除游赏功能明显提档之外，这里还是众多民众的谋生之所，百业杂陈，更是太原城内最为重要的政治空间，一场场集会、游行不断上演，见证着民众与国家的合作与对抗，至 1930 年代，太原市公安局于海子边设立派出所，并出台周详完备的管理制度，体现出国家欲极力控制海子边社会秩序的企图。而同时期的东湖，较之明清时代，则是一副江河日下的衰败态势，游赏休闲基本成为东湖的唯一功能。何以如此呢？民国时代凤翔城与太原城在城市发展方面的巨大反差当是最为重要的原因。传统时代的凤翔城始终是关中西部的交通枢纽，自西安出发或西去新疆或南下四川，此地均为官道驿路所经，商业繁盛，有"关西都会"之称，而进入民国时代，尤其是 1937 年陇海铁路通车至宝鸡之后，先前以凤翔为总汇的驿路系统让位于通过宝鸡的陇海铁路，宝鸡城市地位迅速提升，并很快成为关中西部的中心城市，而凤翔则降为普通的县城，区位由冲要之地渐成荒僻之所，城市人口比较稀少，社会结构较为简单，这决定了东湖之内不会有太多的政治意涵及社会冲突。而民国时期的太原城作为山西省府，城市发展迅速，1935 年时城市人口已达 14 万余人，近代化进程十分明显，社会结构高度复杂，这是凤翔城决然不可望其项背的。[①]

凤翔东湖是一方小区域，却映射出中国的大历史。

---

　① 参见李嘎：《海子边：明清民国时期太原城内的一处滨水空间（1436—1937）》，待刊稿。

# 筑堤与筑坝：1560年长江大水与明代中后期
# 荆江防洪问题[*]

张伟兵　吕　娟

（中国水利水电科学研究院水利史研究所；水利部防洪抗旱减灾工程技术研究中心）

**【摘要】**1560年长江发生历史第三大洪水，大水之后荆江河段出现新的防洪局面。在大规模修筑堤防之外，也尝试在三峡河段筑坝防洪。纵观明代中后期，二者呈现了不同的发展趋向。这一发展和演变，反映了防洪工程建设与自然、社会以及科技之间相互作用、相互制约的关系，其实质是明代对人与洪水关系认识的直接反映。

**【关键词】**1560年大水；荆江防洪；荆江大堤；川江石坝

"万里长江，险在荆江"，荆江河段是长江防洪的重点地区和险要河段。历史上荆江洪水灾害频繁，荆江堤防是长江流域重要的堤段。明万历二年（1574），湖广巡抚赵贤奏陈中谈到荆江堤防时说："湖省当江汉之委，荆州、承天等处频遭水患，其民恃堤为命。"[①]明嘉靖三十九年（1560），长江上游发生一场特大洪水，宜昌站洪峰流量93600立方米/秒，仅次于清同治九年（1870）和宋宝庆二年（1227）洪水，居历史第三位。清代诗人陈在宽曾目睹合川县1870年大水，有感洪水造成的严重灾害，写道："夏残洪水忽争流，连雨滂沱涨（水）不休……六宵久困三江水，千户都无一亩宫。除却北城家数十，坏垣尽在淖泥中。……嘉靖迄兹凡两见，异灾三百有余年。"[②]诗中的"嘉靖迄兹凡两见"，即是指明嘉靖三十九年大水和清同治九年（1870）大水。长期以来，学界对长江历史洪水和防洪的研究较多集中在清代以来的特大洪水以及荆湖关系方面，对清代以前长江洪水和防洪关注较少。究其实，资料缺失是其中的

---

\* 本文系中国水科院科研专项（JZ0145B572016)研究成果。

① 《明神宗实录》，万历二年四月辛酉条。

② 民国《合川县志》转引自《中国历史大洪水》（下卷），水利电力部全国暴雨洪水分析计算协调小组办公室、南京水文水资源研究所编，中国书店，1992年，第196页。

关键原因之一。上世纪 50 年代开始，水利部门为适应国家经济建设需要，组织开展了大规模的历史大洪水调查工作，在长江上游发现水文题刻资料 100 余处，[①] 促进了对明及以前长江洪水和防洪问题的研究。[②] 新世纪以来，人文学者进一步挖掘历史文献资料，注意到明万历《湖广总志》和《三峡通志》中的水利史料，并就三峡河段古代建坝的思想进行了追溯研究。[③]

在前人基础上，本文以 1560 年大水为切入点，重点关注的问题是：作为长江防洪的险要河段，大水之后荆江河段防洪出现了什么样的新局面？以及这一新局面经历了怎样的演变，其演变与区域自然和社会有着怎样的联系和影响？

## 一、1560 年长江大水及对荆江防洪形势的影响

长江流域地处东亚副热带季风气候区，洪水主要由暴雨形成。流域面积大，汛期时间长，支流大洪水出现的时间最早始于 4 月上旬，最晚至 10 月上旬，7—8 月是长江干流主汛期。一般年份，汛期时间自下游往上游逐渐推迟，上下游洪水可以先后错开，不致酿成大灾。如遇有气候反常，各支流洪水出现时间提前或错后，上下游、干支流洪水遭遇就可能形成全江性大洪水。按照暴雨时空分布待点，长江流域大洪水分为全江性洪水和区域性洪水两种类型。全江性洪水是在梅雨期内由连续多次大面积暴雨、干支流洪水遭遇而形成，洪水峰高量大，历时长，灾害严重。另一类为区域性洪水，这类洪水是由一次大面积暴雨形成，发生机会较多，流域上、中、下游都可以发生，洪水灾害限于某些支流或干流某一河段。[④] 1560 年大水即是属于全江性洪水。

① 水利部长江水利委员会编著：《长江三峡工程水库水文题刻文物图集》，科学出版社，1996 年，前言。

② 郭荣文、王瑞琼：《唐会昌二年（842 年）金沙江特大洪水的考证与估算》，水利电力部成都勘测设计院，1983 年 1 月，内部资料；黄燕：《嘉陵江"嘉靖年"洪水初探》，《人民长江》，1999 年第 3 期，第 40—41 页；骆承政，乐嘉祥主编：《中国大洪水：灾害性洪水述要》，中国书店，1996 年，第 240—242 页。

③ 尹玲玲：《明代湖广地区重要水利史料——万历〈湖广总志水利志〉简介》，《历史地理》第 16 辑，上海人民出版社，2000 年；尹玲玲：《川江石坝："三峡工程"之祖》，载《明清两湖平原的环境变迁与社会应对》，上海人民出版社，2008 年，第 148—162 页；黄权生、罗美洁：《明代川江防洪石坝再考——对尹玲玲〈川江石坝三峡工程之祖〉的参证补遗》，《三峡文化研究》（辑刊），2015 年，第 186—203 页；黄权生、罗美洁：《长江三峡古代建坝思想小考》，《中华文化论坛》，2016 年第 4 期，第 7—14 页。

④ 骆承政、乐嘉祥主编：《中国大洪水：灾害性洪水述要》，中国书店，1996 年，第 237 页。

## 1. 1560 年长江大水概况

从地方志记载来看，1560 年长江流域先后发生了两次集中降雨过程。第一次降雨出现在五月，雨区主要分布在洞庭湖水系、汉江下游和三峡区间，其中尤以洞庭湖区降雨范围较大。岳州府境内，巴陵"夏五月，大水。夏，霪雨不止，山水内冲，江水外涨，洞庭泛滥如海，伤坏田庐无算"。[①] 临湘"五月，霪雨十日，大水"。华容"潦，古今所罕见者"。平江"大水，损民田屋舍"。永定卫"大水"。[②] 澧州"大水"。安乡"大水，九水交浸"。长沙府境内，长沙、湘潭、湘阴"大水，没城郭"。益阳"大水害稼"。浏阳"大水"。衡州府境内，衡山"大水"。宝庆府境内，邵阳"五月，大水，郡庐舍漂没甚多"。新化"五月大水，漂没沿河民居"。辰州府境内，沅陵"五月，大水"。辰溪"夏大水，其南滨江一带冲决崩坏。"靖州直隶州境内，靖州、会同"五月初五日，大水"。通道"五月，霪雨，城垣房屋多圮，坏店，民溺死者甚众。"泸溪"五月，大水"。

三峡区间，宜昌"五月，雨雹伤禾"。长阳"五月，雨雹伤禾"。秭归"夏五月，雨雹，伤禾麦"。

第二次降雨出现在七月，雨区范围主要分布在上游的金沙江下段、嘉陵江下段，以及中下游干流沿线。金沙江下段屏山县降水至城内地势较高的文庙门，嘉陵江下段合州大水可与 1870 年大水相比。[③] 长江干流三峡区段，巴东、秭归等地均有"秋七月，江泛，大水异常，沿江民舍禾稼漂没殆尽"的记载。长阳"七月，江水溢，漂没民居，伤稼"。荆江河段，"七月，荆州大水"。城陵矶河段，武昌府"秋七月大水"。武昌"七月大水，禾苗淹没"。[④] 长江下游干流河段，南京"七月，江水涨至三山门，秦淮民居有深数尺者，至九月始退，漫及六合、高淳"。杭州"七月，天目山发洪水，临安、於潜、新城大水，杭州灾伤"。

1560 年长江入汛早，结束晚。四月汉江即已出现大水，九月，宜都"江水溢，入临川门，经旬始退"。汛期降雨历时长，洪水位高。上世纪 50 年代以来，长江水利委员会在对长江上游河段洪水调查过程中，发现 1560 年的洪水题刻 3 处。根据长

① 嘉庆《巴陵县志》卷二九事纪，引自张德二：《中国三千年气象记录总集》（第二册），凤凰出版社，2004 年，第 1131 页。本部分若无特别说明，均引自该书第 1128—1132 页。

② 同治《续修永定县志》卷十《祥异》。

③ 民国《合川县志》转引自《中国历史大洪水》（下卷），水利电力部全国暴雨洪水分析计算协调小组办公室、南京水文水资源研究所编，中国书店，1992 年，第 196 页。

④ 民国《江夏县志》，引自：湖北省武汉中心气象台，《湖北省近五百年气候历史资料》，1978 年，第 24 页。

江水利委员会分析，1560 年长江上游干流南沱河段水位 168.05 米，仅次于 1870 年洪水，居历史第二位。忠县河段水位 155.98 米，历史上次于 1870 年和 1227 年洪水，居第三位。[①]

　　另据长江水利委员会对宜昌站历史洪水的调查分析，历史上宜昌站洪峰流量超过 8 万立方米每秒的洪水共 8 次，其中，1560 年洪水居第三位，洪峰流量 93600 立方米 / 秒，发生在 8 月 25 日。

表 1　宜昌历史洪水洪峰流量统计表

| 洪水年份 | 水位（米） | 流量（m³/ 秒） | 发生日期 | 三天洪量（亿 m³） | 七天洪量（亿 m³） |
|---|---|---|---|---|---|
| 1870 | 59.5 | 105000 | 7 月 2 日 | 265 | 536.6 |
| 1227 | 58.47 | 96300 | 8 月 1 日 | 241.6 | 492.5 |
| 1560 | 58.45 | 93600 | 8 月 25 日 | 234.8 | 479.2 |
| 1860 | 58.32 | 92500 | 7 月 18 日 | 232 | 473.8 |
| 1153 | 58.06 | 92800 | 7 月 31 日 | 232.7 | 475.3 |
| 1788 | 57.5 | 86000 | 7 月 23 日 | 215.6 | 441.9 |
| 1796 | 56.81 | 82200 | 7 月 18 日 | 206 | 423.2 |
| 1613 | 56.31 | 81000 | | 203 | 417.3 |

　　来源：水利部长江水利委员会编著，《长江三峡工程水库水文题刻文物图集》，科学出版社，1996 年，第 2 页。

　　根据上述分析，1560 年洪水暴雨中心位于金沙江下段、嘉陵江下段和长江干流渝宜河段，大面积、长历时、大强度的暴雨，致使嘉陵江与三峡区间的特大洪水恶劣遭遇，造成中下游河段洪水成灾，各地灾情严重。地方志记载中，各府属州县"民舍漂流殆尽，禾稼淹没"，"官民舍宇墙垣倾圮"。《明实录》则记载，九月，"以水灾免湖广承天、荆州、岳州、衡州、武昌等府所属州县，显陵、沔阳等卫所屯粮各有差"。[②]

## 2. 大水对荆江防洪形势的影响

　　两湖地处泽国，明代以来随着人口增加和经济发展，"沿江筑堤以御水"。[③] 清人

①　骆承政主编：《中国历史大洪水调查资料汇编》，中国书店，2006 年，第 229 页。

②　《明世宗实录》卷四百八十八，嘉靖三十九年九月壬辰条。

③　万历《湖广总志》卷三三《三江总会堤防考略》，四库存目丛书史部第 195 册，第 134 页。

胡在恪在论及江陵堤防时，指出"皆恃堤为命"，[①] 实际上也代表了明清时期堤垸在两湖地区的重要地位。1560 年大水，首当其冲的自然是荆江两岸堤防的溃决。万历《湖广总志》（水利篇）载，"嘉靖三十九年庚申，岁三江水泛异常，沿江诸郡县荡没殆尽，旧堤防存者十无二三"。[②] 根据有关资料，梳理荆江堤防溃决情况如下，以反映荆江防洪形势的严峻局面。

荆州府："洪水决堤，无虑数十处，而极为要害者，枝江之百里洲，松滋之朝英口，江陵之虎渡、黄潭镇，公安之摇头铺、艾家堰，石首之藕池，诸堤冲塌深广，最难为力者也。"[③] "三十九年，又决此堤（注：万城堤），乃郡治之大要害也。"[④] 松滋"三十九年以后，决无虚岁，下诸县较苦之，较堤要害，惟余家滩之七里庙，何家洲之朝英口，古墙之曹珊口为大，其余五通庙、胡思堰、清水坑、马黄冈等堤，凡十有九处中，多獾窝、蚁穴，水易浸塌"。[⑤] 江陵"三十九年一遭巨浸，各堤防荡洗殆尽"。[⑥] "七月，荆州大水，寸金堤溃，水至城下，高近二丈，六门筑土填塞，凡一月退"。[⑦] 公安"三十九年决沙堤铺"。[⑧]

承天府：潜江"嘉靖三十九年，诸堤半决，而枝河更多湮塞，民甚苦之"；[⑨] "黄潭一决，弥漫数百里，人烟几绝"。[⑩]

常德府："三十九年以来，岁遭淹没"。[⑪] 武陵县"三十九年以来，诸堤复决"。[⑫] 龙阳县："三十九年，诸堤复溃"。[⑬]

岳州府：巴陵县江南永济堤、江北固城堤"嘉靖三十九年，诸堤俱决"。[⑭] 华容"嘉靖三十九年江湖水溢，诸垸堤尽溃，势难尽筑。其垸最大为要害者，惟官垸、涛湖、

---

① 胡在恪：《江陵堤防议》，载《湖广通志》卷 97，四库全书版。

② 万历《湖广总志》卷三三《三江总会堤防考略》，四库存目丛书史部第 195 册，第 134 页。

③ 万历《湖广总志》卷三三《荆州府堤考略》，四库存目丛书史部第 195 册，第 137 页。

④ 同上书，第 137 页。

⑤ 万历《湖广总志》卷三三《松滋县堤考略》，四库存目丛书史部第 195 册，第 138 页。

⑥ 万历《湖广总志》卷三三《江陵县堤考略》，四库存目丛书史部第 195 册，第 138 页

⑦ 光绪《续修江陵县志》卷六十一《祥异》。

⑧ 万历《湖广总志》卷三三《公安县堤考略》，四库存目丛书史部第 195 册，第 138 页。

⑨ 万历《湖广总志》卷三三《潜江县堤考略》，四库存目丛书史部第 195 册，第 143 页。

⑩ 康熙《潜江县志》，引自程鹏举：《荆江大堤决溢及重要修筑的初步分析》，载《长江水利史论文集》，河海大学出版社，1990 年，第 195—211 页。

⑪ 万历《湖广总志》卷三三《常德府堤考略》，四库存目丛书史部第 195 册，第 147 页。

⑫ 万历《湖广总志》卷三三《武陵县堤考略》，四库存目丛书史部第 195 册，第 147 页。

⑬ 万历《湖广总志》卷三三《龙阳县堤考略》，四库存目丛书史部第 195 册，第 147 页。

⑭ 万历《湖广总志》卷三三《巴陵县堤考略》，四库存目丛书史部第 195 册，第 148 页。

安津、蔡田四垸。各周回四十余里，本县钱粮半出其内"。[1] 岳州百姓"所幸迩年江陵诸堤悉溃，江水散流潜、沔。嘉靖庚申，枝江堤决，水由黄山、鹿湖即漫流邑之西鄙，故邑河势杀，不然几何弗以城市为瀛渤也"。[2]

## 二、筑堤：荆江堤防的大规模修筑及管理制度的建立

万历《湖广总志》载，湖广为"《禹贡》江汉、九江、沱潜、云梦之故区也"。长江"受决害者，惟荆州一郡为甚"。汉江"受决害者，郧、襄、承、汉四郡，而襄、承为尤甚"。九江（即洞庭湖水系）"受决害者，常武、岳阳二郡也"。南宋以来，随着人口增加，多将湖渚开垦为田亩，又在沿江筑堤御水，是故"七泽受水之地渐湮，三江流水之道渐狭，而溢其所筑之堤防，亦渐溃塌"。嘉靖三十九年大水尤为严重，"旧堤防存者十无二三"。大水之后，堤垸修筑遂成为各府州县的主要任务，这也成为大水之后荆江防洪措施中最重要的举措。

### 1. 荆江大堤的修筑

长江自湖北省枝城至湖南省城陵矶，长 337 公里，流经湖北荆州地区，称为荆江。荆江北岸上起湖北省江陵县枣林岗，下至监利城南，全长 182.35 公里，称为荆江大堤，是长江北岸江汉平原的防洪安全的保障。[3] 历史上，荆江一带堤防是长江干流最重要的堤段。荆江堤防的最早记载见于《水经注·江水》："江陵城地东南倾，故缘以金堤。自灵溪始，桓温令陈遵监造。"[4] 桓温于永和元年至兴宁三年（345—365）任荆州刺史，金堤的建成大约在这一时期。此后南北朝隋唐时期都有所修增。到北宋中期，沙市下游至监利的江堤已形成规模可观、基本完整的堤防。[5] 明初，大量流民进入荆襄地区，荆江堤防开始有了大的发展。到十六世纪初，沿荆江北岸已分段或连体修筑的堤防有：金堤、李家埠堤、寸金堤、沙市堤、黄潭堤、文村堤、新开堤等重要堤段以及监利境内下荆江的一系列堤段。嘉靖二十一年（1542），江北郝穴口被堵塞，大堤自堆金

① 万历《湖广总志》卷三三《华容县堤考略》，四库存目丛书史部第 195 册，第 148 页。
② 隆庆《岳州府志》卷一二《水利考》。
③ 《中国水利百科全书》"荆江大堤"条，第 715 页。
④ （北魏）郦道元：《水经注》卷三十四《江水》，四库全书本。
⑤ 周魁一、程鹏举：《荆江大堤的历史发展和长江防洪初探》，载《长江水利史论文集》，河海大学出版社，1996 年，第 8—13 页。

台至拖茅埠全线贯通。[①]

嘉靖三十九年大水，长江中下游危害严重，荆江堤防首当其冲。明朝，荆江堤防属于民堤，实行民修民防。因此，荆江堤防的修筑就成为湖北地方政府的首要任务。初期，由于"民私其力而财用赢诎"，加之嘉靖四十四年（1565）和四十五年（1566）连年大水，堤防"旋筑旋崩"。[②]嘉靖四十五年（1566），赵贤任荆州知府，主持开展了一次较大规模的堤防修筑，堤防"旋筑旋崩"的局面方有所改观。

赵贤，字良弼，河南汝阳人，嘉靖三十五年（1556）进士。[③]嘉靖四十四年（1565），赵贤任荆州知府。次年十月，赵贤即开始"估议请筑"。工期自嘉靖四十五年（1566）至隆庆二年（1568），施工范围包括北岸的江陵、监利，以及南岸的枝江、松滋、公安、石首六县。其中，北岸堤防长四万九千余丈，南岸堤防长五万四千余丈。[④]其中，石首段"南岸自公安沙堤至调弦口，堤凡四千一百余丈；北岸自江陵洪水渊至监利金果寺，堤凡千有余丈"。[⑤]监利段"自龙窝岭至白螺矶，凡二百六十余里"。[⑥]另据顺治《监利县志》，嘉靖四十五年（1566），殷某曾修江堤"西自黄师庙，东至王家堡，延袤三百余里"。[⑦]

## 2. 洞庭湖区堤防修筑

洞庭湖区的筑堤记载始于宋元时期，见于光绪《湖南通志》及其他史料的有岳阳偃虹堤、白荆堤，华容黄封堤，湘阴南堤和临湘赵公堤五处。湖区堤垸的形成与兴废则受制于荆江南来的水沙，堤垸因泥沙淤积而形成，又因江水冲溃而陆沉，兴废无常。明代洞庭湖围垸大都分布在北部和西、南边缘的环湖诸县。最早的是沅江和华容。明嘉靖年间荆江北岸穴口堵塞后，水沙大量南倾，淤洲日见增长，湖区的龙阳、澧州、安乡、益阳、武陵、湘阴等县先后筑垸。[⑧]嘉靖嘉靖三十九年（1560）、嘉靖四十四年（1565）和嘉靖四十五年（1566），洞庭湖区大水，湖区堤垸多溃决。

---

① 汤鑫华：《明清时期荆湖关系史论》，武汉水利电力学院硕士论文，1987年，第76页。

② 万历《湖广总志》卷三三《三江总会堤防考略》，四库存目丛书史部第195册，第134页。

③ 《河南通志》卷六十《人物四》，四库全书本。

④ 万历《湖广总志》卷三三《荆州府堤考略》，四库存目丛书史部第195册，第137页。

⑤ 万历《湖广总志》卷三三《石首县堤考略》，四库存目丛书史部第195册，第138页。

⑥ 万历《湖广总志》卷三三《监利县堤考略》，四库存目丛书史部第195册，第139页。

⑦ 顺治《监利县志》，引自：周魁一、程鹏举：《荆江大堤的历史发展和长江防洪初探》，载《长江水利史论文集》，河海大学出版社，1996年，第8—13页。

⑧ 湖南省水利志编纂办公室，《湖南省水利志》（第三分册洞庭湖区水利），1985年，第18—21页。

　　大水之后，各府属州县修筑堤垸。常德府"顷年修筑郡治沿江一带，及武陵、龙阳二县槐花宿、郎堰大围等堤，民始有宁宇"。[①] 武陵县"知府叶应春估勘大修宿郎堰堤，修决口一十二处，计长二千二十余丈。槐花佛子南湖等堤，修决口二十四处，计长一千九十余丈。其宿郎堰又有水（土昏）二座，以便蓄泄，曰上（土昏）曰下（土昏），各长九尺，高六尺，阔五尺"。[②] 龙阳县"四十四年，知府叶应春估议大修大围堤，修决口二十处，长凡四千五十余丈。南港障堤修决口四处，长凡一千一十余丈。大小汍洲堤修决口一十一处，长凡二千三十余丈。其大围堤，又修木（土昏）五座以便蓄泄，曰车轮（土昏），曰孔家（土昏），曰沽湖（土昏），曰伍家（土昏），曰姚家（土昏），各长一十二丈，各高七尺，各阔六尺"。[③]

　　岳州府在嘉靖三十九年以后，"冈阜半摧，而悬城孤危，岳阳楼亦将颓塌。知府李时渐雇募夫役，取办砖石，缮修城垣，自岳阳楼而南，凡二百六十余丈。城下筑土堤以障水"。[④] 岳州府安乡、华容、巴陵、临湘四县水患严重，巴陵堤防位于江北，"隆庆元年（1567），知府李时渐，知县李之珍修城"。[⑤] 华容有四十八垸，是岳州府防洪最要紧之地。嘉靖三十九年（1560）诸垸堤尽溃，势难尽筑。"其垸大最为要害者，惟官垸、涛湖、安津、蔡田四垸，各周回四十余里，本县钱粮半出其内"。[⑥]

### 3. 荆江堤防大规模发展的原因分析

　　纵观整个明代中后期，1560年大水之后，荆江堤防得到了大规模修筑和发展。其中原因，既得益于地方政府对堤防的重视以及堤防管理制度的建立和完善，也与这一时期湖广地区的社会经济状况以及自然条件有着密切关系。

　　荆江堤防的管理最早见于北宋。监利县令"濒江汉筑堤数百里，民恃堤以为业，岁调夫工数十万"，[⑦] 说明已有大规模的岁修工程。明正统四年（1439），荆州府奏称："府城西四十里，江水高城十余丈，倘遇霖潦堤坏，水即灌城，为害不小。乞专命府通判一员，荆州等三卫千户三员，常巡堤岸，少坏辄修。"[⑧] 开始设置专人巡视荆

① 万历《湖广总志》卷三三《常德府堤考略》，四库存目丛书史部第195册，第147页。
② 万历《湖广总志》卷三三《武陵县堤考略》，四库存目丛书史部第195册，第147页。
③ 万历《湖广总志》卷三三《龙阳县堤考略》，四库存目丛书史部第195册，第147页。
④ 万历《湖广总志》卷三三《岳州府堤考略》，四库存目丛书史部第195册，第147—148页。
⑤ 万历《湖广总志》卷三三《巴陵县堤考略》，四库存目丛书史部第195册，第148页。
⑥ 万历《湖广总志》卷三三《华容县堤考略》，四库存目丛书史部第195册，第148页。
⑦ （宋）刘攽撰《彭城集》卷三十八《墓志铭》，四库全书本。
⑧ 《明英宗实录》，正统四年二月"乙卯"条。

江堤防。

嘉靖四十五年（1566）至隆庆二年（1568），荆州知府赵贤在主持修筑荆江堤防后，还创立了堤防管理办法，这就是"堤甲法"。具体办法为：每千丈设堤老一人，每五百丈设堤长一人，每百丈设堤甲一人、堤夫十人，具体负责大堤的看管和养护，从而形成系统的管理组织。"夏秋守御，冬春修补，岁以为常。"其中，江陵北岸共设堤长 66 人，松滋、公安、石首南岸共设堤长 77 人，监利东西岸共设堤长 80 人，共计设堤长 223 人。[①]据此推算，荆江北岸堤防日常管理人员约为 3700 余人，南岸约 4300 余人，监利东西岸约 4500 余人，合计约 12600 人。

表 2　荆江堤防管理人数粗略统计

（单位：人）

| 名称 | 荆江北岸 | 荆江南岸 | 监利东西岸 | 合计 |
|---|---|---|---|---|
| 堤老 | 33 | 39 | 40 | 112 |
| 堤长 | 66 | 77 | 80 | 223 |
| 堤甲 | 330 | 385 | 400 | 1115 |
| 堤夫 | 3300 | 3850 | 4000 | 11150 |
| 合计 | 3729 | 4351 | 4520 | 12600 |

这一办法在湖广其他堤段同样适用，各地遇有堤防事宜，官司责成于堤老，堤老责成于堤甲，堤甲率领堤夫守之。至于有垸处所，同样参照堤甲法，设立垸长、垸夫。不论军屯、官庄、王府，凡是受益者，各自分管堤段若干丈。凡守堤者，各自派夫若干人。"一有疏虞，罪难他诿。"[②]

堤甲法之外，为加强堤垸防护，这一时期还制定了另外三项办法，即豁重役、置铺舍、严禁令。[③]

"豁重役"即凡是堤老、堤长、堤甲，及垸长、垸甲人役，各复其身，每遇审编，即与除豁别差，则彼得一意于堤防。"置铺舍"即仿照漕河事例，在堤上创置铺舍三间，令堤长人役守之，则人员往来，不患无所，而能够专心堤防防护事务。"严禁令"即凡有奸徒、盗决、故决江汉堤防者，照依河南山东事例，告示天下，以警偷俗。

---

①　万历《湖广总志》卷三三《荆州府堤考略》，四库存目丛书史部第 195 册，第 137 页。

②　万历《湖广总志》卷三三《护守堤防总考略》，四库存目丛书史部第 195 册，第 149 页。

③　同上。

此外，鉴于当时认为"可尽心力以捍民患，惟修筑堤防一事。"因此，在历史传统经验基础上，结合当地实际情况，还制定了使堤防"可经久而通行者"的十条办法。[①]一是审水势，即修筑堤防必须根据水势选择合适的堤线。二是察土宜，即修堤必须将地表浮泥挖净然后回填，土料宜用壤土。三是挽月堤，即在险要堤段预筑月堤以防不测。四是塞穴隙，即填塞蚁穴獾洞等。五是坚杵筑，即堤身应选用合适的夯筑工具夯筑坚实。六是卷土埽，即埽工可用于堵口，新修堤段可用杨柳枝为埽防冲。七是植杨柳，即沿堤植树以防冲刷，枝条可供抢险之用。八是培草鳞，即种草护堤防冲。九是用石礮，即险要堤段砌筑石岸。十是立排桩，即在堤前排钉长木桩，然后以木板拦护堤身。

社会经济方面，明朝，随着江汉平原人口的增加，垸田得到迅速发展。弘治时期，民间出现"湖广熟，天下足"之谚语。不过，这一时期的"熟"，不是指粮食收成而是指荒地开垦，所谓"足"，也不是指商品粮额而是指赋税粮额，但也反映了湖广地区社会经济的繁荣景象。明弘治以后，随着两湖平原特别是江汉平原垸田的开发，"湖广熟，天下足"真正成为湖广粮食大量剩余的代名词。万历初年，湖广地区正式成为全国重要的稻米生产中心，"湖广熟，天下足"也真正成为两湖稻米大量剩余和出境的代名词。成书于崇祯末年的据吴学俨等编《地图综要》内卷《湖广总论》云："中国之地，四通五达，莫楚若也。楚固泽国，耕稼甚饶，一岁再获，柴桑吴楚多仰给焉。谚曰'湖广熟，天下足'，言土地广沃而长江转输便易，非他省此。"[②]

自然地理条件方面，荆江北岸的江汉平原虽然点缀有江汉湖群，但其主体是密如蛛网的垸田和星罗棋布的村落组成的陆地平原。明末以来，荆江洪水位大幅度上升，河漫滩地淤高超厚同步出现。以地处荆江中段的沙市为例，自荆江大堤连城一线的约300年间，其洪水位线上升约5—6米，荆堤外滩淤高约8—10米，河床洲滩的砂层顶板升高约10—13米。[③]荆江洪水位的不断上升，造成荆江大堤堤身日高、堤顶愈窄的后果。而随着荆江洪水位线的抬升，荆江水灾频发。为防洪需要，干堤遂逐年加高培厚，由此也刺激了荆江堤防的发展。

---

① 万历《湖广总志》卷三三《护守堤防总考略》，四库存目丛书史部第195册，第148页。

② 吴学俨等编：《地图综要》，转引自龚胜生：《清代两湖农业地理》，华中师范大学出版社，1996年，第253页。

③ 周凤琴：《荆江堤防与江湖水系变迁》，载《长江水利史论文集》，河海大学出版社，1990年，第14—20页。

# 三、筑坝：川江石坝的修筑及湮灭

1560 年大水之后，除了大规模修筑堤防并加强堤防管理外，万历《湖广总志》和《三峡通志》还记载了荆江河段出现的另外一种防洪措施，即在三峡河段修筑石坝工程。这一事例见于《川江石坝志略》。这里从防洪角度着眼，据此主要对川江石坝的工程技术及湮灭原因进行分析。

## 1. 川江石坝工程的修建过程

明万历《湖广总志》和《三峡通志》所载《川江石坝志略》略有不同，《湖广总志》内容更为全面。鉴于该资料重要的史料价值，这里全文引录如下：

> 楚自庚申 (1560 年) 以来，川、汉二水，每遇夏秋辄交，涨泛滥于荆 (州府)、承 (天府)、潜 (江)、沔 (阳州)、武 (昌府)、汉 (阳府) 之间，沃壤数千里，悉成巨浸。虽筑堤浚冗，岁费不下万金，竟委之泥沙。民穷乎版筑无休，复不免于漂溺流移者十之六七。余自入楚时，目击民艰，亟思有以拯之。
>
> 乙亥 (1575 年) 秋，得拜抚绥三楚新命，首檄司道谘访川、汉水源，有谓下流壅滞所致，有谓天时气运使然，有谓汉水不足虞，惟川水骤会，斯为患也。于丙子 (1576 年) 春，问俗荆岳各属，遍历夷归，溯流穷源。顾所过皆愁惨景象，田地芜莱者过半，庐舍坟塚多成故墟，至有百里无人烟者。父老率遮道泣告曰，民罹漂溺十七载，于兹愿急有以救之。不然，皆无以自存矣。余相对亦泣下，再四抚谕而去。寻揭榜，招抚流移，令所司给以牛种，宽其逋负，蠲其赋役，发仓粟千石，分赈之，于是民稍稍集。
>
> 一夕，宿夷陵署中，忽梦神人，黑面绛衣，谒余曰："吾黄陵神也。"觉而惊讶。翌日，询诸父老，云西去二百里即三峡，峡之上有神名黄陵，极灵异。在昔佐禹开峡治水，有大功德于民。历代崇封庙祀之，凡有□□□应。成化初，西陵四境暴虎群聚为患，延蔓归州□□□，捕之不得。夷陵牧刘瑛率僚属祷之，不数日，众虎□□道左，虎患遂除。其显赫类如此。余闻之，喜，即日撰文，令所司具牲醴。竭诚，偕巡道马宪副、署州事蔡二守徹驱从，操小舟冒险穿峡，恭拜祠下，酹毕，默祝曰："某来为拯溺计，惟神一视古今，其佑之。"是夕，宿于舟中，复梦神，谢余，起伏若垒石状。既寤，尤香气袭人，心窃喜曰："思之思之，鬼神将通之信夫。"平明放舟顺流而东，回视三峡，不啻天上意。水涨时势若建瓴，一无停滞，瞬息千里。其冲激溃决，

弥漫江浒，何怪其然。及环视，沿江两岸多积石，且横有石梁插入江中者。余反复思维，乃翻然曰："嘻，神之所示，其在斯乎。"

夫治水之策二，在杀其源，疏其委。今源委既远，难于为力。若于上流少加阻遏，以缓水势，使下流以渐而通，是亦治水之一策也。况岸有积石，及天生石梁，因以垒石坝数十座，或者可挽狂澜万一。谋之道府，佥曰：可。又以事无责成，难求实效。始檄留守司经历，任梦榛相度之，专任通判郝郊身亲经理，以董其成。会诸牧令袁昌祚、林琛、蒋时材，复加酌量地势水势，所宜可以坝者二十余处：夷陵七、归州九、巴东四。各量动仓粟，计值银不过六十两：募工垒砌：沿江居民欣然子来，不日告竣。坝各长十丈，阔五丈，高一丈五尺，屹然相向。盖据高为坝，当时之水，中流而行，坝若无功。间值洪水横流之时，则遇坝而阻，水势回合，转折停蓄，盈科徐下，不复向之滂湃直泻。

是岁，松滋、江陵、公安、石首、监利一带，江堤晏然如故。虽堤外低田亦无淹溺，民间所播麦稻，悉获全收，且汉水亦免骤合之患。潜、沔、武、汉胥庆丰稔。收成之日，父老相率告之。荆州林守曰：今岁自祷神垒坝之后，江水旋涨旋消，真为神异。且水流纡缓，堤岸不溢，穴口不穿，民得粒食，此十五六年来所未见者。矧石坝，古人尝砌以防水，缘岁久湮没。今所立坝处，多系故址，若合符节，费少功多。若由此而岁加修垒，诚足为千百年永利，愿立石以志不朽。林守然其请，遂求记乎名公，以纪颠末。余闻之，固辞曰：此惟勉尽职分之常，以少逭癏瘝尔，曷敢以记，愿已之。因再檄所司，令其一新黄陵庙，以酬灵贶，仍傚诸堤埜事例，每岁将石坝加修，以永保障。至于或葺其危，或补其缺，或增其所未高，或□其所未备，使坝与岁而俱存。又在将来，□□□加意焉。姑叙其略以纪时日云。（文中□，系漫漶不清之字）

据史料得知，石坝修筑的起因是 1560 年大水造成的严重水患。石坝修筑则是在大水之后 16 年，工程主持人为巡抚湖广赞理军务都御史陈瑞。工程修筑前，陈瑞进行实地考察，见"沿江两岸多积石，且横有石梁插入江中者"，认为是修建石坝的理想地址。此间陈瑞还两梦黄陵神，暗示可在三峡河段建坝遏水。随后，陈瑞遂着手施工准备工作，由留守司经历任梦榛负责工程的组织工作，专任通判郝郊具体负责工程建设，并会同夷陵知州袁昌祚、归州知州林琛、巴东知县蒋时材，"复加酌量地势水势"，选出适宜建坝的地址二十余处，最后选定二十处，其中，夷陵七处、归州九处、巴东四处。工程费用由夷陵、归州、巴东三县"各量动仓粟"，总计值银不过六十两；施工人员主要由"募工"组成；工期很短，工程"不日告竣"。

## 2. 川江石坝工程技术及相关问题的讨论

我国古代水工建筑起源早，类型多样。根据用途不同，大体分为六类：（1）挡水建筑，如堤、坝、堰、椿等建筑；（2）溢流建筑，如溢流堰、滚水坝、减水闸、石（石达）等建筑；（3）输水建筑，如渠道、涵管、隧洞、渡槽倒虹吸等建筑；（4）蓄水建筑，如陂、塘、库、池、澳等；（5）控水建筑，如闸、斗门等；（6）河工建筑，如埽工、丁坝、河槽整治建筑等。[①] 据此，川江石坝是一种溢流建筑物。文献记载川江石坝的功能为："据高为坝，当时之水中流而行，坝若无功。间值洪水横流之时，则遇坝而阻，水势回合，转折停蓄，盈科徐下，不复向之滂湃直泻。"可见其功用主要是分泄洪水，属于侧向溢流堰。这种类型的建筑物一般建在堤岸或河道的一侧，有的地方把它叫做"湃缺"或"湃水堤"。其早在汉代即已出现，唐宋以后得到普遍推广。明中期徐有贞在治理黄河中，对这种建筑物又有所发展，在溢流堰上设置闸门控制泄水量和水位高程。[②]

由于文献所记川江石坝的史料少且简略，我们无从知晓其具体的工程技术。但在明代，侧向溢流堰的工程技术已很成熟，潘季驯在黄河上修建的减水坝就是这一时期溢流建筑的典型代表。这里，我们尝试通过对明代黄河上减水坝结构和施工规范的分析，来了解川江石坝的工程技术方面的有关问题。

潘季驯在治理黄河过程中，将溢流建筑物作为所设计的黄河防洪体系的重要环节，承担着溢洪任务，对此高度重视。对溢流建筑物的工程结构和技术要求，有着详细的总结。工程结构方面，减水坝尺寸一般较大，每座长 30 丈，顺水流方向设置迎水、坝身和跌水，共约长四丈四尺。其中，跌水宜长，迎水宜短，俱用立石。迎水一般宽五尺，跌水宽二丈四尺四寸。迎水相当今天闸坝工程的上游护坦，跌水则是下游护坦和海漫。立石竖砌主要是为了防止冲刷。此外，坝身上下游设置八字形雁翅，雁翅宜长宜坡，每个长二丈五尺。雁翅即今之八字翼墙。施工技术方面，为加强地基承载能力，坝基采用木桩基。施工程序是，先打入地丁桩，将桩头锯平之后，在桩上平铺龙骨木。桩和龙骨木间之空隙用石碴填满并浇灌铁水，形成整体。在桩基之上再砌石筑坝。按当年工料价格计算，每座减水坝共用银一千九百多两。坝顶高程设计上，潘季驯在长期实践过程中，认为坝顶高程应高出常流河水五六尺为宜。[③]

---

① 郭涛：《中国古代水利科学技术史》，中国建筑工业出版社，2012 年，第 58 页。

② 周魁一：《中国科学技术史（水利卷）》，科学出版社，2002 年，第 301 页。

③ 该部分内容参考周魁一：《中国水利科学技术史（水利卷）》，科学出版社，2002 年，第 303 页。

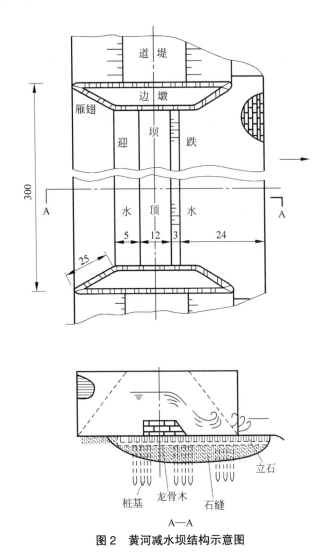

图2　黄河减水坝结构示意图

来源：周魁一：《中国科学技术史（水利卷）》，科学出版社，2002年，第304页，图4—25。

对照分析，川江石坝工程结构为"坝身长十丈，阔五丈，高一丈五尺"，大约为坝长33米，坝宽16米，坝高5米。规模较黄河上的减水坝要小很多，雁翅、跌水、迎水等结构本身就没有考虑。施工程序仅记"垒砌"，并没有考虑稳固地基采用有关的技术办法，更像是对就地取材的石块进行简单堆砌。此外，从工程经费来看，明代黄河上的减水坝，每座用银1900多两。[①] 而川江上的20座坝，总共用银"不过六十两"。

① 潘季驯：《河防一览》，卷四，水利珍本丛书，第102页。

种种迹象表明，川江石坝表面上看，是为了减轻中下游平原的洪水灾害而修建的一种防洪工程，但从工程建设的实际情况来看，更像是一种"政绩"工程或"贪大喜功"的面子工程，以达到"立石以志不朽"的目的。陈瑞以及负责工程建设的人员中，都身为地方行政官员，对石坝工程技术算不上精通，组织人员中也没有专门的工程技术人员，这对技术性要求较高的坝工兴建来说，无疑从一开始就决定其失败的结局。文献所记工程修建后，"江水旋涨旋消，……且水流纡缓，堤岸不溢，穴口不穿，民得粒食，此十五六年来所未见者。"实际上是工程完工的万历四年（1576），湖广本身就没有大水，因而实际上也谈不上什么工程效益。

当然，这里对川江石坝作为一种防洪工程持否定的态度，并不否定《川江石坝志略》的史料价值。修筑川江石坝最大、最主要的意义，在于时人认识到了长江上游洪水与中游洪水遭遇的洪水成因，认识到三峡河段是控制中下游洪水的理想河段。虽然限于科技水平，当时不可能对上游洪水占中游洪水的比例有定量认识，但在当时的社会条件下，在三峡河段建坝遏水的思想是具有积极意义的。如同西汉贾让三策中的上策，即开辟蓄滞洪区的思想。贾让认为是一种治本之法，实际上是一种不切实际的想法。但从思想史的角度来看，这一思想对后来防洪政策的制定，乃至今日防洪减灾措施的完善，无疑是具有积极意义的。

## 3. 川江石坝湮灭的原因探析

与荆江堤防大规模修筑发展形成鲜明对照的，川江石坝此后再不见记载。究其原因，除了闸坝工程技术的不成熟外，三峡河段地质条件以及明清时期三峡航道的地位和社会需求是其中最为重要的原因。

长江三峡地区由于特殊的地质构造条件，历史上岩崩与滑坡多发，这于筑坝非常不利。根据文献记载和实地调查，近两千年来，三峡两岸（含奉节、云阳县境河段）曾经发生过的大型、特大型岩崩和滑坡（崩塌体与滑坡体体积从几十万方到上千万方）的地方有40处以上；崩塌和滑动次数在100次以上，其中阻塞长江、中断航运的就有6次以上。[①] 其中，明代后期是一个活跃时期，嘉靖二十一年（1542）、嘉靖三十七年（1558）和万历三十七年（1609），相继发生岩崩滑坡，以嘉靖二十一年（1542）崩塌规模较大，危害也较为严重。史载该年六月，今秭归一带出现大雷雨，长江北岸长达5里的山岭发生崩塌。当时"巨石腾壅，闭塞江流"，阻塞长江达2里

---

① 周魁一：《长江三峡地区大型岩崩滑坡的历史与现状概述》，《水利的历史阅读》，中国水利水电出版社，2008年，第21—39页。

之多。所幸此次岩崩是一渐进的过程，居民得以全部撤离，因而仅"压民舍百家"，并未伤人。这次岩崩规模很大，从"崩塌五里"、"塞江二里"两个数字看，崩塌量当不在千万立方米之下，阻碍长江航运 8 年之久。

此外，历史上三峡河段一直是重要的水运交通要道。峡江是联系成都到扬州的水运交通要道。"凡川货之通荆襄，达吴粤，与夫各省诸货之至蜀者，无不由此（峡江）出入也。"[①] 明清时期，重庆是长江上游最大的以转口贸易为主的商业性城市，史载"吴、越、闽、粤、滇、黔、秦、豫之贸迁来者，九门舟集如蚁，陆则受廛，水则结舫。"[②] 以至于"（重庆）三江总汇，水陆冲衢，商贾云集，百物萃聚……或贩自剑南、川西、藏卫之地，或运自滇、黔、秦、楚、吴、越、闽、豫、两粤间，水牵运转，万里贸迁"。[③] 正因为三峡航道的重要地位，明清时期保障三峡航道交通畅通成为务本之道。前述明嘉靖二十一年（1542）新滩岩崩后，地方官员曾于嘉靖二十八年（1549）、万历三十六年（1608）、天启四年（1624）进行了三次较大规模的疏凿，使新滩航路得以复通。[④]

# 四、结论和讨论

大灾之后有大治是中国传统社会防灾、减灾、救灾的主要特征之一。1560 年长江发生历史上第三大洪水，荆江河段防洪形势严峻，湖广地方灾情严重。大水后出现新的防洪局面，第一，以荆江大堤为代表的荆江堤防系统得以大规模修筑，并建立了堤防管理制度；第二，时人认识到川江和汉江洪水遭遇的洪水类型，尝试在三峡河段筑坝防洪。二者虽然不是统一部署、有计划地开展，但最终目的都是为了有效减轻洪水灾害。其根本的不同主要在于对防洪减灾方略的认识上，筑堤论者更多着眼于大水之后的补救，认为堤防是保护人民免受水患的最佳办法；筑坝论者则着眼于大水之前的防御，认为通过工程手段，以达到减缓水势，免除水患的目的。从防洪减灾的终极目标来看，筑坝论者看似更为合理。但时代地来看，无论历史还是现在，还没有哪种措施能替代堤防在江河防洪中的主要作用。正如有专家所言，"堤防从出现到今天已有几千年的历史，但它的使命还没有完成"。[⑤] 或许正因为如此，

---

① 雍正《四川通志》卷十六《权政》，四库全书本。
② 乾隆《巴县志》卷二，第 125 页。
③ 乾隆《巴县志》，卷二。
④ 朱茂林主编：《川江航道整治史》，中国文史出版社，1993 年，第 20—23 页。
⑤ 郭涛：《从明代治黄看堤防的历史使命》，《中国水利》，1984 年第 3 期，第 30—31 页。

筑堤和筑坝在此后呈现出了完全不同的发展趋向，三峡河段筑坝防洪的尝试很快湮灭，历史文献也不再见有记载，而荆江堤防则逐渐成为长江防洪的重要保障。分析其中原因，既有着古代防洪科技水平低下的因素制约，又受着湖广地方自然地理和社会经济条件的影响。技术方面，明代堤防修筑技术日渐成熟，管理制度也日臻完善，而筑坝技术则迟至近代，随着西方水利科技的传入，方才获得突破。自然和社会经济方面，明万历以来，社会上出现"湖广熟，天下足"的美誉，加之荆江河床的淤积和洪水位的提升，以荆江大堤为代表的荆江堤防越筑越高。反之，三峡河段历史上一直是四川与湖广联系的重要水运通道，明清时期，随着四川经济地位的提升，航道整治更是成为三峡河段治理开发的主流，川江筑坝不可能再有发展。筑堤和筑坝内外部条件的此消彼长，反映了防洪工程建设与自然和社会以及科技之间相互作用相互制约的关系。

从这一点来看，防洪减灾是庞大的"自然—社会—技术"系统工程。1560年大水以及大水之后出现的防洪新局面，实则是明人对人与洪水关系的认识以及所作努力的反映。由此来看，人与洪水作为人与自然关系的一部分，防洪减灾不仅要尊重自然规律，适时调整人类的社会经济行为，而且，人类还应不断提高自身改造自然和利用自然的能力，唯有如此，方才能称得上真正意义上的人水和谐、人与自然和谐。

此外，历史地来看，明清时期荆江防洪中筑堤和筑坝截然不同的历史发展趋向，实际上也是长江治理开发中防洪和航运之间矛盾的反映。这一矛盾，甚至在20世纪五六十年代筑坝技术得到大力发展后，仍然存在。如20世纪70年代葛洲坝工程建设中水利与交通部门关于船闸布置的分歧矛盾。[①] 当然，与明清时期不同的是，这一时期的矛盾主要是由部门利益引起的而非技术层面的问题，但另一方面却反映了长江防洪问题的复杂性和艰巨性。这种矛盾局面，直到21世纪随着三峡工程的建成，方才发生改变。荆江大堤被列为国家确保堤段，三峡枢纽工程顺利建成并在长江防洪中发挥了重要作用，长江流域形成以堤防为基础，以三峡工程为骨干，工程措施和非工程措施相结合的防洪体系，最大程度地减轻了洪水灾害，为保障流域经济社会发展做出了重要贡献。

---

① 《钱正英》，载中国科学技术协会编：《中国科学技术专家传略·工程技术编·水利卷·1》，中国水利水电出版社，2009年，第360—371页。

# 冲突与调适：民国的祈雨禁屠与旱灾应对

赵晓华

（中国政法大学人文学院）

【摘要】祈雨、禁屠作为救济旱灾的传统模式，是天象示警的灾荒观下天人沟通的主要方法，中国历代社会将之逐渐仪式化、法律化。民国以降，一些具有现代科学思想的知识分子、颇具影响力的报纸将祈雨、禁屠归为愚民政策、迷信活动，现代气象学知识逐渐开始得以传播。但是，在批评祈雨禁屠、宣传科学救灾的进程中，知识界与民间社会有着截然不同的认识，舆论上的除旧布新与救灾实践之间存在着不小张力。从祈雨禁屠到气象学知识的传播，再到具体的救灾实践，展示出了现代与传统，官方话语、科学主义与民俗信仰之间的激烈冲突。

【关键词】祈雨；禁屠；气象学；民国

旱灾是传统中国社会发生最为频繁的灾害之一。祈雨禁屠是重要的传统救灾模式。被后世视为救荒圭臬的周礼十二荒政中，第十一为索鬼神，即"搜索鬼神而祭之"，把祈祷当成救灾之当务。禁屠，即禁止屠宰牲畜，作为祈雨的重要环节，此举自六朝开始，为后世尊崇。《隋书·礼仪志二》记载，祈雨"初请后二旬不雨者，即徙市禁屠"，唐代则规定"初祈后一旬不雨，即徙市禁屠"。历代政权将祈雨禁屠逐渐制度化与仪式化。民国以降，随着西方科学观念的传播，不少人对已经仪式化、法律化的祈雨禁屠方式提出了质疑和抨击，另一方面，祈雨禁屠依然是地方社会救灾的重要手段和习俗。本文在学界已有研究的基础上[①]做进一步的探讨，认为祈雨禁屠与近代科学知识之间的激烈冲突，既体现了近代救灾思想和制度嬗变的复杂性，也显示了传统文化在现代改造中的强固延续。

---

① 相关研究如沈洁：《反迷信与社区信仰空间的现代历程——以 1934 年苏州的求雨仪式为例》，《史林》2007 年第 2 期；黄庆庆：《从 1934 年旱灾看民国时期的巫术救荒》，《古今农业》2010 年第 3 期；张帆：《1934 年亢旱中的江南祈雨——以信仰、参与者和方式为中心的考察》，《宁波大学学报》2015 年第 6 期等。

# 一、除旧布新：对祈雨禁屠的批评及气象学知识的传播

民国以来，随着西方自然科学知识的传入，社会革命的发生，传统习俗与新式文明之间发生了激烈的撞击。祈雨、禁屠被很多人归之为愚民政策、迷信活动而受到猛烈抨击，现代气象学知识逐渐开始得以传播。1912 年，南京临时政府参议院决议建立中央观象台，下设天文、历数、气象和磁力四科。1915 年，气象科成立。在气象学的传播进程中，著名知识分子、报刊媒介都做出了积极的贡献。

## 1. 知识分子对气象学知识的宣传

张謇被称为中国近代气象学的奠基人。他在长期垦荒、治淮的过程中深切地感受到，"气象不明，不足以完全自治"。1906 年，张謇即在南通博物苑内设立测候所，此后，他派人去上海徐家汇观象台学习气象学，1916 年，南通军山气象台建成，张謇亲自兼任总理。他声明自己创设气象台的原因为，"窃农政系乎民时，民时关系气象"，"各国气象台之设，中央政府事也，我国当此时事，政府宁暇及此。若地方不自谋，将永不知气象为何事。农业根本之知识何在，謇实耻之"。[①] 他还说明创设气象台，也"为自治公益事业之一"，"对于旱潦之预防，更有裨益"。[②] 除了张謇这样的政治精英外，在运用现代科学知识抨击祈雨禁屠的落后性方面，一批学者为近代气象科学知识的传播、普及进行了积极的努力。1912 年，民国政府成立中央观象台，遴选天文学家高鲁担任观象台台长。同年 12 月，高鲁邀请自比利时回国的蒋丙然先生筹备气象科。1924 年 10 月，高鲁、蒋丙然、竺可桢等人在青岛共同发起成立气象学会，以"谋气象学术之进步与测候事业之发展"为主旨。蒋丙然、竺可桢等发表一系列文章，批评旧式救灾模式，宣传气象学知识。1926 年，竺可桢在《东方杂志》发表《论祈雨禁屠与旱灾》一文，他将祈雨禁屠称之为"愚民政策"，认为"若行诸欧、美文明各国，必且被诋为妖妄迷信，为舆论所不容"。竺可桢认为，禁屠本非中国本有之习俗，祈雨也"为西域印度僧人愚人之术"。禁屠有好的一面："禁屠善政也，若干科学家主张蔬食不背于卫生，而在人满为患之中国，则蔬食尤宜提倡"，但是"若徒恃禁屠祈雨为救济之策，则旱魃之为灾，将无已时也"。竺可桢认为，传统救灾模式中，不乏科学方法，比如测量雨量"实为救济水旱灾荒之唯一入手方法"，中国古

---

① 张謇：《为南通地方创设气象台呈卢知事》，转引自鲍宝堂《张謇与气象》，中国气象学会《推进气象科技创新　加快气象事业发展——中国气象学会 2004 年年会论文集》（下册），气象出版社 2004 年版，第 447 页。

② 张謇研究中心等编：《张謇全集》卷四，江苏古籍出版社 1994 年版，第 186—187 页。

代测量雨量的方法已经非常精密，而现今政府，平时不讲求以科学方法调查雨量，等到旱灾来临，唯知"祈雨、禁屠、求木偶、迎龙王"，实际上，"禁屠祈雨，迎神赛会，与旱灾如风马牛之不相及，在今日科学昌明之时观之，盖毫无疑义。"在此文中，竺可桢还从气象学的角度阐明了雨之成因。"雨乃由空中之水汽凝结而成。""空气之上升，虽为降雨之最要条件，但必空中本含有多量之水汽而后始有效。"人们所用的焚山放炮的办法，虽然可以酿成空气上升，但是其力还不足以致雨，至于禁屠迎会，更不能够去影响雨和云。竺可桢指出，气象台的设立可以在调查各地雨量多寡的基础上，说明各年度、各地方雨量变迁的原因，防旱灾于未然。[1]1928 年，竺可桢出任气象研究所所长。他亲自训练了大批气象观测人才，在全国设立了四十多个观测台站，开启了我国近代科学意义上的天气预报服务。此外，还有学者从其他角度对祈雨救灾提出批评。如邓拓在 1937 年出版的《中国救荒史》中，将历代救灾中对天帝的崇拜总结为天命主义的禳弭论，他指出，这种思想到民国社会依然存在的根本原因，是"我国社会经济结构的内部条件，仍然束缚人民思想的进步，仍然使人民难以接受新的科学知识"。[2]

## 2. 报刊的宣传

1915 年，天文学家高鲁等创刊《观象丛报》，是为我国最早的气象学期刊。《观象丛报》刊发与西方气象学有关论文一百余篇，内容涉及气象学史、虹、晕、光环、大气、风、云、雷、电、雨、雪、雹以及气象教育等各个方面。《观象丛报》还连载了蒋丙然所著的《通俗气象学》《航空应用气象学》《实用气象学》3 部著作。这 3 部著作篇幅大，内容全面，系统论述了气象学的主要内容。《观象丛报》为普及气象学知识、提高民众的科学素养作出了重大的贡献。随后《中国气象学学会会刊》《气象杂志》等气象刊物的创办，对普及气象知识和研究、交流气象学术等也具有重要意义。

除了专业的杂志外，民国时期，还有许多具有强大社会影响力的报刊杂志在宣传科学的救荒观念方面做出了贡献。如《东方杂志》作为 20 世纪上半叶影响力巨大的综合性新闻期刊，发表了大量的灾荒研究的文章。在论及近代灾荒时，很多学者认为天灾是灾荒的直接原因，人祸才是主因。如苏筠所言，"要解决天灾问题，要挽救崩溃了的中国农村经济，只有先解决社会中的一切矛盾"。[3]另外，像《申报》这

---

[1]　竺可桢：《论祈雨禁屠与旱灾》，载竺可桢：《天道与人文》，北京出版社 2001 年版，第 157—174 页。

[2]　邓拓：《中国救荒史》，北京出版社 1998 年版，第 197 页。

[3]　苏筠：《中国农村复兴运动声中之天灾问题》，《东方杂志》1933 年第 30 卷第 24 号。

样影响甚大的报纸，在反对祈雨禁屠、宣传气象知识方面也多有举措。1924年，松江因天旱禁屠求雨，各猪行各肉店一律停市三天，但仍无雨象，《申报》批评说："一般稍有知识者咸谓晴雨在天，非人力所能致，且与肉食尤不相干。清时科学未昌明，故官绅尝有此举。民国以来科学日昌，松地久已绝见，今忽重演旧事，故多资为笑谈"。[①] 1934年，全国很多地方亢旱不雨，受灾各地多有祈雨禁屠现象，上海也举行了全国祈雨消灾大会。《申报》发表《科学破产了吗》一文，从科学的角度将祈雨看作迷信行为，予以激烈抨击："科学告诉我们，'雨'是自然界的现象，由水蒸气遇冷而变成的。要是以人力来希望落雨，那决不是迷信宗教而可以奏效的，必须要利用已经昌明的科学来驾御自然才有可能。"[②]

## 二、科学与迷信：官方对祈雨禁屠政策的调适与应对

近代知识界在批判祈雨禁屠、传播气象学知识和科学救灾观念方面进行了积极努力，与此同时，民国以降，政府曾几次兴起大规模的反迷信运动，力图实现对民间信仰的改造和引导。在这样的背景下，民国各级政府在倡导科学救灾、反对祈雨禁屠方面也做了一定的践行。

以1934年为例。是年全国多数地方春夏苦旱，江南数省、两湖及华北地区旱情严重。时任行政院长的汪精卫致电江苏、浙江、上海等地方政府，禁止设坛求雨。汪精卫在电文中指出："关于旱涝预防，根据学理，生喻曲譬，演讲圆说，兼用并施，并重在实物试验，务使恃人事而除迷信。"[③] 上海市政府因此发布训令，称上海市民有设坛求雨等事，"上海为世界交通地点，观瞻所系，且市民常识较为普通，不同乡村"，设坛求雨"不惟迷信，且近招摇，宜从禁止，以息顽嚣"。[④] 7月，实业部长陈公博做了关于救济旱灾的报告，指出旱灾来临，"若仅仰望神仙，崇信迷信，是不济于事"，应极力普及社会教育，党部更应努力民运工作，"方能打破此种崇信迷信观念"，令各省市预防并购储晚作物及耐旱种子、并购抽水机以图救济。[⑤] 同年，武昌大旱，武昌县长书呈湖北省府，批评祈禳禁屠之举"迹近迷信，于事无据，非所语于现代科

---

① 《地方通信》，《申报》1924年8月2日。

② 《科学破产了吗》，《申报》1934年7月10日。

③ 《汪院长电苏浙沪禁止设坛求雨》，《申报》1934年7月31日。

④ 《令为奉令以本市市民设坛求雨不惟迷信且近招摇宜从严禁制以息顽嚣令仰遵照办理由》，《警察月刊》1934年第9期。

⑤ 《陈公博报告救济旱灾办法在中央纪念周》，《申报》1934年7月24日。

学昌明之世"，请求仿效英美科学人工致雨法，以救济旱灾。[1] 还有的社会群体和团体，在反对祈雨禁屠方面也发挥了积极作用，如1913年8月，奉天城南四十里的农民举行祈雨仪式，在赶赴龙王庙的途中，经过某小学，"该校师生以求雨一事本属迷信，未免诽谤相加拒意被农民闻之，群起辱骂，该校师生并未与较，即将龙亭捣毁"。[2] 另外，商人以讲求现实利益为中心，在反对祈雨禁屠中逐渐成为生力军，自觉或不自觉地发挥着积极的重要的作用。1934年，苏州祈雨中，吴县鲜肉同业先定于7月9日至14日自动断屠7天，又定从7月16日起继续断屠7天。之后，虽然旱情未缓，苏州屠业公会发布公告宣称："此次断屠，以两星期计算，其损失除营业方面不计外，就屠税一项而言，须少收入二千四百余元，此款将另行设法抵补，现为税收与营业关系，故决定俟两星期断屠期满后，不再继续。"[3] 还有的人对近代科学战胜迷信的功能提出了希望，认为除了科学家用科学来证明迷信是迷信外，别无他法，希望天文学家、气象学家"能够准确地预测天气，同时又能快速地把预测信息发表"，这对破除民间的迷信心理是"极端有效"的。[4]

不过，民国时期，祈雨禁屠一直作为重要的救灾方式存在着。1927年之前，地方军阀，如冯玉祥、张作霖、张宗昌都是祈雨习俗的热心支持者。军阀祈雨，还试图将传统习俗与科学方法结合起来。1926年，山东苦旱不雨，张宗昌在千佛山顶放火祈雨，其理由是"谓据科学家言，在山顶放火，可以变化空气，久旱可以致雨，久雨可以放晴"。[5]1927年以后，国民政府希望破除迷信，改良风俗，但事实上，祈雨禁屠活动依然非常之多。1934年，多数被旱省份举行了盛大的祈雨禁屠仪式，如杭州先于七月禁屠六天，因禾苗枯槁，又于八月禁屠数天，并在寺庙中"礼念观世音菩萨圣号"[6]。京沪一带"各界人士鉴于天灾之严重，纷起而作求雨之举，宗教团体竟有茹素斋戒，设坛祈祷者"，"迎神赛会无虚日，迷信之风一时大盛，社会秩序为之骚然"，南京竟至请班禅诵经祈雨，时居南京的邵元冲感慨云，旱灾严重，"崇异端者，尤日以膜拜为事。国将亡，听于神，恫矣。"[7] 事实上，对于祈雨禁屠，城乡之间、

① 《武昌县长请试行人工致雨法》，《申报》1934年7月27日。

② 《此谓拂人之性》，《盛京时报》，1913年8月7日。

③ 转引自沈洁：《反迷信与社区信仰空间的现代历程——以1934年苏州的求雨仪式为例》，《史林》2007年第2期。

④ 《祈雨与天文家》，《民间》1934年第1卷第5期。

⑤ 《鲁张火烧千佛山惟未得雨》，《申报》1926年6月11日。

⑥ 《杭州二次禁屠祈雨》，《佛学半月刊》1934年第85号。

⑦ 李文海等：《近代中国灾荒纪年续编》，湖南教育出版社1993年版，第409页。

知识分子与普通民众之间有着较大的张力。1918 年，根据对北京社会的调查，甘博认为古老的信仰和迷信思想在慢慢地衰退，"这些信仰对中国知识分子几乎完全失去了影响，并正在迅速失去对其他所有阶层的影响"。[1] 而根据李景汉的调查，1928 年，河北定县为祈雨而设的庙宇即有玉皇、龙王、五龙圣母、老张等 50 座，当地 14 个村庄，自 1923 年至 1927 年五年内，公众为求雨而花去的敬神费达 1551 元，平均每年 310.2 元，这项费用在敬神费用中仅低于举办庙会所用的花销。[2] 再据杜赞奇研究，20 世纪初期，山东历城县冷水沟村宗教活动颇为活跃，其中最重要的宗教仪式是集体祈雨。求雨对象为玉皇，为此成立了各个专门小组，五十多人负责不同事务，祈雨要整整三天，由全体村民参加祈雨仪式并会餐，若祈雨得雨，还要演戏酬神，费用由各户均摊。[3]

知识界与民间社会对于祈雨禁屠和救灾模式有着截然不同的认识，地方政府在救灾实践中也颇多矛盾的体现。1934 年的各地祈雨仪式中，由官方牵头的并不少见。江苏南通制定的《祈雨办法》即称，祈雨要由"各地长官率领僚属及民众"进行。"专员所在地，由专员县长领导行之"[4]。应当说，到 1930 年代，政府官员已经大多接受过近代科学教育，对求雨这样的迷信活动应当是不相信的。但是，面对严重的旱灾，广大民众对求雨消灾的迷信活动乐此不疲，如果过分强制禁止祈雨，容易造成激烈的官民冲突，甚至酿成极端事件。如 1934 年 7 月，浙江崇德县民向县府请求祈雨、县长毛皋坤率保卫团弹压，保卫团开枪击毙民众二名，拥挤踏毙二名，伤十余名。上海全浙公会因此致电浙江省政府，要求将崇德县长撤职法办。[5]8 月，余姚陡亹小学校长兼党部常委徐一清因劝阻农民迎神祈雨，激动众怒，被千余农民殴毙，投入河中，嗣又打捞上岸，咬断喉管，头部用凶器劈开，惨不忍睹。[6] 在经费短绌、救灾无力的情况下，政府官员只能将计就计，将迎合祈雨禁屠视为安定社会秩序的权宜之计。1934 年，安徽省旱象初成之始，各地一方面装置抽水机灌溉农田，另一方面，省公安局为破除迷信计，颁发布告禁止祈雨，有"少数儿童扛抬纸轿，载以龙神牌位，游行街市"，警察阻止，双方还发生冲突。因为旱情加重，祈雨现象也愈演愈烈，省城慈善团体暨佛教会等均纷纷建醮诵经、顶香膜拜，各乡镇农民成群结队、大举入

---

① ［美］西德尼·甘博：《北京的社会调查》，陈愉秉等译，中国书店 2010 年版，第 410 页。

② 李景汉：《定县社会概况调查》，上海世纪出版集团 2005 年版，第 418 页。

③ ［美］杜赞奇：《文化、权力与国家：1900—1942 年的华北农村》，王福明译，江苏人民出版社 1996 年版，第 118 页。

④ 《古香斋：祈雨办法》，《论语》1934 年第 47 期。

⑤ 《请撤办崇德县长》，《申报》1934 年 7 月 23 日。

⑥ 《党委阻止祈雨》，《申报》1934 年 8 月 16 日。

城请愿，"并扛抬龙神偶像，头顶枯禾"，军警格于舆情，无法抑制，随后，公安局、县政府也发布告禁止屠宰，省公安局长张本舜、怀宁县长孙需方偕绅商多人，亲往距省三十里之大龙山龙王庙拈香祈雨。[①] 1939 年，因天时久旱，上海合城文武官员均诣沉香阁观音大士处及龙王位前设坛求雨，并"禁止屠宰，凡民间市集，咸一体齐戒"。[②] 1940 年，河南开封久旱不雨，伪省长陈静斋率领伪省公署及伪开封市公署全体官员到城隍庙许愿求雨。陈静斋称自己求雨的理由是："你不信神，老百姓多数都信神。我定的求雨办法，是三天拜庙，三天扫街，反复三次，共二十七天，开封这个地区，能在二十七天里不下雨吗？如果下了，老百姓会说我们关心民众，至诚感神，万一不下了或下不大，老百姓也说我们为他们尽到了心。"[③]

祈雨与科学救灾的观念在当时人看来，也可并行不悖。1934 年 8 月，湖南省政府主席何键针对湖南各县官民在祈雨问题上的对立，发表《从科学上说明祈雨之意义》的演讲，认为"为救国民灾害而来祈雨，得雨便是幸福，不得亦决无经济的损失与精神的苦痛。即令脑筋简单的科学家认此为迷信，但这种迷信，没什么坏影响，历史上向未有因祈雨演出意外变故的事实"，他认为，在救治旱灾缺乏良法的情况下，"在无可奈何之中，不妨各个发起诚心，同做祈雨的运动"，祈雨不是"要你花费许多钱财，打醮念经起来，不是要你抬着神像，在烈日之下游行起来，只要你本着斋戒沐浴的意义，发大愿心，恐惧修省"，"凡事不要专靠天，还是要靠人，不要专求神，还是要求己，天下事信之以礼，我的祈雨方法，既在道理，就是科学"。[④] 1935 年，山东大旱，被灾各地既有"抬神禁屠虔诚祷雨之声随处可闻，建设厅亦有防旱员会之设规定沿河抽水，及凡有地足四十亩者，均令凿井眼，统限于七月十日以前完成。旧俗祈雨之法，新式防旱之道，双管齐下，官民一齐动员"。[⑤] 政府的看似矛盾的行为，说明了传统文化与科学主义在当时的激烈碰撞。有人指出："我们以科学为依据去反对迷信鬼神，这当然没有谁敢置齿的；但是，人类毕竟是哲学的产物，人们对于宇宙间的事事物物，总在企求着得个解释"，在科学救灾手段不能得到推广的情况下，单纯指责祈雨禁屠、视之为迷信是不对的："眼睁睁看着一田田正在发肥的稻苗，在烈日下干枯，而又没有什么方法以供救济，叫谁个不着急？眼睁睁看着一个个躯体强悍的同伴，在烈日下相继倒毙，而又没有什么医院，肯供收容疗治，叫谁个不

---

① 《皖省旱灾概况》，《申报》1934 年 8 月 2 日。

② 《设坛祈雨》，《申报》1939 年 6 月 9 日。

③ 邢汉三：《日伪统治河南见闻录》，河南大学出版社，1986 年，第 73 页。

④ 《从科学上说明祈雨之意义》，《湖南省政府公报》，1934 年第 184 期。

⑤ 《鲁省久旱中之甘雨》，《申报》1935 年 6 月 19 日。

心慌？假使他们连寄托在鬼神上面的一点儿希望也没有，他们不是一个个坐着急死，就要另换一个样儿了！"①

## 三、站在新旧之间：祈雨的多元社会文化功能

由上可见，在批评祈雨禁屠、宣传科学救灾的进程中，舆论上的除旧布新与救灾实践之间存在着不小张力。一方面，自然科学知识的传播需要一个渐进的过程，另一方面，在与近代科学碰撞交融的过程中，传统文化具有强大的绵延力量。民国时期，有些知识分子对包括祈雨在内的民间旧俗的合理性进行了探讨。对于当时不少人反对的迎神赛会，鲁迅认为这样的活动是民间重要的娱乐活动，不可简单地把其归入迷信活动而一概抵制："农人耕稼，岁几无休时，递得余闲，则有报赛，举酒自劳，洁牲酬神，精神体质，两愉悦也。"②叶圣陶也认为，迎神赛会仪式属于当时民众日常交往和娱乐活动的不可替代的部分，不可以简单的"迷信"而予以粗暴对待，"有些人说，乡村间的迎神演戏是迷信又糜费的事情，应该取缔。这是单看了一面的说法，照这个说法，似乎农民只该劳苦又劳苦，一刻不息，直到埋入坟墓为止。要知道迎一回神，演一场戏，可以唤回农民不知多少新鲜的精神，因而使他们再高兴地举起锄头。迷信，果然，但不迷信而有同等功效的可以作为代替的娱乐又在哪里？③1920年代，河北定县北齐庙会最为盛大，其所拜的韩祖刚开始即被视为可以救助旱灾之神。李景汉称，这样的庙会不仅可以让老百姓求神保佑，借此机会享受多种娱乐，并且临时所成的集市可以活动经济。"④酬神演戏也是乡村社会联络情感的机会。1913年，辽宁凤城县乡民"因旱求雨，甘霖下降，该处农人异常欢慰，故于8月29日在该村附近高搭戏台演戏酬神，四外村屯往观者络绎不绝，较之在城关演时尤觉热闹"。⑤

作为传统民俗，祈雨禁屠所具备的社会和文化功能是多元的，绝不仅仅只是对神灵崇拜的一种反映。这也是这种传统民俗在当时广为存在的一个重要原因。1924年，鲁迅与学生孙伏园等去西安讲学，途经渭南时目睹了当地盛大的祈雨仪式，孙伏园称："我们如果以科学来判断他们，这种举动自然是太幼稚。但放下这一面不提，单论他

①　觉夫：《鬼神》，《申报》1934年7月27日。

②　鲁迅：《破恶声论》，《鲁迅全集》第八卷，人民文学出版社，2005年，第31—32页。

③　叶圣陶：《倪焕之》，人民文学出版社，1982年，第96页。

④　李景汉：《定县社会概况调查》，上海世纪出版集团，2005年，第422页。

⑤　《演戏酬神》，《盛京时报》，1913年9月4日。

们这般模样，却令我觉得一种美的诗趣。"[1] 顾颉刚抨击国民党政府 1929 年反迷信的政策，他抱怨说："先人的艺术遗产随着反迷信一起被丢弃了，与其如此就根本没必要反迷信"。[2] 此外，从救灾实践来讲，禁屠包括禁止宰杀耕牛，应当说，在传统农业社会，这一点有着积极意义，有助于灾后农耕的恢复。不过，就大部分地区而言，禁屠主要指禁止屠宰生猪。有的地方官认为，禁屠能够有效地防止灾区疫病暴发："在人们普遍要求有所举动对付旱灾的压力下，我不得不发出命令禁止宰猪。我认为这是很有用的，因为流行病往往与旱灾俱来，素食能防止传染病流行。这是这种信仰的真正的作用。在我缺席的情况下组织了游行。强迫人们不抵御旱灾是不利的"。[3]

从祈雨禁屠到气象学知识的传播，展示出了现代与传统，官方话语、科学主义与民俗信仰之间的激烈冲突，也明显地反映出历史现场中表达与实践的距离。费孝通曾指出，巫术"不是命令所能禁止的，只有提供更有效的人为控制自然的办法才能消灭巫术"。[4] 20 世纪 40 年代后，传统的民间祈雨习俗日渐式微："祈雨一事，有类迷信，近年各地，除僻地穷乡有行之者外，其余城市迄无举行者。昔时祈雨，首由地方倡行，此风近年已杀。"[5] 祈雨习俗的衰落，与国民政府移风易俗政令的推行，科学知识的传播、救灾手段的日益现代化，又是有着密不可分的联系。

---

[1]　田晓荣：《鲁迅与渭南的祈雨风俗》，《兰台世界》2009 年第 4 期。

[2]　施奈德：《顾颉刚与中国的新史学》，费正清主编：《剑桥中华民国史》第 1 部，上海人民出版社1991 年版，第 464 页。

[3]　费孝通：《江村经济：中国农民的生活》，商务印书馆，2002 年，第 150 页。

[4]　同上书，第 151 页。

[5]　丁世良、赵放主编：《中国地方志民俗资料汇编》（东北卷），书目文献出版社，1989 年，第 312 页。

# 雪灾的政治：灾害话语与草原畜牧业的转型

荀丽丽

（中国社会科学院社会学研究所）

【摘要】本文以"事件社会学"的视野剖析了作为历史事件的 1977 年大雪灾。牧民的雪灾记忆呈现了集体化时代末期国家逻辑与生计伦理、计划与市场、个体与集体等多重结构性矛盾的张力。雪灾之后，关于雪灾的政策论述成为一种特定的灾害话语，它为国家主导的草原畜牧业现代转型提供了合法性支撑。对抗雪灾成为开展改造传统靠天养畜的传统畜牧业的逻辑起点，以水利建设、棚圈建设和饲草料地建设为核心的草原建设与管理的理性化思路逐渐融入到牧民的生计实践当中。

【关键词】事件社会学；灾害话语；畜牧业现代转型；草原建设

## 一、作为历史事件的自然灾害

每一次自然灾害都是一个历史事件。在年鉴学派的视野里，"使用科学的方法去对待历史学，可以让我们远远地超越对机会、事件和阴谋在人类事务中发挥的作用所做的思考"；[①] 但是，如勒华拉杜里所言："年鉴学派，既不排斥事件史，也不排斥事件。事件可以用作剖析深层结构的放大镜和显微镜，在一些特殊情况下发生的事件，往往造成广泛的断裂，而其后果在此后很长的时间里都能为人们所感知。"[②]

自然灾害是自然环境影响人类的一种极端形式，"非常态"的出现往往令人与自然的关系面临重大考验。可以说，自然灾害是气候事件与社会事件的结合体。这些极端气候事件的影响"不仅仅是人们通常看起来的那种短暂的、偶然的、局部的或外在的干扰，是可以采取类似外科手术刀一样的技术手段就可以消除的，或者如同浪花般地随着时间的流逝化解于无形，而是潜移默化到人类社会的深处，弥散于诸如技术体系、经济结构、政治制度、文化意识，宗教信仰以及风俗习惯等各类人类

---

① ［法］伊曼纽埃尔·勒鲁瓦·拉迪里：《历史学家的思想和方法》，杨豫、舒小昀、李霄翔译，上海人民出版社，2002 年。

② ［法］E. 勒胡瓦拉杜里：《事件史、历史人类学及其他》，《国外社会科学》1995 年第 3 期。

事象之中，成为社会分化和文明演进不容忽视的动力之源"。[①]

在本文中，1977年发生于内蒙古草原的大雪灾即是这样一个历史事件。本文试图以一种"事件社会学"的形式来回溯这次大雪灾对于草原畜牧业转型的意义，来理解它为草原生态与社会的变迁所埋下的伏笔。在"事件社会学"的视野里，一个历史事件中，结构、局势与行动者是同时起作用的，结构与局势形塑了事件，事件再生产了结构与局势。行动者是事件的关键因素，他们是具体的、有血有肉的人。[②]

本文所利用的历史资料包括两部分，一是由地方政协主编的地方文史资料，即锡林郭勒盟苏尼特右旗"亲历1977年大雪灾"的口述史材料。这些资料记录了当地人在雪灾中的亲历、亲闻、亲见，这些灾难记忆的叙事不仅再现了灾害场景，同时也表达了当地人的灾害感知。更重要的是，这些以口述史为基础的灾害话语反映了灾害如何被当地人所记忆和表述，以及灾害过程中人与自然关系的结构性要素，这些结构性矛盾也构成了理解当时社会境况的基础。第二部分材料是雪灾之后农牧政策文件的档案材料，通过这部分资料我们将观察到1977年的雪灾是如何进入其后的政策过程，关于雪灾的论述如何成为推进草原畜牧业转型的合法性源泉。

## 二、雪灾中的人与自然

从自然科学的角度来看，导致牲畜大批死亡的1977年内蒙古锡林郭勒草原大雪灾是一种典型的极端气候事件的累加效应。1977年当年的牧草生长季，春季降水偏多，但是夏季6—8月份出现了较为严重的干旱，牧草生长受阻，牧草高度和地上生物量都较常年偏低。秋季尤其是10月份的降水偏多，又遇上低温天气，降水过程转为降雪，白天气温较高，表层的降雪融化，夜晚气温下降到零度以下，雪面表层结冰，第二天继续降雪，然后夜晚继续结冰。坚硬的表层，加上干旱导致的草地牧草高度和盖度都不高，牧民对入冬饲草储备不足，发生了历史上最为严重的白灾灾害，锡林郭勒盟全盟大小畜死亡牲畜头数达35%以上，受灾最严重的阿巴嘎旗大小畜死亡头数高达65%，全盟的牧业生产受到重创。[③]

牧民将这种先雨后雪的白灾称为"特木尔兆德"，即"铁灾"。1977年阴历9月29日，先是下了一场雨接着又下了一天一夜的雪，大雪有两尺多。苏尼特右旗北部

① 夏明方：《自然灾害、环境危机豫中国现代化研究的新视野》，《史学理论研究》2003年第4期。

② 应星：《事件社会学脉络中的阶级政治与国家自主性——马克思〈路易·波拿巴的雾月十八日〉新释》，《社会学研究》2017年第3期。

③ 王晓毅、张倩、荀丽丽等著：《气候变化与社会适应》，社会科学文献出版社，2012年，第3—28页。

的 9 个公社、3 个牧场共 36 个大队（占全旗大队总数的 60%）的积雪厚度达二尺以上，旗南部社队积雪也在一尺半左右，派出抗灾的车辆，除 55 马力拖拉机外都无法行驶。"整个草原已被雪盖的严严实实，白的雪与灰蒙蒙的天相连，根本分不清哪里是路，哪里是草原，哪里是天。几辆大卡车像一条长龙在摸索着前行，走走停停、停停走走，速度比牛车快不了多少。有的地段已经安排推土机开过路，被推到路边的积雪有二米多高，车在里面通过时，真有些在隧道中穿行的感觉。"①

草原畜牧经营的核心是牲畜，不同牲畜的抗灾能力各有不同。马的移动力最强，它们也预先感知了灾害的来临。"边境线另一侧几乎没有一点雪，由于边境两侧平日很少有牲畜过牧、践踏，这下就更显得有吸引力啦，也不知牲畜用什么方法传递信息，特别是马匹，腿脚快，越聚越多，几天的工夫，全旗的马群数万匹便逃难到这里，连带绊子的毛驴都过来了。后来才知道，这些驴属于 300 公里以外土牧尔台农区的，可它们是怎么得知这里可以吃上草呢？"②羊的移动力弱，雪太深了，羊四蹄深陷雪中，无法动弹，很多羊就这样原地饿死，"它们身上覆盖了雪，在白茫茫的世界里只露着一个个黑耳朵、黑眼窝和黑嘴巴的死不瞑目的羊脑袋（苏尼特黑头羊的特征）"③。骆驼的抵御灾害的能力强，耐寒耐饥，"在风雪中骆驼卧着一个地方几天不吃不喝不挪窝儿，形成了一个个大雪包，我们通过观察冒着热气的鼻孔才能确定那是一峰活着的骆驼"。④

牲畜在雪灾中挣扎求生的惨状也深深刻入牧人的记忆。"牛、羊、驼饿极了，先是吃自己的毛，够着的部位吃光了，就互相吃，互相吃光了就啃柳条编织的阿篓，竹条制成的拣粪叉。这些生灵为了活命，所作出的举动真叫人不可思议"。

"草原上到处是牲畜的尸骨，所剩无几的马儿，个个都没了尾巴。那是因为牛羊没有什么可吃的东西，就把马尾巴当成了食物。衰竭的马儿后面总是跟着几头（只）已经饿晕了头的牛羊。有的围绕着卧着的骆驼乱揪绒毛，疼得这庞然大物"嗷—嗷"乱叫。哎，不管是牛、马还是驼、羊，它们已经饿得失去了情感，只剩下填饱肚子的本能了。"⑤

关于集体化时代的雪灾记忆，最典型的莫过于"草原英雄小姐妹"龙梅和玉荣在风雪中保护集体的羊群而冻伤的故事。这是新中国建构的第一个集体主义精神的

① 金花口述，高永厚整理：《亲历 1977 年大雪灾》，苏尼特右旗政协。

② 老布僧傲日布口述，高永厚整理：《亲历 1977 年大雪灾》，苏尼特右旗政协。

③ 策仁口述，高永厚整理：《亲历 1977 年大雪灾》，苏尼特右旗政协。

④ 索德门口述，高永厚整理：《亲历 1977 年大雪灾》，苏尼特右旗政协。

⑤ 道尔吉口述，高永厚整理：《亲历 1977 年大雪灾》，苏尼特右旗政协。

典范。在"亲历 1977 年大雪灾"所展现的灾害叙事中，雪灾给亲历者带来极大的情感创痛，生死劫难的惨烈使叙述者在多年之后依然痛哭哽咽。在当地人的雪灾记忆中"集体主义"褪去了高高在上的光环，化作人与畜群在自然灾害中顽强抗争的生命故事。

　　我是赛汗乌力吉公社脑干塔拉大队牧民，那年刚好 21 岁。雪灾使我的感触太深了，也是我永远都无法忘记的，因为它让我在死亡的边缘上游走过。现在回想起来，在我 50 岁的生命中，那是我第一次感受到自然灾害之残酷，生与死的界限在那时变得及其模糊。当时，我为生产队放 500 多只羊，为了让这群饿昏了的羊儿多吃上点草，多吃上点平时刮到凹地和坡底的一些沙蓬和暴露着的草根，我稍微走得远了些，没想到下午又起了风，羊群顺着风狂奔，我担心丢失了集体财产，紧追不舍，骆驼似乎也很善解人意，"嗷嗷"地抛开大步，哪里有失散的羊，就向哪里跑，因为我被风雪迷了眼，看不清前面，刚要把四散的羊拢到一个洼地里，我骑的骆驼却深深地陷到一个沟里，积雪顶到了驼的肚子，使驼四蹄架空，挪动不出步子。我跳下去，奋力地用肩膀推，还是纹丝不动。我跪到驼胸前，像狗刨食一样，用双手清理开积雪，任凭我怎么推打它还是不动。这时，我才醒悟过来，骆驼哪里是不想动啊，它肚子里也有几天没吃上东西，衰惫的根本就走不动啊！于是我放弃了营救，急忙去赶羊。眼前的一幕令我浑身发怵，我分不清天地。近处除了几十只陷在雪窝中或死去的羊以外，什么都没有。慢慢地，天色暗下来了，"咩——咩"挣扎着的羊儿也静下来，头一歪"睡"着了。我呼天，天不应，呼地，地不应。呼妈妈，呼爸爸，远方回荡的只是自己的尾音。完了，我把集体的羊群丢失了，我没能像龙梅玉荣那样跟上风雪中走散的羊群。完了，我迷路了，找不到家，就意味着冻死、饿死。

　　人的一生到底有多长呢？当我小的时候，阿爸、额吉牵着我的手走过一个个沟沟坎坎；现在，轮到阿爸、额吉伸出衰老的双手，等待我的搀扶时，难道就这样仓猝离去吗？对，决不能坐着等死。于是我在夜空中寻找着北斗星，辨别着方向，跌跌怆怆地向前行走。哎，我发现了一双新鲜脚印，顿时欣喜若狂，心想，这下应该离人家不远啦。可是，当我看到雪地上插着的标记时，心"怦"地加快了跳动，瞬间，浑身冒出了冷汗。我迷路了。原来，几个小时过去了，我还在原地转圈儿。

　　我走失后，父亲和两个弟弟分头出来找我。18 岁的大弟弟胡日勒和

16 岁的二弟嘎勒巴特骑着一峰骆驼，午夜时分，找到了遗失的半群羊，大弟弟让二弟看守住羊群，他继续找我、找羊。直到第二天下午，弟弟在远离 20 公里以外的白音哈拉图境内发现了我。事后弟弟呼日勒告诉说：见到你时，你已经昏倒在地，奄奄一息了。天上盘旋着两只老鹰，一会儿会儿俯冲下来，琢一下羊皮袍子，好险啊！如果再晚一步，不是冻死也得叫老鹰琢死。小弟弟嘎勒巴特也表现得异常勇敢坚强，他小小年纪，一个人守护羊群半夜，第二天又半天，共十多个小时没吃没喝，在零下 30 度的气温下，为了集体的羊群不再走失，一直坚持到大弟弟的到来。这事如果发生在今天，娇生惯养大了的孩子还能行吗？

达日玛被弟弟找回去后，有半个月辨不清方向，精神恍惚，总觉得蒙古包门朝北开着（实际是东南）。医生的诊断是手、足为三度冻伤，个别部位为四度冻伤。幸运的是，他经过治疗，既没植皮，也没截肢，只是心脏、腰腿和左侧胳膊落下残疾，年轻时一犯病就起不了床，现在刚 50 岁，就半坐着睡，想坐坐不下，坐下又起不来，拄着拐棍，挪着步子。当年 16 岁的小弟弟嘎勒巴特脸面严重冻伤，化脓痊愈后，落下两块像胎记一样永远也抹不去的褐斑。"亲历 1977 年大雪灾"的口述材料展现了更多的基于亲历者主观体验的灾害感知，雪灾记忆是许多第一现场亲历者的"生命节点"的回顾。在灾害的重压下，首先被感知的不是个体、集体与国家的政治伦理，而是人与自然的生态伦理。

# 三、抗灾逻辑的分化

传统上，草原游牧者的雪灾防范技术最核心的就是游牧本身的"流动性"。雪灾是因为冬季大雪覆盖草场，如果牧草低矮则会被迅速淹没，牲畜无法采食，即成"白灾"。游牧者的畜牧经营是与"不确定性共存"的实践艺术，处处体现出危机意识。牧民分季节轮牧，预留出长势好的草场作为冬季牧场。在锡林郭勒草原的北部，冬营地要求选择在南麓坡地上背风雪的山沟里或硬滩地上，冬营盘通常利用芨芨草和锦鸡儿、针茅、冷蒿的放牧地，这些植物冬季耐保存而且高大，也很耐牧，能保证牲畜冬季所需。在南部则将温暖的沙地作为冬营盘，主要利用柳条、芦苇和黄蒿等易保存不易背风雪吹走的植物。[1] 西苏尼特草原地处锡林郭勒西北，这里的牧民没有割草拣粪以储备过冬的习惯，不储备饲草，

---

[1] 荀丽丽：《与不确定性共存：草原牧民的本土生态知识》，《学海》2010 年第 5 期。

冬季的燃料也是现烧现拣。关于这一习惯的形成有两种说法，一种是这里的草原稀疏低矮不易刈割；另一种是这里的荒漠化草场地广人稀，牲畜少，牧民不需要投入这样的劳动。这一点与扎洛在青藏高原游牧地区的观察相一致。但笔者更为认同扎文引用的美国学者艾克瓦尔的观点，即在草场共有的游牧社群，割草和拣粪都会强化草场利用的家庭使用权，这与草场共同所有共同放牧的观念相冲突。①

综合看来，草原游牧对雪灾的防范既有尊重自然、适应自然的一面，难免亦有消极被动之嫌疑。新中国成立之后，中国传统自然观也发生着断裂性革命性的转变，其最突出的体现是毛泽东提出的"向地球作战，向自然界开战"。② 这一人类控制自然的极端现代主义的宣言，确立了"新国家"自然观的基调。自此，我们可以发现一种自然观或人与自然关系的"二元结构"：一端是人类控制自然、改造自然的国家意识形态以及新兴的专家知识系统；另一端则是深埋在人群与生计实践中的古老的生态伦理与规范。这一观念结构的二元性，影响深远至今。在本文中，1977 年的大雪灾发生在集体化时期的末尾。大集体时代所特有的"个人与集体"、"计划与市场"等政治命题构成了雪灾发生时的社会局势。下文中，透过雪灾中的若干小事件，我们可以清晰地洞见抗灾逻辑的分化及其背后观念结构的张力。

1977 年的大雪灾发生后，政府系统就开始了抗灾保畜的工作。抗灾的机制是自上而下的。旗一级要向上级盟级党委和政府汇报灾情，而后组织了盟、旗、公社三级抗灾指挥系统，实行了分片负责的岗位责任制。在当时的科层系统下，上级对基层灾情的理解与应对都存在知识与信息的不对称现象。据一位在当时参与政府救灾工作的离休干部回忆："当时我旗归属乌兰察布盟管辖，雪灾形成后，牵动了各级领导的心。虽说，盟里的多数领导不懂畜牧业，但在我旗一份份加急电报的汇报、请示中，他们很快明白了，大雪灾意味着牧民生活生产的极度困难，意味着牲畜大量死亡，意味着畜牧业生产大跌落。"③党委政府的抗灾决策包括：①深入基层、了解灾情，紧急动员寻找丢失的畜群和放牧员；②组织车辆、到外地抢运饲草，往牧区运送物资；③组织安排畜群到农区走场；④组织边境会晤，找回跑到蒙古国境内避灾的马群；⑤安排受灾畜群的出售、自食和屠宰。

然而，当国家组织的抗灾在具体的社会场景中"落地"，我们还是发现了雪灾政治的多面性和复杂性。

---

① 扎洛：《雪灾防范的制度与技术：青藏高原东部牧区的人类学考察》，《民族研究》2008 年第 5 期。

② 参见李世书：《毛泽东对马克思主义自然观的历史贡献》，《毛泽东思想研究》2007 年第 1 期。

③ 马拉海口述，高永厚整理：《亲历 1977 年大雪灾》，苏尼特右旗政协。

## 1. 走场争议与农牧之别

随着灾情的日益加重，盟委和旗委决定安排受灾的牲畜到农区走场，并为各个公社和牧场联系好了接收地和运送的火车。但是，"走"与"留"的问题在各个公社和牧场形成了尖锐的矛盾和争论。

比如在阿尔善图公私合营牧场的党支部书记主张到农区度过灾荒，但是副书记不同意。不到农区走场的理由是：路途遥远，已经精疲力尽的牛羊经不起车上车下的折腾。牧民大都不会汉语，农民兄弟能不能给予方便……争辩的结果是：分两组。一组是由书记带 10 户牧民和所有的男知青赶 20 群羊到朱日和站装车去了乌盟后旗，分散到了胜利公社、锡里公社、和叶胡同、石门口等农村。另一组由另一位副书记带 10 户牧民、50 口人赶 5000 只羊到本旗的南部都仁乌力吉公社一带游牧。期间，牧场会计还带领乌盟外贸的三辆拉草车专程送过草，最后因这里吃不上草了，牲畜开始大批死亡，最终不得已赶到了后旗。阿尔善图牧场一共 27000 只羊，安排自食了 3300 只，出售了 1300 只，因灾处理了 1153 只，死亡 9416 只，截止 1978 年 3 月 20 日统计，只剩下了 12000 只羊扛过了灾难。牛由灾前的 1405 头，减少到 350 头；马由灾前的 2474 匹，减少到 800 匹。

同样地，在呼格吉勒图牧场也发生了关于农区走场的去留之争。呼牧场的书记坚决不同意走场，和主张走场的副书记拍着桌子红着脸吵架。不走场的理由也是"牧区长大的羊不懂得吃料呀，牧民不会汉话呀，农民宰杀咱们的羊呀"等等。争议的结果是大家认同了书记的意见，没有去农区走场。书记亲自和牧民赶着 16 群近 8000 只羊往阿其图乌拉公社布日大队的沙窝子走，到头来，有的羊倌儿提着羊鞭只身一人回来了。一群羊一只都没活下去。回忆这段历史的牧民认为："牧区长大的牲畜的确不懂得吃料，这是事实。但是，我们当时忽略了一个问题，那些牲畜为了活命，吃毛、吃粪、吃耗子、啃柳芭……饲料、秸秆总比这些好吃吧？有一个经验值得介绍，即对计划过冬春的牲畜要点贴补饲料，一旦到了'趴蛋儿'（指身体虚弱）的时候，喂金子也活不了啦"[①]。呼牧场走场到乌盟后旗的 40 多头三河牛全部活了下来。牧场的 3000 多匹马，只从边境找回 120 匹。小畜也从 1977 年 6 月 30 日统计的 26402 只，急剧降到 3130 只。

农牧之别的观念虽然还有相当的影响力，但当时一些头脑灵活的基层领导者已经开始主动为牲畜寻找出路。布图木吉公社巴彦淖尔大队的队长道尔吉是一个有

---

① 锡日布口述，高永厚整理：《亲历 1977 年大雪灾》苏尼特右旗政协。

6年军龄的复员军人。他在军营学会了汉语、汉文，接触的人广。他从乌盟中旗联系到收羊的人，以每只8元到10元（在当时是好价格了）的价格及时处理了200只。当上级到农区走场的决议发出后，他又极力说服牧民，将生产队中的500头牛赶到朱日和火车站，从那里装上了火车，拉到乌盟丰镇县走场。丰镇县委把这些牛分配给了玛秘吐公社、红沙坝公社和百宝庄公社。为了保活这些牲畜，道尔吉亲自留守在那里，和一个叫斯琴毕力格的牧民一起，直到第二年春天才返回故里。道尔吉说："由于牛群到丰镇时，大都已体力耗尽，尽管有了秸秆、饲料，还是死掉200多只。那个时代人的思想觉悟真是不一样，牛死了，忠诚老实的农民兄弟把皮扒下来，还一张一张数着交给了我们，没有一人占据己有。"[1] 道尔吉的自己联系收羊人的行动尽管为生产队挽回了损失，但是这种私自处理牲畜的行为以及一些私自走场不向公社、指挥部和旗委请示的，都被认为是严重的无组织无纪律行为，而受到严肃的批评。

## 2. 惜杀惜售与屠宰出卖

游牧民赖牲畜为生，而且要面对险恶多变的环境，畜产可能一夕之间丧失殆尽，因此牧民倾向于保持最大数量畜产以应灾变。传统上牧民也不以畜肉为主食，而是食乳为主。因为乳制品是"吃利息"，而食肉是"吃本金"。牧民不轻易也不经常为食肉而宰杀牲畜。近现代的游牧社会，每年会宰杀一定数量的牲畜以供肉食，多是无法生育的母畜，无法越冬的弱畜或刚出生的过多的公畜。[2] 牧民爱畜如子，对牲畜是惜杀惜售的。

1977年大雪灾的严峻情势下，为了将有限的草场集中到必要的畜群上，苏尼特右旗抗灾指挥部决定动用"出售、屠宰、自食"的办法，来减轻饲草供给的压力。额仁淖尔公社的尼玛书记听取了旗委的意见。可牧民最不能接受的是屠宰，当组织起来的屠宰人员来到牧民浩特时，哭声一片，有的红了眼的牧民冲上来夺刀子，阻止屠宰。通过尼书记和下乡干部细心做工作，共安排自食467头牛，19峰驼，2881只羊。向国家（食品公司）出售大畜780头，小畜3626只；屠宰大畜431头，小畜4574只。

屠宰牲畜的原意是要通过卖皮、卖带骨肉来增加收入，降低灾害损失，可是，事与愿违，由于雪大路阻未能完全运输出去。1977年12月底，额公社又收到旗革委会下发的《关于加强市场管理，严禁私自到公社队采购农牧副产品的紧急通知》，剩

---

① 道尔吉口述，高永厚整理：《亲历1977年大雪灾》苏尼特右旗政协。
② 王明珂：《游牧者的抉择》，广西师范大学出版社，2008年。

余的畜产品最终没有卖出去。当年的畜牧局局长回忆道："我们这些被计划经济'统配统销'制度禁锢的头脑，就盲目地服从了，谁也不敢贸然向外出售。多少年过去了，每当牧民们与我们这些当干部的谈起此事时，我们都觉得胸口堵得慌，心中涌起的悲凉久久不肯散去。我们愧对牧民，有时也是不得已的。因为，下级要严格按照上级的指示工作，这是行政机关中最显著的特征啊！"[1]

## 3. 国家边界与生命边界

苏尼特右旗与蒙古国接壤，大雪灾中全旗有数百群、上万匹马越过边境到蒙古国躲避雪灾。据马倌儿刀教讲，[2] 27 日雨水变成雪花后，大队的马群便像炸了窝似的滚滚向西北惊逃，套马杆和吆喝声根本阻拦不住它们，几个马倌儿横冲直撞，刚拦回左边的，右边的又冲出去了，直到追至 100 多公里外的乌日根塔拉公社九号井一带，看看天上那雪如捋棉絮，乱舞梨花，下得更大了。而马群却丝毫没有停下来的迹象，便返回来请求支援。年过六旬的老马倌儿哈德巴特尔见到大队干部跪到地上失声痛哭，他的骑马也顺势趴到那里不动了，两肋汗淋淋的，已形成冰甲，喉咙里发出微弱的、凄惨的嘶嘶声，用哀戚的，求助的眼神瞅着主人……

马群跨越国境，引发了中蒙的外交会晤，以便遣返牲畜。当时中蒙关系趋于紧张，蒙方的态度开始不太友好，后来毕竟考虑到牲畜的求生也就渐渐缓和了。为了国家和集体的财产，马群必须要找回。"由旗、公社领导和驻军参谋组成的会晤组在蒙古境内的乌德阿门会面，一忙就是一整天，顾不得吃饭、喝茶。他们的马倌儿将马群围过来交给我们，我们的马倌儿又将这些马儿一匹匹按印记分离开来，半个月才挑出了 300 多匹。都仁乌力吉公社、赛汗乌力吉公社、镶黄旗翁根乌拉公社也分别挑出了几百匹，我们结伴往回赶，苦苦走了 12 天，眼瞅着马儿一匹一匹地倒下去，心都在滴血。……把这些马儿不如留在蒙古国啦，强行赶回来的马全都死掉了！死的连个全尸都没留下，马尾、马鬃全被牛、羊抢着吃光了。"[3] 考虑到畜群是国家和集体的财产，当畜群跨越国家边界，在还无法建立跨国合作抗灾机制的前提下，似乎唯一合理的决策是找回畜群，但却导致了更多的牲畜死亡。老牧民索德门说"牲畜是留恋故土的，我饲养的 10 多头母牛，逃避雪灾跑到了蒙古，第二年春天带着初生的牛犊又都回来了"。[4]

---

① 普日布口述，高永厚整理：《亲历 1977 年大雪灾》苏尼特右旗政协。

② 尼日格勒图口述，高永厚整理：《亲历 1977 年大雪灾》，苏尼特右旗政协。

③ 同上。

④ 索德门口述，高永厚整理：《亲历 1977 年大雪灾》苏尼特右旗政协。

### 4. 个体责任与集体义务

发生于大集体时代的雪灾，国家无疑是抗灾的主导力量。但是在灾害发生的危机情势下，依靠集体主义精神的工作方式在很多时候便失灵了。抗灾过程中出现了一些在当时还不具有完全合法性的、基于个体责任的工作方式。比如，在抗灾物资的搬运现场为了调动搬运工人的积极性就采取了当时还绝对不允许的"计件工资"制。在走场到农区的畜群管理上也采用了生产队内部小群分包的办法，这样就加强了畜群管理的责任心，特别是实现了因地制宜的有效饲养管理，牧民根据当地草干土大的特点，采取了"早出晚归多饮水"的经验，从而扼制了走场初期因各种不适应而导致的畜群死亡。[①] 有趣的是，在经历了家庭承包制之后，牧民回忆当年抗灾保畜的工作效率时，认为大集体时代的平均主义还是没有把个体的潜能发挥出来："那时一个浩特两三户人家十多个劳力接 30 多只羔子都喊忙，成活率还达不到百分百，那是平均主义在作怪。现在拿我儿媳来说，一人接 500 多只羔子，成活率超出百分百（有产双羔的），晚上还误不了参加跳舞等联谊活动。你说，人的潜力大不大？"[②]

综上，在国家化的集体经济之下，畜牧业是国家计划经济体系的一部分，畜产品的生产和消费已经融入了整个国民经济体系的运转当中，在 1977 年大雪灾中，国家的抗灾逻辑是从最大化集体经济利益出发。去农区走场、适时地屠宰和出售以及跨国找回牲畜等都是从这样的经济理性出发的政策安排。当时的牧民还保持了"逐水草而居"的游牧惯习，与牲畜相依为命，不种草不储草，惜杀惜售，甚至拒绝牲畜到农区吃饲料等等都是相对长期形成的生计伦理的表现。在这样的双重结构之下，我们既可以看到国家力量高度的社会整合力，也看到了国家计划因自身的简单化和教条化而导致的事与愿违。

## 四、灾害话语与草原畜牧业的转型

传统畜牧业"大灾大减产，小灾小减产"的不稳定性一直为现代畜牧业的发展所诟病。1959 年，对应农业现代化的"八字宪法"，[③] 内蒙古全区第八次牧区工作会议第一次提出要发展"现代化的畜牧业"的八项措施，即"水、草、繁、改、管、防、舍、

---

① 西苏旗赴农区倒场指挥部：《关于赴农区牲畜倒、返场的总结报告》，苏尼特右旗档案馆。

② 贺金口述，高永厚整理：《亲历 1977 年大雪灾》。

③ 农业"八字宪法"：土、肥、水、种、密、保、管、工。

工。"① 这是国家畜牧业经营和草原管理"理性化"的开端,也构成了整个集体化时代"草原建设"的总方针。

新中国成立后,对于经历了战争创伤的"新国家"而言,极力扩大物质财富,汲取农业剩余推动工业发展以最大限度提高国家能力是最重要的目标。草原畜牧业作为"大农业"的一部分,是国家经济体系的重要组成部分。严重的自然灾害总是成为国家改造传统"靠天养畜"生产方式的行动契机。在灾后的政策话语中,关于1977 年大雪灾的政策论述体现出以下两个方面的突出特点。

其一,雪灾的损失是成为游牧经济脆弱性的明证,雪灾的教训为改造传统畜牧业提供了天然的合法性。所谓"抗灾不如搞建设"。其典型论述如下:

> 回顾一年多来抗灾保畜的斗争,我们积累了不少宝贵的经验,同时受到了极其有益的教训,使我们更加深刻地懂得了伟大领袖毛主席的教导"牲畜的最大敌人就是病多和草缺,充足的饲草饲料是养好牲畜的物质基础"的重要和极其深远的意义;我们更加深刻地体会到没有草就没有牲畜,没有水就没有草的辩证关系,更加深刻地体会到抗灾不如搞建设,要从根本上改变畜牧业生产靠天养畜的被动局面,根本地就是大搞草原基本建设。②

> 长期以来,畜牧业生产"一慢、二低、三不稳"的落后局面没有得到扭转,草原建设缺乏科学的规划和合理布局,草库伦建设的质量不高,建成的基本草牧场很少,原始游牧经济没有得到彻底改造。……畜牧业生产没有从根本上摆脱靠天养畜的被动局面,大灾大减产,小灾小减产。……这次白灾暴露了我们工作中的问题,也暴露了游牧经济的极大脆弱性。反而提供了深刻的经验教训,促使我们认真想一想牧区边境建设问题,我们应当从中吸取有益的东西,做转化工作,靠天养畜养不住,不搞建设没出路,变坏事为好事,促畜牧业有一个新的起点。③

在"建设逻辑"的指导下,为了保证冬春季草原畜牧业的稳定性,牧区应该兴

---

① 具体而言,水(人畜用水,发展水利)、草(饲草、饲料)、繁(牲畜繁殖、成活和成长)、改(改良品种)、管(畜群放牧、饲养管理)、防(防治病害、兽害、自然灾害)、舍(搭棚、盖圈、建立厩舍)、工(工具改革)。

② 《苏尼特右旗一九七八年草原基本建设工作会议安排意见》(1978 年 4 月 12 日),苏尼特右旗档案馆。

③ 苏尼特右旗边疆牧区建设规划(讨论稿),苏尼特右旗档案馆。

修水利，开辟饲草基地，加强定居和棚圈建设。事实上，以上举措早在 20 世纪 50 年代就已经开始，但进展缓慢。

其二，引用饲草料地建设示范点在雪灾中的优秀表现来推动国家自上而下的草原建设投资。

白音敖日格勒嘎查位于苏尼特右旗水草资源较好的南部地区，20 世纪 50 年代末就开始发展饲草料基地，通过划分备荒草场和饲草料地的饲草储备，在雪灾中该嘎查的畜群损失很小。"白音敖日格勒嘎查生产队合理利用草原，可以说是目前干旱草原地区合理利用草原的一面红旗。针对地区气候地形特点，因地制宜地贯彻了牧业八项措施，积极建设了草原，如：水利建设，棚圈建设、饲草基地建设。由于此项工作做得好，对该队来说，黑白灾已经是无所谓，从而保证了牧业的高速稳定的发展。"[①]

事实上，1976—1980 年是苏右旗草原建设，特别是水利建设的高速发展期。草原基本井建设经历了一个飞速的扩张期。[②] 牧区水利化的实现为畜牧业的现代转型奠定了基础。20 世纪 80 年代牧区草畜家庭双承包制的实施打破了大集体畜牧经营的格局，牲畜的私有化带来了畜群的大规模增长和畜群结构的小畜化。为了抵御雪灾，在丧失了集体力的保护之后，牧民家庭也开始投资棚圈建设和饲草料基地建设，很多地方每家都会在水井边开垦一块饲草料地。同时随着市场经济的发展，牧民也改变了惜杀惜售的传统习惯，通过适时地出栏牲畜来抵御灾害的风险。很长一段时间内，牧民的确已经不再担忧白灾带来重大损失了。尽管当下的草原畜牧业依然面临着许多生态和社会问题，但是 1977 年那样惨烈的灾害场景已经成为历史。

在某种意义上，对抗雪灾是草原畜牧业现代转型的一个逻辑起点。灾害以事件的形式进入历史，历史脉络中的观念结构以及政治经济的结构塑造了灾害场景的现实面貌。牧民的雪灾记忆呈现了集体化时代末期国家逻辑与生计伦理、计划与市场、个体与集体等多重结构性矛盾的张力。灾害又以灾害话语的形式进入灾后的政策论述的过程，这一过程中灾害的面貌被分割剪裁，但国家改造自然的逻辑和草原建设的理性化实践则以此为合法性支撑，逐步贯彻到国家的投资计划和牧民的生计实践当中。

---

① 《都仁乌力吉公社，白音敖日格勒生产队草原合理利用及草原建设的经验总结》，苏尼特右旗档案馆。

② 荀丽丽：《"失序"的自然：一个草原社区的生态、权力与道德》，《社会科学文献出版社》，2012 年。

# 圆桌论坛：气候变化与中国历史社会变迁

主持人：萧凌波

（中国人民大学清史研究所）

时至今日，气候变化已经成为当前国际社会普遍关心的重大发展性问题，其对人类社会的影响已涵盖各个方面。"以史为鉴，可以知兴替"，弄清楚过去的气候变迁曾经对当时的人类社会发展产生过哪些影响，有助于我们更好地认识今天的气候问题，并更加妥善地应对未来的气候挑战。在这一领域内，中国以其独特的气候特点、悠久的文明进程和丰富的文献资料，得到了研究者的广泛关注。过去 30 余年，中国过去气候变化的社会影响研究得到很大发展，成为一个既具有中国特色，又走在国际前沿的热点方向。本次讨论的初衷，是希望邀请来自不同学科的代表性学者，结合下面的几个问题，对自己在这一领域内的研究实践和个人思考进行一番总结，以学术观点的碰撞和交融，来推动这个跨学科研究方向的发展。

（1）历史时期的气候变化对于中国社会（生产、经济、财政、政治、文化诸方面）产生了哪些影响？（2）气候因子（主要是温度和降水）的变化（长时间尺度的气候波动和短时间尺度的气候灾害）通过哪些方式或者路径对社会产生影响？（3）研究的不确定性体现在哪些方面（或存在哪些争议性问题）？（4）来自不同学科（历史、地理、经济等）的数据资料、研究方法与技术手段如何在这个问题的统领之下实现结合？

# 中国历史时期气候变化影响社会的过程机理及实证

方修琦

（北京师范大学地理学科学学部地理学院）

郑景云

（中国科学院地理科学与资源研究所）

苏　筠

（北京师范大学地理学科学学部地理学院）

萧凌波

（中国人民大学清史研究所）

　　气候变化对人类社会发展有广泛而深刻的影响，伴随气候增暖这一全球性环境问题日益受到关注，气候影响及人类适应问题成为全球变化研究中的一个重要方面。通过揭示历史气候变化影响的史实，以及大量案例和序列对比分析，国际学术界在历史气候变化对社会发展的影响方面，已取得如下主要共识：气候变化是导致区域文明兴衰的重要影响因素之一；气候变化对社会发展的影响程度主要取决于生态系统和社会系统的脆弱性，适应是历史时期人类应对气候变化挑战的主要手段。"以史为鉴，可以知兴替"，开展历史气候变化影响与适应研究，可为人类应对全球气候变化挑战提供宝贵的历史借鉴。

　　古代中国是以农为本的传统社会，其发展曾受到气候变化的强烈影响。基于丰富历史文献记录，近年来，相关研究吸引了不同学科的研究者，其关注重点和切入角度各不相同。对于地理学者而言，这是一个典型的人地关系问题，当前研究关注的焦点为：在内容上，越来越重视影响机理的定量揭示、不同气候要素的影响差异、气候影响的区域差异等；在方法上，越来越追求定量化和集成化。

## 一、基于粮食安全的历史气候变化影响机理研究框架

　　人类系统是"社会—生态耦合系统"或"人类—环境耦合系统"，其中人类社会可进一步分为生产、人口、经济和社会等子系统。作为社会发展的外部条件，气候

变化的社会影响往往是自然和社会两大系统相互作用的结果，气候变化最重要的影响途径是通过资源和灾害的变化影响生产系统，进而通过复杂的相互作用传递到经济、人口和社会等子系统。在上述影响传递过程中，人类社会系统固有的脆弱性及弹性使得气候变化影响通过一系列反馈过程在社会系统中被放大或被抑制。

在以农立国的古代中国，人类生存、经济发展和社会系统稳定均建立在粮食安全的基础之上，粮食的多寡不仅通过直接影响每个人的温饱而影响社会对气候变化的敏感性，而且通过影响整个社会的经济状况而影响社会对气候变化的响应能力，中国历史时期气候变化的影响问题可归结为粮食安全/风险问题。基于现代全球变化研究中关于脆弱性和粮食安全的概念，我们把中国历史时期的粮食安全具体分解为粮食生产安全、粮食供给安全、粮食消费安全三个层次。

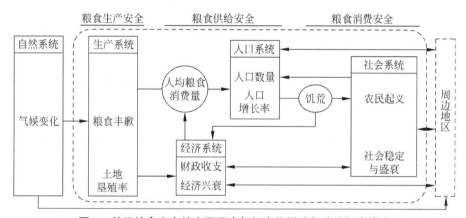

**图1 基于粮食安全的中国历史气候变化影响与响应概念模式**

为定量分析气候变化影响在人类社会各个子系统（生产、经济、人口、社会等）之间的传递，评估历史气候变化对社会经济变迁的影响，需要通过一系列的指标对这些子系统的状态变化进行描述。尽管自秦汉以来的两千多年间中国缺乏统一规范的社会经济统计数据，但我国丰富的历史文献中保存了大量关于社会经济状况的文字记录。虽然这些文字记录存在规范不一、时间分辨率不统一和记录不连续等问题，但中国文字词汇丰富，不同词汇语义有明确的差别，且在不同历史时期中记录的基本语义相对稳定，可前后对比，因而可以从语义差异入手，实现社会经济指标序列的定量重建。采用语义差异法，已重建了过去两千年、分辨率为10年的粮食丰歉、宏观经济、财政收支、社会兴衰等四条等级序列，分别描述生产子系统、经济子系统和社会子系统的相对变化。此外，利用已有的历史人口重建数据通过分段去趋势得到了人口增长率序列（描述人口子系统的波动），使用指数法、频次法等方法，重建了饥荒（饥荒的出现标志着在粮食消费层次上出现不安全状况，可用于描述人口—经济子系统状态的稳定性）、战争（标志整个社会进入不稳定或高风险状态）、农牧民族战争（描述来自系统外部的威胁）等序列。利用这些覆盖过去两千年（整个帝制时期）、分辨率至少为 10 年的社会经济指标序列，我们便可以对气候要素的变化在社会系统变迁中扮演的角色进行定量分析。

# 二、中国历史气候变化对社会发展影响的主要认识

通过对过去两千年气候与社会经济变化序列的对比分析，并结合大量区域尺度上的典型历史案例重建，我们将社会脆弱性与气候变化相结合，定量分析了气候变化对中国历史时期社会经济影响及人类适应的总体特征，评估了百年尺度气候变冷期对加速社会危机的贡献及极端气候事件在其中的触发作用，概括了影响发生的过程机制，探讨了人类适应气候变化的手段选择和后续效应，深化了对过去千年中国气候变化影响社会经济发展的机制认识。

## 1. 福祸相依的"冷抑暖扬"宏观韵律

量化的过去两千年社会经济序列为应用统计方法分析历史气候变化的影响提供了便利条件。如利用相关分析、小波分析等研究历史气候变化与农业收成、饥荒、战争、经济、社会波动等之间的相关性、周期特点等；利用条件概率分析气候变化影响在社会系统中的传递路径及衰减特征；等等。这些研究从定量视角揭示了中国历史气候变化与社会经济发展之间"冷抑暖扬"宏观韵律及福祸相依的辩证关系。

一方面，社会各子系统要素与气候变化存在着明显的共振周期，与温度变化的共振周期主要为 100—160 年以及 200—320 年，与降水变化的共振周期主要为 40—80 年以及 100—160 年。中国历史上的气候变化与社会经济波动之间在总体上存在"冷抑暖扬"的对应关系，即人类社会随着气候的周期性或阶段性变化而呈现兴盛与衰落状态交替的变化特点。暖期气候总体上是有利的，历史上经济发达、社会安定、国力强盛、人口增加、疆域扩展的时期往往出现在百年尺度的暖期，冷期的情况则相反，农业萎缩、经济衰退、国力式微。秦以来中国史载的 31 个盛世、大治和中兴事件中，有 21 个发生在温暖或相对偏暖时段，3 个在由冷转暖时段，2 个在由暖转冷时段；而在 15 次王朝更替中，有 11 次出现在冷期或相对寒冷时段。"冷抑暖扬"周期性循环意味着，气候变化影响的幅度在总体上未超出人类社会弹性的阈值，人类社会的各子系统能够在不改变其基本结构的情况下，对气候周期性变化的影响做

出适应性调整。历史上"冷抑暖扬"特征形成的根本原因在于暖期气候总体有利于农业发展，温暖年代出现农业歉收的概率只有寒冷年代的1/2，温暖气候能够为社会更快发展提供更为优越的物质条件；而冷期的影响似乎以增加人类系统的脆弱性为主，使得社会经济系统调控危机的能力明显降低。

另一方面，历史气候变化影响存在福祸相依的辩证关系。与暖期相伴的社会经济发展与人口膨胀同时也增加了对资源与环境的压力，使得以农业为基础的社会系统风险持续上升，因而在遭遇重大的气候转折（如温度下降、降水减少）时，很容易造成资源相对短缺，导致人地关系失衡，甚至成为人地矛盾突然激化的触发器，引发脉冲式的社会冲突和动荡。统计表明，由暖转冷的时期是社会风险及王朝更替的高发时段，在过去两千年中国社会的9个高风险期中（两个或两个以上社会经济指标处在高风险状态），有8个与气候由暖转冷期有时间重叠。明朝的灭亡是气候变化背景下极端气候事件与重大灾害导致王朝崩溃及朝代更替的一个典型案例：从长期气候变化看，16世纪晚期开始的气候转冷、转干趋势，不仅直接降低了粮食产量，使得整个华北长期处在粮食短缺状态，而且导致北方军屯体系崩溃，迫使明政府向该地区大规模转运军粮，使政府深陷财政危机；而直接导致明王朝灭亡的是17世纪20年代末期开始的长达十余年的北方大旱（史称崇祯大旱），崇祯大旱是过去五百年间华北最为严重的旱灾，它首先触发了陕西、山西两省农民起义浪潮，之后随着灾区蔓延和灾情加重，在起义军兵源不断得到补充的同时，又持续削弱了明军的补给能力，使明王朝最终为起义军所推翻。

尽管王朝更替多与气候由暖转冷背景下发生的极端气候事件所触发的重大社会危机有关，但相似的气候背景对王朝更替所产生的影响却因朝代而异，这说明气候变化（特别是在转冷过程中的大范围极端气候事件）对社会经济发展的冲击作用高度依附于社会经济、政治、文化等其他因素，在中国历朝"治乱"中，气候变化仅是其外部的重要影响因子之一。

## 2. 气候变化影响的传递路径及其在暖期与冷期中的差异

在粮食安全的框架体系下，历史时期中国气候变化以直接影响粮食生产水平为起点，进一步分别通过人口和经济子系统进一步传递到社会子系统，气候变化从一个子系统传递到另一子系统的前提条件是维持系统状态稳定性的阈值被打破，社会兴衰是气候变化影响传递到社会系统的结果。通过人口系统传递的是基于个体粮食安全的气候变化—收成—饥民—社会稳定性的影响与响应链，通过经济系统传递的是基于社会粮食安全的气候变化—收成—经济—社会稳定性的影响与响应链。其中，影响在个体粮食安全传递链中的传递受到社会粮食安全的调节，突出地表现为经济对人口和社会系统的调节。通过上述影响—响应链上的一系列复杂过程，气候变化的影响由对粮食生产的直接影响分别通过人口和经济子系统进一步传递到社会子系统。

气候变化影响的传递过程受具体的社会经济条件制约，诸如耕地、人口、政策、外来势力等都会对气候影响产生放大或抑制作用；民众层面的自发行为与政府层面的体制运转、政策调控在气候变化影响与适应过程的各个环节中均发挥重要的作用，但调节能力均存在极限。例如，在清代的华北平原地区，18世纪30年代以前社会对气候变化的不利影响并不敏感，当地人口增加的压力主要通过扩大耕地面积来缓解；18世纪30年代至80年代，耕地面积增长几乎停滞，但在经济强盛和相对温暖的气候背景下，政府赈济为主、移民东蒙为辅的适应手段使得社会在面对水旱灾害时仍具有很强的调节能力。自18世纪90年代以后，华北平原地区人口增加导致的人均耕地减少使粮食安全处于临界状态，政府对水旱灾害的救济水平不能满足社会应对危机的需求，东蒙和东北作为华北移民目的地的作用因气候和政策影响受到限制，从而使得华北地区开始对气候变化有较高的脆弱性。

过去两千年冷暖变化对于社会波动的影响存在明显差异，但降水变化影响的差异性却不明显。按温度变化→农业丰歉→宏观经济→社会兴衰的次序，温度变化与各社会经济要素及各社会经济要素之间的相关性不但没有明显的衰减，甚至反而增大，这可能意味着上述影响与响应链中，气候变化对粮食生产的直接影响通过经济子系统进一步传递到社会子系统过程中，可能通过某种社会经济过程被放大。按温度变化→农业丰歉→宏观经济→饥荒→农民起义→社会兴衰的次序，在人口和社会子系统环节，温度变化与其相关性出现衰减，气候变化的影响可能在这一影响链上通过某种过程被抑制（图2）。

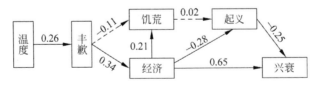

**图2 气候变化影响在社会系统中的传递（图中数字表示各序列之间的相关系数）**

冷、暖期气候变化影响传递的主要路径及传递过程中的衰减程度存在显著差别。在以经济为中间环节的传递路径中，通过暖（100%）—农业丰收／常年（87.1%）、经济繁荣／常年（64.5%）—社会兴盛（42%）路径传递的共39个年代，占暖阶段内49个社会兴盛的年代的79.6%；通过冷（100%）—农业歉收／常年（70.5%）—

经济凋敝 / 常年（48.7%）—社会衰败（35.2%）路径传递的共 42 个年代，占冷阶段内 60 个社会衰败年代的 70%。在以人口和饥荒为中间环节的传递路径中，通过暖（100%）—农业丰收 / 常年（87.1%）、经济繁荣 / 常年（64.5%）—轻度饥荒（28.1%）—无农民起义（22.6%）—社会兴盛（19.3%）路径传递的共 18 个年代，占暖阶段内 49 个社会兴盛的年代的 36.7%；通过冷（100%）—农业歉收 / 常年（70.5%）—经济凋敝 / 常年（48.7%）重度 / 中度饥荒（31.9%）—多农民起义（10.9%）—社会衰败（8.4%）路径传递的共 10 个年代，占冷阶段内 60 个社会衰败年代的 16.7%。

## 3. 因时因地的主动适应及其长期效应

气候变化对社会发展影响的表现形式和最终后果既与气候变化的特点有关，也与人类社会的适应有关，是两者相互作用的产物。

适应是历史时期人类应对气候变化挑战的主要手段，适应不仅能够实现趋利避害的目标，更为重要的是，在适应过程中所建立起的生产技术和社会组织形式增强了人类应对气候变化的能力，能够促进后续的社会发展进步；历史上对适应模式的选择具有层序性，大体次序是从生产到经济、再到人口及社会，在区域上的次序是先区内再区际；政府为主导的主动因地制宜适应往往是应对气候变化的有效策略，政府错误的认知和适应会加剧气候变化的影响。

中国地域广阔，不论在暖期还是冷期中，都是有利和不利影响的地区并存，不可一概而论。中国古代人地关系思想的突出特色在于强调人与自然的和谐统一，在承认环境对人类制约作用的前提下，通过主动的适应求得社会发展。我国历史上存在大量以趋利避害为目标的、因时因地因主体而异的适应气候变化行为，许多应对气候变化的适应行为都对社会的后续发展产生了深远的影响。

在东部传统农业区，气候变化不足以使整个生产系统发生崩溃，因此生产系统为连续式发展，适应行为主要发生在农业生产系统内部，如选择合适的作物品种、优化农业种植结构、调整作物熟制、加强灾害应对等。在北方农牧交错带，气候变化会导致该区域内的全部或部分农业生产系统在特定的气候阶段内发生改变或崩溃，雨养的农业生产系统为间断式发展，以适时改变农牧生产方式为其适应策略，随气候变化半农半牧或时农时牧，使农牧交错带的位置南北摆动。而在西北干旱半干旱区，绿洲农业生产系统对历史气候变化影响更为脆弱，在特定的气候阶段可因资源保证率过低而发生崩溃，聚落因生活难以为继而被迫放弃迁徙他处。

种植区域和耕作制度变化是在农业生产系统适应气候变化的主要手段。在"中世纪暖期"，我国的气候总体相对温暖，北宋时期江南地区主要以干旱为主，华北及北方农牧交错带则相对湿润；南宋蒙元时期，东部地区普遍偏干。与暖期带来的热量资源增加相适应，10—13世纪农作物种植界线大规模北扩，特别是在北方农牧交错带和暖温带—亚热带交界处更为明显。在北宋时期，为适应当时中国东部"北涝南旱"的气候格局，北方的黄河流域大力推广稻作，长江流域则推广生长期较短的占城稻和稻麦连作；在南宋时期，稻麦连种发展成为江南地区的一种广泛、稳定的耕作制度，并被一直沿用至今。稻麦连作制度被认为是中国农业史上一次重要的种植制度变革，提高了我国粮食生产的能力，降低了粮食生产对气候变化的敏感性，深刻地影响了其后的中国社会经济发展。

迁徙是人口系统适应气候变化的重要手段之一。中国历史上发生在气候寒冷时期的魏晋南北朝、唐后期至五代十国、两宋之交三次大规模人口南迁，是对北方地区气候变化及社会动荡的适应，同时也带动了江南地区的开发和经济中心的南移，使得我国能够在更广泛的空间上适应气候变化的影响。虽然从长时间尺度来看，清代的移民与拓垦的主要内在驱动因素是人口压力，也与边疆政策等政治因素有关；但短时间尺度上的移民事件往往与水旱灾害相关，如17世纪中晚期，几乎每次在华北发生的极端旱涝事件，都伴有数万、甚至数十万人口自发或被政府组织迁至长城以外地区。特别是进入19世纪，传统农耕区耕地开发接近饱和，清政府因财力日渐衰退而致赈灾能力显著降低，对关外"封禁"政策日益松动并最终废除，人口向地广人稀的东北地区流动成为华北地区应对气候恶化和极端气候事件影响的主要手段。清代向东北地区的移民不仅客观上降低了华北地区的社会风险，也有力促进了东北地区开发，使得晚清在边境危机加深时大部分边疆领土得以保存。

# 三、未来历史气候变化影响研究展望

综上所述，在过去的一段时间内，历史时期气候变化对中国社会发展的影响研究已经取得了很大的进展，并成为中国历史地理学科一个独具特色的研究方向。

但因历史社会事件发生原因具有多解性，对"历史气候变化如何影响社会发展的"这一核心科学问题的认识水平仍有待突破。根据脆弱性理论，气候变化作为人类社会系统的一种外强迫，其影响由气候变化与暴露于气候变化中的社会系统的脆弱性共同决定，而脆弱性是系统对气候变化敏感性和人类社会应对气候变化的响应能力的函数，同样的气候变化不一定有相同的社会后果，同样的社会后果不一定都与气候变化有关。

对于中国社会这样一个极其复杂的巨系统而言，为论证气候变化如何对历史事件产生了影响，需要对气候变化可能起作用的关键环节及相关条件进行深入分析和小心求证。在未来的研究中，应尽可能排除历史记录中非气候变化因素影响的信息、辨析气候变化和非气候变化因素对历史事件发生的贡献，从而降低科学认识的不确定性。这不仅需要地理学科自身的理论方法的创新，需要多源数据的集成融合，更需要相关学科（如历史学、经济学）之间的密切合作。

# 以气候变化为切入点，定量研究中国历史

陈 强

（山东大学经济学院）

中国历史渊远流长，文化典籍浩如烟海，任何学者想要把握绝非易事，更何况一般的历史爱好者。传统史学注重史料考证，并以叙事方法还原历史，比如事件 $X$ 引起事件 $Y$，事件 $Y$ 又引起事件 $Z$，等等。但我们通常更关心因果关系，而因果关系一般错综复杂，未必呈线性演进。无可置疑，历史上的社会系统，其各组成部分必然互相作用，故想要确定 $X$ 导致 $Y$ 的因果关系一般并非易事。常见问题之一是双向因果关系，即 $X$ 导致 $Y$，而 $Y$ 也导致 $X$。另一问题是遗漏变量问题，即表面上看到 $X$ 与 $Y$ 存在相关关系（理论上也可能存在因果关系），但实际上二者的关系却是由研究者所忽略的因素 $Z$（可能没有数据）所共同推动的。这就是使用观测数据（而非实验数据）经常会出现的"内生性"（endogeneity）问题。

# 一、历史计量的基本研究范式

具体来说，以最简单的线性回归模型来考察 $X$ 对 $Y$ 的因果关系（也可以考虑非线性模型，比如加上平方项或取对数）：

$$Y_i = \alpha + \beta X_i + \gamma' \mathbf{Z}_i + u_i \ (i=1, \cdots, n) \tag{1}$$

其中，我们主要关心的未知参数为 $\beta$；如果 $\beta$ 等于 0，则 $X$ 对 $Y$ 不存在因果关系。向量 $\mathbf{Z}$ 包括影响 $Y$ 的其他变量（也称为控制变量，control variables），而随机误差项 $u$ 为除 $X$ 与 $\mathbf{Z}$ 之外而影响 $Y$ 的所有其他因素。方程 (1) 中的下标 $i$ 表示个体 $i$（比如，第 $i$ 个城市、朝代或时期），而 $n$ 为样本容量，即样本中共有 $n$ 位个体。

为了估计方程（1）中的未知参数，一般选择参数 $(\alpha, \beta, \gamma)$，使得 $(\alpha + \beta X_i + \gamma' \mathbf{Z}_i)$ 能最好地预测 $Y_i$，比如使得预测误差的平方和最小，即最小化 $\sum_{i=1}^{n} \left[ Y_i - (\alpha + \beta X_i + \gamma' \mathbf{Z}_i) \right]^2$，这就是通常使用的"普通最小二乘法"（Ordinary Least Squares，简记 OLS）。这也正是历史计量（cliometrics）或量化历史（quantitative history）的基本研究范式。

不难看出，如果存在内生性（即解释变量 $X$ 与误差项 $u$ 相关），则 OLS 估计将是有偏差的（biased），无论样本容量有多大。比如，假设存在同时影响 $X$ 与 $Y$ 的遗漏变量 $W$，而 $W$ 被包括在误差项 $u$ 中（因为 $W$ 对 $Y$ 有影响，却未被作为变量包括在方程（1）中），故 $X$ 对 $Y$ 的影响实际上也包括了 $W$ 对 $Y$ 的影响，导致对 $\beta$ 的估计出现偏差。内生性的另一常见情形是双向因果关系，即 $X$ 导致 $Y$，而 $Y$ 也导致 $X$。此时，对误差项 $u$ 的随机冲击（比如，历史偶然事件），将会影响 $Y$（因为 $u$ 出现 $Y$ 的方程中，是 $Y$ 的一部分），而 $Y$ 又影响 $X$（逆向因果关系），故 $X$ 与 $u$ 相关，导致内生性，引起估计偏差。

对于社会科学来说（包括经济学、社会学、政治学等），由于通常无法进行随机实验，而只能使用观测数据或历史数据，故内生性是常见的棘手问题。解决内生性的一般方法是寻找工具变量（需要与 $X$ 相关而与 $u$ 不相关），但通常工具变量很难找到，而学者们常常为所用工具变量的有效性争论不休。

## 二、以气候变化为切入点进行定量分析

这就把我们带回了本文的主题，即以气候变化为切入点，定量地研究中国历史。这样做的最大好处在于，气候变化通常是外生的（exogenous），一般不存在内生性问题。此时，上文的方程（1）可以写为：

$$Y_i = \alpha + \beta Climate_i + \gamma' \mathbf{Z}_i + u_i \ (i = 1, \cdots, n) \tag{2}$$

其中，$Climate$ 为对历史气候的某种度量，而被解释变量 $Y$ 为历史上的某种人类活动现象（比如，农业生产、人口迁徙、战争动乱、经济危机、王朝兴衰等）。在此，显然不可能存在逆向因果关系，因为历史上的人类社会通常无法影响历史气候。当然，如果 $Climate$ 仅为对历史气候的某种单一度量（比如，旱灾），则依然可能出现遗漏变量问题，因为通常多种气候或灾害（比如，气温、降雨、水灾、蝗灾、霜冻等）都可能影响人类社会，而这些自然灾害之间显然也有相关性。因此，$Climate$ 通常也应是向量，包含度量历史气候的几个主要变量。

以气候变化为切入点定量研究中国历史，最早或可追溯到李四光[1]，但直到近二十年才真正兴起，目前已形成较为庞大的文献，参见葛全胜等[2]、魏柱灯等的文献

① 李四光：《战国后中国内战的统计和治乱的周期》，《"中央研究院"历史语言研究所集刊》1932年第5期，第157—166页。

② 葛全胜、刘浩龙、郑景云、萧凌波：《中国过去2000年气候变化与社会发展》，《自然杂志》2013年第35卷第1期，第9—21页。

综述。此研究领域的兴盛除了上述理论原因外（气候冲击一般可视为外生），也与数据可得性的改善密切相关。首先，关于历史气候（即方程（2）的 *Climate*）的数据整理日益完善，包括根据史料记载与自然科学方法重建（比如，石笋、树轮、冰芯、湖芯、珊瑚等），参见葛全胜等[1]。其次，通过对史料的挖掘整理及电子化，构建了越来越多的历史序列，使得可研究的对象（即方程（2）的 *Y*）日益广泛。

## 三、以气候变化对战争的作用为例

在此仅以气候变化对战争的作用为例进行示例说明。[2]Zhang *et al.*[3] 发现在中国过去两千年里，寒冷气候与战争频率正相关，但并未对战争的性质做具体的区分（比如，中原内战或游牧战争）。Bai and Kung[4] 通过使用每十年的旱灾年数作为降雨稀少的代理变量（数据来自张波等[5]），以及每十年的黄河决堤年数作为降雨充沛的代理变量（数据来自黄河水利史述要编写组[6]），在控制了其他气候变量的情况下发现，降雨越少则游牧民族进攻中原汉族越频繁。赵红军[7] 则发现低温及多雪与中国的对外战争正相关，但旱灾与水灾（数据来自陈高傭[8]）会减少中国的对外战争。

可以看出，Bai and Kung 与赵红军虽然都使用了旱灾的数据，但二者的结论并不相同。究其原因，可能因为二者的数据来源不同，Bai and Kung 的旱灾数据来自张波等，而使用黄河水利史述要编写组的黄河决堤频率作为水灾或降雨充沛的代理变量；

---

[1]　葛全胜、郑景云、郝志新、张学珍、方修琦、王欢、闫军辉：《过去 2000 年中国气候变化研究的新进展》，《地理学报》，2014 年第 69 卷第 9 期，第 1248—1258 页。

[2]　即使在这个小领域，也有不少文献，故仅选择少量文献进行示例说明，对于遗漏的文献请见谅。

[3]　Zhang, D. D., C. Y. Jim, G. C-S Lin, Y. He, J. J. Wang, and H. F. Lee, Climate Change, Wars and Dynastic Cycles in China over the Last Millennium, *Climate Change*, 2006, pp.76, 459—477.；Zhang, D. D., J. Zhang, H. F. Lee, and Y. He, Climate Change, War Frequency in Eastern China over the Last Millennium, *Human Ecology*, 2007, pp.35, 403—414.

[4]　Bai, Ying, and James K. Kung, Climate Shocks and Sino-nomadic Conflict, *Review of Economics and Statistics*, 2011, pp.93, 970—981.

[5]　张波、冯风、张纶、李宏斌：《中国农业自然灾害史料集》，陕西科学技术出版社，1994 年。

[6]　黄河水利史述要编写组：《黄河水利史述要》，中国水利出版社，1982 年。

[7]　赵红军：《气候变化是否影响了我国过去两千年间的农业社会稳定？》，《经济学季刊》2012 年第 11 卷，第 2 期，第 691—722 页。

[8]　陈高傭：《中国历代天灾人祸表》，上海书店，1939 年。

而赵红军则使用陈高傭的旱灾与水灾数据。为此，陈强[①]在研究气候冲击对于游牧征服（即游牧政权征服中原王朝）的作用时，把陈高傭与张波等的旱灾与水灾数据进行了比对，发现二者有较多重叠，根据两个数据来源构造的旱灾与水灾变量的相关系数均为 0.68。然而，作为第二手资料（原始数据均来自二十五史等史料记载），陈高傭与张波等最可能的度量误差就是遗漏。因此，陈强将陈高傭与张波等的旱灾与水灾记录取了并集，以得到更为完整的数据。从此例可以看出，历史气候的数据质量是此类研究的关键之一。[②]

## 四、回归分析与相关分析的对比

Bai and Kung、赵红军与陈强在研究气候变化对游牧战争的所用时，都共同使用了计量经济学（econometrics）的回归分析法（regression analysis）。相对于相关分析而言，回归至少有以下三个优点。

首先，相关分析只能在变量之间两两进行，比如，计算两个变量之间的相关系数，或者考察二者时间趋势的相似性。但事实上，变量之间的关系通常错综复杂，很可能相互影响，而回归分析天然地适合于多变量的情形，比如方程（2）的回归模型。

其次，众所周知，相关系数仅度量两个变量之间的线性相关关系，而两个变量还可能存在非线性关系。事实上，对于平方项或取对数的变量，在线性回归模型中可以直接引入。进一步，回归模型还可以处理本质上的非线性，即无法通过变量变换转为线性回归的模型。比如，陈强在研究气候对游牧征服的作用时，由于被解释变量（$Y$）"中原王朝是否被游牧政权征服"为虚拟变量（取值仅为 0 或 1，其中 1 表示被征服），故使用了以下形式的逻辑回归（logistic regression）：

$$\text{Prob}\,(Y_i=1)=\Lambda\,(\alpha+\beta Climate_i+\gamma'\mathbf{Z}_i) \tag{3}$$

其中，Prob（$Y_i=1$）为"$Y_i=1$"（中原王朝被征服）的发生概率，而 $\Lambda\,(\cdot)$ 为逻辑分布（logistic distribution）的累积分布函数，满足 $\Lambda\,(x)=\dfrac{e^x}{1+e^x}$。显然，方程（3）是本质上非线性的，因为无法将其变换为线性模型。

第三，如果数据有时间维度（时间序列或面板数据），则回归分析也比较容易考察被解释变量（$Y$）的动态行为与解释变量（比如，$Climate$）的滞后作用。比如，陈

---

① 陈强：《气候冲击、王朝周期与游牧民族的征服》，《经济学季刊》2014 年第 14 卷，第 1 期，第 373—394 页。

② 在此，不应苛责较早研究者，毕竟后来研究者可以借鉴之前的研究。

强还考察了气候变化对中原王朝与游牧政权的北方边界纬度的影响，所估计的方程
具有如下形式：

$$border_t=\alpha_0+\alpha_1 border_{t-1}+\alpha_2 border_{t-2}+\beta drought_{t-1}+\gamma'\mathbf{Z}_t+u_t \qquad （4）$$

其中，$border_t$ 为中原王朝与游牧政权的北方边界纬度，下标 $t$ 表示第 $t$ 期（以每十年
为观测单位）。方程④右边的 $border_{t-1}$ 与 $border_{t-2}$ 分别为被解释变量的一阶与二阶滞
后（滞后十年与二十年），因为当期的边界纬度显然依赖于以前期的边界纬度。主要
解释变量 $drought_{t-1}$ 为每十年的旱灾年数比例，也是一阶滞后（即滞后十年），因为
气候冲击（比如旱灾驱动游牧民族进攻中原王朝）导致军事行动、引起边界变迁也
需要时间。根据此模型的估计结果，当变量 $drought$ 永久地由 0（即年年无旱灾）变
为 1 时（即年年有旱灾），其长期影响为使得中原王朝与游牧政权的北方边界纬度向
南移动 15.44 度，这是一个很大的效应（北京到广州的纬度差别约为 16 度多）。

　　总之，以气候变化为切入点，定量研究中国历史是一个很有前景的研究领域，
可以从大历史的角度揭示气候变化对人类社会的影响规律。在未来的研究中，一方
面应继续提高历史气候等数据的质量，另一方面可更多地应用计量经济学的回归分
析方法。当然，历史计量的方法与传统史学的史料考证与叙事方法，以及地理学与
气候学的统计分析方法，也都是相互补益的。

# "天"亡大明：环境史与全球史视野中的明清易代

李伯重

（清华大学历史系）

## 一、楔子：什么是"天"

《史记·项羽本纪》中关于项羽乌江自刎的那一段记述，做中国史的人大都耳熟能详。司马迁以神来之笔，描绘出了一幅"英雄末路"的画面："项王自度不得脱，谓其骑曰：'吾起兵至今八岁矣，身七十余战，所当者破，所击者服，未尝败北，遂霸有天下。然今卒困於此，此天之亡我，非战之罪也'"。项羽生性要强，至死也不肯承认自己所犯过的错误，却将失败的责任归咎于"天"。什么是古人所说"天"呢？就是"天运"、"天命"、"天道"，用今天的哲学话语来说，就是不可抗拒的规律或变化趋势。

从环境史的角度来看，可以说"天"是人类赖以生存的自然环境。基于这个解释，人类活动与自然环境变化之间的互动，就可以称为"天人感应"。由于"天"代表了自然环境，而自然环境是不以人类划定的国界为边界的，因此"天"并不只是覆盖中国。因为自然环境的变化不为人为的国界所限制，因此必须把我们所研究的历史事件放到环境史和全球史的视野中，方能更好地了解历史的真实。

## 二、明清易代：不可能的事情发生了

史景迁（Jonathan Spence）在《追寻现代中国》中写道：

> 1600 年的中华帝国是当时世界上所有统一国家中疆域最为广袤，统治经验最为丰富的国家。其版图之辽阔无与伦比。当时的俄国刚开始其在扩张中不断拼合壮大的历程，印度则被蒙古人和印度人分解得支离破碎，在

瘟疫和西班牙征服者的双重蹂躏下，一度昌明的墨西哥和秘鲁帝国被彻底击垮。中国一亿二千万的人口远远超过所有欧洲国家人口的总和。

十六世纪晚期，明朝似乎进入了辉煌的顶峰。其文化艺术成就引人注目，城市与商业的繁荣别开生面，中国的印刷技术、制瓷和丝织业发展水平更使同时期的欧洲难以望其项背。

从京都到布拉格，从德里到巴黎，并不乏盛大的典礼和庄严的仪式，但是这些都城无一能够自诩其宫殿的复杂精妙堪与北京媲美。

（但是谁也没有料到，明朝统治者）不到五十年就将自己的王朝断送于暴力。

发生于 17 世纪中叶的明清易代，是世界史上一个重大事件。总兵力不到 20 万人的清朝八旗兵，从半蛮荒的东北地区挥戈南下，在短短 20 年中横扫东亚大陆，征服了拥有 1.2 亿人口、经济和文化都在世界上处于领先地位的明朝中国。这确实是一件不可能的事情发生了。为什么会发生这一历史巨变？早在明亡之时，人们就已开始思考了。李自成是解释是明朝大臣结党营私，蒙蔽皇帝，"君非甚暗，孤立而炀蔽恒多；臣尽行私，比党而公忠绝少"。到了 20 世纪后半期和 21 世纪初期，中国学者把明清易代的主要原因归结于阶级斗争，例如翦伯赞先生在《中国史纲要》中说这是因为"一方面是贪污腐化，荒淫无耻；一方面是饥寒交迫，流离死亡"。樊树志先生在《明史十讲》的第十讲"谁主沉浮：明清易代的必然与偶然"中则总结为：（1）明末社会矛盾的激化，（2）明末农民大起义与明朝的灭亡和（3）明朝末年政治腐败，社会矛盾空前激化，内忧外患纷至沓来，其灭亡是不可避免的。

有一些学者对上述解释提出质疑，例如王家范先生在《明清易代的偶然性与必然性》中说：

> 皇帝那边直到临死前还冤气冲天，觉得是臣僚坑了他，"君非亡国之君，臣皆亡国之臣"。……写"记忆史"的也有不少同情这种说法。另一种声音则明里暗地指向了崇祯皇帝，埋怨他专断自负，随意杀戮，喜怒无常等等。总括起来，总不离导致王朝灭亡的那些陈旧老套，例如皇帝刚愎自用（或昏聩荒淫，但崇祯不属于此），"所用非人"，特别是任用宦官，更犯大忌；官僚群醉生梦死，贪婪内斗，"不以国事为重，不以百姓为念"，虽了无新意，却都一一可以援事指证。……（这些说法）有没有可质疑的余地呢？我想是有的。这些毛病在王朝的早期、中期也都存在，不照样可以拖它百来年，

甚至长达一二百年？万历皇帝"罢工"，二十年不上朝，经济不是照样"花团锦簇"，惹得一些史家称羡不已？再说彻底些，无论哪个王朝，农民的日子都好不到哪里去，农民个别的、零星的反抗无时不有，但真正能撼动根本、致王朝死地的大规模农民起义，二三百年才有一次。因此，用所谓"有压迫必有反抗"的大道理来解释王朝灭亡，总有"烧火棍打白果—够不着"的味道。

在海外，学者们也对明何以亡的问题提出了多种解释。赵世瑜先生在《海外学者谈明清为何易代》中，引用青年学者刘志刚的研究，把这些解释总结为以下五种：（1）王朝更替的解释模式，（2）民族革命的解释模式，（3）阶级革命的解释模式，（4）近代化的解释模式和（5）生态—灾害史的解释模式。这个归纳颇为完备，可以说把迄今为止所有的解释都纳入其中了。

到了晚近，出现了一些流行的新观点，如《明朝覆亡真相：人口逼近2亿，粮食增长空间耗尽》、《老鼠是压垮明朝"稻草"？明末北京鼠疫流行》，等等。但是这些网上观点都尚未见到有人做出认真的论证。

以上各种看法，无疑都有其合理方面，但是也都有其不足。在本文中，我将力图汲取这些看法中的合理部分，并将这个问题放在全球史和环境史的视野中进行观察，从而得出自己的结论。

# 三、17 世纪的全球气候变化及其影响

气候史研究已经证实：北半球的气候自14世纪开始转寒，17世纪达到极点。15世纪初以后，出现过两个温暖时期（1550—1600年和1720—1830年）和三个寒冷时期（1470—1520年，1620—1720年和1840—1890年）。大体而言，16世纪和18世纪可算温暖时期，而17和19世纪则为寒冷时期。其中又以17世纪为最冷，冬季平均温度比今日要低2摄氏度。

对于位于北半球的中国，这个变化也表现得非常明显。气候史学者总结出了明朝中国气候变化的基本情况如下：

明代前期（洪武元年—天顺元年，1368—1457）：气候寒冷

明代中期（天顺二年—嘉靖三十一年，1458—1552）：中国历史上第四个小冰河期

明代后期的前半叶（嘉靖三十六年—万历二十七年，1557—1599）：夏寒冬暖

明代后期的后半叶（万历二十八年—崇祯十六年，1600—1643）：中国历史上的第五个小冰河期。

这个明代后期的"小冰期"，也为东亚其他国家感受到了。朝鲜南平曹氏在《丙子日记》中也对 1636—1640 年的气候变化作了第一手的记录，韩国学者朴根必和李镐澈在《〈丙子日记〉时代的气候与农业》中，把日记所记情况与其他资料进行综合研究后指出："17 世纪的东亚通常被称为近代前夜的危机时代，即所谓的寒冷期（小冰河时期）"。

这一轮"小冰河期"，综合中国各地地方志的记载，灾变的前兆可追溯至嘉靖前期，万历十三年（1585）开始变得明显，但时起时伏，崇祯一朝达到灾变的高峰，收尾一直要拖到康熙二十六年（1667），态势呈倒 U 形。

中国处于季风区，气温变化与降水变化之间有密切关系。大体而言，气温高，降水就多；反之则降水少。17 世纪是中国近五百年来三次持续干旱中最长的一次。明代初期全国水旱灾害发生频率差不多，两种灾害交替发生，全国性的旱或涝灾的趋向不明显。但是成化以后情况有所不同。据《中国近五百年旱涝分布图集》提供的 1470 年以后全国 120 个观察点的水旱记录可以看到，明代后期全国进入一个异常干旱的时期。

由于农业是"靠天吃饭"的产业，因此气候变化对农业产量有巨大影响。一般而言，在北半球，年平均气温每增减 1 摄氏度，会使农作物的生长期增减 3—4 周。这个变化对农作物生长具有重大影响。例如，在气候温和时期，单季稻种植区可北进至黄河流域，双季稻则可至长江两岸；而在寒冷时期，单季稻种植区要南退至淮河流域，双季稻则退至华南。据张家诚的研究，在今天的中国，在其他条件不变的情况下，年平均温度变化 1 摄氏度，粮食亩产量相应变化为 10%；年平均降雨变化 100 毫米，粮食亩产量的相应变化也为 10%。在生产力发展水平低下的古代，减少的幅度要更多得多。

此外，年平均温度的高低和年平均降水量的多少，对冷害、水旱灾和农业病虫害的发生频率及烈度也具有决定性的影响，从而明显地增加或减少农业产量。

这里需要说明的是，气候变化对农业产量的影响，在高纬度地区表现最为明显，而对低纬度地区则影响相对既较小。因此气候变化对农业产量的影响，我国北方地区更为巨大。这一点，集中表现在明末北方地区的大旱灾以及随之而来的大蝗灾、大瘟疫上。

在河南，据郑廉《豫变纪略》所记，崇祯三年旱，四年旱，五年大旱，六年郑州大水，黄河冰坚如石，七年夏旱蝗，八年夏旱蝗，怀庆黄河冰，九年夏旱蝗，秋开封商丘大水，十年夏大蝗，闰四月山西大雪，十一年大旱蝗，赤地千里，十二年大旱蝗，沁水竭，十三年大旱蝗，上蔡地裂，洛阳地震，斗米千钱，人相食，十四年二月起大饥疫，夏大蝗，飞蝗食小麦如割，十五年怀庆地震，九月开封黄河决。崇祯七年，家住河南的前兵部尚书吕维祺上书朝廷说：

> 盖数年来，臣乡无岁不苦荒，无月不苦兵，无日不苦挽输。庚午（崇祯三年）旱；辛未旱；壬申大旱。野无青草，十室九空。于是有斗米千钱者；有采草根木叶充饥者；有夫弃其妻、父弃其子者；有自缢空林、甘填沟壑者；有鹑衣菜色而行乞者；有泥门担簦而逃者；有骨肉相残食者。

在西北，情况更为可怕。崇祯二年，马懋才上《备陈大饥疏》说：

> 臣乡延安府，自去岁一年无雨，草木枯焦。八九月间，民争采山间蓬草而食。其粒类糠皮，其味苦而涩。食之，仅可延以不死。至十月以后而蓬尽矣，则剥树皮而食。诸树惟榆树差善，杂他树皮以为食，亦可稍缓其死。迨年终而树皮又尽矣，则又掘山中石块而食。其石名青叶，味腥而腻，少食辄饱，不数日则腹胀下坠而死。……最可悯者，如安塞城西有翼城之处，每日必弃一二婴儿于其中。有号泣者，有呼其父母者，有食其粪土者。至次晨，所弃之子已无一生，而又有弃子者矣。更可异者，童稚辈及独行者，一出城外便无踪影。后见门外之人，炊人骨以为薪，煮人肉以为食，始知前之人皆为其所食。而食人之人，亦不数日后面目赤肿，内发燥热而死矣。于是死者枕藉，臭气熏天。

明末干旱引起的特大蝗灾，始于崇祯九年（1636），地点是陕西东部、山西南部及河南开封一带。崇祯十年蝗灾向西扩展到关中平原，向东扩展到以徐州为中心的山东及江苏北部，然后扩展到南起淮河、北至河北的广大地区。崇祯十一年形成东西上千公里、南北400—500公里的大灾区，并开始向长江流域扩散。崇祯十二年向北扩展到陕西和陕西两省北部，向南扩展到江汉平原。崇祯十三年黄河长江两大河流的中下游和整个华北平原都成为重灾区。崇祯十四年华北蝗灾开始减退，但是长江流域蝗灾却继续发展。崇祯十五年由于气候发生大变化，连续四年的特大蝗灾结束。

气候变化还会导致瘟疫的流行。所谓瘟疫，一般指"具有温热病性质的急性传染病"。布罗代尔说："在人们彼此长期隔绝的时代，各地居民对不同的病原体各有其特殊的适应性、抵抗力和弱点。一旦相互接触和感染，就会带来意外的灾难。"由于大规模的流民出现，瘟疫在明代后期也日益猖獗。据《明史》记载，从1408年到1643年，发生大瘟疫19次，其中1641年流行的一次瘟疫遍及河北、山东、江苏、浙江等。当时著名医学家吴有性在《瘟疫论·原序》就着重指出："崇祯辛巳（1641），疫气流行，山东、浙省、南北两直，感者尤多。至五六月益甚，或至阖门传染"。这里，要特别提一提明末大鼠疫。开始于崇祯六年（1633），地点是山西。崇祯十四年传到河北，并随着李自成和清朝的军队传到更多的地区。崇祯十四年（1641），鼠疫传到北京，造成北京人口的大批死亡。史载崇祯十六年二月，北京城中"大疫，人鬼错杂"，"京师瘟疫大作，死亡枕藉，十室九空，甚至户丁尽绝，无人收敛者"。至夏天和秋天，情况更甚，"人偶生一大肉隆起，数刻立死，谓之疙瘩瘟。都人患此者十四五。至春间又有呕血病，亦半日死，或一家数人并死"。

　　在这些严重而且长期的大灾荒中，原有的社会秩序崩溃了。郑廉说在河南，"兼以流寇之所焚杀，土寇之所劫掠，而且有矿徒之煽乱，而且有防河之警扰，而且尽追数年之旧逋，而且先编三分之预征，而且连索久逋额外抛荒之补禄……村无吠犬，尚敲催征之门；树有啼鹃，尽洒鞭扑之血。黄埃赤地，乡乡几断人烟；白骨青燐，夜夜似闻鬼哭。欲使穷民之不化为盗，不可得也；使奸民之不望贼而附，不可得也；欲使富之不率而贫，良之不率而奸，不可得也"。在西北，情况更为可怕。马懋才上也说：在陕北，"民有不甘于食石而死者，始相聚为盗。……间有获者亦恬不知畏，且曰：死于饥与死于盗等耳！与其坐而饥死，何若为盗而死，犹得为饱鬼也"。

　　即使在自然条件较好的南方，也未逃过气候剧变导致的灾难。宋应星说："普天之下，'民穷财尽'四字，蹙额转相告语……其谓九边为中国之壑，而奴房又为九边之壑，此指白金一物而言耳。财之为言，乃通指百货，非专言阿堵也。今天下何尝少白金哉！所少者，田之五谷、山林之木、墙下之桑、洿池之鱼耳。有饶数物者于此，白镪黄金可以疾呼而至，腰缠箧盛而来贸者，必相踵也。今天下生齿所聚者，惟三吴、八闽，则人浮于土，土无旷荒。其他经行日中，弥望二三十里，而无寸木之阴可以休息者，举目皆是。生人有不困，流寇有不炽者？所以至此者，蚩蚩之民何罪焉！"

　　如此严重的局面，又岂是像崇祯这样一个"勤勉的昏君"[1]和腐败的明朝官僚机构所能应付的。因此明朝的灭亡，在很大程度上可以归咎于气候变化。换言之，就是"天"亡大明。

---

　　[1]　这里借用新近出版的一部通俗读物的书名，吕志勇：《勤勉的昏君崇祯》，华中科技大学出版社，2013年。

# 余论：全球化——"17 世纪危机"的推手

如果我们把眼光投放到中国之外，我们会发现：在差不多的时期，类似的情况也在其他一些国家出现。例如在西欧，学者们通过对历史上太阳观测记录、中英格兰气温、捷克地温、阿尔卑斯山冰川、大气碳 14 含量、树轮、冰芯等的研究指出，近代早期西方社会曾经历了"小冰期"，其最冷时段在 17 世纪。"小冰期"的平均温度一般要比正常时期低 1℃—2℃。气候变冷对西欧农业产生了灾难性影响，导致了农业产量下降、歉收和灾荒频发，导致粮食短缺，大量流民由此产生，整个社会更是呈现出普遍贫困化：英国直至 17 世纪末穷人占到一半，其中一半处于极度贫困；法国九分之五的人生活在贫困中；德国科隆每 5 万人中就有 2 万是乞丐。在一些地区，这种情绪常常演变为绝望农民的起义和暴动，如 1647 年 7 月意大利那不勒斯由于食物短缺等原因引发了严重的民众起义。在法国普罗旺斯，1596—1635 年间发生了 108 次民众起义，1635—1660 年更多达 156 次，1661—1715 年则达 110 次。在这样一个仅有 60 万人的社会，一个多世纪的时间里就有 374 次的起义之多，确实令人震惊，以致马克·布洛赫指出，近代早期欧洲的农民起义就像工业时代的罢工一样普遍[①]。

不仅如此，在这个时期，同东亚一样，欧洲也发生了剧烈的政治、军事冲突。在东亚，朝鲜在 16 世纪末和 17 世纪前半期由于气温变冷以及随后的连年水旱灾，导致经济凋敝，又经历了 1592—1598 年的日本入侵，1624 年年初又发生内战，接着又是 1627 年和 1636 年的后金入侵，整个社会经济遭到巨大破坏。日本在 17 世纪前半期也出现了严重的经济衰退，出现了"宽永大饥荒"。在 1640 年代，日本的食物价格上涨到空前的水平，许多百姓被迫卖掉农具、牲畜、土地甚至家人，以求生路，另有一些人则尽弃财物，逃至他乡。多数人生活在悲苦的绝望之中。经济衰退导致了社会动荡，爆发了日本有史以来最重要的一次起义，即岛原大起义（亦称"天主教徒起义"）。德川幕府费尽周折，使用了骇人听闻的残忍手段才将起义镇压下去。

更有意义的是中国与欧洲的比较。中国在 16 世纪末和 17 世纪前半期，爆发了四场大规模的战争：中缅边境战争（1576—1606）、中日朝鲜战争（1592—1598）、明清辽东战争（1616—1644）和中荷台海战争（1661—1662）。也正是在这个时期，遥远的欧洲也爆发了 17 世纪最大的战争——天主教国家联盟和新教国家联盟之间的

---

[①] 见孙义飞、尹璐：《十七世纪西欧气候变迁与粮食供应危机》。

"三十年战争"（1618—1648）。从战争的规模来说，这些战争都属于当时世界上最大的战争。在中国，空前规模的内战（即明末农民起义）爆发于 1627 年，导致了 1644 年崇祯皇帝的死亡。而在遥远的英国，前所未有的大规模内战也爆发于 1642 年，也导致了 1649 年英王查理一世的死亡。这些难道是巧合吗？当然不是。那么，造成一种情况的幕后推手是什么呢？应当说，就是全球性气候剧变。

这个气候变化导致的危机也表现在世界其他地方。杰弗里·帕克（Geoffrey Parker）在其《全球危机：十七世纪的战争、气候变化与大灾难》（*Global Crisis: War, Climate Change and Catastrophe in the Seventeenth Century*）中，对这个全球性危机进行了综合性的研究。他使用世界各地民众回忆记述的有关 1618 年至 1680 年经济社会危机的第一手资料，同时运用科学方法来证明当时的气候变化状况，指出革命、旱灾、饥荒、侵略、战争、弑君 17 世纪中期，一系列事件与灾难发生于世界各地。危机由英国到日本，由俄国到撒哈拉以南非洲，蔓延全球，美洲大陆甚至也受到波及。在 1640—1650 年间，自然环境的变化导致饥馑、营养水平下降以及疾病的增加。据当时的估计，该时间段共有 1/3 世界人口死亡。这个场面，和我们所看到的明清易代时期中国的情景不是很相似吗？

帕克并非对"十七世纪危机"进行研究的第一人。西方学界对于 17 世纪危机表现的认识很早就已存在，但作为历史学命题的"十七世纪危机"，是霍布斯鲍姆于 1954 年在创刊不久的《过去与现在》杂志上发表的《十七世纪危机》中正式提出的。相关文章在 1965 年以《1560—1660 年的欧洲危机》为题结集出版，当时对于危机的讨论还是着眼于欧洲。此后人们逐渐认识到了在全球许多国家和地区普遍存着类似的危机现象。

从全球史的视野来看明清易代，也就是把明清易代纳入"十七世纪危机"的范围。1973 年，阿谢德率先将"十七世纪危机"的研究引入中国研究，发表了《十七世纪中国的普遍性危机》一文。魏斐德的《中国与十七世纪危机》（1985 年）探讨了中国 17 世纪危机表现及走出危机。这些，都为我们开了从全球史的角度来看待明清易代的先河。

最后，我还要强调一点，虽然"天"（即气候）是导致明朝灭亡的主要原因之一，但是全球化的影响也是不容忽视的。

首先，17 世纪是经济全球化的早期阶段（即早期经济全球化时代）。费尔南德兹—阿梅斯托在其《一四九二：那一年，我们的世界展开了》中写道：十五世纪末哥伦布发现新大陆，"从此以后，旧世界得以跟新世界接触，藉由将大西洋从屏障转成通道的过程，把过去分立的文明结合在一起，使名符其实的全球历史——真正的

'世界体系'——成为可能，各地发生的事件都在一个互相连结的世界里共振共鸣，思想和贸易引发的效应越过重洋，就像蝴蝶扇动翅膀扰动了空气"。在这个时期，由于经济全球化的发展，以白银为基本货币的世界货币体系一体化也发展起来了。在中国方面，到了17世纪货币白银化也基本完成。此时中国经济进入了世界贸易体系，因此也加入了世界货币体系并在其中扮演者重要角色。其结果之一是中国越来越依赖白银输入。白银输入的起落变化态势，自然对中国经济、社会、政治发挥着越来越大的影响。17世纪前半期白银输入数量出现了相颇大变动，这有可能是导致明朝灭亡的一个重要因素。当然，学者们在这方面的意见不统一。艾维四的《1530—1650年前后国际白银流通与中国经济》和《1635—1644年间白银输入中国的再考察》，岸本美绪的《康熙萧条和清代前期地方市场》和万志英的《中国十七世纪货币危机的神话与现实》等著作，都提出了很有意义的见解，是我们在研究明清易代问题时应当参考的文献。

其次，由于全球化的进展，各国之间的关系越来越紧密，以此相伴的是纠纷也越来越多。作为解决纠纷的手段之一，战争也越来越频繁。与此同时，随着各国之间交流的增多，先进的军事技术出现后，也得以迅速传遍世界许多地区，形成全球性的互动。这种情况，我们称之为"军事技术的全球化"，简称军事全球化。因此可以说，经济全球化和军事全球化是联手进入"近代早期"的世界。这对东亚地区的政治、军事格局产生了巨大的影响。

恩格斯说："应当特别强调的是，从装刺刀的枪起到后装枪止的现代作战方法，在这种方法中，决定事态的不是执马刀的人，而是武器"。富勒（J.F.C.Fuller）说："火药的使用，使所有的人变得一样高，战争平等化了"。早期经济时期的火器技术的巨大进步及其迅速传播，大大改了东亚地区的力量平衡。因此之故，明朝陷于强敌环绕之中。明朝进行了相当的努力来对付这种局面，并取得了相当的成就。但不幸的是，明朝军事改革的主要成果，由于各种原因，落入主要敌手后金/清手中，从而也导致了中国历史的改写。关于这一点，在即将出版的拙著《火枪与账簿：早期经济全球化时代的中国与东亚世界》已进行了详细的讨论，这里就不赘述了。

总而言之，明清易代是全球性"十七世纪危机"的一个部分，而这个危机不仅是全球气候变化导致的，也是早期经济全球化导致的。因此，只有把这个事件放到全球史与环境史视野中来观察，方能得出一个全面性的结论。

# 气候变化和人类社会经济发展因果关系的研究进展

裴 卿

（香港教育大学社会科学系）

## 一、前言

气候变化问题，从根本上反映了人类发展的问题。在注重生态文明建设的今天，人们对气候变化问题的关注与应对，不仅是对日益严重的环境问题的呼应，更多地体现了人类社会如何在认识自然、保护自然的前提下，全面发展社会经济，以求实现人类自身稳定繁荣。

围绕这一议题，关于气候变化和人类社会经济发展关系的讨论早已有之。在漫长的历史长河中，人类社会经济发展经历了农业文明、工业文明的嬗变。如今，人类社会向着建设生态文明的目标迈进，人与自然的关系也从依赖自然、主动改造自然，发展为追求人与自然的和谐与统一。人地关系这一古老话题，经历了哲学上所谓"否定之否定"的发展历程，并不断深化凝练。

因此，在现今追求生态文明建设的大背景下，讨论气候变化问题便具有学术与政策的双重意义。但是，目前对于气候变化如何影响人类社会经济发展仍存在很多不确定因素，这些都是要求科学界亟待解决、具有重大科学和社会价值的课题。以史为鉴，历史分析作为提供重要的实证支持的研究手段，受到了广泛的关注与重视。

## 二、研究现状回顾

目前来看，已有的研究讨论了历史气候变化和社会经济发展之间在时间上的相关性，但是，尚未系统地总结和论述这两者之间存在的因果关系。一般来说，科学研究往往是从理论与方法学这两个层面逐步推进，因此，基于这两个层面，我们可以大致将历史气候变化与人类社会经济发展的研究分为以下三个阶段：

第一阶段，主要是随着古气候重建领域的发展，学者们注意到，人类历史上很多地区和国家的文明消失和社会动乱，都和一些主要的气候变化阶段对应在一起，如东亚和中国社会动荡，[①] 玛雅文明的消失，[②] 中东叙利亚阿卡迪亚王国的消亡，[③] 甚至更早对美国社会机制的研究 [④] 等等，这些研究主要是在重建的基础上，开展气候变化和人类社会经济发展的讨论，但不可避免地存在方法上的缺陷：虽然这些学者相信气候变化会导致人类社会、文明的灾难，但是他们的工作只局限于对几个单独的历史案例的定性研究。

第二阶段，研究人员开始引入定量研究方法，以克服第一阶段研究的局限。这一阶段的主要特点在于，在收集大量数据的基础之上，学者们研究气候变化在全世界范围内对人类社会发展的影响，如中国和欧洲的战争爆发、王朝更替、人口减少等。在这一阶段，香港大学章典教授带领的团队率先开始讨论历史上气候变化和人类社会巨变的潜在联系 [⑤] 以及北京师范大学方修琦教授带领的团队 [⑥] 都有所研究。这一阶段在定量的研究基础之上，为气候变化和人类社会经济发展提供了科学的论据。但是，

---

① Atwell, W.S.,Volcanism and short-term climatic change in East Asian and world history, c. 1200—1699. *Journal of World History*,2001, 12, pp.2—98 ; Atwell, W.S., Time, money, and the weather: Ming China and the 'great depression' of the mid-fifteenth century. *The Journal of Asian Studies*,2002,61, pp.83—113.

② Haug, G.H., Günther, D., Peterson, L.C., Sigman, D.M., Hughen, K.A., Aeschlimann, B., Climate and the collapse of Maya Civilization. *Science*,2003,299.

③ Weiss, H., Bradley, R.S.,What drives societal collapse? *Science*,2001,291, pp.609—610.

④ Bryson, R.A., Murray, T.J.*Climates of hunger: mankind and the world's changing weather*. University of Wisconsin Press,1997.

⑤ Lee, H.F., Fok, L., Zhang, D.D.,Climatic change and chinese population growth dynamics over the last millennium. *Climatic Change*,2008,88, pp.131—156. ; Lee, H.F., Zhang, D.D., Changes in climate and secular population cycles in China, 1000 CE to 1911. *Climate Research*,2010,42, pp.235—246. ; Lee, H.F., Zhang, D.D.,A tale of two population crises in recent Chinese history. *Climatic Change*,2013,116, pp.285—308. ; Zhang, D.D., Brecke, P., Lee, H.F., He, Y.Q., Zhang, J.,Global climate change, war, and population decline in recent human history. *Proceedings of the National Academy of Sciences of the United States of America* 2007,104, pp.19214—19219. ; Zhang, D.D., Lee, H.F., Cong Wang, Li, B., Zhang, J., Pei, Q., Chen, J.,Climate change and large-scale human population collapses in the pre-industrial era. *Global Ecology and Biogeography*,2011a,20, pp.520—531.

⑥ Fang, X., Xiao, L., Wei, Z.,Social impacts of the climatic shift around the turn of the 19th century on the North China Plain. *Science China Earth Sciences*,2013, 56, pp.1044—1058. ; Su, Y., Fang, X., Yin, J.,Impact of climate change on fluctuations of grain harvests in China from the Western Han Dynasty to the Five Dynasties (206 BC–960 AD). *Science China Earth Sciences*, 2014,Doi: 10.1007/s11430-11013-14795-y. ; Xiao, L., Fang, X., Zheng, J., Zhao, W., Famine, migration and war: Comparison of climate change impacts and social responses in North China between the late Ming and late Qing dynasties *The Holocene*,2015,25, pp.900—910.

这一阶段的研究和分析手段虽然引入了定量研究，但是主要以相关分析和回归分析为主，作为因果关系这一根本问题仍未被科学地提及和论证，气候变化的传导机制仍然没有被从根本上回答和解决，因此这一阶段的研究成果，只能部分解决了案例研究中可能存在的"巧合论"的问题。

第三阶段，为了进一步理清气候变化和人类社会经济发展的关系，回应气候变化引起社会经济动荡该研究在概念上存在对历史复杂性的疏忽的批评，[①] 不仅在方法学上，引入了复杂的统计定量分析方法，特别是因果分析方法，而且还通过建立和定量证明概念模型，逐步论证气候变化和社会危机之间的因果关系，这一阶段包括香港大学章典教授对气候变化对欧洲的社会危机影响的研究，[②] 香港教育大学裴卿博士对气候变化对欧洲经济周期影响的研究[③]以及对气候变化影响下中国传染病暴发的情况 [④] 等各种机制的梳理。除此之外，因果关系研究在气候变化的其他社会经济影响中也有所体现，如南京师范大学魏柱灯博士在气候变化对中国经济的研究中 [⑤] 和裴卿博士对气候变化的移民影响研究，包括气候变化对少数民族移民的影响 [⑥] 和不同分区中气候变化对移民的影响。[⑦]

综上所述，目前对于气候变化与人类社会经济发展关系的研究，不满于个案的研究，而简单地运用相关或回归分析也不能满足这一领域对方法学的要求。随着研究方法的进步，越来越多的问题都逐一得到解决与回应，如3W（when，where，why）问题都能够得到很好的回答。

---

① Butler, D., Darfur's climate roots challenged. *Nature*,2007, 447, p.1038.; Salehyan, I., From climate change to conflict? No consensus yet. *Journal of Peace Research* ,2008,45, pp.315—326.

② Zhang, D.D., Lee, H.F., Wang, C., Li, B., Pei, Q., Zhang, J., An, Y., The causality analysis of climate change and large-scale human crisis. *Proceedings of the National Academy of Sciences* of the United Sates of America,2011b,108, pp.17296—17301.

③ Pei, Q., Zhang, D.D., Lee, H.F., Li, G. ,Climate change and macro-economic cycles in pre-industrial Europe. *PLoS ONE*,2014,9, e88155.

④ Pei, Q., Zhang, D.D., Li, G., Winterhalder, B., Lee, H.F., Epidemics in Ming and Qing China: Impacts of changes of climate and economic well-being. *Social Science & Medicine*,2015b, pp.136–137, 73–80.

⑤ Wei, Z., Fang, X., Su, Y. , A preliminary analysis of economic fluctuations and climate changes in China from BC 220 to AD 1910. *Regional Environmental Change*, 2014, pp.1—13.

⑥ Pei, Q., Zhang, D.D.,Long-term Relationship between Climate Change and Nomadic Migration in Historical China. *Ecology and Society* ,2014,19, p.68.

⑦ Pei, Q., Zhang, D.D., Lee, H.F., Contextualizing human migration in different agro-ecological zones in ancient China. *Quaternary International*,2016,426, pp.65—74.

# 三、研究方法评价

通过上述对研究现状的回顾，目前关于气候变化与人类社会经济发展的讨论经历了案例分析、相关/回归分析与因果分析这一过程。在此基础上，接下来本文将对目前的发展情况进行重点介绍。

## 1. 研究尺度

在研究中，往往采用一个大的地理空间和长期的时间尺度作为研究的出发点。特别是在采用大量历史文献资料和定量分析的基础上，宏观动态的历史视角在研究尺度上优于微观静止的案例研究，以一般趋势的研究优于历史特殊性的研究。

## 2. 因果关系理论

在讨论因果关系的研究，不能简单和盲目地建立因果关系，为了确保因果关系的科学性和严谨性，必须用五个标准去系统地探索这个机制：1）该种关系能被理性地解释；2）变量之间有较强的相关性；3）原因变量和结果变量体现一致的关系；4）原因先于结果发生；5）原因变量有很好的预测属性。[①]

## 3. 统计分析方法

相关分析和回归分析方法有助于人们直观地了解事物之间的联系，而且可以进一步帮助人们认识和验证联系的强度和一致性。另外，作为一种时间序列统计方法，格兰杰因果分析法（Granger Causality Analysis）在各个学科，如经济学、社会学、政治学、生物学和医学等领域，被广泛地用于验证时间序列研究中的因果关系。

## 4. 现有研究发现

经过了三个阶段的发展，气候变化和人类社会经济发展的因果关系研究，在理论上提升了层次，在方法上增加了复杂性，同时在关系的梳理上也进入了系统化阶段，基于这些发现，建立了一系列的概念模型，所以现在的研究发现，都是以一个系统化的概念模型的形式展现出来。

从整体上来说，气候变化是一个最终的影响因子，气候变化从一个宏观尺度决定了社会的整体发展，这里面包括了农业、经济、政治、人口等各个方面。如图1，

---

① Schumm, S.A., *To Interpret the Earth: Ten Ways to be Wrong.* Cambridge University Press, 1991.

所有农业生态、社会经济、人类生态以及人口规模都和气候变化最终相联系。生态状况、农业生产力以及人均食物供给这些变量会立即反映出气温变化的影响，而社会动乱、战争、移民、营养状况、传染病、饥荒和人口这些指标与农业生产力以及人均食物供给直接联系，由此推断出气候变化在最终和基本层面影响着社会经济发展。而且无论是长期还是短期的数据分析，气候波动抑或变化都会在社会经济发展中有所反映。

但是值得注意的是，从图 1 中可以发现，有两个部分的机制没有更加系统地展开研究，其一是气候变化和经济系统，因此图 2 显示的研究可以是对这一个领域的填补和深入研究。气候变化通过缩短植物生长时间，以及降温抑制了农业生态系统产出。粮食生产随着气温降低而减少。然而，在寒冷气候时期，虽然农业生产减少或者停滞，但是人口规模仍在上涨。在此供求矛盾的情况下，粮食价格出现了极速

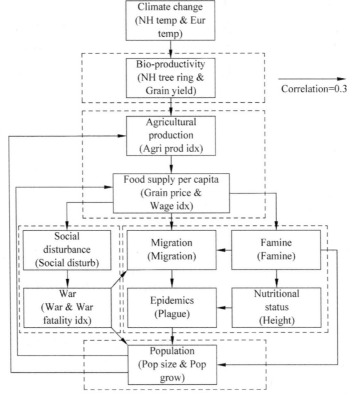

图 1　气候变化和大规模人类灾难因果分析路径图 [①]

① Zhang, D.D., Lee, H.F., Wang, C., Li, B., Pei, Q., Zhang, J., An, Y. The causality analysis of climate change and large-scale human crisis. *Proceedings of the National Academy of Sciences of the United States America* 2011, 108, pp.17296—17301.

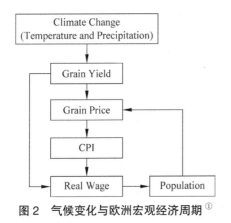

图 2　气候变化与欧洲宏观经济周期[①]

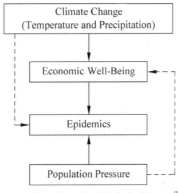

图 3　气候变化和中国传染病机制[②]

增长，而随之出现的就是劳动力实际工资的骤减，导致了整个社会福利水平的降低，在稀缺的粮食供给情况下，经济危机不可避免地发生了。因此，在农业经济中，粮食价格是经济繁荣与萧条的重要指示器，而其波动最终却和气候变化紧密联系。[③]

此外，在图 1 中另一个未详细解决的议题是气候变化和公共卫生。所以图 3 显示的结果是对气候变化和公共卫生领域的进一步完善。根据图 3 的结果，气候变化会导致社会经济的波动甚至衰退，在社会福利水平下降的情况下，社会的普遍营养水平、生活质量都会有所下降，这将不可避免地导致社会整体的抵抗力下降，进而促进传染病的传播。但是另一个因素，人口密度也会决定了疾病传播的概率和速度，一般人口越多即人口压力大的地区，人与人接触的概率增加，所以这也会导致疾病的传播。但是人口的增长率由饥荒、传染病和战争决定。大规模传染病的爆发将会悲剧性地减缓人口压力。但是和图 1 一致的是，从图 3 的研究中，气候变化只是一个潜在的因素，传染病暴发的直接原因还是在于社会经济福利水平，如果福利水平能够保持的话，可以有效地抑制疾病的暴发，这对现代社会在气候变化和公共卫生领域有直接的借鉴意义。[④]

---

①　Pei, Q., Zhang, D.D., Lee, H.F., Li, G.,Climate change and macro-economic cycles in pre-industrial Europe. *PLoS ONE* 2014,9,e88155.

②　Pei, Q., Zhang, D.D., Li, G., Winterhalder, B., Lee, H.F., Epidemics in Ming and Qing China: Impacts of changes of climate and economic well-being. *Social Science & Medicine*,2015b,pp.136–137, 73–80.

③　Pei, Q., Zhang, D.D., Lee, H.F., Li, G. Climate change and macro-economic cycles in pre-industrial Europe. *PLoS ONE* 2014,9, e88155.

④　Pei, Q., Zhang, D.D., Li, G., Winterhalder, B., Lee, H.F., Epidemics in Ming and Qing China: Impacts of changes of climate and economic well-being. *Social Science & Medicine*, 2015b, pp.136–137, 73–80.

# 四、学术贡献评价

以上的研究，在利用现有的文献资料的基础上，将其数据化、定量化，并通过因果分析等方法研究人地关系。这些研究不仅仅在解释气候变化的影响机制上有贡献，在理论与方法学上亦有巨大贡献。

## 1. 历史分析和地理尺度相结合

在地理学中，尺度分析是一个重要的方法学上的考量，主要是指代空间尺度和时间尺度。而在过去的研究中，如香港大学章典教授[①]和香港教育大学裴卿博士，[②]都将地理尺度的思考模式，明确地应用到了历史气候变化和社会经济发展的研究之中。在时间尺度上，章典教授和裴卿博士论证出在短期和长期的时间尺度中，气候变化的影响到底有何不同。同时，在不同的空间尺度下，裴卿博士以移民为例，定量地论证了空间尺度不同，所得出的研究结论也将有不同。[③]

虽然以不同尺度研究得出的结论可能会不同，但是这并不能说明其结果相互排斥和抵触。尺度选择是展开研究的基本立足点，需要特别指出的是，在人地关系研究领域中，以长时期、大空间为宏观尺度更有利于客观地反映气候变化与人类社会经济发展之间的联系。

## 2. 统计因果关系的识别

传统的历史研究，往往是基于个别事件，或某一时段进行深入剖析，以对所有可能的因素进行综合评价，从而给出历史解释。如果在微观尺度上，以气候变化作为原因去解释历史事件，难免会落入"环境决定论"的陷阱。但是在宏观尺度上，往往更可行地从统计上证明气候变化作为一个不可忽略的角色在社会经济发展中的存在。因此，在裴卿博士在其研究文章中，明确提出了统计因果关系（statistical

---

[①]　Zhang, D.D., Lee, H.F., Wang, C., Li, B., Pei, Q., Zhang, J., An, Y. ,The causality analysis of climate change and large-scale human crisis. *Proceedings of the National Academy of Sciences of the United States America*, 2011b, 108, pp.17296—17301.

[②]　Pei, Q., Zhang, D.D.,Long-term Relationship between Climate Change and Nomadic Migration in Historical China. *Ecology and Society*,2014,19, p. 68.

[③]　Pei, Q., Zhang, D.D., Lee, H.F., Contextualizing human migration in different agro-ecological zones in ancient China. *Quaternary International*,2016,426, pp.65—74.

law）。虽然该统计因果关系不代表会适用于每一个案例，但是从一个整体发现气候变化的作用。同时，统计因果关系是建立在大量的历史资料和宏观尺度上，所以，统计因果关系与现有的传统历史研究得出的结论并不相悖，因为正如前述所说，两者的研究尺度有所不同。

## 3. 历史研究中的"大数据"理念

"大数据"是目前学术研究中颇为流行的概念。在历史学、特别是环境史学和历史地理学的研究中，"大数据"的研究方法也正在逐渐兴起。但在这些领域，大数据方法的运行却存在一定难处。其一，尺度的选择。由于历史资料的缺乏，大数据方法很难在微观尺度上得到实现。其二，在传统微观尺度上，由于样本量本身就很小，如果在此基础上展开的统计研究，增加或者减少统计因子会使得统计结果产生较大的敏感性。

随着目前研究的发展，宏观尺度的研究可以增加样本量，因此，增加或者减少个别数据，很难影响到最终的统计结果。并且，大量的数据会加强自变量与因变量的统计关系的稳定性。随着越来越多的史料问世，我们有理由相信历史大数据的理念将会被进一步接纳，但是这需要历史学家不断的努力。

## 4. 重新审视马尔萨斯理论

马尔萨斯[①]学说认为，资源的增长是遵循线性模式，而人口增长是指数模式，因此人口增长会超过资源增长，当人口规模超过农业生产，人间悲剧将会发生，因此，马尔萨斯辩称人类悲剧的成因是人口的迅速增长。但是，章典教授[②]和香港大学李峯博士的研究中[③]，都发现实际上人类的这些悲剧是更多是由气候变化导致的农业减产造成的，因为资源的波动在气候变化之下，是比人口的波动更加明显和剧烈。马尔

---

① Malthus, T.R., *An essay on the principle of population*. London,1978.

② Zhang, D.D., Brecke, P., Lee, H.F., He, Y.Q., Zhang, J. ,Global climate change, war, and population decline in recent human history. *Proceedings of the National Academy of Sciences of the United States of America*,2007,104, pp.19214—19219 ; Zhang, D.D., Lee, H.F., Cong Wang, Li, B., Zhang, J., Pei, Q., Chen, J. Climate change and large-scale human population collapses in the pre-industrial era. *Global Ecology and Biogeography* ,2011a, 20, pp.520—531.

③ Lee, H.F. Climate-induced agricultural shrinkage and overpopulation in late imperial China. *Climate Research*, 2014,59, pp. 229—242. ; Lee, H.F., Zhang, D.D., Changes in climate and secular population cycles in China, 1000 CE to 1911. *Climate Research*,2010,42, pp.235—246. ; Lee, H.F., Zhang, D.D., Fok, L. Temperature, aridity thresholds, and population growth dynamics in China over the last millennium. *Climate Research* ,2009,39, pp.131—147.

萨斯学说强调日渐增长的食物需求是起因，而章典教授和李峯博士发现起因是气候变化导致了食物供给稀缺，这些研究从长时间和大空间尺度上重新审视了马尔萨斯学说。

### 5. 中国与欧洲实证对比研究

在现有的对气候变化和社会经济发展的因果关系研究中，中国和欧洲往往作为主要的研究地区。这主要是因为中欧具有明显的历史文献优势。而特别是在宏观尺度之下，这种优势将会进一步被放大，以利于开展实证和定量分析。

在对中欧社会经济发展比较研究中，大分流 (Great Divergence) 是研究中欧不同发展现象的一个重要描述，在经济史学界受到较高的重视。裴卿博士的最新研究发现，[1] 将气候变化引入经济系统之后，从一个长时期和大空间的尺度上，中国对气候变化的脆弱性是高于同时期的欧洲，而在对比中欧人口危机中，中国的人口危机要多于欧洲，这也可以用来印证中欧的区别。[2] 而且其中最主要的原因是人口的角色在中国有所不同，在中国，劳动力的消费强度是高于欧洲人口的消费强度，所以这种人口角色的区别也可以提醒我们，在研究中国和欧洲历史发展中，我们在对中国历史研究的时候，往往需要特别注意中国自身特有的情况，从这点上看，其实地理尺度除了时间、空间之外，也许国家特色、文化特色等也应该作为"尺度"纳入研究之中。

## 五、现状总结与未来方向

综上所述，对气候变化与社会经济发展因果关系的研究已经取得了理论范式和分析方法这两个层面上阶段性的进步，并且系统分析的视角已经不断强化。目前的研究已实现了地理尺度与历史研究的结合，通过历史"大数据"的运用，统计因果关系的理论已经建立。通过定量与实证分析，马尔萨斯理论与大分流理论被重新审视。这些研究成果也开拓了在其他方面开展人地关系研究的理论与方法学基础，在这些既有的成果之上，未来的发展应该会呈现出以下特点：

第一，在方法学上应该有所进一步拓展。目前除了现有的因果分析方法之外，

---

[1]　Pei, Q., Zhang, D.D., Li, G., Forêt, P., Lee, H.F.,Temperature and precipitation effects on agrarian economy in late imperial China. *Environmental Research Letters* 2016b,11, p.064008.

[2]　Lee, H.F.,Climate-induced agricultural shrinkage and overpopulation in late imperial China. *Climate Research* ,2014,59, pp. 229—242. ; McEvedy, C., Jones, R., *Atlas of world population history*. London, 1978.

章典教授和裴卿博士，将小波分析引入了气候变化和社会经济发展领域中，开辟了将频域方法应用于历史分析的实践，而同时魏柱灯博士 [1] 也将频域分析应用于中国经济发展。因此在未来，方法学的发展仍将是一个主要的领域，而方法学的发展必将带动理论上的发展。

第二，研究尺度应该有所拓展。在目前的研究中，宏观尺度是一个主要的着眼点，如最近北京师范大学苏筠教授 [2] 和中国科学院地理所的殷俊博士 [3]，都是以中国为尺度进行的研究。虽然在此宏观尺度下，研究气候变化和社会经济发展的研究，特别是因果关系的研究，都能够很好地反映环境变化的影响。但是，在中观或者微观尺度上，气候变化在何种程度上影响社会经济发展，这还需要进一步研究。特别是不同尺度的对比研究，这也将会促进地理尺度和历史研究的结合。

第三，历史数据的进一步发掘与整理。目前现有的定量和定性分析是建立在既有的史料、文献基础之上，因此，在未来，随着文献梳理工作的不断推进，大量新资料的补充，将会为其他学科提供坚实的文献基础，从历史观和时空观两个层面，为气候政策的制定提供科学支持。

目前来看，对于气候变化与人类社会经济发展关系的研究，已经对理清人地关系发挥了重要作用。特别地，有些研究已经能为现代社会应对气候变化提供历史依据和指示。因此，随着研究的不断深入，这不仅会从气候变化的视角反思和完善现有基础理论，同时也为生态文明的建设提供历史观和发展观的实证支持。

---

① Wei, Z., Rosen, A.M., Fang, X., Su, Y., Zhang, X., Macro-economic cycles related to climate change in dynastic China. *Quaternary Research* ,2015,83, pp.13–23.

② Su, Y., Liu, L., Fang, X.Q., Ma, Y.N., The relationship between climate change and wars waged between nomadic and farming groups from the Western Han Dynasty to the Tang Dynasty period. *Climate of the Past*,2016,12, pp.137—150.

③ Yin, J., Su, Y., Fang, X.,Climate change and social vicissitudes in China over the past two millennia. *Quaternary Research*,2016,86, pp. 133—143.

# 气候变化、经济发展与社会稳定：中国贡献给世界的历史经验与教训[*]

赵红军

（上海师范大学商学院经济学系）

## 一、当前研究的困局

从气候变化到经济发展，再到社会稳定之间的关联关系，是一个重大的跨学科理论问题，也是一个整个人类都要好好考虑、研究和积极应对的重大现实问题。从当下气候变暖的全球影响来看，这一问题显然已经非常迫在眉睫了。在我们生活的周遭，几乎每天，我们都在与雾霾博弈；在菜市场、在超市，我们都与农药残留和转基因迎面相逢；在马路上，我们也必须面对超大排量的汽车源源不断的二氧化碳排放；在工厂周边，那臭气冲天的恶水、毒气正在悄悄地流向河流、沙漠、大海或者地下；在食品加工店，那无良或无知的老板和员工只管赚钱买卖而不顾其对环境、对顾客的危害。然而，即便如此，我们仍然无法体会到每年全球气候会议门外那些沿海低地国家的居民那撕心裂肺的呐喊和咆哮，因为他们的祖先已经深埋海底，他们的农田、他们的生活正面临着"无鱼而捕"的局面，而他们本身低廉的收入又怎能支付日益昂贵的来自其他国家的工业生活用品？

气候变化的影响恐怕就是这样，我们正集体面临着"大家都要玩完"的风险，然而"又不是我首先玩完，而是你比我更早玩完"的普遍心理与制度障碍，却在阻碍着整个人类采取迅速、有效的集体行动。造成这种普遍现实的原因，如果说仅仅是这种心理状态使然的话，那解决问题的根本就在于，全球学者、研究人员与政府有关气候变化、经济发展和社会稳定关系方面研究的滞后、不足，以及政府在这方面做得还远远不够。中国——作为发展中的大国——在历次气候变化大会上的慷慨

---

   \* 本研究得到赵红军教授主持国家社科基金"中国的长期发展：政府治理与制度演进的视角"（英文版）（14WJ008），教育部哲学社会科学一般课题"气候变化对中国宏观经济和社会稳定的时空影响"（13YJA790159）的研究资助。

承诺，以及近年来中国在低碳经济、绿色能源等方面的巨额投资已经向世界表明了我们的信心与决心。然而，笔者在此要提议的是，作为发展中大国的中国，中国还有一条非常明智的智力投资，那就是中国应该将自己在历史时期所面临的气候变化影响经济发展，进而颠覆社会稳定的历史教训展示给世人，以此来警醒世人并告诫世界，该是时候采取行动了。

## 二、中国气候变化、经济发展与社会稳定关联关系的真容

首先，这一宏大的经济社会关联关系所涉及的逻辑链条非常复杂，往往需要漫长的时间和历史维度，才能逐步显现与清晰。因此，世界上绝大多数政体变换频繁、历史延续性相对较差、又没有很好历史和文字记载的国家和社会，往往就难以窥见其真容。

中国不是这样一个国家，它发明文字的历史很早，从最初的仓颉结绳记事，到真正的文字诞生，至今已有五千到八千年的历史。如果我们从秦汉以来相对完整的历史记载算起，也已经有超过两千二百年的历史了。在这两千多年的历史当中，的确有过多次的气候变化，但真正使这一复杂逻辑链条全部显现的，恐怕当属公元11世纪后中国的气候变冷。

这一气候变冷到底是属于一种自然性的气候变化，还是人类农业生产劳作所带来的负面现象？从目前的历史证据来看，我们认为，似乎在更大的程度上乃是一种自然性的气候变化。因为，当时中国的人口数量不多，农业垦殖的规模和广度虽然在延伸，但其对气候变化的负面影响却没有那么负面和强烈。此外，从现有的证据来看，当时的欧洲也发生了普遍的气候变冷现象。因此，我们基本接受竺可桢[①]的说法，认为这场气候变冷更多是一场自然性的气候变化。

这场气候变冷的影响到底有多大？在笔者与尹伯成[②]所发表的文章中，我们清楚地阐述了这一气候变冷的动态影响。

首先，农作物的生长期受到了影响。大量来自唐代和北宋时期的史料表明，北宋相对于唐而言，农作物的生长期延长，收获期比以前大大延迟。其次，相关的经济作物、粮食作物的产量出现了大约8%—10%的减产，其在地理上的区域分布也发

---

① 竺可桢：《中国近五千年来气候变迁的初步研究》，载《竺可桢文集》，科学出版社，1979年。

② 赵红军、尹伯成：《公元11世纪的气候变冷对宋以来经济发展的动态影响》，《社会科学》2011年第12期，第68—78页。

生了由北向南的变化。一个表现是原先在北方曾经高产的水稻产区面积逐步萎缩；二是，原先在北方的一些桑蚕业中心、柑橘和甘草等经济作物的种植地区也逐步南移；12世纪史书上经常记载的在长江中下游地区柑橘发生冻害的例子就清楚地表明了这一点。相应地，以此经济作物为生的农民的收入也必然受到很大影响。

再次，在气候变冷的环境下，中国北方地区的土壤、植被和水文条件也逐步恶化。一个证据是，隋唐时期，黄河中下游地区相当丰富的水资源、湖泊不断减少；由于人类的过度开发，黄河泛滥的次数不断增多，旱灾、水灾频发。第二个证据是，北方黄土高原的水土流失严重，养分流失，土质变差。此外，随着水土的流失，适耕面积的减少，土地的人口承载能力也下降，这就迫使人们另辟新地以增加耕地。于是长江以南地区逐步得到了中国先人的开发和利用。三是，黄土高原、关中地区和华北平原的森林和植被受到了很大的破坏，相关的矿产开发也向南方转移。

接着，汉族和游牧民族的力量对比就发生了有利于游牧民族方向的变化。游牧民族由于人口繁殖较慢，在更大程度上受制于自然环境，而农业民族繁殖较快，对自然的依赖更弱。于是，在气候变冷的压力下，向汉族的进攻和掠夺就变成自然的选择。结果，我们就看见，从公元11世纪开始，契丹、党固、回鹘、女真、蒙古、满族一度成为严重影响中国的游牧民族，契丹、女真、党固曾建立与汉民族相互对峙的政权，而蒙古和满族甚至胜过汉族，建立了统一中国、影响欧亚的大帝国。再接着，整个中国的经济和人口重心，都整体上出现了由北向南的大变迁。赵红军[①]的研究发现，在过去两千多年的中国历史时期，中国都城的地理位置在北宋之前的移动规律是由西向东，在北宋之后是由南向北，这与北宋之前游牧民族的压力来自西北和北宋之后游牧的军事压力来自北方有着非常密切的关联关系。

在这样的背景下，当时的政府理应对此觉察并采取一系列关键而有远见的政府治理应对，但我们却发现，政府既没有有效地阻止游牧民族的大举入侵，又不能将南方的手工业经济和商业经济有效地纳入政府的管辖之中，并找到富国强兵的治理举措。在军事方面，还害怕强将强兵可能危害中央政权的可能，结果，传统的政府治理惯性特征得以延续；技术和制度条件的限制也阻碍政府难以从经济上应对气候变化和游牧民族的入侵；经济和军事上不匹配的政策组合，也使得北宋和南宋的灭亡成为历史必然。个中的原因正如著名历史学家吕思勉论述的那样：

---

① 赵红军：《从历史视角展望中国政府治理模式的未来》，《经济社会体制比较》2016年第4期，第87—94页；赵红军：《中国政府治理模式变迁的历史考察》，《社会科学》2016年第2期，第4—12页。

宋朝的灭亡，可以说是我国民族的文化，一时未能急剧转变，以适应于竞争之故……旧时的政治组织，是不适宜于动员全民众的。[①]

这就表明，两宋政府不能有效地调动广大的人员、资源，不能有效地进行应对自然变化与外部军事威胁的集体性行动，这正是导致宋朝走向灭亡的重要原因。

## 三、三者关联关系的经验证据

上面一部分简述了从气候变化到经济发展，再到社会稳定之间的复杂关联关系。然而要清楚地检验这一复杂关联关系的逻辑链条，恐怕就不得不撰写多篇相关的理论和实证文章，发表相关的研究成果，否则，人们还是不愿意接受这样一个看似空洞的假说或者理论。可喜的是，笔者过去六七年的研究工作，就集中于这一领域，发现并检验了这一复杂关联关系的部分证据。

首先，笔者和尹伯成发表于《社会科学》2011 年第 12 期的文章，[②] 主要从历史记载、历史文献的角度，检验了公元 11 世纪后的气候变冷对宋以后经济发展的动态影响问题。在这篇文章中，笔者重点是阐述笔者所建构的这一复杂关联关系的全貌，并提供了一些相对松散化、并不非常全面的经验证据。这篇文章的重要之处在于提出了笔者的这一分析框架，同时逻辑性地展示了这些关系的组成及其相互关系。更加重要的是，文章首次将政府在气候变化面前的应对措施和政府治理问题联系起来，探讨了当时政府难以对这一相对自然性的气候变化作出有效应对的客观和主观原因。可以说，这就将气候变化的古代应对，与当代的气候变化的对策，全球针对气候变化的国家立场、不同国家的反应放到了一个可以古今对比，国内外对比的框架当中，这样，我们有关本框架研究的现实意义也就清楚地显现出来。

其次，笔者发表于《经济学（季刊）》2012 年第 2 期的文章，[③] 运用了古气候重建数据，中国历史上的米价、自然灾害、人口等具有一定时间间隔的时间序列数据，详细检验了气候变化与过去两千年间农业经济社会不稳定之间的关联关系。通过研究，我们发现，温度的升高倾向于减少社会不稳定程度，而温度的降低倾向于增加

---

① 吕思勉：《中国通史》，上海古籍出版社，2009 年 4 月第 1 版，第 414 页。

② 赵红军、尹伯成：《公元 11 世纪的气候变冷对宋以来经济发展的动态影响》，《社会科学》2011 年第 12 期，第 68—78 页。

③ 赵红军：《气候变化是否影响了我国过去两千年间的农业社会稳定？》《经济学（季刊）》2012 年第 2 期，第 691—722 页。

社会不稳定程度。并且我们还发现，气候变化对社会不稳定的影响并不是如我们惯常所理解的是短期影响，相反，却会在相当长的时间内存在。我们发现，气候异常对社会稳定的影响可能会持续 10 年甚至更长时间。此外，无论我们使用内乱频率还是外患频率抑或是总的人祸次数来衡量社会不稳定，均发现基本类似的结论，但外患相对于内乱来说，影响要显得相对弱一些。值得注意的是，我们的这一计量检验，不仅考虑了气候的滞后和累计影响，而且还控制了诸如米价、人口等经济变量对社会不稳定的影响，即使如此之后，我们仍然系统地发现，气候变化对社会不稳定这一关联关系的影响。

再次，笔者 2016 年发表的《美洲白银流入与清朝中国的价格革命》一文，[①] 虽然文章的重点并不是讨论气候变化，但文章的研究还是从一个角度发现，相对于金融和货币制度对经济体的影响而言，气候变化对经济体的影响是相对辅助性的。也就是说，气候变化对经济体的影响，主要限于通过农业生产，影响人们的健康状况等渠道来发挥作用，而不如金融货币制度等那样直接。文章基于清代华北平原的 22 个府，1736—1911 年 175 年的面板数据，我们发现，经济体的物价水平，在更大程度上是美洲白银输入的结果，无论我们使用白银流入总量还是银铜比价，我们均发现了类似的结论。气候变化通过影响米价的机制在文中得到控制，并且系数暂时不显著，我们猜测，这并不意味着，气候变化对物价的影响不显著，而是说明它的作用相对于金融货币制度要弱，另外，可能是由于我们缺乏相对较好的气候变化或者自然灾害数据所致。

复次，我们最近一篇即将发表的讨论中国过去两千年历代都城地理位置兴衰变迁的文章中发现，拥有良好地理信息的旱涝灾害数据会显著地增加中国历代都城地理位置的变迁概率，其中洪灾的影响比旱灾的影响更加大也更加稳健。然而，在旱灾、洪灾数据质量并不令人满意的情况下，我们发现，它们的影响并不显著。这并不意味着，旱灾、洪灾等气候变化因素对都城地理位置的影响不显著，相反则说明，我们仍然需要包含大量地理信息的气候变化、洪涝、旱灾等数据。

截至目前，我们有关三者关系的实证检验，更多地检验了气候变化与经济发展之间的关系，而对于气候变化通过影响经济发展进而影响社会不稳定机制的检验，还显得有所不足。主要的原因是，相关的经济发展变量还非常难以获得。比如，表征不同时期经济发展程度的人均 GDP 变量、人口变量、亩产量、粮食产量、耕作面积等数据仍然非常难以获得。另外，表征社会不稳定的数据截至目前，我们只有内

---

[①]　Hongjun Zhao, American Silver Inflow and the Price Revolution in Qing China, *Review of Development Economics*, Vol.20, No.1, pp.294—305.

乱次数和外患次数变量，而这两者的频次只是十年间隔乃至更长，且包含大量地理信息的这类数据仍然非常有限。最后，包含大量地理信息的、更高频次的而不是十年频次的自然灾害、气候变化数据仍然十分欠缺。如此等等，都在很大程度上影响了我们的实证研究。

最后，在上述三者关联关系当中，有一个重要的关联关系隐含在其中，那就是政府治理与气候变化，与经济发展，与社会不稳定之间的关联关系。但由于我们缺乏非常可靠的衡量中国历代政府治理的相关指标和好的数据，因此，有关政府治理及其与它们关系的研究，截至目前，我们只进行了一些试探性的研究。比如，笔者2010年的著作《小农经济、政府治理与中国经济的长期变迁》，[①]就试图探讨从小农经济与中国经济长期关联关系当中理解政府治理的作用。我们发现，由于小农经济"靠天吃饭"的特征，因此，当气候变化或者自然灾害发生时，及时、有效、得力的政府治理就应该能发挥积极作用。我们发现，从整个中国历史时期来看，中国的政府治理都发挥了比较积极的作用。然而，在一些场合，中国政府治理治理模式的惯性特征、僵化的制度体系，也会阻碍政府作出及时有效的应对，结果，原先的统治秩序被打破，国家走向覆亡。两宋时期的例子就是一个非常好的证明。

另外笔者2015年的一篇文章《中国政府治理模式变迁的历史考察》，就探讨了中国改革开放所引领的政府治理模式伟大变迁对经济发展、社会稳定的积极和正面影响。从另外一面，说明一个良性的、有效的、及时的政府治理模式变迁可能会对经济发展和社会稳定产生积极作用。2016年的一篇文章《从历史视角展望中国政府治理模式的未来》，则从历史发展延续、全球化等两个角度展望了中国未来政府治理模式可能的前进方向。

## 四、现有研究结论与政策启示

截至目前，我们共获得以下重要的研究结论和政策启示：

第一，从气候变化到经济发展，再到社会稳定之间，是一个复杂的系统的经济关联关系。这一关系的显现，需要漫长的历史时期才能显现。只有那些具有较长历史时期、丰富历史记载的社会才能透视其全貌和真容。中国过去两千多年丰富的历史记载提供了进行这一研究的难得机会。

第二，截至目前，从气候变化到经济发展的关联，受到了相对多的研究和关注，

---

① 赵红军：《小农经济、惯性治理与中国经济的长期变迁》，格致出版社，2010年版。

也得到了较多经验证据的支持。他们的一个普遍发现是，气候变化包括自然灾害会影响经济发展。我们的发现表明，在缺乏地理信息信息、较高频次数据的支持时，自然灾害或气候变化对经济发展的影响并不明显，且时而显著，时而不显著，但在拥有丰富地理信息且较高频次的数据时，情况可能完全不一样。

第三，从气候变化到社会（不）稳定的关联关系来看，我们的研究证明了，温度向着较高方向的变化有助于降低内乱和外患次数，而向着较低方向的变化则增加了中国历史时期发生内乱和外患的频率。并且我们也证明，这一极端的气候变化对社会不稳定的影响具有时间滞后性与长期影响。这就意味着，在政府治理水平与技术进步相对较慢的水平下，从气候变化到社会不稳定之间的逻辑关联关系更可能显现出来。

第四，无论是从气候变化到经济发展，从经济发展到社会不稳定，还是从气候变化到社会不稳定这三者的关联关系中，政府治理均可扮演十分重要的作用。因为气候变化必然影响经济发展，而经济发展受其影响大小、时间长短，却与一个经济体的政府治理水平密切相关。当一个国家或地方的政府治理水平强、措施有力时，这一影响就比较小，持续的时间就短，危害也可能更小，反之就可能非常强。类似的道理，从气候变化到社会不稳定之间的关联关系也是如此。政府治理也扮演着非常重要的作用。然而，由于考察政府治理的难度、相应的衡量指标的难度，截至目前，笔者的研究主要集中在相对描述性和推断性的研究上，而缺乏相应的实证检验。

第五，本研究的政策启示主要在于，气候变化可能是自然性的，像中国历史时期所发生的那样，也可能是人为性的，像今天全球性的气候变暖一样，但不管怎样，人类社会的积极和及时应对却应该是必需的和共同的。在这当中，由于经济发展水平的不同，政府治理能力的差异，不同社会人们的认知能力差异，社会制度差异，因此，应对气候变化之影响的过程必然充满诸多不确定性和艰难性。然而，我们来自中国历史时期的经验证据表明，如果人类应对不及时，政策措施不力，效果不大，从气候变化到社会不稳定这一可怕的逻辑关联就会成为一个闭环，从而出现对整个人类非常不利的局面。

# 灾害记忆

# 中国"一五"计划和新的地震烈度表

高建国

（中国地震局地质研究所）

## 一、苏联专家的需求和我国地震工作的实际情况

郭增建，1953 年从西北大学毕业，分配到中国科学院应用物理研究所工作。当时，副院长吴有训给新分来的大学生讲话，指出由于在第一个五年计划中，苏联帮助中国建设 156 个大型项目，苏联专家需要每个项目建设前要进行将来可能遇到多大地震的烈度评估，根据这个烈度来设计建设厂房。

烈度是什么？媒体经常搞错，每当发生地震时，新闻媒体常把烈度和震级混淆。一个地震震级只有一个，烈度可以有多个。相当于一个电灯，到商城购买时注意灯泡点亮的度数，但在房间每个地方感受到的亮度是不同的。灯泡的度数相当于震级，而房间各处的亮度就是烈度。这个问题实际上科学界也没有完全搞清楚。地震烈度在地震科学研究、地震灾害评估、工程抗震等方面发挥了重要作用。一直以来，人们对地震烈度的理解并不完全一致。有人认为地震烈度是地震的影响或地震造成后果的尺度，正如李善邦 (1954) 所言："烈度是指一个地方受了地的震动影响所表现出来的强弱程度"。而又有人认为地震烈度是地震破坏力或地震作用力大小的尺度，如纽马克（Newmark）和罗森布鲁斯（Rosenblueth）(1971) 所言："烈度是局部地方的地震破坏性的度量"。刘恢先 (1978) 曾指出，由于地震造成后果的轻重程度涉及破坏对象的抗震性能，故地震烈度应定义为"地震时一定地点的地面震动强弱程度的尺度，是指该地点范围内的平均水平而言"。因此，地震烈度评定不可避免地带有平均性和主观性。并且由于地面震动的强弱程度仍是一个抽象的概念。[1]

由于大规模建设的需要，因此，有的毕业生可能要重新改动分配单位，即从事

---

[1] 潘岳怡、俞言祥、肖亮：《中国地震烈度评定值的统计检验》，《地球物理学报》2017 年第 2 期，第 593—603 页。

地震烈度工作的地球物理研究所。随后，中国科学院院部把分配到中国科学院应用物理研究所工作的郭增建和分配到近代物理研究所的李凤杰改分配到中国科学院地球物理研究所。

当时中国科学院地球物理研究所在南京鸡鸣寺，李善邦任代理所长（所长赵九章在北京，1950 年 11 月，地球物理研究所天气组由宁迁京，12 月成立地球物理研究所北京工作站）。1953 年年底，因地震烈度工作的需要，李善邦先生带领郭增建等一批年轻人到北京地球物理工作站工作，地点在新街口附近的魏家胡同。全国 156 个项目要上马，急需当地的地震烈度资料，从中国历史地震资料着手，经常加班加点，睡眠不足。由于国家工程急需，赵九章所长也来帮忙，尽管他是气象学家，这时候也不分学科了。工程量很大，人手不足，1954 年 1 月，中央各部委都派出一个人参加地震考察短训班，由地震、地质学家授课。

其实，这次短训班并非是地球物理所第一次开班，据《当代中国的地震事业·大事记》记载：1953 年初，开办中国科学院地球物理研究所第一期地震训练班，从甘肃、陕西、山西等省抽调具有高中文化的年轻干部 25 人进行培训。[①] 训练班的开班目的没有说明，可能是各地大批新增的地震台缺乏干部，为此而举办的。1954 年 1 月短训班或许是第二次。

因为在历史地震考察中，经常遇到古建筑，需要判别古建筑的年龄。如果大地震发生在古建筑建成前，没有必要研究古建筑了；如果大地震发生在古建筑建成后，古建筑的破坏可能与地震有关了。对于古建筑，短训班的地震、地质专家不懂，专门邀请清华大学的梁思成先生来讲。短训班开班不久，1954 年 2 月 11 日 08 时 30 分，在甘肃山丹县红寺湖附近（N39.0°，E101.3°）发生了 7¼ 级地震，震中烈度 X 度。18 个部委指定参加短训班的同志去山丹县考察，去搜集地震资料，给中国科学院提供评定建设地区所需要的烈度数据。

北京到山丹县路过兰州市，北京到兰州有直通火车，交通比较方便，但兰州到山丹县，火车只通到永登县，永登到山丹只能汽车通行。大部分人乘客车前往，另租一辆卡车，运送帐篷和御寒的老羊皮大衣。郭增建主动押车。刚离开兰州时还可以，到乌鞘岭时，寒风凛冽，腿都被风吹木了。翻过乌鞘岭，到古浪县时，乘客车的同志让郭增建从卡车上下来换乘客车。[②]

---

① 当代中国丛书编辑部，卫一清、丁国瑜主编：《当代中国的地震事业·附录一地震工作记事》，中国社会科学出版社，1993 年，第 393—432 页。

② 郭增建：《回忆上世纪 50 年代我从事的地震工作：筑梦陇原》，地震出版社，2016 年，第 1—8 页。

据袁道阳、雷中生等介绍，主持地震工作的中国科学院副院长李四光接到山丹震区电话后，立即决定派遣由中央18个部和地球物理研究所有关人员组成地震考察队，在谢毓寿、陈庆宣率领下，于3月前往震区考察，并在现场架设了4个临时台观测余震活动。

6—9月间，甘肃省工业厅朱允明等人2次深入震区进行考察和补充调查。铁道部设计局西北设计分局白超然、中央地质部周光等人也分别进行了调查。这是我国

照片1　地震考察队在山丹茨湖考察地裂缝（摄于1954年）

照片2　工作人员在芨芨台寺休息（摄于1954年）

第一次大规模的地震现场考察实践，先后5次包括地震、地质、测量和行政干部等人员在震区开展科学考察，并取得了一系列可喜成果。

在地震考察中，拍摄了大量地震形变带及建筑物和构筑物的破坏照片，搞清了形变带的展布，最严重的地区处于北60°西与北15°—20°西两组构造交汇地区。有些地段不受地形影响，显示出山丹地震带有一种扭动现象；圈定了6度以上等震线。在测量方面，在山丹南郊和龙首山地区测绘了地表裂缝。1953年地质部曾在县城附近做过三角点测量，地震后又进行了基线复测，发现基线长度缩小7.7厘米，方位角增大1′24.1″。

1958年，中国科学院地球物理研究所和兰州地球物理研究所观测台在考察了1920年海原地震后，又考察了山丹地震前兆，这是国内首次对地震宏观前兆的考察。山丹地震后5个月，民勤与内蒙古交界处又发生一次7级地震，显示出该地区高的地震活动水平。1958年，苏联派出彼得鲁雪夫斯基、哈林和歇巴林3位专家到山丹考察，并讨论了合作问题。

山丹地震是新中国成立初期继山西崞县后又一次灾情较重的地震。新西兰国际友人路易·艾黎在《山丹街头》一诗中写道："五四年大地震，/旧山丹毁荡一空，/再不见城门庄严雄伟，/阔人府第门上的宝蓝金匾，/也从此无影无踪。"

根据1954年山丹地震历史资料和《中国近现代重大地震考证研究》甘肃项目组补充的现场考察资料，绘制了山丹地震的等震线图（图1）。[①]

据地震考察队考察，Ⅸ度以上地区面积约400平方千米。区内山脊、山坡、河谷及洼地都有裂缝。山区崩滑相当普遍。双窝铺及大湖一带，河槽和两岸田地里有顺河的大裂缝，河岸黄土坎普遍崩滑。沿河村庄的无柱土搁梁房屋，几乎全部震倒。Ⅸ度区残留的地貌变形遗迹主要有崩塌、滑坡及地裂缝等。

Ⅷ度区面积约1400平方千米。区内地裂缝普遍，一般宽度不超过10厘米，长度不过几十米。河床、湖滩地裂缝特别显著，且有喷砂冒水现象。红寺湖及东山庙等山间盆地泉水流量普遍增加，有新泉形成。Ⅶ度区内的山丹县城及城东南地区，由于受不良场地影响，形成一个Ⅷ度异常区。区内木架房倒塌7%，土搁梁房倒塌约40%，大量庙宇严重破坏，土筑城墙崩塌或塌滑。东南郊山丹河畔原为沼泽地，约1米厚的冲积土下有一层半米左右的腐殖土，地下水位仅1米，震后出现30厘米宽裂缝。城南2000米的黄家庄地裂显著，并伴有喷砂冒水。全村14间木架房，30间

① 袁道阳、雷中生：《搜寻尘封档考证揭新篇——1952年10月8日山西崞县5.5级地震》，《中国近现代重大地震事件考证（下卷）1949—2010》，地震出版社，2017年，第40—54页。

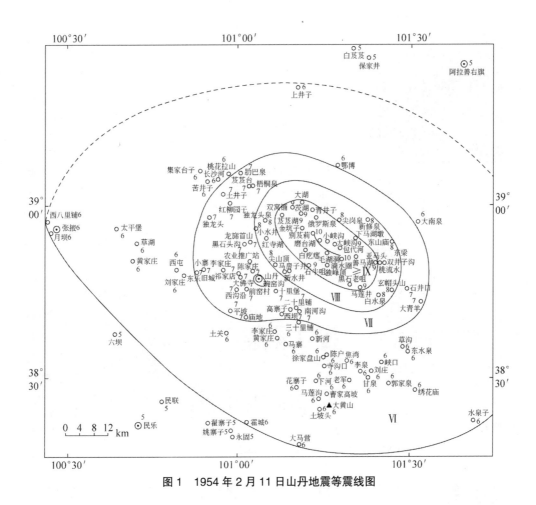

**图 1　1954 年 2 月 11 日山丹地震等震线图**

土搁梁房，倾倒 27 间，占总数的 61.36%，破坏较重的 15 间，较完整的仅 2 间。墓碑连碑座从土中拔出。

　　Ⅶ度区面积约 2400 平方千米，受场地等因素影响，西南衰减较慢。北部山区资料不多。地裂缝比Ⅷ度区少，山区偶有小规模坠石，个别泉水流量增加。建筑物一般只是墙壁裂缝、倾斜，个别无柱土搁梁房屋有倒塌。正规有木柱的房屋除个别极其破旧的以外，只受到木架拔榫或墙壁开裂等局部损坏。

　　Ⅵ度区面积约 9300 平方千米。北部为大漠戈壁，人烟稀少，调查点不足。区内土搁梁房普遍开裂，极个别朽房、朽墙可能倒塌。木架房也多有开裂。山区有零星坠石现象，如民乐翟寨子东山童子寺，地震时崖面大范围崩崖，庙宇、大钟至今仍被深埋压在下面。

　　1954 年 7 月 31 日内蒙古腾格里沙漠 7 级地震发生后，甘肃省工业厅指示山丹山

照片 3　红寺湖震后发现
新泉（甘肃省档案馆）

区补充调查工作组，将山丹工作完成后，即赴武威与专署洽商进行调查工作。于 9 月上旬，到达武威，经专署协助，草拟计划，组成工作组，除资源协查队一人外，科学院指派地震台一人参加，并由武威、民勤两县府各派干部一人参加协助工作，历时两个月。按计划重点完成任务，唯至马赛湖沙漠地区，已接近震中区。因设备给养均无准备，加之计划前未列入，未能深入至震中所在地（照片 3—9）。[1]

照片 4　工作人员在青山沙
漠中前进（甘肃省工业厅）

照片 5　沙漠中寻找目标很难
（甘肃省工业厅）

照片 6　武威二坝东山顶新
小裂缝

照片 7　武威东山顶花岗岩
裂口长 5.3m、宽 50cm、深
2m 走向北东 20 度

照片 8　古浪县人民政府南房
后墙裂缝和掉灰沙皮

照片 9　永登城内鼓楼西墙
西南角裂缝（甘肃省档案馆）

---

[1]　甘肃省人民政府工业厅资源勘查队：《武威、张掖、古浪、天祝、永登地震调查影集》，甘肃省档案馆，1954 年。

# 二、新中国最早的地震考察

新中国的地震工作受到中国共产党和人民政府的高度重视，中国的地震事业揭开了新的篇章。重视的原因，并非是当时的地震形势紧急，而是国家建设需要地震烈度资料。

根据国家规定，建设单位必须根据地震部门提供的建设地区地震烈度资料，才能进行抗震设计和设防。既要经济又要安全，这是经济建设中必须考虑的原则。如预防Ⅶ度的地震，一般民用建筑的造价大约需要增加百分之几（具体数字视建筑物的地点和性质而有所不同），预防Ⅷ度或Ⅸ度地震造价增加更多。因此，提供准确可靠的地震烈度资料对重大工程建设至关重要。然而，新中国建立初期，地震专业人员很少，服务于工程建设的经验不足，水平不高，地震资料又不足，鉴别地震危险性的理论和方法都不成熟。因此，要提出论据充足、说服力强的地震烈度相当困难。

地震的现场考察，可以增加对于地震烈度资料的获取。因此，国家十分重视地震考察。在1954年2月山丹地震发生前的1年4个月前，1952年10月8日山西省崞县（今并入原平）发生5.5级地震（亦称"崞阳地震"）。地震发生后，党中央、政务院十分关心，毛泽东主席、周恩来总理等中央领导及时向灾区派出现场考察队。

10月23日，奉政务院周恩来总理之命，地质部派出由岳希新等率队组成的地质考察团赶赴地震灾区，与中国科学院派出的谢毓寿等专家共同开展为期27天的地震现场考察和震情监视工作。参加考察的人员有岳希新、王植、谢毓寿、徐煜坚、宫景光、石宝颐等知名专家（见照片10）。考察内容主要包括地灾害情况、地震记录、地震造成破坏的地质条件、震区地质构造等。

谢毓寿等专家根据现场的灾害情况，绘制了《1952年崞县5.5级地震等震线图》（见图2），并确定极震区范围位于崞县刘家庄、南阳村、辛章村、南坡村、下长乐和县城东一带，大致呈一直径11千米的椭圆形，极震区地震烈度为Ⅷ度。崞阳、南村、王屯寨、东营村、西岔村、黄家庄等地的房屋很少倒塌，但

照片10　县政府领导与考察队离别合影（齐书勤提供）

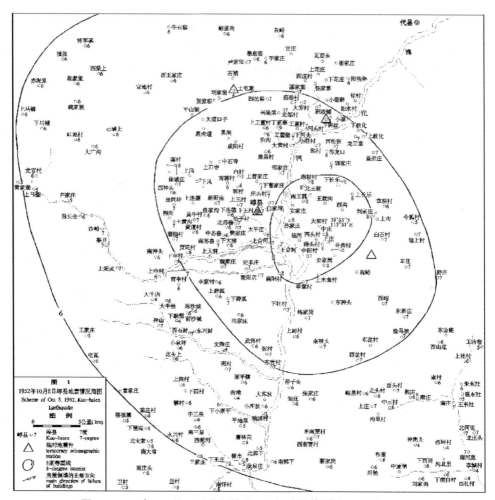

图2　1952年10月8日山西崞县5.5级地震等震线图（谢毓寿绘）

局部或部分破坏者较多，墙体裂缝比较普遍，黄土陡崖有些崩塌，地震烈度为Ⅶ度。

从图2可见，地震等震线（烈度）图绘制得极其精细，图中的地名是村庄名，即灾区的村庄，考察队大部分去过，或者从下面说到的由省人民政府向忻县专署发出的地震调查表后收到回执（2000年我在山西省民政厅档案室中亲眼见过照片5的回执，各村回复的灾情破坏情况）。再对比图1与图2十分相似。都是出于谢毓寿先生之手。图1又经过复核，增加了新调查资料，但格局没有变化。

考察综合分析破坏成因后认为，震级不高但破坏严重（极震区烈Ⅷ度），主要是由于震源浅、房窑建于黄土区、沿北东（现定为北北东向）和北北西（现定为北西西向）地层易发生错动等原因所造成。

崞县人民政府还发动群众多方找寻地表破坏现象，协助中央地质部专家做好地震现场考察工作。省人民政府于10月27日向忻县专署发出300份地震调查表（见

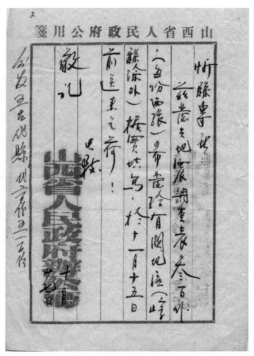

照片 11　省政府印发地震调查表公函（忻州市档案局藏）

照片 11、照片 12），要求于 11 月 15 日前完成调查上报工作。

　　崞县地震现场考察研究成果，成为制定《新中国地震烈度表》和确定第一个五年计划拟建厂矿地址地震烈度的重要科学依据之一。谢毓寿在《新中国地震烈度表》中写道："正确地鉴定各地区地震烈度并进而采取适当措施，以求避免可能遭遇的地震破坏是国家规模建设中地震工作迫切任务之一，编制适合国情的地震烈度表，正是上述工作的基础"。鉴定地震烈度主要依据是丰富的历史资料和近现代的宏观调查资料。崞县地震现场调查考察研究成果成为后来谢毓寿等人研究《新中国地震烈度表》的重要宏观调查资料。地震烈度Ⅷ度和Ⅶ度的鉴定标准，主要是以崞县地震相关震害为样本，这也是《新中国地震烈度表》中结构物、地表破坏现象等多以山西地区房屋和黄土崩塌为参照物的原因之一。

　　1953 年 11 月，中国科学院成立"中国科学院地震工作委员会"，下设综合组、地质组和历史组，为国家计委审核重大项目提供咨询，尤其在 1953 年确定太原市地震烈度意见时，充分利用了崞县地震现场考察研究成果。[1]

---

　　① 董康义，陶君丽、光春云、范雪芳：《搜寻尘封档案证揭新篇——1952 年 10 月 8 日山西崞县 5.5级地震》，《中国近现代重大地震事件考证（下卷）1949—2010》，地震出版社，2017 年，第 21—39 页。

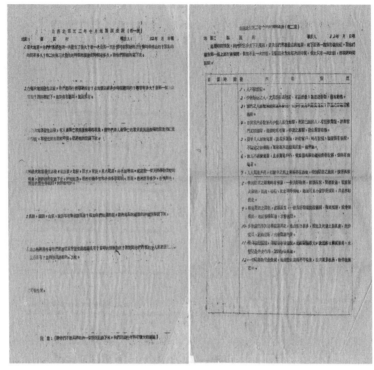

照片 12　省政府印发的地震调查表（忻州市档案局藏）

## 三、"新的中国地震烈度表"发表

中国科学院地震工作委员会委托地球物理研究所制定中国的地震烈度表，由谢毓寿主持。中国科学工作者参考国外情况，结合国内实际，并在苏联工程地震专家麦德维杰夫的协助下，又经李善邦、傅承义修正，于 1957 年完成了《新的中国地震烈度表》，经地震工作委员会讨论通过，批准试行。从此，中国有了一个划分宏观烈度的依据。[①]

1957 年，谢毓寿 (1917 — 2014) 在《地球物理学报》上发表《新的中国地震烈度表》一文，是以西伯格烈度表为蓝本，结合中国建筑物特点，编成新的中国地震烈度表，分为 12 度。这篇论文奠定了地震烈度的基本概况，是基于中国情况进行确定的，是"适合国情的地震烈度表"（谢毓寿）。尽管后来作了几次修正，但基本格局并没有大的变化。

---

① 当代中国丛书编辑部，卫一清、丁国瑜主编：《当代中国的地震事业·第二章》，《中国地震事业的新生（1949—1965 年 )》，中国社会科学出版社，1993 年。

早年由于缺乏观测仪器，人类对地震的考察只能采用宏观调查方法。1564 年意大利地图绘制者伽斯塔尔第（J. Gastaldi）在地图上用各种颜色标注滨海阿尔卑斯(Maritime Alps) 地震影响和破坏程度不同的地区，这是地震烈度概念和烈度分布图的雏形。后人借鉴并改进了他的作法，规定了评定烈度的宏观破坏现象及烈度评定方法、称之为地震烈度表。自伽斯塔尔第提出第一个烈度表后，全世界已经发表的烈度表达到 50 余个。[①]

17 世纪和 18 世纪烈度曾以四度划分，1810 年出现了按照十度划分的烈度表。1874 年意大利人罗西（M.S. de Rossi）编制了第一张有实用价值的地震烈度表，1881 年瑞士人佛瑞尔（F. A. Forel）也独立提出内容相似的烈度表，两人在 1883 年联名发表了 Rossi-Forel（RF）烈度表，将烈度从微震到大灾分为 10 度，并用简明语言规定了评定烈度的宏观现象与相应的标志，这种做法被广泛认同和采用。1904 年意大利人坎卡尼（A. Cancani）将麦卡利烈度表的 10 度细分为 12 度，试图根据烈度确定震中；他参考了米尔恩（J. Milne）和大森房吉的研究成果，给出了对应各烈度的加速度值，编制了麦卡利—坎卡尼（Mercalli-Cancani）烈度表。1912 年德国人西贝尔格（A. Sieberg）综合分析前人工作，对 Mercalli-Cancani 烈度表加以改进，至 1923 年形成了麦卡利—坎卡尼—西贝尔格（MCS）（Mercalli-Cancani-Sieberg）烈度表，该表补充了更多的宏观现象和标志，注意到房屋结构强弱的区别，但也大大增加了烈度表的篇幅，但使用不便。

世界各国大都根据本国实际对烈度表进行适当简化和修改。1952 年苏联麦德维捷夫（S. V. Medvegev）对 MCS 烈度表进行了改进，并采用弹性球面摆的最大相对位移作为烈度参考指标编制烈度表，该烈度表于 1953 年采用。1964 年麦德维捷夫又和德国人斯彭怀尔（W. Sponheuer），捷克人卡尼克（V. Karnik）共同编制了麦德维捷夫—斯彭怀尔—卡尼克（MSK）（Medvegev-Sponheuer-Karnik）烈度表，采用 12 度划分，给出了对应不同烈度的加速度、速度和位移，该烈度表为欧洲地震委员会推荐使用。

谢毓寿在"新的中国地震烈度表"一开头就说，在具体编写烈度表以前，我们采用国际上最普遍的 12 度分度法，各度的地震强度与现行各种 12 度烈度表，特别是 1952 年全苏标准 ГOCT6249-52 中采用的麦德维捷夫所编新烈度表相当。确定新式砖石结构房屋为中苏两国建筑物间的共同标准。

本表的编制是以下列资料为基础的：

---

① 王光远：《论"新的中国地震烈度表"中的若干问题》，《地球物理学报》，1959 年第 1 期，第 7—13 页。

1. 近年来一些国内地震的调查资料，其中包括作者在地震调查工作中搜集的一些资料，中国科学院地球物理研究所在 1955 年末和 1956 年初组织的两次工程地震调查队搜集的资料和许多有关单位搜集整理但尚未发表的原始整理（图 3 ）。

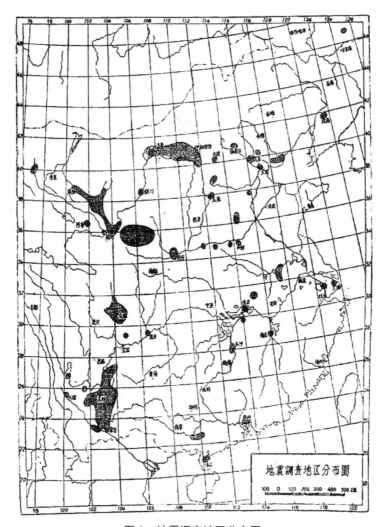

图 3　地震调查地区分布图

2. 一些国外的地震调查报告。

3. 中国科学院地球物理研究所汇集的我国历史地震整理。

4. 现在通用的各种地震烈度表。

5. 现有的地震台仪器整理。

在地震现场调查和对于历史地震资料的整理中，发现有关烈度整理，是特别需要指出的是利用国外现有的 12 度烈度表中，是无法确定的，因为中国尤其农村建筑，与国外有很大的不同，根本无法套用现在有的国外地震烈度表，只有根据中国情况，重新制作出符合中国房屋特色的地震烈度表，才能建立中国地震造成房屋破坏与地震烈度之间的联系。这就是"新的中国地震烈度表"发表的重大意义，具有开局性意义。正是有了此表，不仅大批考察过的地震发生区可以划出烈度，更多没有考察的但历史上记载过的地震资料也能够描述成烈度，使得死资料变成活的有用的烈度值，符合苏联专家需要的要求了。

关于该文中"中国特色"有哪些？首先是将房屋分类：

Ⅰ类：①简易的棚舍；②土坯或毛石等砌筑的拱窑；③夯土墙或土坯、碎砖、毛石、卵石等砌墙，用树枝、草泥做顶，施工粗糙的房屋。

土坯或毛石等砌筑的拱窑——西北及华北的部分地区，木材缺乏，气候干燥寒冷，居民多用土坯碹窑，或用石块堆砌窑洞，上复厚层泥土，以保室温。施工粗糙的房屋，没有木柱，属于北方所谓"土搁梁"房屋中较低级的一种。墙壁有时就地取土，分段夯筑；有时用土坯、碎砖、毛石或卵石等，以泥浆砌筑，甚或干垒。

Ⅱ类：①夯土墙或用低级灰浆砌筑的土坯、碎砖、毛石、卵石等墙，不用木柱的，或虽有细小木柱、但无正规木架的房屋；②老旧的有木架的房屋。

以北方的"土搁梁"房屋为典型。没有木柱的平房通称"土搁梁"房屋，质量有相当出入：城镇里的一般质量较好，乡村中过去除少数祠堂、庙宇及地主、富农的住宅外，多较差。墙壁方面，有夯筑和砌筑两种。夯土墙是就地取土，用木板框分段夯实筑成。以土坯墙为最多，山区或河谷边有时用碎石、卵石，城镇常用碎砖。为了减少风化作用，墙基常砌几层砖。有一种房屋，虽有细小木柱，但无正规木架，我国有"墙倒屋（即木架）不塌"的传统。经验证明，木构架在抗震方面确起到一定作用，此类房屋有细小木柱。柱、梁间接榫不好，遇到强烈地震时，屋顶也可能不全部倒塌，因而什么财产损失较少。

Ⅲ类：①有木架的房屋（宫殿、庙宇、城楼、钟楼、鼓楼和质量较好的民房）；②竹笆或灰板条外墙，有木架的房屋；③新式砖石房屋。

就耐震而言，这类房屋最好。宫殿、庙宇、城楼、鼓楼、质量较好的民房为有木架的房屋，是我国典型房屋。一般不超过二层。数量很多，分布很广；除城市以外，还有乡间的庙宇及少数富有者的住房。各地房屋都以有正规的木构架为其共同特点。木架承受全部重量，不用斜撑，构件间以榫卯相连，很少用铁件。我国西南方用竹笆或灰板条外墙，有木架的房屋，高度可达5层，似乎看不坚固，由于所用竹、木料较多，跨度较小，重量较轻，耐震性确相当强。新中国成立后，大规模建设中建设新式砖石房屋，一部分宿舍及办公室属于此类。基础深度多在1米以上，下层用素土或三合土夯实。与木架房屋相比，这类房屋的墙壁质量较好，低烈度地震不易损坏。

结构物方面，除铁路、道路、工厂烟囱和地下管道外，多为我国所特有的：①牌坊，少数砖砌的外，以木、石两类。②砖、石砌的塔，由于坚固耐久，数量很多，分布很广。③碑石和纪念物。种类很多。④土窑洞，华北及西北地区有大量就土崖挖掘的，遭遇地震破坏往往不是窑洞本身，而是陡崖的滑坡。⑤城墙，国内常见。⑥院墙，比较容易破坏。

在地震影响下，建筑物按破坏程度分四等：①轻微破坏，是最轻的破坏，不影响到建筑物的主要构件。②损坏，比较轻，限于建筑物的脆弱部分，如砌体的突出部分和不同砌体的接头处。③破坏，影响及于建筑物本身，砌体裂开大缝或破裂。④倒塌，是最重的破坏。[①]

谢毓寿根据房屋特征以及震害特点，参考了国外的烈度表经验，于1957年发表了第一部"新的中国地震烈度表"，并依此复评了部分历史地震烈度。1980年刘恢先等总结实际工作中的烈度评定经验以及多次地震的震害经验，修改编制了《中国地震烈度表》(1980年)，该表简化了宏观现象描述，引入了震害指数的概念并增加了地震动参数的物理指标(卢荣俭，1981年)。1999年，陈达生等在前人研究的基础上，总结分析现场调查资料、实验结果以及观测数据等，编制了《中国地震烈度表》(1999年)，该表作为国标于1999年正式发布实施2008年，为了顺应城镇房屋类型的变化，并且考虑近些年逐步积累的烈度评定经验，我国第四次修订地震烈度表，编制了《中国地震烈度表》(2008)。地震烈度表作为地震烈度评定的核心依据，其修订的基本原则，均是基于当时的抗震水平，给出震害相应的烈度评定，且力图使得评定结果与历史评定结果处于同一水准。[②]

---

① 谢毓寿：《新的中国地震烈度表》，《地球物理学报》，1957年第1期，第35—47页。

② 潘岳怡、俞言祥、肖亮：《中国地震烈度评定值的统计检验》，《地球物理学报》2017年第2期，第593—603页。

# 李文海先生与中国近代灾荒史研究

朱　浒

（中国人民大学清史研究所）

敬爱的李文海老师虽然永远离开了我们，却留下了十分丰富的学术遗产。其中，他关于中国近代灾荒史的研究，无疑是一个值得特别重视的部分。作为这一领域最重要的开拓者，他主撰、主编的许多论著和资料集，不仅为该领域打下了坚实的基础，对于整个中国灾荒史以至环境史研究的发展和深化也都起到了重要的引导作用，为新时代中国历史学的繁荣发展做出了积极的贡献，在国内外学术界都产生了重大影响。我们作为李老师培养起来的学生，又长期追随李老师从事这一领域的研究，深切感到，充分认识和继承这份遗产，既是学术发展的客观要求，也是对李老师最好的怀念。

## 一

毋庸讳言，在李老师之前，早有学者涉足过中国近代灾荒史研究。但很少有人像李老师那样，在涉足这一领域之初，便对其理论和现实意义进行了深刻、缜密的思考，并使这种思考成为不断拓展这一领域的不懈动力。同时，李老师又以自己卓越的领导能力和巨大的人格魅力，组织起一支团结奋进的研究团队，开展了诸多卓有成效的工作。这才可以理解，原先在其他学者那里只是一个普通研究方向或课题的中国近代灾荒史，却能够从李老师这里，迅速成长为一个方兴未艾的重要研究领域。也正是在这个意义上，李老师作为该领域的开拓者和奠基人是当之无愧的。

李老师决定大力开展近代灾荒史研究，起步于1985年组建的"近代中国灾荒研究"课题组，而这个课题组的成立，以及李老师此时决定大力开展这项研究，与他此前对整个历史学科体系的深刻反思是分不开的。李老师自己曾直言不讳地承认，他们之所以选择近代历史上的灾荒问题作为研究课题，是在改革开放初期有关"史学危机"的讨论刺激下，经过深入思考而开辟的一条研究新路。

李老师在1988年发表的《论近代中国灾荒史研究》一文，是他第一篇关于近代灾荒史的论文，更可谓是他和课题组同仁致力开拓这一领域的宣言书。他在文中明确指出，当时的史学研究，"很不适应飞速前进的社会发展的需要，同现实生活的结合不够紧密"。造成这种状况的主要原因是：对待马克思主义理论的简单化；研究题材的单一化；研究方法和表述方法的程式化。具体而言，"常常只是把最主要的精力集中在历史的政治方面，而政治史的研究又往往只局限于政治斗争的历史，而且通常被狭隘地理解为就是指被统治阶级与统治阶级之间的阶级斗争的历史"；而研究阶级斗争史，"又只注意被压迫阶级一方，或者是革命的，进步的一方，不大去注意研究统治阶级或反动的一方"。其结果"势必把许多重要的题材排除在研究视野之外，而最被忽视的，则要算是社会生活这个领域"。他多次引用马克思说过的一段话："现代历史著述方面的一切真正进步，都是当历史学家从政治形式的外表深入到社会生活的深处时才取得的"。而在中国历史上，灾荒问题作为社会生活的一个重要内容，"对千百万普通百姓的生活带来巨大而深刻的影响"，从其与政治、经济、思想文化以及社会生活各个方面的相互关系中，完全"可以揭示出有关社会历史发展的许多本质内容来"。①

　　这里有必要提及的一个细节是，李老师决定转向近代灾荒史研究时，其实已经过了"知天命"之年。并且，他这时还担任着中国人民大学副校长和党委书记的职务，诸多繁重的行政工作，使他每每自嘲自己的专业研究只能在"八小时以外"来进行。此外，在这个时候，李老师业已是一位知名学者，在素来为史学界所关注的太平天国、义和团、辛亥革命等重大问题上，都取得了令学界瞩目的成就。以他此时的身份、地位，毅然置身一个全新的研究领域，对常人来说是难以想象的。然而，凭着对学科发展的使命感，对学术研究的热爱以及卓越的研究能力，李老师成功实现了这个巨大的学术转向，使灾荒史研究成为自己最后三十多年中最富活力的学术志业。

　　促使李老师进行这一学术转向的另一个重要因素，则是他敏锐地意识到了灾荒史研究所蕴含的深远和深刻的现实意义。他本人坦承，很早以前，他便在毛泽东同志于1955年所写的《关于农业合作化问题》一文的启发下，注意到灾荒问题是了解国情、研究国情的重要方面。② 就此而言，他之所以选择研究历史上的灾荒问题作为对"史学危机"讨论的回应，当然不是出于一时灵感，而是基于长期以来结合理论与实际、历史与当代所进行的思考所致。后来的社会现实则更加有力地证明了李老师开拓这一领域所具有的前瞻性。在他着手组建课题组两年后的1987年，联合国大会通过第169号决议，把20世纪的最后十年定为"国际减轻自然灾害十年"。次年，

① 李文海：《论近代中国灾荒史研究》，《中国人民大学学报》1988年第6期。

② 李文海、周源：《灾荒与饥馑：1840—1919》，高等教育出版社，1991年，前言。

中国灾害防御协会为此召开会议，认为"我国是一个自然灾害频繁、灾害损失严重、而防灾意识又比较薄弱的大国，应积极响应和参加这项活动"。<sup>①</sup> 因此，当他和课题组同仁于 1990 年、1991 年相继推出《近代中国灾荒纪年》和《灾荒与饥馑：1840—1919》两部著作时，即被认为是中国史学界参加这项活动的一个努力。<sup>②</sup>

此后，随着我国经济建设的迅速发展，人与资源、环境之间的各类矛盾日益尖锐和突出。1991 年、1998 年长江领域两次特大洪灾的发生，使得灾害问题对社会的重大影响开始得到越来越多的重视，又因灾害问题都蕴含着长时段的发生机制，故而了解近代以来的中国灾害状况也有着迫切的社会需要。1997 年，江泽民总书记特地邀请八位历史学家分别座谈中国历史上的九个重大问题，李老师受邀所谈的问题便是"中国近代灾荒与社会稳定"。有鉴于此，尽管当时灾荒史研究实际上仍处于寥若晨星的状态，但是李老师已经敏锐地感到，这必将是一个大有可为的领域。朱浒清楚地记得，1999 年深秋，自己作为入学不久的博士生，跟李老师商讨博士论文选题时，一开始并未决心将灾荒史作为主攻方向，李老师则用平静而坚定的语气指出，从事学术研究，要会寻找一座有可持续发展前途的"富矿"，而灾荒史正是这样的"富矿"。

事实证明了李老师的预见。进入 21 世纪之后，灾害问题以更加猛烈的势头在人类社会中扩展，如 2003 年的"非典"流行、2004 年的印度洋海啸、2008 年的汶川地震、2011 年的日本海啸，都极大激发了人们了解自然灾害的渴求，从而大大促进了灾荒史研究的进一步发展。这里有个特别明显的对比：在 2000 年以前的近百年中，关于中国灾荒史研究的成果，总量不过是六七部专著、二百余篇学术论文；2001 年之后，关于灾荒史的专著以年均至少 2 部的速度出现，学术论文则达到年均 120 篇以上。这充分体现了灾荒史研究的生命力和价值。在 2005 年举行的"清代灾荒与中国社会"国际学术研讨会上，李老师在总结灾荒史研究的成绩时明确指出："学术发展史告诉我们，任何一种学术，任何一个学科，只有存在着巨大的社会需求，并且这种客观需求越来越深刻地为社会所认识和了解时，才可能得到迅猛的发展和进步。社会需求是推动学术发展和繁荣的最有力的杠杆。"<sup>③</sup> 毫无疑问，这一方面是对灾荒史研究得以迅速发展的准确总结，另一方面又何尝不是他本人当初以极大勇气开拓新领域、进行学术转向的心声。

---

① 《人民日报》，1988 年 2 月 13 日。

② 彭明：《〈灾荒与饥馑：1840—1919〉序》，载李文海、周源：《灾荒与饥馑》。

③ 李文海：《进一步加深和拓展清代灾荒史研究》，《安徽大学学报（哲学社会科学版）》2005 年第 6 期。

<h1 style="text-align:center">二</h1>

谈到李老师对于灾荒史研究的奠基性作用，另一个必须强调的是他对资料工作的高度重视以及为之付出的巨大努力。凡是从事历史研究的人都知道，"论从史出"是历史研究的不二法门。傅斯年甚至以"史学即是史料学"的说法，来高度凸显原始资料对于史学研究的基础作用。李老师从开展灾荒史研究之始，便严格遵循这一基本规律和要求，他不仅将本人的研究成果完全建立在充分的资料之上，更以无私的精神将自己和同仁们辛苦搜集的资料完全公之于众。直至生命的最后时刻，他还在贯彻这种嘉惠学林的努力。可以大胆地说，在李老师之后步入灾荒史研究领域的学者，很少有人不从他的这些努力中受益。

李老师及其团队公开出版的第一部灾荒史著作，是他们历经 5 年之久才完成的、将近 70 万字的《近代中国灾荒纪年》一书。尽管该书的编撰框架和结构内容蕴含着作者们深厚的研究功力和睿见卓识，但是无论如何不能否认的是，这本书的面貌首先是一本标准的资料集。关于为何要首先编纂这样一部书，李老师曾在该书的前言中解释说，"全面研究和分析有关灾荒问题的各个方面，不是靠一本著作所能完成的"，所以他和课题组成员给自己定下的第一个任务，"是对从鸦片战争到五四运动这八十年时间的自然灾害状况，选择一些典型的、可靠的历史资料，加以综合地、系统地叙述"。他既谦虚又自信地认为，"这是一件基础性的工作，因为不弄清楚自然灾害的具体情况，对灾荒问题的进一步研究也就无从谈起。我们不知道这部书是否能对社会提供多少有益的帮助，但至少有两点却是问心无愧的：一是我们确实还没有看到哪一本书曾经对这一问题提供如此详细而具体的历史情况。二是由于本书使用了大量历史档案及官方文书，辅之以时人的笔记信札，当时的报章杂志，以及各地的地方史志，我们认为对这一历史时期灾荒面貌的反映，从总体来说是基本准确的"。[①]

时间和事实证明，不仅李老师的这份自信是有充分依据的，而且这部书的价值也得到了极其广泛的认同。在国内外学界，这部书早已成为研究近代中国灾荒史的必备工具书。时至今日，作为李老师学生的我们还多次碰到有人索要这部书的情况。在《近代中国灾荒纪年》出版的 1990 年，出版学术书籍的困难是众所周知的，这部在当时算得上大部头的著作，仅仅印刷了 620 本，每本定价不过几块钱。现如今，在国内最大的旧书交易网站——孔夫子旧书网上，该书甚至被推上了几百元的价位，

---

① 李文海：《论中国近代灾荒史研究》，《中国人民大学学报》1988 年第 6 期。

但即便如此亦是一书难求。而同样的情形，也出现在该书的续篇即《近代中国灾荒纪年续编（1919—1949）》身上。

在李老师开展灾荒史研究的过程中，他始终遵循的研究工作顺序是，先公开出版他领导的团队编纂的相关资料，然后才发表在这些资料基础上形成的研究性著作。例如，在《近代中国灾荒纪年》出版的次年，才推出他和周源合著的《灾荒与饥馑：1840—1919》一书；在《近代中国灾荒纪年续编》之后，才推出《中国近代十大灾荒》这部著作。这一方面显示了他对史料和文献整理工作的高度重视，另一方面也说明，他从不独占和垄断资料，而是尽可能将自己和课题组多年辛苦积攒的史料原汁原味地奉献出来，让国内外学术界共同分享，吸引更多的学者加入到灾荒史研究的队伍中来，从而共同推动这一学术事业的发展。从这一意义上来说，这样的资料整理工作，实际上是为学界提供了一个从事灾荒史研究的公共平台，属于一种公共文化工程。

李老师对于这种公共文化工程的热忱，在出版 12 卷本《中国荒政书集成》的曲折过程中得到了极其显著的体现。这部《集成》基本囊括了宋元明清时期出现的重要灾荒专书，总字数约 1200 万字。不太为人所知的是，这套书的编纂其实可以追溯到 20 世纪 90 年代后期，期间甚至一度面临难以为继的窘境。本来，这部大型资料集曾定以《中国荒政全书》的名字推出，原定计划总数为 16 本。到 2004 年，在这套书出版了第 5 本之后，原出版社突然以出版经费不足为由，要求中止出版合同。至于最终交涉的结果，不过是出版社赔偿 1 万余元毁约费而已。更严重的是，由于这时绝大部分书稿的点校任务都已分配出去，众多同仁的努力也面临着"十年之功，毁于一旦"的厄运。在接下来的几年中，正是依靠李老师的不懈呼吁和多方努力，这只半死不活的"断尾巴蜻蜓"才终于得到再生的机会。经过热心朋友的穿针引线，天津古籍出版社的领导表示愿意接手整套书的出版，这才最终成就了《中国荒政集成》一书。而这套书的价值也很快得到学界的高度评价，并获得 2010 年度全国优秀古籍图书一等奖。这里特别值得一提的是，李老师对这套书的出版决非仅仅起着"务虚"作用，他这时虽年事已高，却每每主动请缨去点校许多字迹最难辨认的稿本、抄本，其完成的工作量在全部点校者中名列前茅，这恐怕也是外人难以想象的。

在李老师主持编纂这些资料的过程中，作为近水楼台的弟子，我们都是其中最大的受益者，当然也希望成为这一精神的践行者。我们能够顺利完成博士学位论文，出版自己的专著，与李老师等前辈学者多年来所坚守的资料整理工作分不开，所以在后来的研究工作中，也常常把资料整理工作放在非常重要的位置。可是，众所周知，在目前的学科评价体制下，再坚持这样的工作，实属难上加难。我们在李老师指导下编纂各类史料的过程中，一方面深感责任重大，另一方面也难免逐渐滋生烦躁之情。

尤其是想到穷数十年之功整理出来的大型文献资料汇编，在科研管理机构那里，往往还比不上一篇普通学术论文的时候，不免有些心灰意冷。

但是，李老师依然壮心不已。在即将迎来80寿辰之际，他又决心将另一部规模更大、史料价值更可宝贵的灾荒史文献公之于世，这就是收录清宫原档多达4万余件的《清代灾赈档案史料汇编》。说来话长，这批档案最初得以整理，还是得力于李老师的干劲。2004年年初，国家清史编纂委员会确定李老师为新修清史项目《灾赈志》的负责人，李老师立即贯彻自己"先资料、后研究"的方针，在接受任务后没两天，就率领项目组全体人员前往第一历史档案馆，与档案馆达成了合作整理灾赈档案的协议。这批档案的整理，也使《灾赈志》项目的完成得到了重大保证。而李老师并不以此为满足，本着一贯的公共精神，他非常希望能够将这部珍贵文献推向更大的社会范围。虽然其间也几经曲折，但在第一历史档案馆和出版社的鼎力支持下，这一工程终于在2013年年初开始启动。按原定计划，课题组将于是年6月9日开会讨论相关编纂细则，并请李老师作进一步指导，未曾想他竟在6月7日溘然长逝。在他去世的那一天，课题组同仁曾就要不要取消筹备会进行了商讨，结果包括外地成员在内，所有人都同意照常举行，并表示一定要以完成这项工作作为对李老师的深切缅怀。

## 三

李老师固然把资料性工作置于非常优先的位置，但是这决不意味着他会降低自己在研究性工作中的标准。从数量上来说，李老师在灾荒史研究方面的论著并不算太多。造成这种状况的原因，除了行政等其他事务和投入资料工作占据大量精力外，在相当大程度上也与他对个人研究工作的严格要求有关。也正是因为遵照这样的严格要求，李老师的许多灾荒史研究成果，虽然发表时间大都距今超过二十年之久，却一直保持着很强的生命力，至今还对后来者发挥着很强的引领和指导作用。

李老师的研究何以具有这样的生命力呢？在我们看来，其中最重要的因素应该是他从一开始就摒弃了通常那种专业化分工的做法，形成了一种更具综合性和动态特征的研究视角，由此使他无论对于许多灾荒问题的考察深度，还是对灾荒具体内容的开掘，都能够言人所未言、见人所未见。

在很多学者那里，灾荒史首先是被作为历史研究的一个领域来看待的。由此形成的一套通行研究路数，就是致力于说明灾荒的种类、成因、规律、影响以及减灾救荒等应对措施等等。应该说，这些内容当然是灾荒史研究不可或缺的组成部分，但如果拘泥于此，往往会不自觉地陷入就灾荒论灾荒乃至"灾荒决定论"的境地。而李老师从研究伊始，就一再强调应该以此为基础来揭示灾荒在社会历史进程的地位与作用。用他自己的话来说，就是要注意自然灾害"给予我国近代的经济、政治以及社会生活的各个方面以巨大而深刻的影响，同时，近代经济、政治的发展，也不可避免地使得这一时期的灾荒带有自己时代的特色"。[1] 无疑，这样一种视角，不仅在当时起到了对曾经教条化的革命史观的反思和修正作用，即便与如今力倡的环境史或生态史视角相比，亦多有可资沟通之处。

根据这种视角，李老师在具体研究内容上开辟的第一个重要领域，就是从自然现象与社会现象相互作用的角度，来重新观察和解释近代中国历史上一系列重大事件。其中最具代表性的成果，当推其 1991 年发表的《清末灾荒与辛亥革命》一文。[2]

该文的主要特色在于：首先，这是第一次将灾荒因素引入近代中国政治史的研究之中，而且并非像某些学者认为的那样，过于夸大灾荒的影响，实际只是将之视为导致辛亥革命爆发的几个重要因素之一；其次，该文固然强调了因灾而起的民众抗议或社会性骚乱在促进革命形势日趋高涨的过程中所起的作用，但也只是突出其与辛亥革命这一新的革命运动之间的密切联系，同时揭示了两者的分歧，从而将其与传统的改朝换代式的农民起义区别开来；其三，与前一点相关，该文从灾荒观的角度，从革命派通过灾荒揭露清朝封建统治的舆论层面，反映了新旧政权交替之际政治合法性论据的变化，即从以灾异为核心的天命观向政治统治之民生绩效方面的转变，也就是从天命观向宪政观的转移；第四，该文还首次对晚清民初中国救荒体制演变进行了梳理，尽管其中有个别问题的分析尚需重新评估，但大体趋势基本上还是符合历史事实的。

从以上介绍可以看出，通过这样一篇有理、有据、有节的论文，李老师清楚地展示了如何以灾荒问题为视角、又如何将灾荒作为重要变量来审视相关的重大历史事件，而决未出现任何所谓"灾荒决定论"的偏激观点。同样依据这样的思路，李老师还考察了灾荒与鸦片战争、灾荒与甲午战争等问题，并阐发了此前学界未曾触及的洞见。不仅如此，在他的影响和指导下，一些合作同事和他指导的研究生也从这一思路出发，分别探讨了灾荒与太平天国、灾荒与洋务运动、灾荒与义和团运动、灾荒与抗日战争等主题，揭示了诸多为前人所忽略却颇具重要意义的内容，从而进一步证明了这一思路的独特价值。

---

[1] 李文海：《中国近代灾荒与社会生活》，《近代史研究》1990 年第 5 期。

[2] 李文海：《清末灾荒与辛亥革命》，《历史研究》1991 年第 5 期。

　　李老师基于此种综合性动态视角而做出的另一项重要开拓，则体现在对一些原本看似为人忽略或重视不够的社会内容进行了极具深意的探讨。在这方面，首先应该提及的是他关于晚清义赈活动的研究。尽管在李老师之前，也曾有个别学者注意到义赈活动，但大都仅仅将之视为地方精英所从事的一项公共事业，也往往一带而过。李老师则在接触这一内容伊始，便敏锐地发现其中包含着许多复杂的线索，故而予以了特别的关注。

　　他在 1993 年发表的《晚清义赈的兴起与发展》一文，是国内外学界中第一篇专门论述义赈活动的论文。[①] 该文首次较为完整地勾勒了义赈活动兴起和发展的过程，并明确展示了义赈活动隐含的两条复杂社会脉络：其一，义赈活动并不是一项单纯的地方社会义举，其与国家层面兴办的洋务运动之间有着密切关联，吸收了许多新的社会经济成分，是一项新兴的社会事业；其二，义赈与属于地方社会的善会善堂等慈善资源之间，存在着既继承又超越的关系，也大大突破了先前民间赈灾活动只能在小区域范围内开展的状况。由此表明，义赈活动决不能仅仅放在中国救荒机制的近代演变中来理解，而必须与更大范围、更多层次的社会变迁背景勾连起来加以考察。

　　大约在李老师此文发表十年以后，近代义赈活动的价值和意义才在学界引起了广泛的注意。根据中国知网和读秀提供的数据统计，以近代义赈为主题的专著迄今至少出版了 6 部，论文总数约为 100 篇左右。就绝大多数成果而言，固然补充甚至纠正了李老师当初文章中的一些薄弱乃至不确之处，但在整体思路上并未超越李老师的见解。对于那些力图推进近代义赈研究的研究者来说，李老师当初的认知思路则是他们必须面对的思考起点。

　　李老师在灾荒的社会内容方面另一项眼光独到的开掘，则是对灾荒诗歌的研究。在《晚清诗歌中的灾荒描写》一文中，他通过将灾荒事实与灾荒诗歌内容的对照与解读，既揭示了诗歌对晚清灾荒的特征和危害的独特呈现形式，又表现了灾荒对文学所产生的深刻影响。他还结合文学和史学的属性，对灾荒诗歌的价值给予了十分客观的评判，认为"就艺术性而言，固然不见得是可以传诵千古的佳品，但就其现实主义的思想内容来说，应该说是上乘之作的"。[②] 虽然这篇文章篇幅有限，论述上也存在一些薄弱之处，但是李老师在这里显示出来的眼光和思路，都反映出了令人赞叹的学术前瞻性。这方面的第一个表现是，近几年来，国内外学界都出现了对灾

---

①　李文海：《晚清义赈的兴起与发展》，《清史研究》1993 年第 3 期。

②　李文海：《晚清诗歌中的灾荒描写》，《清史研究》1992 年第 4 期。

荒文学的关注，除去具体研究对象的差别，这些研究者的主要考察手法，仍然是历史与文学的对照及互动。第二个表现则是，随着清史资料的加速拓展，以及清代灾荒史和文学史研究的大大深入，清代灾荒诗歌的繁盛状况逐渐被认为是一个需要加以重视的社会现象和文学现象。总之，以对灾荒诗歌的关注为焦点，推进关于灾荒的社会文化史研究，已经成为一个备受期待的取向，从而有力凸显了李老师这篇文章作为开山之作的价值。

在一般人看来，以李老师的身份、地位和贡献，却从未专门阐述过灾荒史研究的理论、体系或方法之类的东西，似乎是个不小的缺憾。但在李老师的心中，这根本算不上一个问题。在 1995 年出版的《世纪之交的晚清社会》的前言中，他直言："全书没有提出什么对于中国近代社会的惊人的理论观点，也几乎未曾参加近年来中国近代史领域一些热门问题的讨论，大概不免会被有些人目之为保守之作的。"同时他也很自信地认为，自己的著述有一个好处，那就是"注意的问题往往是过去研究较少甚至是被人们所忽略的；写作时努力少讲空话，尽量不去做抽象的概念争论，对于历史现象和社会现象的叙述和分析，力求具体、细致、言必有据"。[①] 无疑，李老师在自己的灾荒史研究强烈贯彻了这一理念，而这些成果的长久生命力，反过来也成为对这种理念的有力证明。

---

① 李文海：《世纪之交的晚清社会》，中国人民大学出版社，1995 年，前言。

# 光绪三四五年年荒论

（清）佚名撰

韩　祥　点校

（山西大学中国社会史研究中心）

**编者按：**

《光绪三四五年年荒论》，又名《乐中哀》，作者不详。山西著名学者董大中先生现藏两个抄本，[①] 其正文内容相同，但题名和誊抄年代有异。较早的版本，封面写有"乐中哀，光绪拾叁年叁月誊抄，致远堂志"，而较晚的版本则为"光绪三四五年年荒论，中华民国乙卯年贰月，赵新盛斋题"。光绪十三年为 1887 年，中华民国乙卯年为 1915 年，二者相隔近 40 年。

董先生所藏抄本均为其早年从太原古玩市场购得，并曾在《文汇读书周报》（1990 年代末）、《文史月刊》（2002）等刊物做过简要介绍，但未能刊布全文。《光绪三四五年年荒论》采取"三三四"式的唱词形式进行叙述，即每句为十字，由前三字、中三字、后四字组成。董先生认为这是受了佛曲（民间宝卷）的影响，在山西流传极广，尤其在平遥、介休一带。这种以老百姓喜闻乐见的唱词形式写就的灾情记录，易记易传，是底层民众自身对苦难记忆的最详尽记载，所记内容非常丰富，包括当时的气候异常、灾情蔓延、市场物价、饥饿惨状、度荒食品、人伦关系、官民赈灾、人口损失、因果观念等等。

与研究此次灾荒的学者通常引用的《山西米粮文》、《荒年歌》等文献相比，《光绪三四五年年荒论》形式更加通俗，内容更为广泛，具有极高的历史价值与文学价值。此次系向学界首次全文刊布。为保留原貌，除加标点外，其余衍、错字一律不予改动，仅在文中予以标识。凡"（　）"内文字，系原文小号字体，置于其前字右侧；"【　】"内文字，则为订正后的文字。特此说明。作为点校者，本人曾于 2016 年 4 月、6 月、9 月三次拜望董大中先生，蒙其将所藏抄本借与扫描、复印，并慨然应允公布于本刊，在此谨向董先生表示诚挚的谢意！

---

[①]　董大中（1935—　），山西省万荣人，山西著名学者、文艺评论家。曾任《山西文学》副主编、《批评家》主编，现为中国赵树理研究会名誉会长，山西省作家协会顾问。

正文：

太平年，衣食足，愁眉展放。穿有衣，吃有粮，才能安然。闲无事，坐床头，慢慢思想。猛想起，遭年荒，岂实可怜。大清国，光绪爷，有道皇上。君有道，民无德，也是枉然。光绪爷，登龙位，三年以上。遭年荒，与古者，大不一般。二三年，无饱雨，年年天旱。秋夏田，无收成，民受艰难。总【纵】然有，下普雨，未过半寸。下卒雨，地皮湿，黄风罩天。着旱的，夏苗死，不能生长。把秋田，菜蔬类，一齐旱干。众黎民，一个个，把天埋怨。受辛苦，种五谷，无有口粮。收秋后，无度用，人胡疗【缭】乱。吃黄蘆，并甘泥，暂度时光。众人等，有田产，不能周转。有牛羊，共骡马，全不值钱。好骡马，卖铜钱，三千两（两）串。买得去，人杀吃，割肉抽肠。好田地，好房屋，卖钱有限。一孔窑，一垧地，二百铜钱。好家居，油漆的，时兴异样。卖与人，说好话，哀告半天。只要说，有人买，不论贵贱。紧用得，好物件，尽都卖完。卖得钱，肚里饥，想吃茶饭。三百钱，买不下，一升米粮。一斗米，三千六，黑豆两串。一斗麦，二千四，莜麦同行。荞麦花，旧秕谷，粗糠买断。每一斗，卖铜钱，二百二三。市口上，五谷粮，全然不见。尽都是，山籽儿，上了集场。沙蓬籽，马蕨蕨，价钱一样。买一斗，五百六，麦斗同食。无钱的，吃甘泥，荞麦楷蔓。吃榆皮，当就了，美味香甜。饿的人，身黄瘦，容貌改辨【变】。黑夜间，割人肉，当饭饱食。在家中，饿不过，难以停站。一家人，分离开，各奔外乡。父不父，子不子，慈孝尽散。有那个，守一个，三纲五常。儿为儿，我为我，恩情断绝。父奔东，子奔西，实实可怜。好夫妻，分离开，各另逃窜。有儿女，抛撇了，死在外乡。少年妇，再要嫁，无人承当。十六七，小闺女，无人收藏。逢集会，市口上，男女混赶。尽都是，卖物件，来在集场。一切的，好器物，都齐卖遍。饿的人，好比是，春天瘦羊。见有些，卖饭的，一齐拥看。卖的是，甘泥饼，黄蘆当先。十文钱，黄熟蘆，能买四两。甘泥饼，买一片，十文铜钱。卖饭的，徒利息，心惊胆战。先要钱，后取饭，时刻紧防。且把这，卖饭事，丢在后边。再叙那，有钱的，不能安然。总【纵】然有，富毫【豪】家，不缺衣饭。每日里，并无有，一时安然。清辰间，直到晚，贫人不断。尽都是，讨饭人，叫苦连天。白昼间，门关锁，夜晚用饭。好比是，贼盗物，不敢高言。有善人，发慈悲，舍些茶饭。积阴功，不费力，感动苍天。如不信，此言语，世间观看。天报应，分善恶，就在目前。报应事，从天降，不得一样。听我把，善恶人，在【再】来讲谈。良善人，无有钱，眼泪汪汪。凶恶人，硬抢吃，如同饿狼。白日间，在路傍【旁】，藏躲不见。遇行人，害性命，剥取衣裳。到晚来，小村庄，抢夺良善。抢粮物，害主命，如同虎狼。小村庄，人害怕，难以停站。投亲戚，到他乡，暂度时光。好黎民，饿死了，不知千万。尽死在，三年冬，四年春前。饿死的，这尸首，无人埋葬。道路间，尽都是，骨如堆山。出了门，见尸首，目不忍看。公堡甲，才商量，何处埋藏。在四年，二月内，打万人坑。奉州尊，打深坑，也有几丈。把尸首，尽拉在，万人坑间。每日里，在乡外，边方寻遍。所有那，全尸首，十有二三。一来是，大劫数，该遭磨难。二来是，人造孽，天降灾殃。天待人，无厚薄，人心两样。至此后，再叙那，善恶两行。良善人，去（受）禀（冤）屈，去禀官长。喊冤的，无其数，惊动青天。传太爷，接呈状，用目观看。尽都是，抢夺案，齐来鸣冤。传太爷，见呈状，不敢怠慢。出火签，拿抢贼，差了七班。捉回去，紧锁靠【拷】，无衣无饭。三五天，冻饿死，拉在外边。传太爷，每日间，愁眉不展。想饿民，无度用，焉能安然。多亏了，曾巡抚，启奏圣上。皇太后，见表章，心痛伤惨。传圣旨，选忠良，齐上金殿。为山西，众饥民，开仓放粮。钦差了，闫【阎】大人，黎民扮打。私访他，赃官吏，克扣民钱。盖山西，发银两，不知千万。那一个，敢贪赃，命丧黄泉。曾巡抚，出告示，城乡贴遍。晓谕了，众百姓，个个知详。各乡村，举公正，同堡甲长。尽选那，良善人，前去帮忙。一周围，十里内，设立赈厂。散粮时，永不许，衙役进前。诚恐怕，无耻徒，强领作乱。每一堡，领与他，黑鞭一竿。众堡长，有黑鞭，放开胆量。各一村，去匪人，除害安良。打截【劫】人，明火人，罪同一样。割人月【肉】，杀牛羊，一例同行。拿住了，此等人，不禀官长。在乡下，除减了，并无别言。匪类人，见此事，心惊胆战。再不敢，起歹意，死也安然。把歹人，惩平定，所留良善。再表那，皇王爷，爱民心肠。传圣旨，免皇粮，各州府县。把一切，杂粮（税）银，尽都免完。初赈济，出谕帖，定下模样。上中户，次极贫，须分几行。上户人，中户人，不准领散。次贫人，极贫人，才许领粮。在三年，十一月，立局才散。头一次，散纹银，每人一钱。一小口，领五分，男女一般。是堡长，去领银，州尊要见。吩咐他，公堡甲，正直为先。第二次，着散到，四年春间。救饥民，无奈何，开了仓房。一大口，四升谷，男女同散。还有那，三十六，钱随谷粮。第三次，领小麦，稻黍同散。麦四合，带一升，八合高粱。官慈悲，堡甲正，辛苦忙乱。六个人，共赏下，一石麦粮。这几番，尽散的，次极贫汉。一遍遍，与中户，并无相干。第四次，散谷种，中户有盼。一中户，散（领）三斗，籽种当先。一次户，领一斗，小口减半。极贫人，到此时，命归阴间。第五次，中次户，同是一样。每一口，大小米，九合口粮。第六次，一大口，中次一样。领大米，一斤升，一升高粮。第七次，着散到，五年春间。一大口，领八合，稻黍高粱。第八次，第九次，钱米搭散。一半米，一半钱，带纳官粮。四年上，风雨顺，农夫有盼。撇甘泥，弃树皮，才挽肚肠。饿的人，浑身软，元气有限。吃五谷，难克化，泻痢不安。种五谷，收十分，到处丰广。有地土，无人种，尽都蒿闲。灾重（轻）处，饿死的，也有太【大】半。灾重处，十分人，所留二三。有道君，传圣旨，各处查遍。查绝户，无人种，地亩蒿闲。人在的，粮随地，各以旧样。绝户地，寻人种，散银当先。承种地，三十亩，领银九两。种上地，过三年，才纳皇粮。怕农夫，到春来，耕牛缺欠。每一堡，散与他，四只牛钱。一只牛，定了价，作钱八串。散与他，四甲长，众人耕田。第五年，买驴马，又来给散。两个驴，两个马，每堡同然。众百姓，齐称贺，有道皇上。为黎民，费银钱，胜如海山。救饥民，积大德，感动苍天。风雨顺，才得了，太平丰年。众百姓，一个个，同把佛念。但愿的，大清爷，万万余年。处世事，要放宽，忍让当先。从今后，男女们，听我相劝。再不敢，身造孽，做事欺天。富与贵，贫与贱，勤俭为上。守本分，务庄农，何等安然。提此事，不由我，心惊胆战。计此事，不由我，眼泪汪汪。我本是，才学浅，糊作糊编。倘若是，遇高明，从再加添。为贫人，死的苦，埋没不彰。编一本，乐中哀，万代留传。冤屈情，说不尽，如海如山。把这些，粗俗语，至此终焉。

# 研究动态

# 《宋代救荒史稿》评介

王 昊

（河北师范大学历史文化学院）

自然灾害是人类共同面临的严重挑战，加强历史上自然灾害的研究，分析各种自然灾害发生、演变的规律以及减灾免灾的对策，在学术积累和现实关照上都有重要意义。李华瑞教授《宋代救荒史稿》（天津古籍出版社 2014 年 4 月版）一书是其主持的国家社科基金重点项目"宋朝应对自然灾害的危机管理及历史经验研究"的结项成果，也是迄今为止对宋代救荒防灾问题最为系统全面的研究。

该书以国家（官方）救荒防灾为切入点进行考察，揭示出宋代救荒防灾的时代特点。内容分为三部分：一是灾情篇，对宋代的水灾、旱灾、风灾、蝗灾、地震、疫灾等主要灾害的发生情况、危害和影响进行了详细的论述，结合现代科学知识，对宋代自然灾害发生时间、程度和空间分布等做出科学的统计。二是救灾管理体制及对策篇，对宋代不同时段荒政决策的发展与变化、救灾管理体制及对策、临灾及灾后的救助措施等问题作了系统论述。三是防灾管理体制及对策篇，对宋代的祈报之礼与禳弭救荒、祈雨活动、祭龙习俗的演变、仓储制度的发展与变化、黄河的管理与河患防治、兴修水利与防灾、社会救济机构的设置与发展、政府对疾疫的防治以及救灾防灾思想等问题进行了考察。

1. 资料翔实，梳理精致。以往论著主要是依靠《宋史》中的五行志和本纪部分，以及《文献通考》物异考中的自然灾害记述，该书在此基础上，充分挖掘《长编》和《宋会要》等基本史料，并补充了方志、文集笔记和碑刻的记载，从资料方面弥补了以往研究的缺项。叙述中史料征引到位而不冗杂，解释透彻而不随意，分寸把握很好。

作者运用近现代的相关概念对灾害进行归类，制作了大量的表格，详细罗列和统计了各种灾害发生的次数和年次，清晰了然，并且对各种灾害的时空分布作了梳理，利用现代科学知识予以解释，试图总结灾害发生的规律，精致的梳理为全文的条理化考察奠定了基础。

2. 方法独到，分析科学。宋代文献中关于自然灾害死亡人数的记载，有的明确记载死亡人数，有的死亡人数不详但可以根据记载提供信息作出推算估测，还有的是没有具体数量，记述笼统难以推算。该书第八章专门考察了宋代自然灾害死亡人数，针对文献记载的缺陷，作者巧妙地通过灾年救活灾民的人数来反证死亡人数，方法独特而可靠，据此估算出"宋代全国一般灾荒之年死亡人数在 10 万以上，中等程度的灾害之年死亡在 30 万至 80 万人之间，大灾大荒之年死亡在百万人以上。"进而通过赈灾户口统计系统与通常户口统计系统对比分析，从赈灾的角度揣测宋代总人口等，也是此前论著未注意到的角度。这些方法为研究古代人口问题也提供了新的角度。

3. 内容全面，创见颇多。该书在已有研究成果的基础上，补充了许多内容与作者的新见解。抄劄是官方核实灾民身份确定救助对象的重要程序，检田是核实民户受灾情况，实施放免民田税租的重要制度，以往研究对此都少有论及，该书在第十一章和第十二章对抄劄制度与检田制度的发展演变、作用、实施中的弊端等问题作了详细的考述。以往对宋代救荒仓廪制度的研究基本都是集中于常平仓、义仓、广惠仓等专设救荒仓廪，对非专设的救荒仓廪很少涉及，该书在第十九章系统论述了州县仓在救灾中的作用，并注意到常平仓、义仓和州县仓的合流现象，纠正了以往对救荒仓廪制度研究存在的片面性。再如关于王安石新法中的救灾意图，补蝗与祭蝗的并存，禳弭救荒和祭龙习俗的演变，劝分方式由鼓励到强制，救灾职能由中央向地方官府转移，以及"天谴"的目标由朝廷下移到基层社会等问题，此前很少有人注意，作者的考述具有补缺的意义。

4. 认识客观，评价公允。作者认为，宋代民间社会力量救荒与官府相比居于非常次要的地位，民间社会救荒力量在北宋中期以后到南宋实际上也被纳入官府救荒的管控系统，矫正了以往论著中侧重民间自救的传统认识。宋代救灾方式大多沿用前代而发展完善，创新很少，其中募饥民、流民隶军籍，宽减饥民"强盗"死罪，募富民出钱粟酬以官爵等对缓和社会矛盾起了积极的作用，是宋代荒政进步的重要表现。南宋虽然偏安东南，救荒防灾措施和效果却优于北宋。宋徽宗和蔡京虽然昏庸腐败，在救荒方面却颇有作为，所评依据充分，冷静公允。

总的来看，该书既有对以往研究内容的梳理，更有作者的补充和新见解，使问题的认识更加全面和深入。通过宋代救荒的考察摸索出古代救荒问题的研究路径、框架和模式，包括其中的统计、归纳方法有着示范性的意义，可以用于某个断代，也可以用于整个中国历史上的救荒问题研究。

书中存在的不足有两点：一是概念问题，救荒、救灾、救贫和防灾的含义需要继续推敲，个别内容已经超出了书题所界定的范围；关于灾害的归类以"水灾"类最为妥当，另外两类标准则显庞杂。二是结构问题，宋代黄河中下游水患对北方经济的破坏一章与前后各章不协调，第二十四章以朱熹救荒思想代指宋代救荒思想、以南宋四川广安的榜文所记概言宋代地方社会，似嫌单薄。此外，自然灾害统计部分所引《长编》中灾害记录的干支纪日时间也需要进一步核对。

# 2010—2015 年中国大陆灾害史研究论文论著索引

白　豆

（山西大学历史文化学院）

## 2010 年

### 一、论文类

1. 卜风贤：《灾民生活史——基于中西社会的初步考察》，《古今农业》2010 年第 4 期。

2. 高巍：《古代农村货币赈济研究》，《西北农林科技大学》2010 年。

3. 龚胜生，刘杨，张涛：《先秦两汉时期疫灾地理研究》，《中国历史地理论丛》2010 年第 3 期。

4. 郝平：《从历史中的灾荒到灾荒中的历史——从社会史角度推进灾荒史研究》，《山西大学学报（哲学社会科学版）》2010 年第 1 期。

5. 何子慧：《汉唐两代灾荒若干问题研究》，《河北师范大学》2010 年。

6. 侯英，李静波：《我国古代灾害文学作品概说》，《防灾科技学院学报》2010 年第 2 期。

7. 胡河宁：《大禹治水：中国古代组织传播的前科学叙事》，《新闻与传播研究》2010 年第 3 期。

8. 李岩：《历史上对大禹形象的认识》，《安徽师范大学学报》2010 年第 4 期。

9. 刘双怡：《宋代地震灾害与政府应对》，《防灾科技学院院报》2010 年第 3 期。

10. 么振华：《关于官吏渎职行为对唐代灾害救济影响的考察》，《求索》2010 年第 11 期。

11. 么振华：《唐代因灾移民政策简论》，《兰州学刊》2010 年第 9 期。

12. 王焕然：《试论〈诗经〉的灾荒书写》，《曲靖师范学院学报》2010 年第 5 期。

13. 王娟：《中国古代灾后政区调整研究》，《西北农林科技大学》2010 年。

14. 王雪峰：《山东沿海风暴潮灾害的历史规律研究》，《中国海洋大学》2010年。

15. 杨丹：《清前期潮州自然灾害与社会应对研究（1644—1795）》，《暨南大学》2010年。

16. 杨国强：《"丁戊奇荒"：十九世纪后期中国的天灾与赈济》，《社会科学》2010年第3期。

17. 于志勇：《明清内蒙古中西部的自然灾害与救灾措施》，《内蒙古师范大学》2010年。

18. 周承：《明中后期贵州自然灾害研究——以万历〈黔记〉为研究对象》.《"新一轮西部大开发与贵州社会发展"学术研讨会暨贵州省社会学学会2010年学术年会论文集》2010年。

19. 周琼，张黎波，凌永忠：《灾害及其防御与应对——"西南灾荒与社会变迁"暨第七届中国灾害史国际学术研讨会》，《思想战线》2010年第6期。

## 二、著作类

1. ［美］乔恩·埃里克森著，李继磊，杨林玉，袁瑞玚译：《地球的灾难地震、火山及其他地质灾害》，首都师范大学出版社，2010年。

2. ［美］威廉H.麦克尼尔著，余新忠，毕会成译：《瘟疫与人》，中国环境科学出版社，2010年。

3. 郝平，高建国：《多学科视野下的华北灾荒与社会变迁研究》，北岳文艺出版社，2010年。

4. 李文海，夏明方，朱浒：《中国荒政书集成（全12册）》，天津古籍出版社，2010年。

5. 王培华：《元代北方灾荒与救济》，北京师范大学出版社，2010年。

6. 周琼，高建国：《中国西南地区灾荒与社会变迁》，云南大学出版社，2010年。

# 2011 年

## 一、论文类

1. 阿利亚·艾尼瓦尔：《清代新疆自然灾害研究综述》，《中国史研究动态》2011年第6期。

2. 把增强：《中国近代灾荒史研究的繁荣与缺失（1978—2010）》，《近代中国的社会保障与区域社会》2011年。

3. 白燕斌：《明代晋北地区的自然灾害与社会应对研究》，《陕西师范大学》2011 年。

4. 卜风贤：《科技史视野下的灾害与减灾问题——陕西省科技史学会学术年会纪要》，《中国科技史杂志》2011 年第 1 期。

5. 单丽：《清代古典霍乱流行研究》，《复旦大学》2011 年。

6. 龚胜生，刘卉：《北宋时期疫灾地理研究》，《中国历史地理论丛》2011 年第 4 期。

7. 郝平，董海鹏：《碑刻所见 1695 年临汾大地震》，《晋阳学刊》2011 年第 2 期。

8. 郝平，翟军：《丁戊奇荒之晋豫比较——以豫为中心的考察》，《开封大学学报》2011 年第 3 期。

9. 郝平：《"劫富济贫"与"保富安贫"——光绪初年大饥荒中山西官员救荒思想的分歧与争论》，《山西档案》2011 年第 6 期。

10. 江田祥：《2010 年中国历史地理国际学术研讨会综述》，《中国历史地理论丛》2011 年第 2 期。

11. 李卫民：《时代呼唤更成熟的中国灾荒史学——夏明方教授访谈录》，《晋阳学刊》2011 年第 4 期。

12. 刘志刚：《历史中的灾荒与灾荒中的历史》，《中国图书评论》2011 年第 10 期。

13. 刘志刚：《明末政府救荒能力的历史检视——以崇祯四年吴甡赈陕为例》，《北方论丛》2011 年第 2 期。

14. 孟凡港：《歌声中的苦难记忆——〈诗经〉中的自然灾害记载》，《中华文化论坛》2011 年第 2 期。

15. 齐冬梅，李跃清，陈永仁，王斌，刘昆鹏，白莹莹：《近 50 年四川地区旱涝时空变化特征研究》，《高原气象》2011 年第 5 期。

16. 苏新留：《大学开设〈中国灾害史〉课程刍议》，《南阳师范学院学报》2011 年第 1 期。

17. 汪志国，谈家胜：《20 世纪以来淮河流域自然灾害史研究述评》，《淮北师范大学学报（哲学社会科学版）》2011 年第 3 期。

18. 卫崇文：《先秦时期应对灾异方式中的非理性因素研究》，《陕西师范大学》2011 年。

19. 魏刚，于春燕：《明代中后期辽东地区的水旱灾害与饥荒》，《大连大学学报》2011 年第 4 期。

20. 叶珊：《从两宋之际灾荒状况看其救荒及荒政思想》，《文教资料》2011 年第

28 期。

21. 于国珍：《清代陇东地区自然灾害与农耕社会》，《陕西师范大学》2011 年。

22. 翟磊：《清代山东疫灾的时空分布及其社会影响与反馈》，《华中师范大学》2011 年。

23. 张珂珂：《清时期陕西疫灾研究》，《华中师范大学》2011 年。

24. 张堂会：《天灾与人祸——从诗歌看清代的自然灾害及其救济》，《兰州学刊》2011 年第 5 期。

25. 袁海燕，黎德化：《灾荒、气候与社会变迁——第八届中国灾害史年会暨"华南灾荒与社会变迁"学术会议综述》，《中国农史》2011 年第 2 期。

26. 周琼：《灾害及其防御和应对——"西南灾荒与社会变迁"暨第七届中国灾害史国际学术研讨会综述》，《中国历史地理论丛》2011 年第 2 期。

## 二、著作类

1. ［美］艾志端著，曹曦译：《铁泪图：19 世纪中国对于饥馑的文化反应》，江苏人民出版社，2011 年。

2. ［美］段义孚著，徐文宁译：《无边的恐惧》，北京大学出版社，2011 年。

3. 池子华，李红英，刘玉梅：《近代河北灾荒研究》，合肥工业大学出版社，2011 年。

4. 高岚，黎德化：《华南灾荒与社会变迁：第八届中国灾害史学术研讨会论文集》，华南理工大学出版社，2011 年。

5. 焦润明，张春艳：《中国东北近代灾荒及救助研究》，北京师范大学出版社，2011 年。

6. 刘仰东，夏明方：《灾荒史话》，社会科学文献出版社，2011 年。

# 2012 年

## 一、论文类

1. 于德源：《灾害史、灾荒史刍议》，《北京历史文化研究》2012 年第 14 期。

2. 苏力：《近年来元代灾害史研究概况》，《农业考古》2012 年第 6 期。

3. 周利敏：《从自然脆弱性到社会脆弱性：灾害研究的范式转型》，《思想战线》2012 年第 2 期。

4. 周利敏：《社会脆弱性：灾害社会学研究的新范式》，《南京师大学报（社会科学版）》2012 年第 4 期。

5. 刘继刚：《论先秦时期的祭祀禳灾》，《河南科技大学学报》2012 年第 5 期。

6. 朱圣钟：《明清时期凉山地区水旱灾害时空分布特征》，《地理研究》2012 年第 1 期。

7. 田冰，吴小伦：《道光二十一年开封黄河水患与社会应对》，《中州学刊》2012 年第 1 期。

8. 王涌泉：《1933 年黄河洪水灾害的启示》，《黄河报》2012 年。

9. 赵楠，侯秀秀：《1928—1930 年陕西大旱灾及其影响探析》，《宁夏师范学院学报》2012 年第 2 期。

10. 马华江：《清代乾隆年间蝗灾与治蝗述论》，《重庆科技学院学报（社会科学版）》2012 年第 4 期。

11. 尚季芳，张丽坤：《民国时期甘肃地震灾害及赈灾研究——以 1920 年海原地震为例》，《青海民族研究》2012 年第 1 期。

12. 梁严冰：《灾荒与近代社会变迁——以陕北地区为中心的讨论》，《延安大学学报（社会科学版）》2012 年第 1 期。

13. 王璋：《乾隆朝山西义仓初探》，《历史档案》2012 年第 3 期。

14. 叶宏：《地方性知识与民族地区的防灾减灾》，《西南民族大学》2012 年。

15. 于春英：《清代东北地区水灾与社会应对研究（1644 年—1911 年）》，《东北师范大学》2012 年。

16. 冯睿：《民国时期安徽淮河流域水旱灾害与乡村社会》，《安徽师范大学》2012 年。

17. 许德庆：《明至清中期海河水系中下游地区自然灾害与社会应对研究》，《西北师范大学》2012 年。

18. 段重庆：《隋唐五代西南地区自然灾害及对策研究》，《西南大学》2012 年。

19. 王璋：《灾荒、制度、民生——清代山西灾荒与地方社会经济研究》，《南开大学》2012 年。

## 二、著作类

1. 郝平：《丁戊奇荒——光绪初年山西灾荒与救济研究》，北京大学出版社，2012 年。

2. 赵朝峰：《中国共产党救治灾荒史研究》，北京师范大学出版社，2012 年。

3. 朱浒：《民胞物与：中国近代义赈（1876—1912）》，人民出版社，2012 年。

# 2013 年

## 一、论文类

1. 阿利亚·艾尼瓦尔 :《中国灾害史专业委会员第十届年会暨灾害与边疆社会国际学术探讨会综述》,《中国史研究动态》2013 年第 6 期。

2. 包春玉 :《春秋战国时期的灾害救助研究》,《兰州大学》2013 年。

3. 蔡勤禹 :《再现 "灾荒中的历史"》,《博览群书》2013 年第 3 期。

4. 曹秀丽 :《民国时期河南省疫灾时空分布及其社会影响研究》,《华中师范大学》2013 年。

5. 查小春，赖作莲 :《明清时期渭南地区洪涝灾害及其对社会经济发展影响研究》,《干旱区资源与环境》2013 年第 4 期。

6. 陈冬冬 :《清代台湾方志中所见郑氏政权之 "灾祥" 研究》,《福建师范大学学报（哲学社会科学版）》2013 年第 2 期。

7. 陈剑 :《先秦地震考古研究的新进展及其对龙门山地区史前地震考古的启示》,《民族学刊》2013 年第 4 期。

8. 陈鹏飞，安介生 :《1920 年 ~1937 年河南灾荒性移民与社会救助》,《中北大学学报（社会科学版）》2013 年第 2 期。

9. 陈旭 :《因灾求言与嘉靖八年初明世宗的改革》,《西南大学学报（社会科学版）》2013 年第 5 期。

10. 陈旭楠 :《近代中国灾荒史再研究 : 以夏明方先生及其研究为例》,《防灾科技学院学报》2013 年第 4 期。

11. 单联喆 :《明清山西疫病流行规律研究》,《中国中医科学院》2013 年。

12. 丁四新 :《刘向、刘歆父子的五行灾异说和新德运观》,《湖南师范大学社会科学学报》2013 年第 6 期。

13. 丁志勇 :《中国北部边疆地区灾害史研究模型的建构思考》,《内蒙古师范大学学报（哲学社会科学版）》2013 年第 5 期。

14. 方修琦，萧凌波，魏柱灯 :《18—19 世纪之华北平原气候转冷的社会影响及其发生机制》,《中国科学 : 地球科学》2013 年第 5 期。

15. 高策，邹文卿 :《明代汾河流域旱灾时空特征分析》,《山西大学学报（哲学社会科学版）》2013 年第 1 期。

16. 高策，邹文卿 :《清代山西的蝗灾规律及其防治技术》,《自然辩证法通讯》

2013 年第 4 期。

17. 高元杰：《明清山东运河区域水环境变迁及其对农业影响研究》，《聊城大学》2013 年。

18. 高中华：《1855 年黄河铜瓦厢决口之后的黄运水灾》，《中国减灾》2013 年第 18 期。

19. 耿静：《灾害与社会文化变迁关系研究综述》，《贵州民族研究》2013 年第 6 期。

20. 古帅，牛俊杰，王尚义，申晨：《明清时期汾河中游洪涝灾害研究》，《干旱区资源与环境》2013 年第 8 期。

21. 郝平，董海鹏：《嘉庆二十年平陆地震后的朝廷与地方官：以〈明清宫藏地震档案〉为中心》，《社会科学战线》2013 年第 9 期。

22. 郝平：《1928—1929 年山西旱灾与救济略论》，《历史教学（下半月刊）》2013 年第 11 期。

23. 何北明：《民国时期北京地区荒政述论》，《农业考古》2013 年第 3 期。

24. 侯德彤，蔡勤禹：《元代胶东半岛海洋事业述论》，《中国海洋大学学报（社会科学版）》2013 年第 3 期。

25. 胡梦飞：《明清时期黄河水灾对徐州社会经济发展的影响》，《临沂大学学报》2013 年第 1 期。

26. 黄剑敏，庄华峰：《明清以来长江下游自然灾害与乡村傩舞祭祀活动》，《求索》2013 年第 11 期。

27. 黄强：《明代中后期的白银赈济》，《江西师范大学》2013 年。

28. 黄兴华：《20 世纪 40 年代河南大灾荒中的社会脆弱性透视》，《农业考古》2013 年第 1 期。

29. 姜振逵，刘景岚：《民国时期社会组织在救灾中的作为追溯——以 1920 年甘肃大地震为例》，《甘肃社会科学》2013 年第 4 期。

30. 蒋积伟：《改革开放以来自然灾害救助史研究综述》，《北京党史》2013 年第 2 期。

31. 焦润明：《1930 年辽西大水灾诱因考察——基于环境史视角》，《湖南农业大学学报（社会科学版）》2013 年第 4 期。

32. 鞠明库：《抚按与明代灾荒救济》，《贵州社会科学》2013 年第 1 期。

33. 郎镝：《东汉震灾与王符的"荒政"批判——基于"短时段事件"的政治文化时空形态考察》，《延边大学学报（社会科学版）》2013 年第 1 期。

34. 李红英，池子华：《晚清时期灾荒应急法律的文本分析》，《人民论坛》2013年第5期。

35. 李华瑞：《略论宋朝临灾救助的三项重要措施》，《淮阴师范学院学报（哲学社会科学版）》2013年第1期。

36. 李娜：《环境破坏：帝国主义对北京门头沟煤炭资源的掠夺》，《黑龙江社会科学》2013年第3期。

37. 李楠：《秦国灾异考略》，《曲阜师范大学》2013年。

38. 李全茂：《我们曾经做到，何时再能做到？》，《中国减灾》，2013年第14期。

39. 李胜伟：《唐代疫病流行与政府应对措施浅论》，《河南师范大学学报（哲学社会科学版）》2013年第1期。

40. 李双双，延军平，杨蓉，胡娜娜：《气候变暖背景下1961—2010年宁夏旱涝灾害空间分布特征和变化规律》，《中国沙漠》2013年第5期。

41. 李永祥，彭文斌：《中国灾害人类学研究述评》，《西南民族大学学报（人文社会科学版）》2013年第8期。

42. 刘超建：《异地互动：自然灾害驱动下的移民——以1761—1781年天山北路东部与河西地区为例》，《中国历史地理论丛》2013年第4期。

43. 刘敏：《阐释的自然——论董仲舒的儒教自然观》，《四川师范大学学报（社会科学版）》2013年第4期。

44. 刘世斌：《宋代福建水旱灾害及其防救措施研究》，《福建师范大学》2013年。

45. 刘卫英：《清代求雨禳灾叙事的伦理意蕴与民俗信仰》，《福建师范大学学报（哲学社会科学版）》2013年第6期。

46. 卢勇，李燕：《环境变迁视野下的明清时期苏北旱灾研究》，《中国农史》2013年第1期。

47. 罗旭彤：《关于中国古代灾害史的继承与创新问题研究》，《广西地方志》2013年第1期。

48. 马光：《蝗灾姻缘》，《文史博览》2013年第1期。

49. 苗艳丽：《论北洋政府时期云南灾情的严重性》，《云南农业大学学报（社会科学版）》2013年第5期。

50. 潘明娟：《唐代关中旱灾及其影响初探》，《干旱区资源与环境》2013年第9期。

51. 彭丽燕：《近代菏泽地区灾荒及救济研究》，《云南师范大学》2013年。

52. 商兆奎，邵侃：《唐代蝗灾考论》，《原生态民族文化学刊》2013年第3期。

53. 石武英：《1949 年湖北省水灾救助及对改造社会的影响》,《当代中国史研究》2013 年第 4 期。

54. 石武英：《建国初期湖北省水灾与抗洪救灾研究（1949—1956）》,《华中师范大学》2013 年。

55. 宋开金：《清代至民国京畿地区的水利纠纷及其解决措施》,《石家庄学院学报》2013 年第 2 期。

56. 孙良玉：《明代的救灾思想及现代启示》,《社会科学家》2013 年第 6 期。

57. 孙玲：《明代黄河灾害与河神信仰》,《青海师范大学》2013 年。

58. 孙世平：《二程荒政思想发微》,《农业考古》2013 年第 4 期。

59. 孙英刚：《佛教对阴阳灾异说的化解：〈以地震与武周革命为中心〉》,《史林》2013 年第 6 期。

60. 田军：《清代前期对蒙古地区畜牧业灾害的预防及救济》,《前沿》2013 年第 2 期。

61. 涂斌：《明代蝗灾与治蝗研究》,《江西师范大学》2013 年。

62. 万红莲,周旗,樊维翰,刘曦：《公元 600—2000 年宝鸡地区洪涝灾害发生规律》,《干旱区研究》2013 年第 4 期。

63. 王发兴：《区域环境及其实证分析》,《韶关学院学报》2013 年第 9 期。

64. 王虹波：《1912—1931 年间东北灾荒的社会应对研究》,《吉林大学》2013 年。

65. 王加华：《民国时期江南地区的螟虫为害与早稻推广》,《中国农史》2013 年第 3 期。

66. 王建雄：《民国江西自然灾害与对策研究》,《南昌大学》2013 年。

67. 王武：《晚清河南的水旱灾旱及特点分析》,《农业考古》2013 年第 4 期。

68. 王欣欣,杨超：《近十几年来中国自然灾害史研究综述》,《经济与社会发展》2013 年第 1 期。

69. 王艳凤,阿婧斯：《试论蒙古族史诗的文学禳灾功能》,《内蒙古师范大学学报（哲学社会科学版）》2013 年第 6 期。

70. 王雁,李学成：《一组关于光绪二十九年兴京地区水灾的史料》,《兰台世界》2013 年第 36 期。

71. 魏书精,孙龙,魏书威,胡海清：《气候变化对森林灾害的影响及防控策略》,《灾害学》2013 年第 1 期。

72. 温呈祥：《清代广西蝗灾研究综述》,《商》2013 年第 8 期。

73. 吴志峰,黄燕华：《浅析明清时期广东台风灾害的预防措施》,《五邑大学学报（社会科学版）》2013 年第 1 期。

74. 吴志锋，黄燕华：《明清时期雷州半岛台风灾害及其防治机制研究》，《湛江师范学院学报》2013 年第 1 期。

75. 武艳敏：《抗战前十年国民政府救灾资金分配问题研究——以河南为中心》，《史学月刊》2013 年第 7 期。

76. 武艳敏：《战争、土匪与政局：南京国民政府时期制约救灾成效因素分析——以 1927—1937 年河南为中心的考察》，《郑州大学学报（哲学社会科学版）》2013 年第 1 期。

77. 郗志群，何北明等：《论题：民国北京灾荒灾赈及其启示》，《历史教学问题》2013 年第 5 期。

78. 肖永明，戴书宏：《"天人合一"与古代中国的政治生态》，《江南大学学报（人文社会科学版）》2013 年第 1 期。

79. 徐奋奋：《两汉灾异观的形成》，《长春工业大学学报（社会科学版）》2013 年第 2 期。

80. 徐爽：《清政府善灾决策形成机制研究——以乾隆五十三年荆州大水为例》，《华中师范大学学报（人文社会科学版）》2013 年第 5 期。

81. 徐瑶：《宋代四川地区灾荒史论述》，《四川师范大学》2013 年。

82. 徐哲娜：《生态视角下的区域兴衰与历史变革——〈跟随黄河改变：河北环境史，1048—1128〉述评》，《城市史研究》2013 年第 32 期。

83. 闫娜轲：《清代河南灾荒及其社会应对研究》，《南开大学》2013 年。

84. 杨东升：《从历史地理学考察分析涿鹿之战蚩尤战败的原因》，《西南民族大学学报（人文社会科学版）》2013 年第 10 期。

85. 杨东升：《涿鹿之战，蚩尤当败于灾而非于战——蚩尤涿鹿战败的历史地理学考察》，《原生态民族文化学刊》2013 年第 4 期。

86. 于笛：《唐代灾荒与荒政研究几个重要问题的回顾》，《中山大学研究生学刊（社会科学版）》2013 年第 4 期。

87. 于文善，吴海涛：《元明以降淮河流域灾害与社会保障》，《阜阳师范学院学报（社会科学版）》2013 年第 4 期。

88. 张兵：《"五行灾异"之辩与图、数化——宋代《洪范》诠释特点述论》，《海南大学学报（人文社会科学版）》2013 年第 1 期。

89. 张朝，王品，陈一，张帅，陶福禄，刘晓菲：《1990 年以来中国小麦农业气象灾害时空变化特征》，《地理学报》2013 年第 11 期。

90. 张健，满志敏，肖薇薇，申震洲：《1644—2009 年黄河中游旱涝序列重建与特征诊断》,《地理研究》2013 年第 9 期。

91. 张卫星，史培军，周洪建：《巨灾定义与划分标准研究——基于近年来全球典型灾害案例的分析》,《灾害学》2013 年第 1 期。

92. 张祥稳：《论乾隆时期的官方赈灾》,《安徽师范大学学报（人文社会科学版）》2013 年第 6 期。

93. 张兆裕：《明后期地方士绅与灾蠲——灾荒背景下明代社会的政策诉求》,《明史研究论丛》2013 年。

94. 赵楠：《〈益世报〉视角下的 1917 年天津水灾救济研究》,《延安大学》2013 年。

95. 赵思渊：《道光朝苏州荒政之演变：丰备义仓的成立及其与赋税问题的关系》,《清史研究》2013 年第 2 期。

96. 赵晓华：《清代因灾禁酒制度的演变》,《历史教学（下半月刊）》2013 年第 11 期。

97. 赵杏根：《元代生态思想与实践举要》,《哈尔滨工业大学学报（社会科学版）》2013 年第 3 期。

98. 赵亚军：《晚清宁河王氏家族述》,《河北科技师范学院学报（社会科学版）》2013 年第 1 期。

99. 赵艳萍，倪根金：《民国时期药械治蝗技术的引入与本土化》,《南京农业大学学报（社会科学版）》2013 年第 2 期。

100. 郑丽丽：《明代山东三大农业灾害与政府应对研究》,《农业考古》2013 年第 1 期。

101. 郑民德，李德楠：《捕蝗与灭蝗：明代农业灾荒中的国家、官府与基层社会》,《农业考古》2013 年第 1 期。

102. 郑晓东，鲁帆，马静：《近 50 年淮河流域旱涝与太阳黑子的关系研究》,《水电能源科学》2013 年第 2 期。

103. 周琼：《乾隆朝粥赈制度研究》,《清史研究》2013 年第 4 期。

104. 朱浒：《投靠还是扩张？——从甲午战后两湖灾赈看盛宣怀实业活动之新布局》,《近代史研究》2013 年第 1 期。

105. 朱浒：《辛亥革命时期的江皖大水与华洋义赈会》,《清史研究》2013 年第 2 期。

106. 朱萍：《从档案角度看〈清史稿·灾异志〉的地质学研究价值》,《兰台世界》2013 年第 19 期。

## 二、著作类

1. ［美］约瑟夫·伯恩著，王晨译：《黑死病（中世纪的世界）》，上海社会科学院出版社，2013 年。

# 2014 年

## 一、论文类

1. 卜风贤：《两汉时期关中地区的灾害变化与灾荒关系》，《中国农史》2014 年第 6 期。

2. 曹罗丹，李加林，叶持跃等：《明清时期浙江沿海自然灾害的时空分异特征》，《地理研究》2014 年第 9 期。

3. 陈冬仿：《灾异学说与两汉政治研究》，《农业考古》2014 年第 1 期。

4. 陈亚平：《保息斯民：雍正十年江南特大潮灾的政府应对》，《清史研究》2014 年第 1 期。

5. 陈卓：《生态文明与清代移民开发陕南的思考》，《文史博览（理论）》2014 年第 5 期。

6. 崔玉娟，叶瑜，方修琦：《基于 EOF 分析的江浙沪地区汛期降水时空变化特征研究》，《北京师范大学学报（自然科学版）》2014 年第 6 期。

7. 丁彩霞，延军平，方兴义，李敏敏，吴梦初：《宁夏地区气候暖干化与旱涝灾害趋势的关系》，《水土保持通报》2014 年第 2 期。

8. 杜鹃，汪明，史培军：《基于历史事件的暴雨洪涝灾害损失概率风险评估——以湖南省为例》，《应用基础与工程科学学报》2014 年第 5 期。

9. 段建宏：《究天人之际：评〈山西灾害史〉》，《长治学院学报》2014 年第 6 期。

10. 高国荣：《环境史视野下的灾害史研究：以有关美国大平原农业开发的相关著述为例》，《史学月刊》2014 年第 4 期。

11. 葛玲：《天堂之路：1959—1961 年饥荒的多维透视——以皖西北临泉县的乡村十年为中心》，《华东师范大学》2014 年。

12. 龚光明：《从 1914 年蝗灾看民初安徽治蝗技术与政策——以〈倪嗣冲函电集〉为研究对象》，《阜阳师范学院学报（社会科学版）》2014 年第 1 期。

13. 龚胜生，王晓伟，张涛：《明代江南地区的疫灾地理》，《地理研究》2014 年第 8 期。

14. 韩兰英，张强，姚玉璧，李忆平，贾建英，王静：《近 60 年中国西南地区干旱灾害规律与成因》,《地理学报》2014 年第 5 期。

　　15. 韩祥:《晚清灾荒中的银钱比价变动及其影响——以"丁戊奇荒"中的山西为例》,《史学月刊》2014 年第 5 期。

　　16. 韩毅:《历史学视野下的气象资料整理与综合性研究——程民生〈北宋开封气象编年史〉读后》,《中国科技史杂志》2014 年第 2 期。

　　17. 郝平:《晚清民国晋中地区社会经济生活初探——基于晋中地区契约文书的考察》,《山西大学学报(哲学社会科学版)》2014 年第 4 期。

　　18. 何先成:《唐代治蝗举措及影响》,《农业考古》2014 年第 1 期。

　　19. 胡中升:《从行政博弈视角看国民政府对河政的统一——以国民政府黄河水利委员会为中心的考察》,《暨南学报(哲学社会科学版)》2014 年第 8 期。

　　20. 鞠明库:《试析明中后期政府灾害应对能力的嬗变:以正德、万历间两次水灾政府应对的比较为视角》,《郑州大学学报(哲学社会科学版)》2014 年第 4 期。

　　21. 孔祥成,刘芳:《从越位到补位:1931 年义赈组织与国家关系论略》,《近代中国》2014 年第 23 辑。

　　22. 赖建军:《民国时期广西自然灾害及慈善救济研究》,《广西师范大学》2014 年。

　　23. 李爱玲:《春秋时期鲁国农业灾害及救防措施》,《农业考古》2014 年第 3 期。

　　24. 李华瑞:《关于救荒政策与宋朝民变规模之评说》,《辽宁大学学报(哲学社会科学版)》2014 年第 6 期。

　　25. 李华瑞:《宋代救荒中的赈济、赈贷与赈粜》,《西北师大学报(社会科学版)》2014 年第 1 期。

　　26. 李军,胡鹏:《中国传统社会救灾模式选择及原因探讨》,《中国农史》2014 年第 1 期。

　　27. 李军:《自然灾害对唐代地方官员的政治影响论略》,《郑州大学学报(哲学社会科学版)》2014 年第 4 期。

　　28. 李军,石涛:《中国饥荒史研究方法刍议:以〈1690—1990 年间华北的饥荒:国家、市场与环境的退化〉一书为中心》,《中国社会经济史研究》2014 年第 4 期。

　　29. 李庆勇:《明代山东蝗灾地域分布分析》,《山东农业大学学报(社会科学版)》2014 年第 4 期。

　　30. 李庆勇:《明代山东蝗灾危害分析》,《农业考古》2014 年第 4 期。

　　31. 李庆勇:《明代山东蝗灾应对措施研究》,《农业考古》2014 年第 6 期。

　　32. 李瑞丰:《〈诗经〉灾异诗述论》,《河北大学学报(哲学社会科学版)》2014

年第 6 期。

33. 李瑞丰：《先秦两汉灾异文学研究》，《河北大学》2014 年。

34. 李伟：《从〈左传〉火灾看春秋时期的救灾意识》，《齐齐哈尔师范高等专科学校学报》2014 年第 1 期。

35. 李长中，杜红梅：《灾荒记忆与后灾荒时代的苦难叙事——以当代淮河流域文学为中心的考察》，《淮北师范大学学报（哲学社会科学版）》2014 年第 3 期。

36. 刘君萍：《略述先秦诸子对于农业灾难的认识》，《郧阳师范高等专科学校学报》2014 年第 1 期。

37. 刘壮壮，樊志民：《基于应灾机制的考察：1730 年山东沂沭河流域洪灾》，《农业考古》2014 年第 4 期。

38. 路学军：《唐代治蝗机制略考》，《农业考古》2014 年第 3 期。

39. 吕艳，董颖，冯希杰，李亚哲，彭建兵：《1556 年陕西关中华县特大地震地质灾害遗迹发育特征》，《工程地质学报》2014 年第 2 期。

40. 尚长风：《三年经济困难时期节约度荒的历史考察》，《当代中国史研究》2014 年第 4 期。

41. 石银，毕硕本，颜停霞，魏军，李禧亮：《明代雹灾的关联信息挖掘研究》，《科学技术与工程》2014 年第 20 期。

42. 宋艳玲，蔡雯悦，柳艳菊，张存杰：《我国西南地区干旱变化及对贵州水稻产量影响》，《应用气象学报》2014 年第 5 期。

43. 宋祎晨：《浅析西汉黄河瓠子决口的成因及治理》，《河南工业大学学报（社会科学版）》2014 年第 3 期。

44. 苏筠，方修琦，尹君：《气候变化对中国西汉至五代（206BC~960AD）粮食丰歉的影响》，《中国科学：地球科学》2014 年第 1 期。

45. 滕静超，苏筠，方修琦：《中国西汉—清代饥荒序列的重建及特征分析》，《中国历史地理论丛》2014 年第 4 期。

46. 王聪聪：《国家利益与社会公平：乾隆朝农业灾害减租政策与习惯的冲突及其影响》，《农业考古》2014 年第 6 期。

47. 王海燕：《直面灾害的历史——读〈日本灾害史〉》，《世界历史》2014 年第 4 期。

48. 王海燕：《日本前近代史视野下的环境史研究》，《史学理论研究》2014 年第 3 期。

49. 王鑫宏，柳俪葳：《近二十年来河南近代灾荒史研究的回顾与展望》，《农业考古》2014 年第 3 期。

50. 王艳红：《20 世纪以来关于明清时期长江下游自然灾害史研究综述》，《安徽农业科学》2014 年第 6 期。

51. 王艳红：《明清皖江流域乡村水旱灾害及应对研究》，《安徽师范大学》2014 年。

52. 王玉琴：《明清宁夏荒政评述》，《宁夏社会科学》2014 年第 4 期。

53. 王跃生：《清中期民众自发性流迁政策考察》，《清史研究》2014 年第 1 期。

54. 王璋：《"善政"何以"猛于虎"：制度困局与清代山西荒政》，《中国社会科学报》2014 年。

55. 王政军：《明代蝗灾禳解活动研究》，《农业考古》2014 年第 6 期。

56. 魏光：《清至民国时期（1644—1949）甘肃地区的旱灾与社会应对研究》，《陕西师范大学》2014 年。

57. 魏华仙：《宋代灾民住房安置略论》，《四川师范大学学报（社会科学版）》2014 年第 6 期。

58. 魏柱灯，方修琦，苏筠，萧凌波：《过去 2000 年气候变化对中国经济与社会发展影响研究综述》，《地球科学进展》2014 年第 3 期。

59. 巫丽芸，何东进，洪伟，纪志荣，游巍斌，赵莉莉，肖石红：《自然灾害风险评估与灾害易损性研究进展》，《灾害学》2014 年第 4 期。

60. 吴吉东，傅宇，张洁，李宁：《1949—2013 年中国气象灾害灾情变化趋势分析》，《自然资源学报》2014 年第 9 期。

61. 吴梦初，延军平：《太阳活动与 ENSO 事件对云南省旱涝灾害的影响》，《水土保持通报》2014 年第 4 期。

62. 吴朋飞，陆静，马建华：《1841 年黄河决溢围困开封城的空间再现及原因分析》，《河南大学学报（自然科学版）》2014 年第 3 期。

63. 吴小伦：《明清时期沿黄河城市的防洪与排洪建设：以开封城为例》，《郑州大学学报（哲学社会科学版）》2014 年第 4 期。

64. 吴志锋，黄燕华：《明清时期广东台风灾害救灾机制研究》，《五邑大学学报（社会科学版）》2014 年第 3 期。

65. 武艳敏：《南京国民政府前期灾民流动就食的历史考察》，《河北师范大学学报（哲学社会科学版）》2014 年第 6 期。

66. 夏明方：《历史上的旱灾：最厉害的天灾》，《时代青年》2014 年第 695 期。

67. 杨雁锋：《民国时期云南灾荒史研究综述》，《中学生导报（教学研究）》2014

年第 5 期。

68. 姚佳琳：《近 30 年来清代云南灾荒史研究综述》，《保山学院学报》2014 年第 1 期。

69. 叶瑜，徐雨帆，梁珂，方修琦：《1801 年永定河水灾救灾响应复原与分析》，《中国历史地理论丛》2014 年第 4 期。

70. 易海琼：《民国时期常德地区水灾研究》，《湖南科技大学》2014 年。

71. 尹君，罗玉洪，方修琦，苏筠：《西汉至五代中国盛世及朝代更替的气候变化和农业丰歉背景》，《地球环境学报》2014 年第 6 期。

72. 于雯雯、刘培：《宋代天人感应学说与祥瑞灾异赋创作》，《安徽大学学报（哲学社会科学版）》2014 年第 4 期。

73. 余新忠：《文化史视野下的中国灾荒研究刍议》，《史学月刊》2014 年第 4 期。

74. 袁瑞：《民国时期青海自然灾害与社会应对》，《青海师范大学》2014 年。

75. 袁曙光：《清代亳州赈灾研究——以光绪〈亳州志〉为考察中心》，《安徽农业大学学报（社会科学版）》2014 年第 1 期。

76. 张冬冬，严登华，王义成，鲁帆，刘少华：《城市内涝灾害风险评估及综合应对研究进展》，《灾害学》2014 年第 1 期。

77. 张立，康利，温建伟，徐亮亮，张德龙：《明代雹灾的关联信息挖掘研究》，《四川大学学报（自然科学版）》2014 年第 5 期。

78. 张萍：《明清时期岷江流域水旱灾害初步研究》，《西南大学》2014 年。

79. 张强，韩兰英，张立阳，王劲松：《论气候变暖背景下干旱和干旱灾害风险特征与管理策略》，《地球科学进展》2014 年第 1 期。

80. 张曦：《灾害的表象与灾害民族志》，《云南民族大学学报（哲学社会科学版）》2014 年第 1 期。

81. 张祥稳：《嘉庆朝西北地区建立和健全灾赈积弊防杜机制案例研究——以嘉庆十五年甘肃灾赈为例》，《中国农史》2014 年第 2 期。

82. 张英：《教育管理者的灾害教育理念分析》，《防灾科技学院学报》2014 年第 3 期。

83. 张兆裕：《天意流行：明亡原因的另类解读——以明清之际野史笔记中的灾异记录为考察对象》，《明史研究论丛（第十三辑）——庆祝中国社会科学院历史研究所成立 60 周年专辑》2014 年。

84. 赵凤翔：《浅议徐光启的荒政思想》，《科学与管理》2014 年第 3 期。

85. 赵晓华：《清代救灾责任的法律化》，《中国减灾》2014 年第 23 期。

86. 赵晓华：《辛亥前后孙中山的救灾思想与实践》，《中国高校社会科学》2014年第6期。

87. 周琼：《环境史视野下中国西南大旱成因刍论：基于云南本土研究者视角的思考》，《郑州大学学报（哲学社会科学版）》2014年第5期。

88. 周琼：《清代赈灾制度的外化研究——以乾隆朝"勘不成灾"制度为例》，《西南民族大学学报（人文社会科学版）》2014年第1期。

89. 周琼：《云南历史灾害及其纪录特点》，《云南师范大学学报（哲学社会科学版）》2014年第6期。

90. 朱浒：《食为民天：清代备荒仓储的政策演变与结构转换》，《史学月刊》2014年第4期。

91. 朱志先：《1931年汉口水灾论述——基于民国报刊为中心的考察》，《武汉科技大学学报（社会科学版）》2014年第1期。

92. 《"灾荒史研究的新视域"笔谈》，《史学月刊》2014年第4期。

93. 邹文卿：《明清山西自然灾害及其防治技术》，山西大学，2014年。

## 二、著作类

1. 叶宗宝：《同乡、赈灾与权势网络：旅平河南赈灾会研究》，中国社会科学出版社，2014年。

2. 张高臣：《光绪朝灾荒与社会研究》，中国社会科学出版社，2014年。

# 2015 年

## 一、论文类

1. 阿利亚·艾尼瓦尔，布艾杰尔·库尔班：《清代新疆地震及政府对民间的救济》，《北方民族大学学报（哲学社会科学版）》2015年第4期。

2. 安介生，穆俊：《略论民国时期山西救灾立法与实践——以1927至1930年救灾活动为例》，《晋阳学刊》2015年第2期。

3. 蔡勤禹，赵珍新：《海神信仰类型及其禳灾功能探析》，《中国海洋大学学报（社会科学版）》2015年第3期。

4. 蔡勤禹：《民国时期的海洋灾害应对》，《史学月刊》2015年第7期。

5. 曹永旺，延军平，李敏敏，丁彩霞：《晋陕峡谷区气候变化与旱涝灾害响应研究》，《干旱区资源与环境》，2015年第4期。

6. 陈业新：《深化灾害史研究》，《上海交通大学学报（哲学社会科学版）》2015年第1期。

7. 程森，刘立荣：《省界错壤与洪灾调适冲突——以明清卫河下游直鲁交界地区为中心》，《中国历史地理论丛》2015年第2期。

8. 楚纯洁，赵景波：《宋元时期豫西山地丘陵区洪涝灾害时空分布特征》，《自然灾害学报》2015年第5期。

9. 崔玉娟，张玉洁，方修琦，叶瑜，张向萍：《1644—1949年长江三角洲地区五种洪涝致灾因子组合特征分析》，《长江流域资源与环境》2015年第4期。

10. 党群，殷淑燕，殷方圆，李慧芳，王蒙：《明清时期陕南汉江上游山地灾害研究》，《陕西师范大学学报（自然科学版）》2015年第5期。

11. 董睿峰：《西汉灾异察举考述》，《宁夏大学学报（人文社会科学版）》2015年第4期。

12. 杜华明，延军平，杨登兴，杨蓉：《嘉陵江流域降水变化及旱涝多时间尺度分析》，《自然资源学报》2015年第5期。

13. 方修琦，苏筠，尹君，滕静超：《冷暖—丰歉—饥荒—农民起义：基于粮食安全的历史气候变化影响在中国社会系统中的传递》，《中国科学：地球科学》2015年第6期。

14. 高畅：《商周时期女巫祈雨巫术研究》，《青海师范大学学报（哲学社会科学版）》2015年第3期。

15. 龚胜生，龚冲亚，王晓伟：《南宋时期疫灾地理研究》，《中国历史地理论丛》2015年第1期。

16. 龚胜生，王晓伟，龚冲亚：《元朝疫灾地理研究》，《中国历史地理论丛》2015年第2期。

17. 辜永碧：《试论自然灾害对辽朝中后期政局的影响》，《赤峰学院学报（汉文哲学社会科学版）》2015年第8期。

18. 胡刚：《清代民国灾害史研究综述》，《防灾科技学院学报》2015年第4期。

19. 加依娜古丽·窝扎提汗，巴特尔·巴克，吴燕锋，Rasulov H H：《塔吉克斯坦百年降水量时空变化特征》，《干旱区资源与环境》2015年第2期。

20. 贾登红：《汾州：一个近代山西县域的画卷》，《山西档案》2015年第3期。

21. 蒋勇军：《民国后小型工赈的历史考察》，《佳木斯大学社会科学学报》2015年第2期。

22. 金城，刘恒武：《北宋时期的蝗灾及治蝗措施——以神宗朝为中心的考察》，《农业考古》2015 年第 6 期。

23. 雷玲凤：《试探林则徐办理灾赈中的防弊措施》，《伊犁师范学院学报（社会科学版）》2015 年第 4 期。

24. 李蓓蓓，何辰予，袁存：《1841 年黄河下游水灾及其影响分析》，《农业考古》2015 年第 1 期。

25. 李钢，刘倩，王会娟，孔冬艳，杨新军：《江苏千年蝗灾的时空特征与环境响应》，《自然灾害学报》2015 年第 5 期。

26. 李庆勇：《明代山东蝗灾发展趋势分析》，《青岛农业大学学报（社会科学版）》2015 年第 1 期。

27. 李伟：《先秦文学中的灾害书写研究》，《陕西理工学院》2015 年。

28. 李文才：《1938 年苏北惨灾与"苏北国际救济委员会"的慈善赈济活动——以扬州新发现之成静生赈灾新史料为中心的考察》，《贵州社会科学》2015 年第 10 期。

29. 李艳萍，陈昌春，张余庆，毕硕本：《明代河南地区干旱灾害的时空特征分析》，《干旱区资源与环境》2015 年第 5 期。

30. 李永祥：《民族传统知识与防灾减灾——云南少数民族文化中的防灾减灾功能探讨》，《西南民族大学学报（人文社科版）》2015 年第 10 期。

31. 李志慧：《清代惠州府水旱灾害与应对研究》，《暨南大学》2015 年。

32. 刘刚：《1942 年河南大灾荒再认识》，《农业考古》2015 年第 6 期。

33. 刘桂海：《自然灾害与后蜀时期的政治》，《文史杂志》2015 年第 6 期。

34. 刘利民：《震灾与农业经济——以康熙七年郯城地震灾害及救灾为例》，《农业考古》2015 年第 1 期。

35. 刘永林，延军平：《1960—2012 年气温突变下的两广地区干湿演变》，《浙江大学学报（理学版）》2015 年第 5 期。

36. 刘瑜：《近 30 年西藏自然灾害研究综述》，《红河学院学报》2015 年第 5 期。

37. 罗小庆，赵景波：《鄂尔多斯高原东南部清代蝗灾研究》，《自然灾害学报》2015 年第 2 期。

38. 罗赟，张萍：《明清时期岷江流域旱灾初步研究》，《三峡大学学报（人文社会科学版）》2015 年第 2 期。

39. 么振华：《政治视角下的隋代救灾研究》，《兰州学刊》2015 年第 8 期。

40. 苗艳丽：《近 30 年来中国近代民间组织救灾问题研究综述》，《保山学院学报》2015 年第 1 期。

41. 闵祥鹏：《历史语境中"灾害"界定的流变》，《西南民族大学学报（人文社科版）》2015 年第 10 期。

42. 牛淑贞：《明清生态环境劣变与大青山前城镇水灾的关系——以归绥城为例》，《山西大学学报（哲学社会科学版）》2015 年第 6 期。

43. 潘明娟：《古代震灾及政府应对措施——以西汉关中地区为例》，《西北大学学报（自然科学版）》2015 年第 1 期。

44. 钱仓水：《中国蟹灾的文献钩沉》，《淮阴师范学院学报（哲学社会科学版）》2015 年第 2 期。

45. 瞿颖，毕硕本，闫业超，张永华：《山西省明清时期雹灾时空分布特征分析》，《灾害学》2015 年第 4 期。

46. 邵侃，商兆奎：《历史时期西南民族地区自然灾害的时空分布和发展态势》，《云南社会科学》2015 年第 2 期。

47. 孙会修：《道德强国之梦：民初俄灾赈济会述论（1921—1923）》，《史学月刊》2015 年第 9 期。

48. 唐仕春：《中国近代社会史研究扫描：2014》，《河北学刊》2015 年第 5 期。

49. 田百慧：《明清徽州水旱灾害与民间应对——以歙县为个案研究》，《常州大学学报（社会科学版）》2015 年第 2 期。

50. 田冰：《明代黄河水患与治黄保漕时空变迁述论》，《郑州大学学报（哲学社会科学版）》2015 年第 5 期。

51. 王佳，韩军青：《山西明清时期旱灾统计及区域特征分析》，《干旱区资源与环境》2015 年第 3 期。

52. 王金朔，金晓斌，曹雪，周寅康：《清代北方农牧交错带农耕北界的变迁》，《干旱区资源与环境》2015 年第 3 期。

53. 王进玲：《近代灾荒救济史研究综述及展望》，《黑龙江史志》2015 年第 11 期。

54. 王晶，彭光华：《宋代河北路的灾害分布与特点》，《安徽农业科学》2015 年第 29 期。

55. 王晓萍：《由〈同乡、赈灾与权势网络——旅平河南赈灾会研究〉看灾荒史研究的人文转向》，《信阳师范学院学报（哲学社会科学版）》2015 年第 6 期。

56. 王晓伟，龚胜生：《清代江南地区疫灾地理研究》，《中国历史地理论丛》2015 年第 3 期。

57. 王璋：《方志与灾荒史研究：以山西方志为例》，《史志学刊》2015 年第 2 期。

58. 王政军：《宋代对蝗虫生物认知述论》，《农业考古》2015 年第 4 期。

59. 王政军：《西周荒政制度简述》，《农业考古》2015 年第 1 期。

60. 卫凯：《灾荒史教学的尝试：以 1644—1949 年云南地震的历史考察为例》，《云南教育（中学教师）》2015 年第 5 期。

61. 吴安坤，李忠良，李艳，吴仕军：《基于历史灾情数据的雷电灾害风险分析与评价》，《防灾科技学院学报》2015 年第 4 期。

62. 夏明方：《大数据与生态史：中国灾害史料整理与数据库建设》，《清史研究》2015 年第 2 期。

63. 夏炎：《环境史视野下"飞蝗避境"的史实建构》，《社会科学战线》2015 年第 3 期。

64. 徐爱信，李学勤，马幸子，徐宝学：《乾隆三年宁夏地震与政府救灾》，《防灾科技学院学报》2015 年第 3 期。

65. 徐红：《从诏令看北宋时期君主的"畏天"之德》，《南京师大学报（社会科学版）》2015 年第 4 期。

66. 徐小钰，朱记伟，解建仓，刘家宏，李占斌：《陕西省 1470—2012 年旱涝灾害时空分布特征及演变趋势分析》，《西安理工大学学报》2015 年第 2 期。

67. 闫春新：《两汉官员引咎辞职镜鉴》，《人民论坛》2015 年第 10 期。

68. 杨彩红：《清代安徽淮河流域蝗灾及其社会应对——基于地方志的考察》，《阜阳师范学院学报（社会科学版）》2015 年第 5 期。

69. 杨丽娥：《20 世纪云南震灾史研究综述》，《云南开放大学学报》2015 年第 1 期。

70. 杨鹏程，冯小对：《民国前期（1912—1927 年）湖南疫灾防治措施的特点》，《湖南工程学院学报（社会科学版）》2015 年第 1 期。

71. 杨鹏程，杨妮兰，潘炜：《南京国民政府时期湖南民众疫病治疗成效评析》，《湖南科技大学学报（社会科学版）》2015 年第 5 期。

72. 杨文峰，李星敏，白虎志：《西北地区近 539 年旱涝演变特征和趋势分析》，《干旱区资源与环境》2015 年第 5 期。

73. 杨云：《宁夏民国十八年年馑的社会原因分析》，《史志学刊》2015 年第 3 期。

74. 姚佳琳：《清嘉道时期云南灾荒研究》，《云南大学》2015 年。

75. 殷洁，吴绍洪，戴尔阜：《基于历史数据的中国台风灾害孕灾环境敏感性分析》，《地理与地理信息科学》2015 年第 1 期。

76. 殷学国：《鲧的变形：中国古代天灾救济叙事观念分析》，《社会科学辑刊》2015 年第 3 期。

77. 于文善：《明代淮北的灾荒与灾荒赈济——以〈明实录〉为中心》，《淮阴师范学院学报（哲学社会科学版）》2015 年第 6 期。

78. 张付新，张云：《清代光绪、宣统年间新疆荒政论述》，《云南民族大学学报（哲学社会科学版）》2015 年第 2 期。

79. 张桂香，霍治国，吴立，王慧芳，杨建莹：《1961—2010 年长江中下游地区农业洪涝灾害时空变化》，《地理研究》2015 年第 6 期。

80. 张洪彬：《灾异论式微与天道信仰之现代困境——以晚清地震解释之转变为中心》，《史林》2015 年第 2 期。

81. 张建民：《天灾变异与熙宁变法》，《安徽史学》2015 年第 4 期。

82. 张玫，郑金彪：《清末安徽淮河流域的农业自然灾害及其特点》，《赤峰学院学报（汉文哲学社会科学版）》2015 年第 12 期。

83. 张娜：《灾荒史研究的科技与社会维度》，《经营管理者》2015 年第 35 期。

84. 张腾，杨云：《民国时期宁夏地区灾害的特点》，《宁夏大学学报（人文社会科学版）》2015 年第 6 期。

85. 张霞，韩卫红：《鄂南方志中的明清灾害载记》，《安徽农业科学》2015 年第 5 期。

86. 张霞：《鄂南方志中的明清灾情调查》，《安徽农业科学》2015 年第 13 期。

87. 张祥稳，韦长发：《乾隆朝官方灾赈耗用钱粮数额考论》，《安庆师范学院学报（社会科学版）》2015 年第 6 期。

88. 张向华：《民国时期晋陕甘宁地区疫灾流行与公共卫生意识的变迁研究》，《华中师范大学》2015 年。

89. 仉惟嘉：《刍议金朝政府在黄河灾后的救济措施》，《山东农业工程学院学报》2015 年第 1 期。

90. 赵晓华：《清代州县救灾机制研究——以道光二十八年仪征水灾赈济为例》，《山西大学学报（哲学社会科学版）》2015 年第 6 期。

91. 赵元：《民国时期蝗灾与科学团体治蝗浅析》，《农业考古》2015 年第 4 期。

92. 周琼：《清前期的勘灾制度及实践》，《中国高校社会科学》2015 年第 3 期。

93. 朱浒：《名实之境："义赈"名称源起及其实践内容之演变》，《清史研究》2015 年第 2 期。

94. 朱浒：《灾荒中的风雅：〈海宁州劝赈唱和诗〉的社会文化情境及其意涵》，《史学月刊》2015 年第 11 期。

95. 朱馨薇：《清代豫省灾荒史研究回顾与展望》，《史学月刊》2015 年第 5 期。

## 二、著作类

1. 包庆德:《清代内蒙古地区灾荒研究》,人民出版社,2015 年。

2. 王虹波:《1912—1931 年间东北灾荒的社会应对研究》,吉林大学出版社,2015 年。

3. 赵晓华,高建国:《灾害史研究的理论与方法》,中国政法大学出版社,2015 年。

# Table of Contents

## Religion, Traditional Knowledge, and Disaster Mitigation among Ethnic Minority Peoples in Yunnan

(Li Yongxiang, Yunnan Academy of Social Sciences)

**Abstract:** Religion and traditional knowledge are closely connected with disaster prevention and mitigation among ethnic groups in Yunnan. Down the ages, the people of each group have preserved a great deal of traditional knowledge about disaster and its prevention and mitigation by means of oral transmission, ceremony, and written texts. This knowledge still has a role to play today. It is clear from contemporary disaster management practice that culture is crucial for interpreting disaster processes. The interpretation of pre-disaster phenomena, thought about why disasters happen, the unfolding of relief efforts, and the fulfilment of post-disaster recovery are all inseparable from culture.

**Key Words:** ethnic minorities; religion; traditional knowledge; disaster mitigation

## Disaster History through the Text: "An Account of the Sizhou Deluge" and its Perspective on the Flood of 792

(Xia Yan, College of History, Nankai University)

**Abstract:** The personal participation of senior territorial officials in disaster relief recorded in Lǖ Zhouren's "An Account of the Sizhou Deluge" (797) was quite exceptional at that time. While this fact reflects the imperfection of the Tang disaster-relief system, from another point of view study of Lǖ's text makes it possible to bring the history of official relief efforts to life. More broadly, such bringing to life entails seeking out the distinctiveness of the narration in a specific text, proceeding from the author's intent in writing it, and thence unearthing the special historical features that are concealed in the background to the story. The behavior of the senior officials who feature in Lǖ's text gains long-term significance from the example that they set.

**Key Words:** Tang dynasty; "An Account of the Sizhou Deluge"; natural disasters; territorial officials

## To Intervene or Let Things Take their Course? Market-conscious Approaches to Famine Relief in the Southern Song and High Qing Periods

(Helen Dunstan, The University of Sydney (Australia), Department of History)

**Abstract:** This article probes the Southern Song official Dong Wei's exposition of what has been called "self-regulating process" in the broader context of Song anecdotes and arguments about the efficacy of market forces in the control of grain prices and, therefore, the protection of vulnerable consumers. It then turns to policy debates of the early Qianlong period for exploration of the more developed arguments that excesses of interventionism provoked about the workings of the profit motive. Finally, it investigates what happened when the assumptions underpinning this Chinese form of economic liberalism were put to the test by a natural disaster of 1746.

**Keywords:** famine relief; premodern Chinese economic thought; recognition of market forces; Song-Qing comparison.

## Flooding or Irrigation? The Construction and Dynamics of the Waterscape System of Huzhou in the Historical Period

(An Jiesheng, Center for Historical Geographical Studies, Fudan University)

**Abstract:** The history of landscape construction is at the same time the history of the life and development of the people of specific places. Zhejiang's Huzhou region, which adjoins Lake Tai, is characterized by a dense network of waterways; it has a classic waterscape system. Behind Huzhou's "superb scenery," however, lies a long, continuous process of bitter struggle against disasters, especially floods. The story of the complex waterscape system's construction is an objective, trustworthy record of people down the ages staving off floods and developing agriculture.

**Keywords:** Huzhou; floods; irrigation; waterscape

## Fengxiang's East Lake: Landscape Construction and Everyday Life in the Lacustrine Area of a Loess Plateau City from Ming Times on

(Li Ga, Center for Research on Chinese Social History, Shanxi University)

**Abstract:** The idea of "entering the city" provides an important direction for the development of research on urban history. The East Lake of the city of Fengxiang, Shaanxi was not, in fact, dug by Su Shi of the Northern Song, for it existed long before Song times and was formed by the meeting of the water from the Fenghuang Spring with floodwaters from rainstorms. During the Ming and Qing, there was a good deal of landscape construction at East Lake, the main driving force for which was admiration for Su Shi among the scholarly elite and their sense of cultural identity. At this time, East Lake was the most important recreational space and social field for the whole city's gentry. In the twentieth century, the driving force for landscape construction at the lake grew more mundane, and the area became a place of relaxation for the general public.

**Key Words:** micro-scale; water landscape; urban life; flood; East Lake

## Building Dikes and Dams: the 1560 Flood of the Yangzi River and Flood Control along the Jingjiang River in the Later Years of the Ming Dynasty

(Zhang Weibing, China Institute of Water Resources and Hydropower Research, and L ū Juan, Center for Research on Flood and Drought Disaster Reduction)

**Abstract:** After the deluge of 1560, which was the third great flood in the history of the Yangtze River, flood control along the Jingjiang stretch of the river took on a new aspect. In addition to large-scale dike construction, there was also an experiment with building a stone dam in the Three Gorges stretch in order to prevent floods. The two approaches evolved in different ways during the remaining years of the Ming dynasty. Their patterns of development reflect the interactions (and also mutual constraints) between flood control projects, nature, society, and science and technology. Most fundamentally, they are a direct reflection of Ming understanding of the relationship between humankind and floods.

**Key Words:** the 1560 flood; flood control along the Jingjiang River; the Jingjiang River dike; the Chuanjiang River stone dam

## Conflict and Adaptation: Praying for Rain and Bans on Slaughtering as Republican-Era Responses to Drought

(Zhao Xiaohua, School of Humanities, China University of Political Science and Law)

**Abstract:** As traditional anti-drought measures, praying for rain and the prohibition of slaughtering livestock were important means of making the link between Heaven and humankind, given an understanding of natural disasters that emphasized the notion of celestial warnings. Down the ages, these two practices were gradually ritualized and incorporated into law. After the foundation of the Republic of China, as modern meteorological knowledge began to spread, some scientifically educated modern intellectuals and influential newspapers began identifying the two practices as superstitious activities that served to keep the people ignorant. However, amidst the criticism and the dissemination of scientific approaches to disaster-management, there was a marked cognitive difference between the intelligentsia and society at large. There was considerable tension between the modernization of public opinion and actual disaster-management practice. During the transition, there was an intense conflict revealed between tradition and modernity, and between official discourse, scientism, and popular belief.

**Key Words:** praying for rain; bans on slaughtering; meteorology; response to drought

**The Politics of Snow Disaster: Discourses about Snow Disasters and Transformation of Pasture Animal Husbandry**

**Abstract** : This paper try to analyzes the big snow disaster of inner Mongolia grassland in 1977 sociologically in a event history perspective. The oral history of herders about 1977 snowstorms represented the structural contradictions and tensions of the era of collectivization in China: planned economy and market economy, individualism and collectivism, state logic and livelihood ethic. After the snow disaster, the policy discourses about snow disasters shaped a particular politics of social invention, which provides legitimacy for the state-led modern transformation of pastoralism. Conquering the snow disaster became the logical starting point for transforming traditional nomadism. Just from the late 1970s, the rationalization of grassland management, such as underground water using, raising livestock in shelter and pens, grassland construction and forage planting, had gradually practiced in the livelihood of herders.

**Key Words:** Event Sociology, disaster discourse, modern transformation of pastoralism, grassland construction

**Roundtable Forum: Climate Change and History of China**

The Influence of Climate Change on Chinese Society in the Historical Period: How it Happened and How we Know

(Fang Xiuqi, Zheng Jingyun, Su Jun, and Xiao Lingbo)

Climate-Change Centred Quantative Research on Chinese History

(Chen Qiang)

It was "Heaven" that Brought Down the Great Ming: the Ming-Qing Transition from the Perspective of Environmental History and Global History

(Li Bozhong)

Progress in Research on Cause-and-Effect Relationships between Climate Change and Human Socioeconomic Development

(Pei Qing)

Climate Change, Economic Development and Social Stability: the Historical Experience and Historical Lessons that China Offers the World

(Zhao Hongjun)

## Disaster Memories

The First Five-year Plan and China's New Seismic Intensity Scale

(Gao Jianguo, Institute of Geology, China Earthquake Administration)

Professor Li Wenhai and Modern Chinese Disaster History

(Zhu Hu, Institute of Qing History, Renmin University of China)

A Treatise on the Famine Years 1877–79 (also known as "Grief Amidst Pleasure")

(written by an anonymous author; punctuated and edited by Han Xiang)

## Research Reviews

*Songdai jiuhuang shigao* (Famine relief in the Song dynasty)

（Wang Hao, School of History and Culture, Hebei Normal University）

An Index of Mainland Chinese Publications on Disaster History, 2000–2015

(Bai Dou, School of History and Culture, Shanxi University)